Erläuterungen

zu den

Vorschriften

für die

Errichtung und den Betrieb elektrischer Starkstromanlagen

einschliesslich Bergwerksvorschriften

und zu den

Sicherheitsvorschriften für elektrische Strassenbahnen und strassenbahnähnliche Kleinbahnen

---

Im Auftrage des Verbandes Deutscher Elektrotechniker

herausgegeben von

Dr. C. L. Weber

Geh. Regierungsrat

Zwölfte, vermehrte und verbesserte Auflage

Fünfter
nach dem Stand vom 1. Juli 1921
berichtigter Abdruck

Springer-Verlag Berlin Heidelberg GmbH

ISBN 978-3-662-23725-0 ISBN 978-3-662-25824-8 (eBook)
DOI 10.1007/978-3-662-25824-8

Vorwort zur ersten Ausgabe.

Vom Vorstande des Verbandes Deutscher Elektrotechniker mit der Abfassung von Erläuterungen zu den von dem genannten Verbande aufgestellten Sicherheitsvorschriften beauftragt, habe ich denselben zunächst den Inhalt der Beratungen zugrunde gelegt, aus welchen die Vorschriften selbst hervorgegangen sind. Diese Beratungen sind in der Zeit von Anfang des Jahres 1894 bis gegen Ende des Jahres 1895 teils vom technischen Ausschusse des elektrotechnischen Vereins, teils von einer durch den Verband Deutscher Elektrotechniker eingesetzten Kommission in sehr umfassender und gründlicher Weise gepflogen worden. Die Kommission war aus Vertretern der Kaiserlichen Post- und Telegraphenverwaltung sowie der physikalisch-technischen Reichsanstalt und den Delegierten der bedeutendsten elektrotechnischen Vereine und städtischer Elektrizitätswerke zusammengesetzt. Die hervorragendsten Firmen waren durch Mitglieder der Kommission vertreten. Da es mir möglich gewesen war, an den Verhandlungen ausnahmslos teilzunehmen, so glaube ich das Wesen und den Zweck der Vorschriften im Sinne ihrer Urheber zum Ausdruck gebracht zu haben.

In bezug auf technische Einzelheiten habe ich mich auf die praktischen Erfahrungen und Beobachtungen gestützt, zu denen mir eine mehrjährige Tätigkeit als Direktor der elektrotechnischen Versuchsstation München reichliche Gelegenheit geboten hat. Eine Reihe von Anregungen und Ergänzungen habe ich der Besprechung mit befreundeten Fachgenossen zu verdanken; insbesandere haben mich die Herren G. Kapp, Dr. Passavant und Ph. Seubel in dankenswerter Weise unterstützt.

Berlin, April 1896.

Der Verfasser.

Aus dem Vorwort zur zweiten und dritten Ausgabe.

Da im Jahre 1898 die Abteilung I der Sicherheitsvorschriften einer Revision unterzogen wurde, so erschien auch eine neue Bearbeitung der „Erläuterungen" notwendig. Gleichzeitig mußten die Erläuterungen auf den Anhang A der Abteilung I und auf die Abteilung II (für Hochspannungsanlagen) ausgedehnt werden.

Den Herren von Gaisberg, Görges, Heinke, Kapp, May, Passavant, Seubel und West, deren einsichtsvoller Mitarbeit eine große Zahl wichtiger Ergänzungen und Verbesserungen zu verdanken ist, sei hierfür der geziemende Dank ausgesprochen.

Berlin, Januar 1899.

Die dritte Ausgabe ist gegenüber der vorigen durch die Aufnahme der Abteilung II (für Anlagen mit mittleren Spannungen) vermehrt worden.

Dabei hat sich gezeigt, daß manche Fragen noch weiterer Aufklärung sowohl nach der theoretischen wie nach der experimentellen Seite hin bedürftig sind. Mehrfach hat dies Bedürfnis bereits zu neuen Untersuchungen Anlaß gegeben. Beispiele hierfür sind: die Festsetzungen zur schärferen Kennzeichnung der Schmelzsicherungen, die Untersuchungen über die Art der Einwirkung elektrischer Ströme auf den menschlichen Organismus, die Erörterungen über den Schutzwert der Erdung.

Berlin, Oktober 1899.

Dr. C. L. Weber.

Aus dem Vorwort zur vierten bis siebenten Ausgabe.

Durch die Beschlüsse der Sicherheitskommission vom September 1901 ist den Vorschriften für Niederspannungsanlagen eine wesentlich geänderte Fassung gegeben und gleichzeitig der neue Titel: „Vorschriften für die Errichtung elektrischer Starkstromanlagen“ eingeführt worden.

Berlin, Januar 1902.

Die neue Fassung der Vorschriften ist im Jahre 1903 auch auf die bisherige zweite und dritte Abteilung ausgedehnt worden, und zwar in der Weise, daß die beiden letzten zu einer einzigen Abteilung — Hochspannung — verschmolzen wurden.

Damit liegt, nach fast zehnjähriger Arbeit, zum ersten Male eine einheitliche, alle Spannungsgebiete umfassende Vorschrift vor, welche nur noch in zwei Teile gegliedert ist und auch Anlagen für Sonderzwecke, wie für Theater und Bergwerke, mit einschließt.

Die neue Bearbeitung der Erläuterungen behandelt beide Abteilungen gemeinsam. Dadurch ist in der Anlage des Buches eine wesentliche Vereinfachung erzielt. Um die Übersichtlichkeit noch weiter zu verbessern, hat die Verlagsbuchhandlung eine andere Anordnung des Satzes getroffen. Auch das neu gewählte Format dürfte zur Erleichterung im Gebrauch des Buches beitragen.

Berlin, Oktober 1903.

Die Erläuterungen sind in der siebenten Ausgabe zum ersten Male auch auf die Sicherheitsvorschriften für elektrische Bahnanlagen ausgedehnt worden.

Gr.-Lichterfelde, Oktober 1904.

Dr. C. L. Weber.

Aus dem Vorwort zur neunten bis elften Auflage.

Die Neugestaltung der Vorschriften im Jahre 1907 hat eine vollständige Umarbeitung des Werkes erforderlich gemacht.

Durch das Entgegenkommen der Vereinigung der Elektrizitätswerke war es möglich, auch die Erläuterungen zu den Sicherheitsvorschriften für den Betrieb elektrischer Starkstromanlagen in das Buch aufzunehmen.

Neubearbeitet sind auch die Sicherheitsvorschriften für elektrische Straßenbahnen und straßenbahnähnliche Kleinbahnen, die im Jahre 1906 eine in sich vollständige unabhängige Fassung erhalten haben.

Die ,,Erläuterungen" sind nunmehr auch auf die im Jahre 1909 neu aufgestellten Sonderbestimmungen für elektrische Anlagen in Bergwerken unter Tage ausgedehnt worden. Der Abschnitt ,,Betriebsvorschriften" hat entsprechend der neuen Fassung dieser Vorschriften eine Umarbeitung erfahren.

Gr.-Lichterfelde, Januar 1908, Dezember 1909. August 1912.

Dr. C. L. Weber.

Vorwort zur zwölften Auflage.

Nachdem die „Errichtungsvorschriften" seit 1907 und die „Betriebsvorschriften" seit 1909 keinerlei Änderungen erfahren hatten, sind beide 1914 nach ausführlichen Beratungen dem Stande der Technik entsprechend neu gefaßt worden. Dies hat auch umfangreiche Änderungen und Ergänzungen der Erläuterungen nötig gemacht.

In die Anhänge ist wie früher nur eine Auswahl aus den inzwischen stark angewachsenen Normalien, Leitsätzen usw. aufgenommen worden.

Die Drucklegung des Manuskripts hat Herr Zimmermann, Oberingenieur der Geschäftsstelle des V. D. E., freundlichst überwacht, da der Verfasser durch den Krieg behindert war. Ihm sowie Herrn Oberingenieur Seidel, der die Arbeit durch wertvolle Anregungen gefördert hat, sei hierfür der geziemende Dank ausgesprochen.

Berlin-Lichterfelde, Februar 1915.

Dr. C. L. Weber.

Inhaltsverzeichnis.

Sicherheitsvorschriften für elektrische Straßenbahnen und straßenbahnähnliche Kleinbahnen.

Einleitung.

Vorgeschichte der Vorschriften. Während es in einzelnen Staaten, so in Frankreich und England, schon bald nach Errichtung der ersten Elektrizitätswerke für nötig erachtet wurde, die Ausführung derartiger Anlagen auf dem Wege der Gesetzgebung zu regeln, hat sich die Starkstromtechnik in Deutschland unbeeinflußt von jeder Einwirkung oder Aufsicht des Staates frei entwickeln können. Hierin ist auch durch das „Gesetz über das Telegraphenwesen des Deutschen Reichs" vom 6. April 1892 und durch „das Telegraphen-Wege-Gesetz" vom 18. Dez. 1899 keine wesentliche Änderung eingetreten; denn diese Gesetze betreffen in der Hauptsache das ausschließliche Recht des Staates, Telegraphen- und Fernsprechanlagen zu errichten und das Recht, die öffentlichen Wege dazu zu benützen; auch da, wo sich aus ihrer Anwendung technische Maßnahmen ergeben, lassen sie den denkbar weitesten Spielraum für deren Auswahl und für die Art ihrer Durchführung.

Wenn die Vertreter der deutschen Elektrotechnik sich wiederholt bemüht haben, ein tieferes Eingreifen der Gesetzgebung auf dem in Rede stehenden Gebiete zu verhindern oder hinauszuschieben, um nicht im ersten Ausbau der jungen Technik durch starre Formen beengt zu sein, so haben sie gleichwohl niemals schrankenlose Willkür und unbegrenzte Regellosigkeit als ein erstrebenswertes Ziel erachtet. Sie waren sich vielmehr stets bewußt, daß eine Freiheit, die als alleiniges Hilfsmittel gegen bedenkliche Auswüchse des übertriebenen Konkurrenzkampfes nur die Selbsthilfe des einzelnen übrig läßt, niemals zu gedeihlichen Zuständen führen könne.

Es sind daher schon frühzeitig, aus den Kreisen und Bedürfnissen der Industrie selbst hervorgehend, mehr oder weniger bestimmte Regeln für die Ausführung elektrischer Einrichtungen ausgebildet worden. Zuerst waren es die Elektrizitätswerke größerer Städte, die im Interesse der Sicherheit des eigenen Betriebes und im Bewußtsein ihrer Verantwortlichkeit den Installateuren die Verwendung bestimmter Materialien und Verlegungsarten vorschrieben. In demselben Maße, in dem die elektrischen Anlagen an Ausdehnung und Bedeutung zugenommen haben, sind derartige Vorschriften auf Grund der allmählich gewonnenen Erfahrungen Schritt für Schritt erweitert und verbessert worden.

Allgemeiner gefaßte Sicherheitsvorschriften wurden im Jahre 1888 durch den elektrotechnischen Verein in Wien entworfen, und im Jahre 1892 ließ der Verband deutscher Privat-Feuer-Versicherungsgesellschaften Grundsätze zur Beurteilung der Feuersicherheit elektrischer Anlagen aufstellen, die später im Sinne der vorliegenden Vorschriften revidiert wurden und zurzeit im Geschäftsbereiche dieses Verbandes Geltung haben.

Als daher im Beginn des Jahres 1894 zu gleicher Zeit von seiten des elektrotechnischen Vereins in Berlin und des Verbandes deutscher Elektrotechniker die Aufgabe, allgemein gültige Vorschriften auszuarbeiten, in Angriff genommen wurde, handelte es sich weniger darum, neue Gesichtspunkte zu finden, als vielmehr darum, die bereits bekannten und geübten Ausführungsregeln in einheitliche Formen zu bringen und die Grenzen zu vereinbaren, bis zu denen auch die Einzelheiten der Technik festgelegt werden können und dürfen.

Zweck der bisherigen Vorschriften. Diese Grenzlinie wird verschieden anzusetzen sein, je nach dem Zweck, dem die Vorschriften in erster Linie dienen sollen. — Wenn die Vorsichtsbedingungen der Versicherungsgesellschaften ihren Wortlaut so allgemein gehalten haben, daß nur die Anforderungen, nicht aber die technischen Mittel zur Erfüllung dieser Forderungen bestimmt werden, so war dies insofern gerechtfertigt, als es sich im Geschäftskreis der genannten Gesellschaften vielfach um die Prüfung älterer zu den verschiedensten Zeiten und mit den verschiedensten Mitteln ausgeführter Einrichtungen handelte, bei denen die verschiedenartigsten Materialien und Verlegungsarten benützt waren, die in einer kurzen Vorschrift unmöglich im einzelnen berücksichtigt werden konnten.

Die im Jahre 1895 vom Verbande deutscher Elektrotechniker aufgestellten und in der Folge bis zur Gegenwart weiter ausgebildeten Vorschriften sind in etwas anderem Sinne gedacht und müssen mit anderen Verhältnissen rechnen. Sie sollten in erster Linie die bei der Einrichtung von Neuanlagen gültigen Regeln in einheitlicher Weise zum Ausdruck bringen.

Demgemäß mußten sie in erhöhtem Grade auf die Einzelheiten der elektrischen Einrichtungen eingehen. Sie haben daher einen ähnlichen Umfang wie die schon vorher von den Elektrizitätswerken erlassenen Bestimmungen angenommen. — Diesen bis dahin verschiedenartigen Bestimmungen sollten sie als einheitliche, für ganz Deutschland gültige Grundlage dienen, damit, wenn nicht alle Unterschiede, so doch wenigstens Widersprüche in den Maßnahmen der verschiedenen Elektrizitätswerke vermieden würden. Dadurch wurde erreicht, daß ein Installateur in verschiedenen Städten die gleichen Verlegungsarten benutzen und daß der Fabrikant von Einrichtungsgegenständen für die gleichen Muster überall Verwendung finden konnte. Die Beurteilung von Kostenvoranschlägen für geplante Anlagen wurde wesentlich erleichtert, indem man die Güte der Materialien und die zulässigen Verlegungsarten wenigstens in den Hauptpunkten durch einheitliche Bestimmungen festlegte. Endlich wurde auch die Prüfung bestehender Einrichtungen ungemein vereinfacht und der Entstehung von Meinungsdifferenzen vorgebeugt, weil nicht nur allgemeine Grundsätze, sondern auch technische Regeln aus den Vorschriften begründet werden konnten. Es ist daher auch den Feuer-Versicherungsgesellschaften, unbeschadet des Fortbestehens ihrer allgemeiner gehaltenen Vorsichtsbedingungen, durch die eingehenderen Vorschriften des V. D. E. genützt worden.

Auch den Behörden sollten die Vorschriften eine brauchbare Grundlage und Richtschnur für ihr Vorgehen bieten, sofern sie es für notwendig erachten würden, einzelne oder bestimmte Gattungen von elektrischen Anlagen aus besonderen Gründen zu prüfen oder zu überwachen.

Dabei war niemals beabsichtigt, diese Vorschriften mit rückwirkender Kraft in allen ihren Einzelheiten auf ältere, vor Feststellung der Vorschriften vorhandene Anlagen anzuwenden. Bei der Beurteilung solcher Einrichtungen sollten sie aber als Richtschnur dienen, wobei es dem Prüfenden überlassen blieb, diejenigen Teile, welche in schroffem Widerspruche mit den Vorschriften standen und zu unmittelbarer Gefahr Anlaß gaben, sofort beseitigen zu lassen, während andere bei passender Gelegenheit mit den Vorschriften in Einklang zu bringen waren. Bei Neuanlagen dagegen sollte die Einhaltung der Vorschriften in vollem Maße gefordert werden.

Bei Aufstellung der ersten Vorschriften des V. D. E. war man ganz besonders bestrebt, eine Schädigung der Industrie durch zu eng gefaßte Forderungen zu vermeiden, indem man sich nur an diejenigen Maßnahmen anlehnte, welche sich bereits als nützlich und notwendig eingebürgert hatten, und dort, wo es sich um neu hervorgetretene Bedürfnisse oder neue Hilfsmittel handelte, einen wohlbemessenen Spielraum gewährte. Gleichwohl konnte bereits damals mancher bedenkliche Auswuchs zurückgedrängt werden. In dieser Hinsicht darf es nicht unerwähnt bleiben, daß eine Zeitlang die ernsthafte Gefahr vorlag, es möchte das Zutrauen des Publikums zur Sicherheit elektrischer Anlagen gründlich untergraben werden durch die weitgehende Verwendung schlechter oder ungeeigneter Materialien, wie sie von ununterrichteten oder gewissenlosen Unternehmern manchmal beliebt wurde. Die damit verbundene Herabsetzung der Preise war gleichzeitig geeignet, den auf ihren guten Ruf bedachten und sorgfältig arbeitenden Firmen nicht zu unterschätzende Schädigungen zu bereiten.

Entstehungsgeschichte. Zuerst wurden im November 1895 Sicherheitsvorschriften für Anlagen von niederer Spannung (bis zu 250 Volt) vereinbart. Bereits im folgenden Jahre trat man an die Aufstellung von Vorschriften für Hochspannungsanlagen (für 1000 Volt und mehr) heran, die im Jahre 1897 als vorläufige Regeln und 1898 endgültig zustande kamen, wobei auch den besonders schwierigen Verhältnissen einzelner Betriebe, die zu wiederholten Unfällen Veranlassung gegeben hatten, durch Aufstellung eines Anhanges Rechnung getragen wurde. Vorschriften für Anlagen von mittlerer Spannung (zwischen 250 und 1000 Volt) wurden 1899 als vorläufige Regeln angenommen. Ferner wurden in den Jahren 1900/1901 Vorschriften für elektrische Bahnanlagen aufgestellt.

Inzwischen hatte sich eine Umarbeitung des ganzen Stoffes als wünschenswert herausgestellt, die in den Jahren 1901 bis 1903 in der Weise zur Durchführung gelangte, daß sich ein einheitliches Werk ergab, das alle Spannungsbereiche in nur noch zwei Abteilungen umfaßte. Auch die für einzelne eigenartige Anwendungsgebiete wie Theater und Bergwerke nötigen Sonderbestimmungen wurden eingegliedert.

Neben dem Ausbau der Vorschriften ging die Aufstellung von Normalien einher, von denen zuerst im Jahre 1898 die Kupfernormalien und im Jahre 1903 die besonders wichtigen Normalien für Leitungen entstanden.

Die Einführung der Vorschriften ist dadurch wesentlich unterstützt worden, daß sie von zahlreichen Behörden sowie vom Verbande Deutscher Privat-Feuer-Versicherungsgesellschaften als maßgebend anerkannt wurden. ETZ 1896, S. 456; 1897, S. 391. Bereits im Jahre 1898 hat sie das Königl. preußische Ministerium für Handel und Gewerbe den zuständigen Behörden als technische Richtschnur mitgeteilt. In gleichem Sinne sind bald darauf die übrigen deutschen Regierungen vorgegangen. ETZ 1898, S. 711; 1899, S. 561; 1902, S. 732.

Die Wirkungen der Vorschriften waren schon nach

Verlauf der ersten Jahre ihres Bestehens deutlich in der Richtung zu erkennen, daß sie der Versuchung, unzulängliche Installationsmittel auf den Markt zu bringen, ein nützliches Gegengewicht boten. In dem Maße, wie sich die Anerkennung und Benützung der Vorschriften weiter ausdehnte, hat sich auch eine unverkennbare Verbesserung des Zustandes elektrischer Anlagen immer mehr bemerkbar gemacht. Unbestreitbar tritt dies in den Aufstellungen der Feuer-Versicherungsgesellschaften und in den Unfallberichten der Gewerbeinspektionen, der Bergbehörden usw. zutage. ETZ 1905, S. 1171; 1906, S. 205; 1907, S. 553; 1909, S. 89, 90, 1107; 1910, S. 460; 1911, S. 470 und Z. d. V. D. Ing. 1906, S. 2085. Der deutschen elektrotechnischen Industrie, die anfangs zum Teil nur zögernd der Aufstellung der Vorschriften zugestimmt hatte, sind aus ihrem Bestehen die bereits erwähnten Vorteile in reichem Maße erwachsen, insbesondere wurde der gute Ruf, den die Erzeugnisse und Anlagen der deutschen Elektrotechnik im Auslande genießen, durch die Vorschriften befestigt und verbürgt. Endlich ist es nicht zum wenigsten den Vorschriften zu verdanken, daß die Entwickelung der Elektrotechnik bis in die Gegenwart hinein von unmittelbar eingreifenden behördlichen Maßnahmen verschont geblieben ist.

Neugestaltung der Vorschriften. Seit dem Jahre 1904 haben indessen die größeren deutschen Bundesstaaten eine gesetzliche Regelung der Überwachung elektrischer Anlagen in die Wege geleitet, und es ist in Preußen trotz dringlicher Gegenvorstellungen der beteiligten Kreise das Gesetz vom 8. Juni 1905 betr. die Kosten der Prüfung überwachungsbedürftiger Anlagen zustande gekommen. ETZ 1905, S. 364 u. 687. Das Gesetz selbst regelt nur die Kostenpflicht, während es die Festsetzungen über Art und Umfang der Prüfungen den Ausführungsbestimmungen überweist. Die Vertreter der elektrotechnischen sowie derjenigen anderen Industrien, die von elektrotechnischen Einrichtungen in großem Umfange Gebrauch machen, traten daher an die Regierungsorgane mit Vorstellungen heran, in dem Sinne, daß die Vorschriften des Verbandes deutscher Elektrotechniker als technische Grundlage für die Ausführung der behördlichen Überwachung gewählt werden möchten, und daß die Überwachung selbst auf solche Anlagen beschränkt werde, bei denen entweder größere Ansammlungen von Menschen in Frage kommen, wie in Warenhäusern, Theatern und ähnlichen Gebäuden, oder bei denen eine besondere Feuers- oder Lebensgefahr durch die Art des Betriebes oder die Höhe der verwendeten Spannung begründet ist. ETZ 1905, S. 687; 1906, S. 597.

Die preußische wie die bayrische Regierung hat den Wünschen der Industrie nach beiden Richtungen hin Rechnung getragen. Die erstere hat sich bereit erklärt, die Vorschriften des V.D.E. zum Bestandteil einer etwa zu erlassenden Polizeiverordnung zu machen, sofern ihnen eine hierzu geeignete Gestalt gegeben würde.

Dazu bedurfte es einer wesentlichen Abänderung der Vorschriften, ihrer Gestalt und ihrem Inhalt nach. Neben einer Vereinfachung ihres Wortlautes mußten aus ihnen alle diejenigen Forderungen entfernt werden, die zwar in Normalfällen durchführbar und empfehlenswert sind, deren Nichtbeachtung aber doch nicht in jedem Falle als strafbare Verfehlung angesehen werden konnte. Viele Bestimmungen, die genau bezeichnete Anordnungen oder zahlenmäßig festgesetzte Abmessungen verlangten, mußten eine allgemeinere Fassung erhalten, die zwar die Bedingungen, denen die Anlagen genügen müssen, deutlich kennzeichnet, ohne jedoch die Maßnahmen und Hilfsmittel, mit denen die erforderlichen Eigenschaften erzielt werden, im einzelnen festzulegen. ETZ 1907, S. 427.

Bei der Beratung dieser Abänderungen trat nun das Bedenken zutage, es könnten bei einer so allgemein gehaltenen Fassung die Vorschriften nicht mehr wie bisher als einheitliche Grundlage für die von den Elektrizitätswerken zu erlassenden Anschlußbedingungen dienen. Es erschien mißlich, eine Reihe von Zahlenbestimmungen und Einzelmaßnahmen völlig wegzuwerfen, die im Laufe langer Jahre durch mühsame Erfahrungen und Vereinbarungen gewonnen waren und sich als zweckmäßig erwiesen hatten, wenn sie auch nur für Normalfälle paßten und in einzelnen besonders gelagerten Ausnahmefällen nicht anwendbar waren.

Um dieser Schwierigkeit zu begegnen, hat man neben den Vorschriften eine Reihe von Ausführungsregeln aufgestellt, welche den Weg angeben, auf dem in allen Durchschnittsfällen die in den Vorschriften aufgestellten Forderungen erfüllt werden können und der auch betreten werden soll, wenn nicht Gründe für ein Abweichen geltend zu machen sind. Um dies auch sprachlich zum Ausdruck zu bringen, ist in allen Vorschriften die Wendung „muß“, in allen Regeln die Wendung „soll“ gebraucht. Ein anderer Teil des Inhaltes der früheren Vorschriften, der sich auf die wünschenswerten Größenstufen einzelner Hilfsmittel, auf Art und Abmessungen von Leitungen und ihrer Isolierhüllen bezog und der weniger unmittelbar die Sicherheit der Anlagen als vielmehr vorzugsweise Vereinbarungen über Fabrikation bedingte, ist in die Normalien verwiesen worden. Damit wurde auch beabsichtigt, diese Vereinbarungen je nach den Erfahrungen, Fortschritten und Bedürfnissen der Praxis abändern zu können, ohne dazu jedesmal der ausdrücklichen Zustimmung der Behörden zu bedürfen.

Nachdem die Vorschriften in dieser Gestalt unter dankenswerter Mitwirkung der Vertreter des preuß. Handelsministeriums und der Reichspostverwaltung festgesetzt und vom V. D. E. i. J. 1907 angenommen worden waren und sich durch eine Reihe von Jahren bewährt hatten, sind sie 1913 und 1914 einer gründichen Durchsicht unterzogen und dem neuen Stande der Technik angepaßt worden. Die so entstandene Fassung ist 1914 vom V. D. E. angenommen worden, um mit dem 1. Juli 1915 in Kraft zu treten.

Wie früher, sind an die allgemein gültigen Vorschriften Sonderbestimmungen für gewisse eigenartige Anwendungsgebiete, wie feuchte Räume, feuergefährliche Betriebsräume, Theater, Warenhäuser angegliedert. Sonderbestimmungen für Anlagen in Bergwerken unter Tage wurden im J. 1909 den einzelnen Bestimmungen angefügt; auch sie sind 1914 neu durchgesehen worden. Dagegen sind die Vorschriften für elektrische Bahnen seit 1907 ganz ausgeschieden, weil von den beteiligten Aufsichtsbehörden und Industriekreisen der Wunsch geltend gemacht wurde, für dieses Gebiet in sich abgeschlossene Vorschriften zu besitzen. Man hat daher bereits im Juli 1906 die Sicherheitsvorschriften für elektrische Straßenbahnen und straßenbahnähnliche Kleinbahnen aufgestellt und in Kraft gesetzt.

Endlich sind auch die Vorschriften für den Betrieb elektrischer Starkstromanlagen, die bereits im Jahre 1903 aufgestellt waren, 1907, dann 1909 und schließlich 1914 neu durchgesehen und als „Betriebsvorschriften" in engen Zusammenhang mit den „Errichtungsvorschriften" gebracht worden.

Die auf Grund umfangreicher Beratungen unter Mitwirkung der Behörden und der erfahrensten Fachmänner aus zahlreichen Sondergebieten*) zustande ge-

---

*) Die an der Ausarbeitung der Vorschriften beteiligten Organe des V. D. E. waren im J. 1914 wie folgt zusammengesetzt: Kommission für Errichtungs- und Betriebsvor-

brachte neue Gestalt der Vorschriften kann als der Ausdruck dessen gelten, was die berufenen Vertreter der deutschen Elektrotechnik an Vorschriften zur sachgemäßen und sicheren Ausführung elektrischer Starkstromanlagen für hinreichend und notwendig erachten. Die Anerkennung durch die Behörden ist auch für die neue Fassung ausdrücklich zugesichert worden. ETZ 1907, S. 745; 1910, S. 848; 1914, S. 1034.*)

---

schriften: Weber (Vorsitzender), Alvensleben, Bundzus, Fleischmann, von Gaisberg, Görges, Groß, Gunderloch, Himmelheber, Hoechtl, Huffmann, Jäger, Klingenberg, Litzrodt, Lux, Montanus, Noetel, Overmann, Passavant, Perls, Schaefer, Schröder, Schrottke, Seidel, Singer, Stotz, Taaks, Vogel, Vogelsang, Wentzke, Wilkens, Wittfeld, Zapf.

Bergwerkskomitee: Brion, Dettmar, Enke, Fritsche, Goetze, Kloetzer, Philippi, Rittershaus, Schwantke, Siemens, Soeder, Vogel, Weber, Wille, Winckhaus. Zu den Beratungen dieses Komitees entsenden Vertreter: die K. Oberbergämter Bonn, Breslau, Claustal, Dortmund, Halle, München, K. Bergamt Freiberg; die K. Bergwerksdirektion Saarbrücken, die K. Generaldirektion der Bergwerke usw. München und das Ministerium für Elsaß-Lothringen, Abteilung des Innern, in Straßburg.

Im Komitee für Betriebsvorschriften sind folgende Körperschaften vertreten: V. d. E. (Alvensleben, Schroeder, Seidel), Vereinigung der Elektrizitätswerke (Engelmann, Wilkens), Deutscher Braunkohlen-Industrie-Verein (Fischer), Verein für die bergbaulichen Interessen im Oberbergamtsbezirk Dortmund (Enke), Elektrot. Verein am Niederrhein (Seyfferth), Verein zur Wahrung der Interessen der chemischen Industrie Deutschlands (Khern), Verein deutscher Eisenhüttenleute (Vahle), Nordwestliche Gruppe des Vereins deutscher Eisen- und Stahlindustrieller (Börnecke), Oberschlesischer Berg- und Hüttenmännischer Verein (Vogel).

*) Ein Erlaß des Preuß. Ministers für Handel und Gewerbe vom 18. 8. 1914 sagt: .... Ich habe bereits in mehreren Erlassen den Behörden empfohlen, bei Handhabung staatlicher Hoheitsrechte die Vorschriften des V. d. E. als technische Richtschnur zu benutzen. Im allgemeinen ist es nicht erwünscht, von den Verbandsvorschriften abzuweichen, es sei denn, daß gewichtige Gründe dafür sprechen. Die Industrie legt mit Recht den größten Wert auf die Einheitlichkeit der Vorschriften und ihrer Durchführung. Sollten aber die Auffassungen der Sachverständigen über erforderliche Schutzmaßnahmen von denen des Verbandes abweichen und insbesondere Verschärfungen der Verbandsvorschriften für erforderlich erachtet werden, so erscheint es zweckmäßig, vor dem Erlaß entsprechender Anordnungen der vorgesetzten Behörde Bericht zu erstatten.

In wichtigen Fällen ist meine Entscheidung herbeizuführen. Anlagen, die vor dem 1. Juli 1915, dem Zeitpunkt des Inkrafttretens der neuen Vorschriften, nach diesen hergestellt und betrieben werden. sind nicht zu beanstanden, wenn sie ihnen in allen Punkten entsprechen, nicht etwa nur die erleichternden Bestimmungen in Anspruch nehmen.

Vorschriften für die Errichtung und den Betrieb elektrischer Starkstromanlagen nebst Ausführungsregeln.

(Gültig ab 1. Juli 1915.)

Ausgabe für Bergwerke.

I. Errichtungsvorschriften.*)

§ 1.

Geltungsbereich.

Die hierunter stehenden Bestimmungen gelten für elektrische Starkstromanlagen[1]), oder Teile solcher[2]),

---

§ 1. 1) Auf Schwachstromanlagen, z. B. Telegraphen-, Telephon- und verwandte Signaleinrichtungen, finden die Vorschriften keine Anwendung. Der wiederholt unternommene Versuch, den Begriff „Starkstromanlage" durch eine einfache und ausreichende Umschreibung zu definieren, ist bisher nicht geglückt. Dem Sprachgebrauch der Technik liegt die Vorstellung zugrunde, daß der Regel nach eine gewisse Stromstärke, zugleich aber auch eine gewisse Energiemenge in Wirkung tritt oder treten kann, wo von einer Starkstromanlage die Rede ist. Daher gelten als Schwachstromanlagen alle diejenigen, in denen weder das eine noch das andere möglich, sowie auch die, bei denen zwar die eine aber nicht die andere Bedingung erfüllt ist. So z. B. die in Wohn- und Geschäftsräumen üblichen Läutesignalwerke, bei denen wegen des innern Widerstandes der als Stromquelle üblichen Primärelemente starke Ströme nicht auftreten können. Ebenso eine Einrichtung, die etwa ein einziges galvanisches Element mäßiger Größe als Stromquelle benützt, bei der daher wohl starke Ströme aber nur für kurze Zeit auftreten können. Dabei ist es nicht unterscheidend, ob gefährliche Wirkungen ganz ausgeschlossen sind; denn ein Element der letzteren Art wird unter Umständen eine Zündung hervorrufen können, ebenso wie auch mit einem Induktionsapparat, wie er von den Ärzten gebraucht wird, Gesundheitsstörungen erzeugbar sind, der aber trotzdem nicht als Starkstromapparat angesprochen wird. Die Spannung allein ist ebenfalls nicht maßgebend, wie schon das letzte Beispiel oder das einer mit etwa 100 Primärelementen betriebenen Telegraphenleitung lehrt. Es wird vielmehr auch bei niederen Spannungen, z. B. bei einer elektrochemischen Anlage von 10 Volt und 100 Ampere mit Recht von Starkstrom gesprochen. ETZ. 1911, S. 743, N. 234. Ebenso wird die Technik eine

---

*) Bei der Errichtung elektrischer Starkstromanlagen sind, soweit die Anlagen oder einzelne Teile unter Spannung stehen, auch die Betriebsvorschriften zu beachten.

mit Ausnahme von im Erdboden verlegten Leitungsnetzen[3]), elektrischen Straßenbahnen und straßenbahnähnlichen Kleinbahnen[4]), Fahrzeugen über Tage[4]) und elektrochemischen Betriebsapparaten[5])[6]).

Dynamomaschine von 100 Volt und 10 Ampere als Starkstromanlage bezeichnen, auch wenn sie als Stromquelle für ein Telegraphennetz dient. Hier würde die Stromerzeugeranlage dem Starkstromgebiet, das Leitungsnetz und die Apparatenanlage dem Schwachstrom zuzurechnen sein.

Das Geltungsbereich der Vorschriften ist durch den soeben nach dem Sprachgebrauch erläuterten Begriff des Starkstroms abgegrenzt. Damit ist jedoch nicht ausgeschlossen, daß eine Behörde zur Vermeidung von Unbestimmtheit, die diesem Sprachgebrauch anhaftet, die Anwendung der Vorschriften an bestimmtere Grenzen bindet, sei es daß eine bestimmte Stromstärke oder Spannung oder ein bestimmtes Maß an momentan oder dauernd verfügbarer Leistung dabei zugrunde gelegt wird.

Im Bereiche der Schwachstromanlagen sind vom V. D. E. gemeinsam mit dem Verbande der elektrotechnischen Installationsfirmen in Deutschland Leitsätze für die Errichtung elektrischer Fernmeldeanlagen (Schwachstromanlagen), gültig ab 1. Juli 1913, ETZ 1913, S. 1069, und Normalien für isolierte Leitungen in Fernmeldeanlagen (Schwachstromleitungen), ETZ 1914, S. 164, aufgestellt worden.

2) Wenn Schwachstromanlagen, z. B. Läutewerke oder Uhren von einer Starkstromanlage gespeist werden, so können Fehlerquellen in den ersteren auf letztere zurückwirken, wie auch gefährliche Spannungen, die in den letzteren auftreten, auf erstere übertragen werden können, wenn hiergegen nicht besondere zuverlässige Vorkehrungen getroffen sind. ETZ 1902, S. 940 N. 13; 1903, S. 294 N. 30; 1904, S. 1114 N. 114.

Über die Beschaffenheit solcher Vorkehrungen (Transformatoren oder Kondensatoren) sind 1912 Leitsätze aufgestellt worden; siehe am Schlusse dieses Buches Anhang 9.

3) Ausgeschlossen vom Geltungsbereich der Vorschriften sind nur im Erdboden verlegte Leitungsnetze, nicht aber einzelne Leitungsstrecken. Dergleichen Netze (Kabelnetze) können im Vergleich mit außerhalb des Erdbodens befindlichen Anlagen nur in geringem Maße zu Brand- oder Lebensgefahr Anlaß geben. Die Bauart und Einrichtung der Kabelnetze ist zudem noch vielfacher Entwickelung und Abänderung fähig, so daß es nicht wünschenswert ist, sie durch Vorschriften einzuengen. Dabei ist zu beachten, daß Kabelnetze in der Regel im eigenen Interesse der Besitzer einer sorgsamen und sachgemäßen Aufsicht unterliegen. — „Im Erdboden verlegt" ist nicht gleichbedeutend mit „unterirdisch". Was in einem begehbaren Kanal, einem Keller u. dergl. verlegt ist, fällt unter die Vorschriften.

4) Für elektrische Straßenbahnen und straßenbahnähnliche Kleinbahnen gelten die im Jahre 1906 aufgestellten Sondervorschriften; sie umfassen auch die zugehörigen Kraftwerke, Hilfswerke, Werkstätten und Fahrzeuge und sind im zweiten Teil dieses Buches angeführt. Die elektrischen Grubenbahnen und ihre Fahrzeuge sind dagegen in den §§ 42 und 43 dieser Vorschriften behandelt. Für Fahrzeuge über Tage, die wie Automobile, Schiffe, Werkslokomotiven u. dergl. nicht zu den Straßen- und Kleinbahnen gehören, bestehen z. Z. keine

1. Im Gegensatz zu den mit Buchstaben bezeichneten Absätzen, die grundsätzliche **Vorschriften** darstellen, enthalten die mit Ziffern versehenen Absätze **Ausführungsregeln.** Letztere geben an, wie die Vorschriften mit den üb-

---

Vorschriften. Siehe auch Anmerkung 6, Abs. 2. Fahrkrane, Drehkrane und ähnliche bewegliche Hebezeuge gelten nicht als Fahrzeuge im Sinne des § 1, hier gelten also die Errichtungsvorschriften.

5) In einer früheren Fassung der Vorschriften waren elektrochemische Anlagen ganz ausgeschlossen. Die jetzige Fassung beschränkt diese Ausnahme auf elektrochemische Betriebsapparate. Die Erfahrung hat nämlich gezeigt, daß es sehr wohl möglich ist, auch in elektrochemischen Fabriken den Vorschriften zu genügen, soweit die Erzeugung des Stromes und die zur Beleuchtung und Kraftübertragung bestimmten Einrichtungen in Frage kommen. Nur diejenigen Teile, welche unmittelbar den Zwecken der Elektrochemie dienen, unterliegen in der Tat vielfach besonderen Bedingungen, die von der Eigenart des jeweils verfolgten Zweckes abhängen. Sie sollen daher von der Einhaltung dieser Vorschriften entbunden sein. Bei ihrem Aufbau und Ausbau muß es dem Fachmanne überlassen bleiben, die Anforderungen des Betriebes mit den Grundsätzen der Sicherheit in Einklang zu bringen. Auch hier ist die Voraussetzung maßgebend gewesen, daß die Handhabung dieser Betriebsapparate ausschließlich von geschultem Personal geübt wird. Beispiele hierher gehöriger Apparate sind die Einrichtungen zur Galvanoplastik, zur elektrochemischen Darstellung und Reinigung von Metallen, zur Erzeugung von Chlor und Alkali, von Kalziumkarbid, Ozon, Stickstoffverbindungen usw. Dem Umstande, daß gewisse Teile elektrochemischer und elektrothermischer Anlagen besonders niedrige Spannung führen, ist durch § 3a Satz 2 Rechnung getragen.

Nicht nur in elektrochemischen Betrieben, sondern auch in solchen chemischen Fabriken, die die Elektrizität nur als Hilfskraft benützen, ist der zerstörende Einfluß zu beachten, den die verarbeiteten oder erzeugten Stoffe auf die Teile der elektrischen Anlage ausüben können. Z. B. wird Gummi von Ölen und Fetten, Metall von Fettsäuren, Marmor von Chlor angegriffen. Die Hilfsmittel, mit denen die Errichtungsvorschriften erfüllt werden, müssen daher der Natur dieser Stoffe und der Art ihres Auftretens angepaßt werden. Einzelheiten hierüber sind jedoch nicht in die Vorschriften aufgenommen.

6) Bisher waren auch Probierräume und Laboratorien von den Vorschriften ausgenommen; jetzt sind Prüffelder und Laboratorien im § 37 behandelt.

Für die einzelnen Gattungen von elektrischen Einrichtungen, die von den vorliegenden Vorschriften ausgenommen sind, bestehen entweder besondere Vorschriften oder es ist die Aufstellung von solchen nicht für nötig oder nicht für durchführbar erachtet worden. Dies bedeutet jedoch nicht, daß bei solchen Einrichtungen jede beliebige Anordnung als sachgemäß anzuerkennen ist. Soweit die Gewerbeordnung Anwendung findet, gilt auch für diese Teile der § 120a der G.-O.: „Die Gewerbeunternehmer sind verpflichtet, die Arbeitsräume, Betriebsvorrichtungen, Maschinen und Gerätschaften so einzurichten und zu unterhalten und den Betrieb so zu regeln, daß die Arbeiter gegen Gefahren für Leben und Gesundheit soweit ge-

lichen Mitteln im allgemeinen zur Ausführung gebracht werden sollen, wenn nicht im Einzelfall besondere Gründe eine Abweichung rechtfertigen.[7] [8])

Die zwischen ⚒ | | stehenden Zusätze gelten nur für elektrische Starkstromanlagen in Bergwerken unter Tage, abgekürzt in: B. u. T.[9])

A. Erklärungen.

§ 2.

a) Niederspannungsanlagen[1]) sind solche Starkstromanlagen, bei welchen die effektive Gebrauchs-

---

schützt sind, wie es die Natur des Betriebes gestattet. — Ebenso sind diejenigen Vorrichtungen herzustellen, welche zum Schutze der Arbeiter gegen gefährliche Berührungen mit Maschinen oder Maschinenteilen oder gegen andere in der Natur der Betriebe liegende Gefahren, namentlich auch gegen die Gefahren, welche aus Fabrikbränden erwachsen können, erforderlich sind. — Endlich sind diejenigen Vorschriften über die Ordnung des Betriebes und das Verhalten der Arbeiter zu erlassen, welche zur Sicherung eines gefahrlosen Betriebes erforderlich sind."

7) Über das Verhältnis der Vorschriften zu den Ausführungsregeln und zu den Normalien vergl. Einleitung S. 6. Einzelne Normalien, z. B. die Normalien für isolierte Leitungen, sind ihrer Bedeutung nach den Regeln gleich gesetzt. Dies ist alsdann im Wortlaut der vorliegenden Vorschriften ausdrücklich erwähnt. Siehe z. B. § 19 Regel 2, § 22 Regel 2.

8) Die frühere Fassung der Vorschriften enthielt die ausdrückliche Bestimmung, daß sie keine rückwirkende Kraft haben sollten. Soweit die jetzige Fassung einer behördlichen Überwachung der Anlagen zur Grundlage dient, wird bei älteren Anlagen § 120d der G.-O. Abs. 3 sinngemäße Anwendung finden, welcher sagt: „Den bei Erlaß dieses Gesetzes bereits bestehenden Anlagen gegenüber können, solange nicht eine Erweiterung oder ein Umbau eintritt, nur Anforderungen gestellt werden, welche zur Beseitigung erheblicher, das Leben, die Gesundheit der Arbeiter gefährdender Mißstände erforderlich oder ohne unverhältnismäßige Aufwendungen ausführbar erscheinen." Vgl. auch Betriebs-Vorschr. § 2a).

9) Sonderbestimmungen für B. u. T. waren bereits i. J. 1902 den Vorschriften angegliedert worden. Ihre jetzige Fassung ist unter Mitwirkung der deutschen Bergbehörden zu Stande gekommen. Vgl. die Fußnote S. 8.

§ 2. 1) Seit dem Jahre 1903 sind die Vorschriften für die Errichtung elektrischer Starkstromanlagen in zwei Abteilungen: für Niederspannung und für Hochspannung gegliedert. Diese Unterscheidung ist auch in der vorliegenden Fassung beibehalten. Doch ist nicht für jedes der beiden Spannungsgebiete eine in sich vollständige Vorschrift aufgestellt, sondern diejenigen Bestimmungen, welche für beide Spannungsbereiche gemeinsam gelten, sind nur einmal (in gewöhnlichem Druck) angeführt, während durch besonderen Druck hervorgehoben nur diejenigen Forderungen angegeben sind, die bei Anlagen mit Hochspannung verschärfend zu den allgemein gültigen Bestimmungen hinzutreten.

Dabei ist das Gebiet der Niederspannung gegenüber der

spannung[2]) zwischen irgend einer Leitung und Erde 250 V nicht überschreiten kann; bei Akkumulatoren ist die Entladespannung maßgebend.

---

ursprünglichen Umgrenzung dahin erweitert, daß es auch Anlagen umfaßt, welche Spannungen bis zu 500 Volt zwischen irgend zwei Leitungen aufweisen, wenn nur dafür gesorgt ist, daß die Spannung gegen Erde an keiner Stelle 250 Volt überschreiten kann. Hierfür war hauptsächlich die Absicht bestimmend, daß Dreileiteranlagen mit Spannungen bis zu 2 × 250 Volt, wenigstens insoweit sie mit geerdetem Mittelleiter arbeiten, durch ein und dieselbe Vorschrift in allen ihren Teilen beherrscht werden sollten, und man ging von der Überlegung aus, daß für die Lebensgefahr in erster Linie die bei Erdschlüssen in Wirkung tretende Spannung maßgebend sei, da das Einschalten des menschlichen Körpers zwischen eine Leitung und Erde weit häufiger zu fürchten sei als zwischen zwei Außenleitern. Dasselbe gilt für Drehstromanlagen mit geerdetem neutralen Leiter. ETZ 1910, S. 1322, N. 231. Hat z. B. ein Drehstromnetz mit Nulleiter 380 Volt zwischen den Außenleitern und 220 Volt zwischen Phasenleiter und Nulleiter, so sind die Niederspannungsvorschriften nur anwendbar, wenn durch richtige Abmessungen des Nulleiterquerschnitts, seiner Erdungen und der Sicherungen in den Außenleitern oder durch andere besondere Vorkehrungen, wie Anschluß der Konstruktionsteile, die Spannung annehmen können, an den Nulleiter (Nullung) dafür gesorgt wird, daß eine höhere Spannung als 250 Volt zwischen irgend einem Teil der Anlage und Erde nicht auftreten kann. Ob diese Bedingung erfüllt ist, bedarf im Einzelfall sorgfältiger Erwägung. ETZ 1914, S. 102, 132, 166, 400. Sollte eine Dreileiteranlage mit einem Außenleiter an Erde gelegt sein und an den beiden anderen etwa die Spannungen 200 und 400 Volt gegen Erde aufweisen, so unterliegt sie den Vorschriften für Hochspannung. ETZ 1902, S. 941, N. 22. Ebenso Drehstromanlagen mit z. B. 500 Volt Spannung zwischen zwei Zuleitungen, auch dann, wenn der neutrale Punkt an Erde liegt, weil die Spannung in jedem Leiter auf 300 Volt gegen den neutralen ansteigt.

Unter Umständen ist es zulässig, einen Teil einer Anlage nach den Vorschriften für Niederspannung auszuführen, obwohl in andern Teilen Hochspannung vorkommt. Bedingung dafür ist, daß dieser Teil eine gewisse Selbständigkeit aufweist, wie sie z. B. bei Wechselstromanlagen mit Transformatoren dem sekundären Netz gegenüber dem Primärteil zukommt, wenn der Übertritt von Hochspannung verhindert ist, wie dies § 4 (vgl. diesen) vorschreibt.

Besteht ein unmittelbarer leitender Zusammenhang zwischen Teilen, die verschiedenen Spannungsbereichen angehören, so dürfen die Vorschriften der Niederspannung nur insoweit Platz greifen, als die Teile mit Niederspannung von den Teilen mit Hochspannung räumlich getrennt sind. Ein Beispiel hierfür wäre etwa ein Fünfleiternetz mit 4 × 200 Volt und geerdetem Mittelleiter. Hier dürfen die beiden mittleren Zweige, die unmittelbar am geerdeten Nulleiter liegen, nach Niederspannung behandelt werden, sofern sie allein in den betreffenden Raum, das Haus usw. eingeführt sind; diejenigen Zweige dagegen, die an den Außenleitern liegen, sowie die Teile der Anlage, in welchen alle fünf Leiter nebeneinander vorkommen, unterliegen den Bestimmungen für Hochspannung. Wie weit im einzelnen Falle die zu fordernde räumliche Trennung

Alle übrigen Starkstromanlagen gelten als Hochspannungsanlagen.

b) Feuersichere, wärmesichere und feuchtigkeitssichere Gegenstände.[3])

Feuersicher ist ein Gegenstand, der entweder nicht entzündet werden kann oder nach Entzündung nicht von selbst weiterbrennt.[3])

---

gewahrt ist, bleibt der fachmännischen Erwägung überlassen. Es kann z. B. in sehr großen Fabrikhallen, Bahnhofshallen und dergl. eine genügende Trennung als vorhanden anerkannt werden, wenn die der Niederspannung angehörigen Teile auf der einen Längs- oder Querseite, die der Hochspannung auf der andern Seite liegen und die Ausläufer beider Teile nicht ineinander greifen. ETZ 1902, S. 1133, N. 23.

Weitere Fälle, in denen die Unterscheidung nach der besonderen Sachlage getroffen werden muß, sind die, daß an eine Niederspannungsanlage eine Zusatzmaschine angeschlossen und so, etwa zum Betriebe von Motoren, ein Hochspannungskreis geschaffen wird oder daß ein Stromkreis der Anlage nur vorübergehend Hochspannung führt; z. B. ein Motor während des Anlassens. Vgl. ETZ 1909, S. 497, N. 207; 1910, S. 1322, N. 228. Auch bei Verwendung von Spartransformatoren oder Gleichstromeinankerumformern ist besonders zu erwägen, ob der die kleinere Spannung führende Stromkreis gegen den Übertritt der höheren Spannung sicher genug geschützt ist, um als Niederspannungskreis behandelt zu werden.

Eine untere Grenze besteht für den Bereich der Niederspannungsvorschriften nicht; auch Anlagen mit sehr kleinen Spannungen müssen die Vorschriften erfüllen, wenn sie als Starkstromanlagen gelten. ETZ 1911, S. 743, N. 234. Besondere Erleichterungen sind für sehr niedrige Spannungen in den §§ 3a und 8d zugelassen.

2) Maßgebend ist die Gebrauchsspannung, d. h. die an den Stromverbrauchern herrschende. Wenn also z. B. ein Netz für 2 × 220 Volt eingerichtet ist, hierbei aber etwa infolge großer Entfernung der Zentrale der Spannungsabfall in den Speiseleitungen den Betrag von 60 Volt überschreiten sollte, so daß die Stromerzeuger etwa mit 510 Volt arbeiten müßten, so soll diese Anlage noch nach den Vorschriften für Niederspannung behandelt werden.

Ebenso soll die für die Ladung von Akkumulatoren etwa notwendige Überspannung nicht die Einreihung der Anlage unter die schärferen Vorschriften für Hochspannung zur Folge haben, wenn bei der Entladung die Gebrauchsspannung 250 Volt gegen Erde nicht überschreitet.

3) Die Erklärungen unter b) sind ausdrücklich für die Gegenstände und nicht für die Stoffe gegeben. Die Prüfung durch Versuch darf also nicht etwa an einem beliebigen Splitter des Gegenstandes oder des Rohmaterials, aus dem er hergestellt ist, vorgenommen werden. Vielmehr ist seine Verwendungsform, also auch die Gestalt und Oberflächenbeschaffenheit, bei Gegenständen, die aus mehreren Stoffen zusammengebaut sind, die Art des Aufbaus maßgebend.

Eine weitergehende Kennzeichnung der üblichen Baustoffe nach ihrer Brauchbarkeit für die verschiedenen Zwecke ist vom V. D. E. in Aussicht genommen.

Wärmesicher ist ein Gegenstand, der bei der höchsten betriebsmäßig vorkommenden Temperatur keine den Gebrauch beeinträchtigende Veränderung erleidet.

Feuchtigkeitssicher ist ein Gegenstand, der sich im Gebrauch durch Feuchtigkeitsaufnahme nicht so verändert, daß er für die Benutzung ungeeignet wird.

c) Freileitungen. Als Freileitungen gelten alle oberirdischen Leitungen außerhalb von Gebäuden, die weder eine metallische Schutzhülle noch eine Schutzverkleidung haben.[4]) Als Freileitungen sind nicht anzusehen Fahrleitungen,[5]) sowie Leitungen für Installationen im Freien[6]) an Gebäuden, in Höfen, Gärten und dergleichen, bei denen die Entfernung der Stützpunkte 20 m nicht überschreitet.

d) Elektrische Betriebsräume. Als elektrische Betriebsräume gelten Räume, die wesentlich zum Betriebe elektrischer Maschinen oder Apparate dienen und in der Regel nur unterwiesenem Personal zugänglich sind.[7])

---

4) Als Schutzverkleidung im Sinne des § 2c gelten nicht die Schutznetze, Schutzleisten, Schutzdrähte, die die Freileitungen an der Berührung mit andern Leitungen oder am Herabfallen hindern sollen.

Die in den Vorschriften erwähnten Hilfsmittel zum Schutze von Leitungen sind:

Schutzhülle: ein eng an der Leitung anliegender Überzug, der hauptsächlich die darunter liegende Isolierhülle des Leiters vor Zerstörung bewahrt. Z. B. Bleimantel, Blechmantel des Rohrdrahtes, Hülle der Panzerader.

Schutzverkleidung: eine in sich selbständige Vorkehrung, die mechanische Einwirkungen stärkeren Grades hintanhalten kann; z. B. Isolier- oder Metallrohr, Kabeleisen, Verschalung aus Holz oder Blech.

Schutzüberzug: meist nur gegen chemische Angriffe in Gestalt eines Anstriches oder dergl. verwendet.

Berührungsschutz: hauptsächlich als Schutzdraht, Schutzleiste, Schutznetz auftretend.

5) Fahrleitungen, soweit sie Straßenbahnen und diesen ähnlichen Kleinbahnen zugehören, unterliegen den Bahnvorschriften. Fahrleitungen in Gebäuden sind in § 24a, solche für Grubenbahnen in § 42 behandelt; andere Fahrleitungen z. B. für fahrbare Arbeitsmaschinen, Laufkräne oder Werkslokomotiven im Freien werden im § 23 erwähnt.

6) Über Installationen im Freien vgl. § 23; zu ihnen gehören u. a. auch die auf Dächern und an Wänden angebrachten Reklamebeleuchtungen.

7) Die elektrischen Betriebsräume (vgl. § 28) können Teile eines andern Raumes, z. B. einer Fabrikhalle sein, wenn der Zutritt zu ihnen durch Schranken, Gitter oder dergl. der Vorschrift gemäß beschränkt ist; unter diesen Bedingungen z. B. der ganze betretbare Raum eines elektrischen Laufkranes oder sein Führerstand. Auch Akkumulatorenräume gelten als elektrische Betriebsräume (§ 32a). Um einen Raum als „elektrischen Betriebsraum" bezeichnen und in ihm von den hierfür zugestandenen Erleichterungen Gebrauch machen zu dürfen, ist es nicht notwendig, daß er ausschließlich elektrische Maschinen enthält.

e) Abgeschlossene elektrische Betriebsräume. Als abgeschlossene elektrische Betriebsräume werden solche Räume bezeichnet, welche nur zeitweise durch unterwiesenes Personal betreten, im übrigen aber unter Verschluß gehalten werden, der nur durch beauftragte Personen geöffnet werden darf.[8])

f) Betriebsstätten. Als Betriebsstätten werden diejenigen Räume bezeichnet, welche im Gegensatz zu elektrischen Betriebsräumen auch anderen als elektrischen Betriebsarbeiten dienen und nicht unterwiesenem Personal regelmäßig zugänglich sind.[9])

g) Feuchte, durchtränkte und ähnliche Räume. Als solche gelten Betriebs- oder Lagerräume gewerblicher und landwirtschaftlicher Anlagen, in welchen erfahrungsgemäß durch Feuchtigkeit oder Verunreinigungen (besonders chemischer Natur) die dauernde Erhaltung normaler Isolation erschwert oder der elek-

---

Es kann z. B. auch der von der elektrischen Maschine angetriebene Ventilator, eine Pumpe oder dergl. dort stehen. ETZ 1904, S. 362, N. 5. Auch können in dem Raum neben elektrischen Erzeugermaschinen noch deren Antriebsmaschinen sowie andere Treibmaschinen stehen; neben elektrischen Motoren kann er andere Motoren enthalten. Dagegen muß streng gefordert werden, daß ein derartiger Raum in der Regel nur instruiertem Personal zugänglich ist, und daß er den Charakter eines reinen Kraftwerkes hat, in welches nicht etwa Rohstoffe offen hineingeschafft und Fertigprodukte offen herausgeschafft werden. Auf welche Art ein solcher Raum von seiner Umgebung getrennt sein muß, hängt von der Art der Umgebung ab. Wo betriebsmäßig Staub oder Fasern auftreten (in gewissen Teilen von Mühlen, Spinnereien, Schreinereien ohne wirksame Staubentfernung), wird man dichte Wände fordern, während unter andern Umständen fest angebrachte Schranken genügen können. ETZ 1910, S. 196, N. 220[2].

8) Beispiele: Die Transformatorenkammern von Elektrizitätswerken; der Raum hinter einer Schalttafel, wenn er unter Verschluß gehalten wird. Der Verschluß muß vorhanden sein und kann nicht etwa durch eine Kette, Schranke oder dergl. oder durch ein Eintrittsverbot ersetzt werden. ETZ 1911, S. 744, N. 240. Verschließbare Aufbauten, wie Schaltsäulen, Transformatorsäulen, die nicht zum Betreten des abgeschlossenen Raumes eingerichtet sind, gelten nicht als abgeschlossene elektrische Betriebsräume. Vgl. auch § 5e der Betriebsvorschriften.

9) Betriebsstätten sind demnach in erster Linie alle die Räume, welche gewöhnlich als Werkstätten bezeichnet werden. Ihre besondere Bedeutung für die Beschaffenheit und Behandlung der elektrischen Anlagen liegt hauptsächlich in dem Umstande, daß in ihnen vielfache Hantierungen schwerer oder sperriger Gegenstände vorkommen, so daß die Gefahr der Beschädigung für Leitungen, Apparate und Stromverbraucher größer ist als in Schreibstuben, Läden und Wohnräumen; während anderseits nicht vorausgesetzt werden kann, daß die elektrische Einrichtung mit derselben Sachkenntnis und Aufmerksamkeit behandelt werde, wie in elektrischen Betriebsräumen. In letzteren sind die elektrischen Einrichtungen Hauptsache, in Betriebsstätten sind sie nur Hilfsmittel.

trische Widerstand des Körpers der darin beschäftigten Personen erheblich vermindert wird.[10])

Heiße Räume sind als durchtränkte zu betrachten, wenn die darin beschäftigten Personen ähnlichen Einwirkungen ausgesetzt sind.[11])

h) Feuergefährliche Betriebsstätten und Lagerräume. Als feuergefährliche Betriebsstätten und Lagerräume gelten Räume, in denen leicht entzündliche Gegenstände hergestellt, verarbeitet oder angehäuft werden, sowie solche, in welchen sich betriebsmäßig entzündliche Gemische von Gasen, Dämpfen, Staub oder Fasern bilden können.[12])

i) Explosionsgefährliche Betriebsstätten und Lagerräume. Als explosionsgefährlich gelten Räume, in denen explosible Stoffe hergestellt, verarbeitet oder aufgespeichert werden oder leicht explosible Gase, Dämpfe oder Gemische solcher mit Luft erfahrungsgemäß sich ansammeln.[13])

---

10) Beispiele sind gewisse Teile von Kellereien, Gerbereien und ähnliche Betriebsräume. Vgl. § 31.

11) Die Schweißabsonderung auf der Haut wirkt gefahrerhöhend, weil sie den Übergangswiderstand auf den menschlichen Körper verkleinert. Dies ist in engen Backstuben, Heizräumen, Trockenkammern usw. zu beachten. Um so mehr, wenn sie ungenügend ventiliert sind und wenn der Fußboden gut leitet, z. B. feucht ist oder aus Metall besteht.

12) Als Räume der bezeichneten Art kommen u. a. in Betracht gewerbliche und landwirtschaftliche Betriebe, in welchen die Gefahr der Entzündung von Staub (Brikettfabriken, Korkmühlen etc.), leicht brennbaren Gasen (Gasfabriken etc.), leicht brennbaren Flüssigkeiten (Benzinwäschereien, Ätherfabriken etc.), leicht brennbaren Gegenständen (Flachsschwingereien, Wattefabriken, Spinnereien für pflanzliche Spinnstoffe, Zelluloid- und Zelluloidwarenfabriken etc.) vorliegt.

Es ist jedoch zu beachten, daß im Einzelfalle die Betriebsräume aus der Klasse der gefährdeten ausscheiden können, wenn geeignete Vorkehrungen dies rechtfertigen. So z. B. Abfüllstationen für entzündliche Flüssigkeiten, soweit die Arbeit mit flammenstickenden Gasen unter Ausschluß von Luft vorgenommen wird, Holzbearbeitungsfabriken, soweit durch mechanisches Absaugen für Beseitigung der brennbaren Abfälle und des Staubes an der Entstehungsstelle gesorgt ist. Sinngemäß werden z. B. auch in chemischen Fabriken Räume, in denen etwa Benzin, Schwefelkohlenstoff, Anilin u. dergl. benützt wird, dann nicht mehr als besonders gefährdet zu betrachten sein, wenn die benützten Behälter, Apparate, Leitungen etc. so eingerichtet sind und gebraucht werden, daß sich entzündliche Gemische nicht betriebsmäßig bilden können.

13) Für Betriebe zum Herstellen und Aufspeichern von Sprengstoffen bestehen die im § 35 d erwähnten behördlichen Sondervorschriften. Andere Räume, in denen explosible Gase oder Gasgemische usw. auftreten können, gehören zu den explosionsgefährlichen, wenn sich diese Gemische usw. betriebsmäßig in dem Raume bilden, z. B. durch Ausbreiten der entzündlichen, leicht verdampfenden Flüssigkeiten auf größeren Flächen im lufterfüllten offenen Raume, wie in manchen

⚒ k) Schlagwettergefährliche Grubenräume. Als schlagwettergefährliche Grubenräume gelten diejenigen, welche von der zuständigen Bergbehörde als solche bezeichnet werden; alle anderen gelten als nicht schlagwettergefährlich.[14])

B. Allgemeine Schutzmaßnahmen.*)[1])

§ 3.

Schutz gegen Berührung.[2])

a) Die unter Spannung gegen Erde[3]) stehenden nicht mit Isolierstoff bedeckten Teile[4]) müssen im

---

Benzinwäschereien; ferner wenn zwar Einrichtungen, um das Entstehen gefährlicher Gasgemische zu verhindern, in Anwendung sind, trotzdem aber „erfahrungsgemäß", d. h. auf Grund einer Reihe von Tatsachen, eine Explosionsgefahr als fortbestehend in technischen Kreisen anerkannt wird. Wenn dagegen durch die Apparatur usw. dafür gesorgt ist, daß nur durch grobe Unvorsichtigkeit oder unglücklichen Zufall explosible Gase sich bilden können, so gelten die Räume nicht als besonders gefährdet. Insbesondere sind Räume, in denen Benzol oder dergl. in geschlossenen Gefäßen verarbeitet wird, nicht als explosionsgefährlich zu betrachten. Wenn aus solchen Gefäßen gelegentlich, z. B. durch Undichtheit, die entzündliche Flüssigkeit oder ein Gemisch ihrer Dämpfe mit Luft austritt, so ist dies nicht als „erfahrungsgemäßes Ansammeln" im Sinne des § 2i anzusehen. Ebensowenig gelten Räume, die mit einer Leuchtgasleitung ausgestattet sind oder in denen eine Gasuhr aufgestellt ist, als besonders gefährdet.

14) Eine allgemein gültige Kennzeichnung der schlagwettergefährlichen Grubenräume läßt sich nicht aufstellen, weil die Gefährlichkeit von mehreren verschiedenen Faktoren abhängt. Die Entscheidung kann daher nur für den Einzelfall erfolgen und steht der Bergbehörde zu. Als schlagwetternichtgefährliche Grubenräume gelten auf Bergwerken oder Teilen von Bergwerken, in denen der Gebrauch des offenen Lichts nicht allgemein gestattet ist, der Regel nach die im einziehenden Wetterstrom gelegenen Schächte, Füllörter, Maschinenräume, Querschläge und Grundstrecken, soweit keine abweichende Entscheidung der zuständigen Bergbehörde ergeht.

Sonstige Räume, insbesondere im ausziehenden Wetterstrom belegene, sind als schlagwetter**nicht**gefährlich nur anzusehen, wenn sie ausdrücklich von der zuständigen Bergbehörde als solche bezeichnet sind.

Im Einzelfall kann unter besonderen Verhältnissen ein Raum schlagwettergefährlich sein, trotzdem er im einziehenden, oder nicht gefährlich sein, trotzdem er im ausziehenden Wetterstrom liegt.

B. 1) Im Abschnitt B sind unter §§ 3, 4 u. 5 einige grundsätzliche Maßnahmen an die Spitze der Vorschriften gestellt, sowohl um ihre Bedeutung zu betonen, als auch um in den späteren Abschnitten der vielfachen Wiederholung enthoben zu sein. Solchen Wiederholungen ist man jedoch an einzelnen Stellen, wo sie sich besonders aufdrängten, absichtlich nicht aus dem Wege gegangen.

---

*) Vgl. auch „Leitsätze für Schutzerdungen".

Handbereich[5]) gegen zufällige Berührung[6]) geschützt sein. Bei Spannungen bis 40 V gegen Erde ist dieser Schutz im allgemeinen entbehrlich.[7]) (Weitere Ausnahme siehe § 28a.)

---

§ 3. 2) Der Schutz gegen Berührung wird im § 3 nur hinsichtlich der Gefahren, die beim Übertritt der Elektrizität auf den menschlichen Körper erwachsen, d. h. es wird nur der Schutz der Personen, nicht aber der Schutz der Leitungen und Apparate gegen schädliche mechanische und chemische Einwirkungen behandelt.

3) Die nicht unter Spannung gegen Erde stehenden, also geerdeten Teile, z. B. geerdete Leitungen, bedürfen unter Umständen ebenfalls eines Schutzes, zwar nicht um Menschen vor der Berührung mit den Leitungen, aber um die Leitungen gegen Beschädigung zu schützen. Vgl. § 21.

4) Für blanke Teile gilt Abs. a) sowohl bei Niederspannung als bei Hochspannung. Im letzteren Bereich mit der Maßgabe, daß zu den Bestimmungen unter a) noch die weitergehenden Forderungen b) und c) hinzutreten.

5) Der Umfang des Handbereichs hängt von der Örtlichkeit ab. Sind Stufen, Auftritte, Galerien, Maschinen- oder Betriebsteile vorhanden, die dem Zutritt offen stehen, so ist der Handbereich von diesen aus zu bemessen. Auch die normalerweise gehandhabten Gegenstände, Werkzeuge u. dgl. sind sinngemäß zu berücksichtigen.

6) Eine zufällige Berührung ist diejenige, die bei der bestimmungsmäßigen Benutzung des Raumes und der in ihm vorhandenen Einrichtungen ungewollt eintreten kann. Gegen mutwillige oder sonst absichtliche Berührung ist ein Schutz oft nicht durchführbar oder bei der Vielgestaltigkeit der mit Niederspannung arbeitenden elektrischen Hilfsmittel mit deren Zweck nicht vereinbar. Die Schutzeinrichtungen gegen zufällige Berührung können daher so beschaffen sein, daß sie einen beabsichtigten Eingriff nicht hindern, wie er etwa zum Einstellen von Bürsten, zum Ölen, zum Nachbearbeiten eines Kollektors während des Betriebs usw. nötig ist. Bei Widerständen und Heizapparaten sind Gitter dienlich, auch wenn sie das absichtliche Durchgreifen der Finger zulassen. Kommutatoren und Bürsten von Motoren sind entweder dem Handbereich zu entziehen, indem man den Motor selbst so aufstellt, daß er nur mittels besonders herbeigerückter Leitern oder nach Öffnen von Türen u. dgl. zugänglich wird, oder es sind diese Teile hinter vorstehenden Teilen der Maschine wie hinter den Magneten, Lagerböcken, Lagerschildern, in passend angebrachten Vertiefungen oder Nischen anzuordnen, oder es ist die ganze Maschine mit einer Schranke zu umgeben. Blanke Anschlußklemmen von Motoren usw. sind mit Kappen abzudecken. ETZ 1910, S. 1322, N. 228. Steckkontakte müssen so gebaut und angebracht sein, daß die flach aufliegende Hand nicht auf blanke Teile treffen kann. Lampenfassungen, Schalter u. dgl. sind an ihren spannungführenden blanken Teilen mit metallischen oder isolierenden Hülsen, Kappen, stulpenartig übergreifenden Ringen oder ähnlichen Vorkehrungen auszurüsten. Vgl. die Wiederholung in §§ 6c, 7c, 16a, 16c. Auch die mittelbare Berührung, z. B. durch das Öffnen eines eisernen Fensterrahmens, ist zu verhüten. Gegen zufällige Berührung schützen auch Schranken, Abweiseleisten, besonders wenn sie mit Warnungszeichen versehen sind.

⚒ Für Fahrleitungen von Bahnen in Bergwerken unter Tage gelten besondere Vorschriften (siehe § 42).

1. Abdeckungen, Schutzgitter und dergleichen sollen der zu erwartenden Beanspruchung entsprechend mechanisch widerstandsfähig sein und zuverlässig befestigt werden.

b) Bei Hochspannung müssen sowohl die blanken als auch die mit Isolierstoff bedeckten unter Spannung gegen Erde stehenden Teile durch ihre Lage, Anordnung oder besondere Schutzvorkehrungen der Berührung entzogen sein. (Ausnahmen siehe §§ 6c, 8c, 28b und 29a). [8]).

c) Bei Hochspannung müssen alle nicht spannung-

---

7) Einige Arten von Werkzeugen und Betriebsvorrichtungen, z. B. solche zum elektrischen Schweißen und Löten, müssen zum ordnungsmäßigen Gebrauch an ihren blanken spannungführenden Teilen zugänglich sein. Meistens sind diese Vorrichtungen für die angegebene Spannung von nicht mehr als 40 V eingerichtet.

8) Bei Hochspannung treten zu der Bestimmung unter a) noch die verschärften Maßnahmen b) und c) hinzu, soweit nicht die besonders erwähnten Ausnahmen Platz greifen. Auch mit Isolierstoff bedeckte Teile, wie isolierte Leitungen, Wicklungen von Maschinen, z. B. die Wicklungsköpfe, sind gegen Berührung zu schützen. Eine besondere Beachtung erfordern die Teile der Maschinen usw., in denen die Hochspannung nur zeitweise auftritt. ETZ 1909, S. 497, N. 207; 1910, S. 1322, N. 228.

DerSchutz muß bei Hochspannung nicht nur zufällige Berührung hindern. Wenn die Teile der Berührung entzogen sind, so ist es doch nicht immer möglich und notwendig, daß jede absichtlich angestrebte Berührung unmöglich gemacht ist; denn gegen gewaltsame oder mit besonderen Hilfsmitteln herbeigeführte Berührungen hilft keine verfügbare Maßnahme. Die Vorschrift verlangt vielmehr, daß die Teile nicht ohne weiteres, nicht ohne Überwindung irgend eines Hindernisses oder nicht ohne Anwendung besonderer Hilfsmittel erreichbar oder zugänglich sind. Werden die Teile zu diesem Behufe in besonderer Höhe angeordnet, so ist es nötig, daß in ihrer Nähe nicht andere im Betrieb zu bedienende Gegenstände, wie Transmissionen, Ventilationsklappen oder dergl. vorhanden sind; auch die Anordnung hinter vorhandenen Bauteilen wie Lagerschildern kann die Vorschrift erfüllen; doch muß hier sinngemäß ein höherer Grad der Unzugänglichkeit verlangt werden als im Abs. a), wo nur die zufällige Berührung ausgeschlossen sein muß. Besondere Schutzvorkehrungen sind z. B. Abdeckung mit isolierenden oder metallischen Bauteilen (Marmorwand der Schalttafel, Maschinengehäuse), Verkleidung z. B. durch Rohre oder Kabelarmaturen, Kappen, Gitter. Stets muß die betriebsmäßige Handhabung der elektrischen Einrichtungen so möglich sein, daß bei sachgemäßem Vorgehen eine gefährliche Berührung vermieden wird; daher ist eine Schutzeinrichtung auch dann vorschriftsmäßig, wenn sie zum Ausführen einzelner Bedienungsgriffe und Handlungen, etwa zum Einstellen von Bürsten, zum Ölen oder Nachsehen von Lagern, vorübergehend entfernt oder geöffnet werden muß.

führenden Metallteile, die Spannung annehmen können, miteinander gut leitend verbunden und geerdet werden, wenn nicht durch andere Mittel ein gefährliches Spannungsgefälle vermieden oder unschädlich gemacht wird (siehe auch §§ 6b, 8a, 8b, 8c).[9])

2. Es empfiehlt sich auch bei Niederspannung die der Berührung zugänglichen nicht spannungführenden

---

9) Nicht nur die zur Stromleitung bestimmten, sondern auch die rein konstruktiven Metallteile können den Menschen, der sie berührt, gefährden, wenn sie durch unbeabsichtigte Verbindung mit den stromführenden Teilen oder durch überschlagende Funken, überkriechende Ströme oder durch Induktion geladen werden. Dieser Gefahr, die viele Unfälle veranlaßt hat, ist besonders schwer zu begegnen, weil sie unvermutet auftritt. Unter den hierzu dienlichen Mitteln ist eines der wirksamsten die Erdung, wenn sie auch nicht das einzige und nicht in allen Fällen das angebrachte Mittel darstellt.

Die Erdung wirkt dadurch, daß dem Strom oder der Ladung, die auf den Konstruktionsteil übergegangen sind, ein gut leitender Weg zur Erde dargeboten wird; alsdann wird, auch wenn eine Person mit den geladenen Konstruktionsteilen in Berührung gekommen ist, nur ein kleiner Stromanteil seinen Weg durch den menschlichen Körper zur Erde nehmen, während der weit überwiegende Stromanteil den rein metallischen Weg vorzieht. Es wird also ein Nebenschluß zu dem gefährdeten menschlichen Körper geschaffen. Ein anderes Mittel besteht darin, daß man in den Stromweg, der durch den menschlichen Körper nach der Erde hin möglich ist, einen Widerstand in Gestalt einer isolierenden Unterlage (oder Zwischenlage) einschaltet. Auch hierdurch wird die den Organismus durchfließende Stromstärke herabgesetzt. Beide Hilfsmittel können auch zugleich verwendet werden, wobei sie sich gegenseitig in ihrer Wirksamkeit unterstützen.

Als Teile, die Spannung annehmen können, kommen in erster Linie in Betracht: die Körper der Maschinen, die Gerüste der Schalttafeln, die Gehäuse von Schaltsäulen, Transformatoren oder Meßgeräten, die Armierung von Kabeln, metallische Schutzrohre und Umkleidungen von Leitungen usw.; namentlich auch die mit der Hand zu bedienenden Teile, wie Handräder, Hebel, Kurbeln, Griffe. Eine bestimmte Umgrenzung derjenigen Teile, welche Spannung annehmen können, daher geerdet oder durch andere Mittel gefahrlos gemacht werden müssen, ist in der Vorschrift nicht gegeben. Maßgebend sind die Höhe der wirksamen Spannung, Güte und Abmessung der als Träger oder Umhüllung der betriebsmäßig spannungführenden Teile dienenden Isolierkörper, sowie die Entfernung der nicht spannungführenden Metallteile von den spannungführenden. Doch ist zu beachten, daß auch gute und große Isolierkörper durch Risse, Oberflächenschichten (Schmutz) oder ihre Flächen überbrückende Fremdkörper (Drähte usw.) ihren Dienst versagen können. Im allgemeinen können Metallteile, die sich im Bereiche der Hochspannung befinden, eine besondere Erdung dann entbehren, wenn sich zwischen ihnen und den spannungführenden Teilen ein anderer geerdeter Metallteil befindet. Über den Wortlaut der Vorschrift hinaus ist zu beachten, daß auch nichtmetallische Teile unter Umständen Spannung annehmen und gefährlich werden können; z. B. Holz, Mauern, Säulen und Fußböden aus Stein, besonders wenn sie feucht sind. Weitere Einzelheiten

Metallteile (Abdeckungen, Schutzgehäuse und dergleichen) zu erden, soweit nach Maßgabe der örtlichen Verhältnisse eine besondere Gefahr besteht und die Erdung zuverlässig ausführbar ist.[10])

3. Als Erdung gilt eine gut leitende Verbindung mit der Erde. Sie soll so ausgeführt werden, daß in der Umgebung des geerdeten Gegenstandes (Standort von Personen) ein den örtlichen Verhältnissen entsprechendes tunlichst ungefährliches allmählich verlaufendes Potentialgefälle erzielt wird.[11]) Als der Erdung gleich-

---

sind in den „Leitsätzen für Schutzerdungen" zusammengestellt (siehe den Anhang 2 dieses Buches).

Über „andere Mittel" siehe unter [10]) und bei § 6 unter [3]) und [4]).

10) Eine besondere Gefahr besteht u. a. in dauernd feuchten Räumen oder dort, wo die elektrischen Einrichtungen der Gefahr einer Beschädigung besonders ausgesetzt sind. Ist eine zuverlässige Erdung nicht erreichbar, so ist auch hier der Schutz durch „andere Mittel" zu verwirklichen. Solche Mittel sind z. B. Ersatz der metallischen Umkleidungen, Handhaben, Griffe usw. durch solche aus Isolierstoff, sichere Abtrennung der spannungführenden Metallteile von den der Berührung ausgesetzten durch gute und reichlich bemessene Isolierkörper, isolierende Auskleidung und Umkleidung der bedenklichen Teile, von Erde isolierte Standplätze für die Bedienenden. Vgl. § 6 unter [3]) und [4]).

11) Eine für alle Fälle zutreffende einfache Regel für die Ausführung der Erdung kann nicht aufgestellt werden. Keineswegs kann jede leitende Verbindung mit der Erde als zuverlässiges Sicherungsmittel gelten, selbst wenn ihr elektrischer Widerstand kleine Beträge aufweist. Es müssen die im Einzelfall vorliegenden Verhältnisse sorgsam berücksichtigt werden. In vielen Fällen ist eine wirksame Erdung nur mit Schwierigkeiten oder unter großem Aufwand herzustellen, manchmal ist sie unausführbar.

Um nämlich die beim Übertritt der Hochspannung im geerdeten Teil auftretenden Stromstärken, die ungewöhnliche Beträge erreichen können, so abzuführen, daß gefährliche Spannungen vermieden werden, bedarf es unter Umständen erheblicher Querschnitte. Es ist danach zu streben, daß die Spannung zwischen den Punkten, zwischen welche eine Person eingeschaltet sein kann, also z. B. zwischen dem mit der Hand berührten und dem vom Fuß betretenen Punkt, tunlichst herabgemindert wird. Daher werden alle zu erdenden Teile unter sich gut leitend verbunden und es wird auch der Fußboden, soweit er vollständig oder unvollständig leitend ist, mit dieser Erdleitung in leitende Verbindung gebracht. So können ausgedehnte Maschinenfundamente oder Maschinengehäuse, Eisengalerien, Eisentreppen und ähnliche Standorte durch Verbindung mit den der Berührung mit der Hand ausgesetzten Teilen als Erde wirksam gemacht werden. Es kommt dann weniger darauf an, daß diese Teile selbst durch sehr geringe Widerstände mit der Erde in Verbindung stehen, sofern nur die in Betracht kommenden Personen niemals zwischen die gut und die schlecht geerdeten Oberflächen eingeschaltet sein können. ETZ 1910, S. 196, N. 221. Vgl. § 6 b) unter [4]).

Ist die in Wirkung tretende Spannung sehr hoch und ein kurzer Stromweg großen Querschnitts nach der Erde nicht er-

wertig gilt die Verbindung mit dem geerdeten neutralen Leiter.[12])

4. Als Erder dienen Erdplatten, Erdbänder, Drahtverzweigungen, vorhandene Rohrnetze, Gitterwerke, Eisenkonstruktionen, Schienen usw.[13])

---

reichbar, wenn sich z. B. der dem Stromübergang ausgesetzte Konstruktionsteil, etwa als Kabelarmatur, im oberen Geschoß eines Gebäudes oder wenn er sich, etwa als Mast, in schlecht leitendem Erdreich befindet, so können in dem ihn umgebenden Fußboden beim Stromübergang erhebliche Potentialgefälle auftreten, die selbst dem, der den Konstruktionsteil nicht unmittelbar berührt, gefährlich werden. Es muß dann für eine so große Ausbreitung der Stromflächen gesorgt werden, daß das Potentialgefälle in der Richtung von dem fraglichen Teil nach außen hin durch Verminderung der Stromdichte herabgedrückt wird. Um einen Mast wird man z. B. ein konzentrisches System von metallischen, durch Radien verbundenen Leitern (Metallscheiben, Drahtseilen) in den Fußboden oder das Erdreich einlegen und kann so die Gefahr beseitigen. Vgl. Uppenborn, ETZ 1901, S. 380, Wilkens, ETZ 1902, S. 1129. Die Leitsätze für Schutzerdungen (siehe Anhang 2 dieses Buches) bezeichnen ein Potentialgefälle im Sinne der Regel 3, also die Spannung zwischen zwei Punkten, zwischen die ein Mensch eingeschaltet sein kann, dann als ungefährlich, wenn sie nicht mehr als 125 Volt beträgt und zugleich die zwischen den Punkten vorhandene leitende Verbindung nicht mehr als 1000 Ohm Widerstand aufweist. Da der Widerstand des menschlichen Körpers zu mindestens 12000 Ohm angenommen wird, so wird er alsdann nur einem sehr schwachen Zweigstrom ausgesetzt sein. ETZ 1911, S. 1278/79.

12) Vorausgesetzt wird, daß der neutrale Leiter gut geerdet ist, d. h. daß sein Widerstand bis zur Erde der zu erwartenden Stromstärke entspricht. Vgl. Regel 5.

13) Wo man dauernd feuchte Schichten des Erdreiches nicht erreichen kann, ist statt der Erdplatten ein ausgebreitetes Netz von Draht oder Gitterwerk zu verwenden, das man etwa noch in festgestampften Koks einbettet, auch Eisenrohre, die man in stark mit Salz getränktes Erdreich eintreibt, werden empfohlen. ETZ 1897, S. 758; 1913, S. 1090, 1121. Vorhandene Rohrleitungen sind häufig an den Stoßstellen mit nichtleitenden Stoffen gedichtet. Es empfiehlt sich daher, diese Stoßstellen leitend zu überbrücken, wo es möglich ist; meistens sind sie aber nicht zugänglich, daher sollen solche Rohrleitungen nur zur Vergrößerung der Oberfläche und des Querschnittes beigezogen werden, können aber eine besondere Erdleitung nicht ersetzen.

Zu beachten ist auch der Umstand, daß dort, wo der metallische Zusammenhang von Rohrleitungen unterbrochen ist, elektrolytische Zerstörungen auftreten können. Wo über die Erdung Zweifel bestehen, sollte stets mindestens eine weitere Erdung angebracht werden; alsdann ist auch die unter c) geforderte leitende Verbindung der metallischen Teile besonders sorgfältig durchzuführen.

Die Größe des Übergangswiderstandes an den einzelnen Erdplatten ist in hohem Maße abhängig von der Beschaffenheit und Feuchtigkeit des Erdbodens (ETZ 1904, S. 1115 N. 119); sie wechselt u. a. mit der Witterung. Häufig wird dieser Übergangswiderstand zu klein geschätzt. In größeren Elektrizitätswerken beträgt er z. B. an jeder Erdungsstelle des geerdeten Mittel-

⚒ Es empfiehlt sich, in B. u. T. mehrere verschiedenartige Erdungen gleichzeitig anzuwenden, von denen nach Möglichkeit eine in der Wasserseige oder im Sumpf angeordnet werden soll.

5. Erdleitungen sollen für die zu erwartende Erdschlußstromstärke bemessen werden, mit der Maßgabe, daß Querschnitte über 50 qmm für Kupfer, über 100 qmm für verzinktes oder verbleites Eisen nicht verwendet zu werden brauchen, und mit der Maßgabe, daß in elektrischen Betriebsräumen Kupferquerschnitte unter 16 qmm nicht verwendet werden sollen. Für Anschlußleitungen an die Haupterdungsleitung von weniger als 5 m Länge genügt in jedem Falle ein Kupferquerschnitt von 16 qmm. In anderen Räumen soll der Kupferquerschnitt 4 qmm nicht unterschreiten.[14])

---

leiters etwa 5—10 Ohm. Vgl. auch das Beispiel unter [14]). Oft empfiehlt es sich, die einzelnen Erdungsstellen, z. B. von Masten, unter sich durch eine Drahtleitung zu verbinden (vgl. § 22 f). Wird diese bis zur Stromerzeugerstelle zurückgeführt, so wirkt sie im Falle der Gefahr nicht nur als Erdleitung, sondern erzeugt zugleich vollständigen Kurzschluß.

14) Wo die zum Stromführen bestimmten Teile von den der Berührung ausgesetzten Konstruktions- oder Schutzteilen durch hinreichend große Luftschichten oder zuverlässige Isolatoren getrennt sind, so daß nur rein statisch induzierte oder über die Oberflächen der Isolatoren hinweggesickerte Elektrizitätsmengen in Frage kommen, genügt ein geringer Querschnitt der Erdungsleitung. Wenn dagegen ein unmittelbarer oder ein durch Funken oder Lichtbogen vermittelter Stromübergang auf die berührbaren Metallteile möglich ist, so muß der Querschnitt der Erdungsleitungen der auftretenden Stromstärke angepaßt sein.

Da erfahrungsgemäß über die hier maßgebenden Verhältnisse vielfach falsche Vorstellungen herrschen, so mögen einige der Wirklichkeit entsprechende Beispiele zur Erläuterung ausführlicher betrachtet werden*).

In einer Dreileiteranlage mit geerdetem Mittelleiter für 500 Kilowatt Leistung und 2 mal 250 Volt Spannung habe der Mittelleiter bei 15 mm Durchmesser und 1 Kilometer Länge einen Übergangswiderstand zur Erde von 0,15 Ohm. (Jeder Außenleiter sei, entsprechend einem Spannungsverlust von 10 %, zu 0,025 Ohm und der $^1/_4$ so starke Mittelleiter zu 0,1 Ohm Widerstand vorausgesetzt.) Entsteht an einem Außenleiter ein guter Erdschluß von etwa 0,05 Ohm Widerstand, dann kommt zwischen ihm und dem Mittelleiter ein Strom von 250/0,2 = 1250 Ampere zustande. Die für 1000 Ampere normal bestimmte Sicherung wird hierbei nicht ohne weiteres durchschmelzen. Die Spannung am Außenleiter wird jetzt aber 1250 × 0,05 = ∓ 62,5 Volt, die am Mittelleiter ± 187,5 Volt betragen. Man sieht also, daß der Mittelleiter trotz der Erdung eine Spannung von 187,5 Volt gegen Erde annehmen kann, die noch als lebensgefährlich erachtet werden muß. Dieselbe Spannung werden die einzelnen mit dem Mittelleiter verbundenen Abzweigungen aufweisen. Nun bleibt aber noch zu berücksichtigen, daß die hierbei vorausgesetzte Erdung des Mittelleiters, welcher als blanker Draht im

---

*) Nach einer von Herrn Geh. Baurat Prof. Dr. Ulbricht seinerzeit der Sicherheitskommission des V. D. E. vorgelegten Ausarbeitung. Vgl. auch Uppenborn, ETZ 1901, S. 370. Wilkens, ETZ 1902, S. 1129.

6. Die Erdungsleitungen sollen möglichst sichtbar und geschützt gegen mechanische und chemische Zerstörungen

---

feuchten Boden liegend gedacht ist, mit der Zeit zur elektrolytischen Zerstörung des Leiters führen wird. Um diese zu vermeiden, wird man ihn irgendwie schützen und die Erdung an einzelnen Stellen vornehmen müssen. Daß hierbei der vorausgesetzte niedrige Erdungswiderstand nicht ohne Schwierigkeiten zu erreichen ist, dürfte ohne weiteres klar sein. Erdet man aber den Mittelleiter weniger gut, z. B. mit nur 10 Erden zu je 25 Ohm, so ist der gesamte Erdungswiderstand = 2 Ohm und es braucht außen nur ein Erdschluß von 1 Ohm einzutreten, um den Mittelleiter auf 170 Volt Spannung gegen Erde zu bringen. Die hierbei auftretende Stromstärke von 80 Ampere wird in der Erzeugerstation nicht immer bemerkt werden oder Verdacht erregen.

Betrachtet man ferner eine Zweileiteranlage für 500 Kilowatt und 1000 Volt, bei der die beiden blanken Luftleitungen mit geerdetem Schutznetz versehen sind, so wird der Erdungswiderstand des letzteren bei unendlicher Länge $= \sqrt{5}$ Ohm sein, *) wenn die Erdung durch das eiserne Leitungsgestänge erfolgt, deren jedes einen Übergangswiderstand von 33 Ohm hat und die in 30 m Abstand aufgestellt sind, wobei für den Leitungswiderstand des Schutznetzes der von zwei parallelen eisernen Tragdrähten von je 4 mm Durchmesser zu 1/200 Ohm für den Meter vorausgesetzt ist. Am einen Ende der Strecke, in 2 km Entfernung von dem in der Mitte gelegenen Werke, soll ein Isolator der Leitung I einen Riß haben, der bei sonst gut isolierten Leitungen nur zu einem schwachen Stromabfluß Anlaß gibt. Findet am Ende des andern Leitungsstranges eine Berührung zwischen Schutznetz und der Leitung II statt, so wird unter Lichtbogenbildung an dem gesprungenen Isolator ein Erdschluß vom Widerstand 4,5 Ohm eintreten. Dabei kann die Wechselstrommaschine etwa 1080 Volt Spannung und 450 Amp. Strom geben. An den Leitungsenden besteht alsdann zwischen Schutznetz und Erde eine Potentialdifferenz von 540 Volt. Der nächste eiserne Ständer wird etwa 16 Amp. zur Erde führen und ein Mensch, der den Ständer berührt und zu dem Übergangswiderstand von 33 Ohm einen Nebenschluß von 1000 Ohm bildet, wird noch 0,54 Amp. Strom aufzunehmen haben. Auch hier wird die Sicherung nicht schmelzen, und man erkennt leicht, eine wie große Gefahr die durch die Erdung des Schutznetzes angestrebte Sicherung noch bestehen läßt.

Würde man bei dem zweiten Beispiele die Anlage dadurch verbessern, daß man die Gestänge durch einen etwa 8 mm starken Kupferdraht verbindet und so den Leitungswiderstand des Schutznetzes erheblich vermindert, so würden immerhin noch beträchtliche Spannungsdifferenzen zwischen Gestänge und Erde bestehen bleiben. Allerdings wird dann die entwickelte Stromstärke die Sicherungen durchschmelzen, aber bevor dies erfolgt, kann immerhin eine Lebensgefährdung eintreten. Der hierbei durch das Abschmelzen der Sicherung bewirkte Schutz ist aber nicht sowohl auf die Erdung, als vielmehr auf den zwischen beiden Leitungen durch das Schutznetz herbeigeführten Kurzschluß in Anrechnung zu bringen.

Aus diesen Beispielen läßt sich erkennen, daß die richtige Bemessung des Querschnittes der Erdleitung von ausschlaggebender Bedeutung ist; daß ferner da, wo große Strommengen

---

*) nämlich $= \sqrt{30 \cdot 33 \cdot 1/200}$ gemäß dem bekannten Wert für fortlaufende kombinierte Leitungs- und Ableitungswiderstände.

verlegt und ihre Anschlußstellen der Nachprüfung zugänglich sein.[15])

⚒ d) Schutzverkleidungen aus Pappe oder ähnlichen wenig widerstandsfähigen Stoffen dürfen in B. und T. nicht angewendet werden. Holz ist unter Umständen zulässig.

⚒ *7. Bei Hochspannung sollen die unter b) erwähnten Schutzverkleidungen so angebracht sein, daß sie nur mit Hilfe von Werkzeugen entfernt werden können.*[16])

§ 4.

Übertritt von Hochspannung.

a) Um den Übertritt unzulässiger Hochspannung[1]) *in Verbrauchsstromkreise bis zu 1000 V*[2]) *sowie das Entstehen*

---

zur Verfügung stehen und bei der Wirksamkeit der Erdung in Betracht kommen, die Erdung an sich zur Erzielung einer ungefährlichen Spannungsdifferenz zwischen geerdetem Leiter und Erde nur ein unvollkommenes Sicherungsmittel ist, und daß hier die Anwendung des Kurzschlusses und der selbsttätigen Stromausschaltung, verbunden mit der Sicherung durch Isoliereinrichtungen, bedeutend im Vordergrund stehen muß. Bei großen Stromquellen wird es sogar unmöglich, allen erdenkbaren Stromübergängen durch die Bemessung der Schutzerdungen Rechnung zu tragen. Da aber anzunehmen ist, daß nur ganz außerordentliche Zufälle jene größten überhaupt möglichen Stromstärken zur Wirkung bringen, so sind in Regel 5 diejenigen Querschnitte der Erdungsleitungen angegeben, über die man praktisch nicht hinausgeht. Weitere Erörterungen über Erdungen siehe ETZ 1914, S. 102, 132, 166, 400, sowie El. Kraftbetriebe u. B. 1914, S. 434.

15) Dem Schutz der Erdungsleitungen gegen Zerstörung ist besondere Aufmerksamkeit zu widmen, da von ihrer Unversehrtheit Leben und Gesundheit abhängen können. Man wird daher Stellen, wo mechanische Zerstörungen oder ätzende Wirkungen zu fürchten sind, vermeiden oder durch die Wahl des Metalles, durch geeignete Stärke, durch Schutzanstrich solchen Wirkungen begegnen. Es empfiehlt sich, die Erdungsleitungen nicht unmittelbar in Mauerwerk oder unter Fußböden zu verlegen, weil dort chemische Zerstörungen unbemerkt auftreten können. Überhaupt ist es gut, wenn die Erdungsleitungen bis zum Anschluß an die Erder der Kontrolle zugänglich sind. Schmelzsicherungen, Schalter oder andere Unterbrechungsstellen, die durch Zufall offen bleiben können, sollen in Erdleitungen nicht vorhanden sein (§§ 11 g, 14 f); doch kann der zu erdende Gegenstand unter Umständen mittels Schalter oder anderer lösbaren Verbindung an die Erdleitung angeschlossen sein (§ 7 b), Vgl. ETZ 1904, S. 361 N. 75 c.

Der Mittelleiter von Dreileiternetzen wird gewöhnlich geerdet, um Gesamtspannungen bis 500 Volt unter den Vorschriften für Niederspannung ausnutzen zu können. Auch bei kleineren Gesamtspannungen empfiehlt es sich, den Mittelleiter und nicht etwa einen Außenleiter an Erde zu legen, es sei denn, daß hierfür besondere Gründe sprechen (etwa Betrieb einer Industriebahn mit der Gesamtspannung).

16) Als Werkzeuge gelten auch Schlüssel, Schraubenschlüssel, abnehmbare Klinken und dgl.

solcher[3]) *in ihnen zu verhindern oder ungefährlich zu machen, sind geeignete Maßnahmen zu treffen.*

1. Als geeignete Maßnahme gilt das Anbringen erdender oder kurzschließender oder abtrennender Sicherungen oder gleichwertiger Mittel oder das Erden geeigneter Punkte.[4])

---

§ 4. **1)** Der Übertritt der hohen Spannung kann z. B. innerhalb eines Transformators oder Umformers vorkommen, wenn die Isolierung durchschlagen oder sonst schadhaft wird. Auch außerhalb der Windungen, z. B. an der Einführungsstelle der Leitungen in das Transformatorgehäuse, oder an gemeinsamen Trägern für beide Leitungen sind Übergänge der Hochspannung nach der Niederspannungsleitung vorgekommen, wenn beide Leitungen zu nahe aneinander angeordnet, oder unbeabsichtigterweise einander genähert worden waren, oder indem irgend ein dritter leitender Körper den Übergang vermittelte. Zu berücksichtigen sind namentlich auch die mit Niederspannung gespeisten Erregerkreise von Maschinen für Hochspannung.

2) Nicht nur Niederspannungskreise, sondern auch Verbrauchsstromkreise für höhere Spannung, z. B. Motorstromkreise für 400 Volt sind gegen den Übertritt aus Stromkreisen höherer Spannung zu schützen. Doch ist die Vorschrift auf Verbrauchsstromkreise bis 1000 Volt beschränkt, weil darüber hinaus Mittel, die für alle Fälle ausreichen, nicht immer vorhanden sind. So z. B. bei Anlagen, die mit 60000 Volt Oberspannung, 15000 Volt Mittelspannung und weiteren Spannungsstufen arbeiten. Verbrauchsstromkreise über 1000 Volt sind auch stets in ihren gefährlichen Teilen der Berührung entzogen, so daß eine in sie eingetretene höhere Spannung zu einer unmittelbaren Lebensgefahr nicht führen kann. Im übrigen werden schon aus Betriebsrücksichten Vorkehrungen getroffen, um den Übertritt unzulässiger, d. h. die Betriebsspannung wesentlich überschreitender Spannungen zu verhüten.

3) Das Entstehen hoher Spannung in Niederspannungsstromkreisen kann z. B. beim Ausschalten von Magnetwickelungen stattfinden, wenn der hierbei wirksame Extrastrom nicht durch geeignete Anordnung der Verbindungen oder richtige Bauart des Schalters ungefährlich gemacht wird. Bei Synchronmotoren ist unter Umständen die Erregerwickelung von solcher Abmessung, daß in ihr sehr hohe Spannungen von seiten der Ankerwickelung induziert werden, wenn der Anker an Niederspannung angeschlossen wird, der Motor aber stillsteht oder eben im Anlauf begriffen ist. Ähnliches kann bei Stromwandlern für Meßzwecke eintreten, wenn der sekundäre Stromkreis geöffnet ist. Durch Resonanzwirkungen können Funken, die beim Schalten oder an fehlerhaften Stellen zustande kommen, sehr hohe Spannungen erzeugen. ETZ 1902, S. 552.

Diese Verhältnisse sind bei der Konstruktion von Maschinen, Transformatoren und Hilfsvorrichtungen zu beachten. Wenn die Bauart nicht derart gewählt werden kann, daß das Entstehen hoher Spannungen auch bei nicht normalen Betriebsverhältnissen ausgeschlossen ist, so sind auch hier besondere Vorkehrungen zu treffen, um die Überspannungen unschädlich zu machen.

4) In vielen Fällen wird ein Stromübergang aus dem Hochspannungs- in das Niederspannungsnetz die in beiden Netzen vorhandenen Schmelzsicherungen auslösen, so daß die gefährdeten Teile von der Stromquelle abgetrennt werden. Doch tritt dies nicht immer ein. Kann man je einen Punkt des Hoch-

§ 5.

Isolationszustand.

Jede Starkstromanlage muß einen angemessenen Isolationszustand haben.[1])

---

spannungs- und des Niederspannungs-Netzes dauernd an Erde legen, so wird beim Übertritt der Hochspannung in den Niederspannungskreis sofort ein Kurzschluß des ersteren gebildet, der die Sicherungen wirksam werden läßt. Vgl. ETZ 1910, S. 611. In vielen Fällen genügt das Erden eines Punktes im Kreise der Niederspannung allein, um den Übertritt ungefährlich zu machen. Doch führen diese Maßnahmen nicht stets und nicht ohne weiteres zum Ziel. Das Abschmelzen der Sicherung kann sich soweit verzögern, daß inzwischen schon ein Unfall eingetreten ist; es können die auftretenden Potentialgefälle an der Stelle, wo eine Person die Niederspannungsleitung berührt, trotz der Erdung gefährliche Beträge annehmen je nach dem Ort, wo die Erdung angebracht ist und dem Widerstand, den sie aufweist. Endlich läßt sich das dauernde Erden oft nicht durchführen wegen der eintretenden Störungen in benachbarten Fernsprechleitungen.

Aus letzterem Grunde hat man Spannungssicherungen gebaut, die das Erden erst beim Übertritt der Hochspannung bewirken. Sie sind in bequem verwendbare Formen (Kontaktstöpsel) gebracht. Immerhin bietet es manche Schwierigkeiten, sie stets auf die nötige Empfindlichkeit einzustellen, und es erfordert sorgsame Überlegung, um sie an der richtigen Stelle anzuordnen. Vgl. ETZ 1901, S. 310, 569; 1902, S. 552; 1905, S. 292, 314, 337, 357; 1906, S. 434, 486, 897; 1909, S. 782; 1913, S. 1450; 1914, S. 385; 610, 624, 639.

Besondere Beachtung fordern die durch das An- und Abschalten von Maschinen, Abschmelzen von Sicherungen und ähnliche Vorgänge entstehenden Überspannungen. Über ihre Bekämpfung siehe auch Kuhlmann E. K. u. B. 1914, S. 432.

§ 5. **1)** Der Isolationszustand einer Anlage ist keineswegs ein unmittelbares Maß für ihre Feuersicherheit; wohl aber kann man aus der Kenntnis der Isolationsgröße unter sachgemäßer Berücksichtigung aller obwaltenden Verhältnisse auf indirektem Wege ein Urteil über den mehr oder weniger ordnungsgemäßen Zustand der Leitungen und damit zugleich über die Sicherheit der Anlage gewinnen. Es ist nämlich von vornherein klar, daß es nicht möglich ist, die beiden Pole der Leitungen voneinander und gegen die Erde völlig zu isolieren; vielmehr wird auch bei Anwendung der vollkommensten Mittel stets ein gewisser Stromübergang über die isolierenden Befestigungsteile hinweg und durch die Isolierhüllen hindurch stattfinden. Die gesamte übergehende Strommenge hängt nicht nur von der Beschaffenheit der Isolier- und Befestigungsstücke ab, sondern sie wird auch bei gleich guter Beschaffenheit um so erheblicher sein, je größer die Anzahl derjenigen Stellen ist, an welchen ein Stromübergang überhaupt stattfinden kann. Sehr ausgedehnte Leitungsnetze zeigen daher, absolut gemessen, einen großen Stromverlust, ohne deswegen notwendigerweise feuergefährlich oder mangelhaft zu sein. Es muß also der Isolationszustand im Verhältnis zum Umfange der Anlage, oder besser im Verhältnis zu der Zahl der Befestigungs-, Anschluß- und Verbrauchsstellen beurteilt werden. Um dieses Verhältnis in seiner Bedeutung für die sachgemäße Beschaffenheit der Anlange richtig zu würdigen,

1. Isolationsprüfungen sollen tunlichst mit der Betriebsspannung, mindestens aber mit 100 V ausgeführt werden.[2])

2. Bei Isolationsprüfungen durch Gleichstrom gegen Erde soll, wenn tunlich, der negative Pol der Stromquelle an die zu prüfende Leitung gelegt werden. Bei Isolationsprüfungen mit Wechselstrom ist die Kapazität zu berücksichtigen.[3])

---

sind aber auch die örtlichen Verhältnisse (Feuchtigkeit, Witterung) und die Art der Anlage (Spannung) zu berücksichtigen.

2) Wenn irgend möglich, soll mit der Betriebsspannung gemessen werden; denn schwache und fehlerhafte Stellen der Isolierschichten, die von der Betriebsspannung durchschlagen werden und so unmittelbaren Kurzschluß herbeiführen können, sind oft bei geringeren Spannungen vollkommen isolierend, so daß sie bei Messung mit der niederen Spannung überhaupt nicht entdeckt werden können. Unter dem Gesichtspunkt, daß im Betriebe auch vorübergehende Spannungserhöhungen auftreten und anderseits durch Wirkungen der Wärme, Feuchtigkeit und anderer Einflüsse die Güte der Isolierstoffe herabgesetzt werden kann, würde sich die Anwendung einer angemessenen Überspannung empfehlen. Doch darf damit nicht zu weit gegangen werden, um nicht die Isoliermittel durch die Meßspannung zu gefährden. Bei sehr hohen Betriebsspannungen vermeidet man aus dem letzteren Grunde jede Überspannung. Meistens wird in diesem Falle überhaupt keine Messung ausgeführt, sondern mit einer mäßigen Spannung auf etwaige grobe Fehler geprüft und im übrigen eine Betriebsprobe vorgenommen.

3) Die Prüfung ist womöglich so auszuführen, daß die zu prüfende Leitung den positiven Strom aus der Erde empfängt, also Kathode ist, weil an den fehlerhaften Stellen elektrolytische Wirkungen eintreten können. Würde die Leitung Anode sein, so liegt die Möglichkeit vor, daß sich durch die Stromwirkung schlecht leitende Salze bilden, welche den Übergangswiderstand erhöhen und den Fehler vermindern. Der negative Strom dagegen zerstört derartige Zersetzungsprodukte und deckt den Fehler auf. Um diese Wirkungen voll zur Geltung zu bringen, sowie um den Ladungserscheinungen Rechnung zu tragen, ist eine bestimmte Dauer des Prüfungsstromes nötig. Sie war früher auf e i n e Minute festgesetzt, wird aber nach neueren Erfahrungen meist auf z w e i Minuten ausgedehnt. Zeigt der Erdschlußstrom nach dieser Zeit noch erhebliche Schwankungen in seiner Stärke, so ist schon hieraus, abgesehen von dem Betrage des entweichenden Stromes, auf das Vorhandensein eines Fehlers zu schließen.

Anlagen, welche mit Wechselstrom betrieben werden, können mit Gleichstrom geprüft werden. Die unmittelbare Messung mit Wechselstrom begegnet der Schwierigkeit, daß die Wechselstrommeßgeräte meist zu unempfindlich sind und außerdem die Kapazitätsströme leicht zu Irrungen Anlaß geben. Zur Messung der Isolation kann man sich einer tragbaren Hilfsmaschine oder einer Batterie von kleinen Elementen oder Akkumulatoren bedienen, welche leicht sehr gut von Erde isoliert werden können; man kann auch die Betriebsstromquelle benützen. Über die hierbei anzuwendenden Verfahren siehe Dettmars Kalender 1914, S. 119 bis 128, Streckers Hilfsbuch, 8. Aufl., 1912, S. 180. Ferner: Elektrotechnische Zeitschrift 1896, S. 660; 1898, S. 683 und S. 700; 1899, S. 179; 1902, S. 1080; 1904, S. 420. Bei Wechsel-

3. Wenn bei diesen Prüfungen nicht nur die Isolation zwischen den Leitungen und Erde, sondern auch die Isolation je zweier Leitungen gegeneinander geprüft wird, so sollen alle Glühlampen, Bogenlampen, Motoren oder andere Strom verbrauchende Apparate von ihren Leitungen abgetrennt, dagegen alle vorhandenen Beleuchtungskörper angeschlossen, alle Sicherungen eingesetzt und alle Schalter geschlossen sein.[4]) Reihenstromkreise sollen jedoch nur an einer einzigen Stelle geöffnet werden, die tunlichst nahe der Mitte zu wählen ist.[5]) Dabei sollen die Isolationswiderstände den Bedingungen der Regel 4 genügen.

4. Der Isolationszustand einer Niederspannungsanlage[6]) mit Ausnahme der Teile unter 5 gilt als angemessen, wenn der Stromverlust auf jeder Teilstrecke zwischen zwei Sicherungen oder hinter der letzten Sicherung bei der Betriebsspannung ein Milliampere nicht überschreitet. Der Isolationswert einer derartigen Leitungsstrecke sowie jeder Verteilungstafel sollte hiernach wenigstens betragen: 1000 Ohm multipliziert mit der Betriebsspannung in V (z. B. 220000 Ohm für 220 V Betriebsspannung).[7]) Für Maschinen, Akku-

---

strom: ETZ 1897, S. 748; 1899, S. 410; 1907, S. 484; 1912, S. 513, 802. Bei Akkumulatoren: ETZ 1899, S. 360.

4) Um auch Fehler in den Lampenfassungen zu finden, empfiehlt es sich, die Glühlampen durch Ausschrauben aus den Fassungen, nicht aber durch Abschalten mittels des Hahns der Fassung abzutrennen. Beleuchtungskörper, Sicherungen und Schalter enthalten besonders oft schlecht isolierte Stellen; namentlich ist bei Messung des Stromüberganges zwischen den beiden Polen des Netzes auf die oft nicht unerhebliche Leitfähigkeit der Unterlagplatten (aus Schiefer u. dgl.) von Anlaßwiderständen und ähnlichen Vorrichtungen Rücksicht zu nehmen. Bei manchen Stromverbrauchern sind derartige unbeabsichtigte Stromübergänge zwischen den Polen unvermeidbar und im Betriebe unschädlich (z. B. bei elektrischen Öfen, galvanischen Bädern). Die unter § 5$\frac{1}{-}$ aufgestellten zahlenmäßigen Forderungen sollen sich nur auf das Netz und die zu ihm gehörigen Teile, nicht aber auf die Stromverbraucher selbst beziehen. Daher können die letzteren bei der Messung abgetrennt sein. Natürlich empfiehlt es sich, im Interesse des Betriebes durch eine besondere Messung auch etwaige Fehler in den Stromverbrauchern festzustellen, was entweder im Anschluß an die Prüfung des Netzes oder durch besondere Untersuchung geschehen kann. Vgl. § 5$\frac{1}{-}$) letzten Satz.

5) Gemeint ist diejenige Stelle, an der ungefähr die Hälfte der Betriebsspannung herrscht. Liegt jedoch ein Pol an Erde, so ist die Verbindung mit diesem Pol zu öffnen.

6) Gemäß dem oben unter [2]) Gesagten wird bei Hochspannung meistens von einer eigentlichen „Messung" des Isolationszustandes Abstand genommen, daher bezieht sich die Regel 4 nur auf Anlagen mit Niederspannung.

7) Wie unter [1]) erwähnt, würde es rationell sein, den Isolationswiderstand im Verhältnis zur Zahl der Befestigungs-, Anschluß- und Verbrauchsstellen zu beurteilen. In diesem Sinne wurde in der früheren Fassung der Vorschriften ein von der Zahl der angeschlossenen Glühlampen abhängiger Isolationswiderstand gefordert. Da man aber dabei für jede Bogenlampe und jeden Elektromotor die willkürliche Zahl von 10 Glühlampen

mulatoren und Transformatoren wird auf Grund dieser Vorschriften ein bestimmter Isolationswiderstand nicht gefordert.[8])

---

einsetzen mußte, so gab auch dies Verfahren unter Umständen ein falsches Bild. Außerdem hatte die alte Formel den Nachteil, daß sie dieselbe Isolationsgröße verlangte, gleichgültig, mit welcher Spannung die Anlage betrieben war. So lange man es mit der früher weit überwiegenden einheitlichen Spannung von etwa 100 Volt zu tun hatte, gab dies auch brauchbare Ergebnisse.

Bei der jetzt häufigeren Verwendung höherer Spannungen muß dagegen gefordert werden, daß ihnen auch ein besserer Isolationszustand entspricht; denn eine höhere Spannung vermehrt nicht nur die Durchschlagsgefahr und die Lebensgefahr, sondern es ist auch die über einen bestimmten Isolationswiderstand abfließende Stromstärke proportional mit der Spannung größer. Diese entweichende Stromstärke ist aber in mehrfacher Hinsicht für die Bedenklichkeit des Fehlers maßgebend. Einmal bedeutet sie einen unmittelbaren Wertverlust und zum andern ist die schädliche Wirkung des entweichenden Stromes oft eine elektrolytische, die den metallischen Leiter mittels der ihn umgebenden Feuchtigkeit nach Maßgabe der Stromstärke zerstört; die gebildeten Metallsalze erhöhen die Leitfähigkeit der feuchten Schichten und vergrößern so den Fehler, bis schließlich völliger Kurzschluß oder Entzündung eintritt. Daher ist die geforderte Isolationsgröße jetzt durch das zulässige Maß des Stromverlustes ausgedrückt, wodurch ohne weiteres die wünschenswerte Abhängigkeit von der Betriebsspannung erzielt wird.

Tatsächlich werden ja auch in den gebräuchlichen Isolationsmessern zunächst Stromstärken gemessen, wenn auch die Zifferblätter den Widerstand in Ohm angeben. Benutzt man Instrumente der letzteren Art, so ist die abgelesene Zahl mit Hilfe der bekannten Betriebsspannung leicht auf die gesuchte Größe in Milliampere umzurechnen.

Ist die Meßspannung von der Betriebsspannung verschieden, so errechnet man den bei der Betriebsspannung stattfindenden Stromverlust aus dem gemessenen nach dem Ohmschen Gesetz, indem man einen von der Spannung unabhängigen Isolationswiderstand voraussetzt. Tatsächlich wird diese Unabhängigkeit, namentlich bei großer Verschiedenheit zwischen Meß- und Betriebsspannung nicht vorhanden sein. Indessen muß dieser Fehler in den Kauf genommen werden. Bei Wechselstrombetrieb wird in der Regel mit Gleichstrom gemessen, weil die Wechselstrommeßgeräte meist zu unempfindlich sind und außerdem der unmittelbar an ihnen beobachtete Strom sich aus dem wirklichen Stromverlust und den Ladungsströmen zusammensetzt. Auch hier wird meistens die Meßspannung eine andere sein als die Betriebsspannung, so daß die erwähnte Umrechnung nötig ist.

Kommen verschiedene Betriebsspannungen in Betracht, so ist mit derjenigen zu rechnen, die für den gesuchten Stromverlust maßgebend ist. So wird z. B. bei einem Dreileiternetz mit geerdetem Mittelleiter der Stromverlust zwischen einem der Außenleiter und Erde aus der Betriebsspannung des einen Zweiges abzuleiten sein, dagegen wird für die Ermittelung der Isolation beider Pole gegeneinander in solchen Teilen, die mit der Summe beider Teilspannungen betrieben werden, auch diese Summenspannung der Rechnung oder der unmittelbaren Messung zugrunde gelegt.

Um aus dem gemessenen Isolationswiderstand oder aus dem ermittelten Stromverlust ein Urteil über die Beschaffenheit der

5. Freileitungen,[9]) und diejenigen Teile von Anlagen, welche in feuchten und durchtränkten Räumen, z. B. in Brauereien, Färbereien, Gerbereien usw. oder im Freien

---

Anlage zu gewinnen, muß man beachten, daß das Maß der Gefahr sehr verschieden ist, je nachdem der Stromverlust sich auf eine größere Strecke gleichmäßig verteilt oder sich auf eine oder einige Stellen konzentriert. Hat z. B. eine Anlage von 10 000 Lampen einen Isolationswiderstand von 100 Ohm zwischen beiden Polen, so daß bei 100 Volt Betriebsspannung im ganzen ein Stromverlust von 1 Ampere stattfindet, so wäre dies unbedenklich, wenn sich der Verlust etwa auf alle 10 000 Lampenfassungen gleichmäßig verteilen würde, da er alsdann für jede 0,1 Milliampere beträgt. Würde aber der Stromverlust von 1 Ampere in einer einzigen Lampenfassung stattfinden, so würde diese in gefährlicher Weise erhitzt werden und unmittelbare Feuersgefahr vorhanden sein.

Daher ist die Messung nicht nur an der Gesamtanlage auszuführen, sondern auch an ihren einzelnen Teilen. Die in den Vorschriften gewählte Fassung für den zulässigen Stromverlust leitet unmittelbar auf diese Art der Messung hin, weil bei größeren Anlagen der Gesamtverlust in der Regel größer sein wird, als nach der Vorschrift erlaubt ist. Man muß daher die Unterteilung so lange fortsetzen, bis für jeden einzelnen Teil die Vorschrift erfüllt erscheint; derjenige Zweig, welcher schließlich sich als ungenügend herausstellt, wird so als Sitz eines Fehlers erkannt, den man aufzusuchen und abzustellen hat. Natürlich ist es nicht zulässig, eine ungenügend isolierte Anlage dadurch mit den Forderungen in Übereinstimmung zu bringen, daß man die ungenügende Strecke durch eingefügte Sicherungen in Teile zerlegt, wenn diese Sicherungen nicht durch den Betrieb oder die für ihre Anordnung gültigen Vorschriften gefordert werden. Der Ausdruck „Teilstrecke zwischen zwei Sicherungen" soll vielmehr den kleinsten selbständigen Betriebsstromkreis bezeichnen. ETZ 1904 S. 362 N. 86, S. 1116 N. 129.

8) Über Isolationsmessung an einzelnen Gattungen von Stromverbrauchern vgl. unter [4]) am Schluß. Auch für Maschinen, Akkumulatoren und Transformatoren wird in den Errichtungsvorschriften eine bestimmte Isolationsgröße nicht vorgeschrieben, weil besonders für sehr niedrige und für sehr hohe Spannungen allgemein gültige Grenzwerte nicht festgestellt sind. Doch sind für die gebräuchlichsten Spannungsgebiete die aus Betriebsrücksichten zu stellenden Anforderungen in den Normalien für Bewertung und Prüfung elektrischer Maschinen usw. §§ 26 bis 32 angeführt.

9) Der Isolationswiderstand von Freileitungen hängt, abgesehen von Baumzweigen und anderen Fremdkörpern, die mit den blanken Drähten in Berührung kommen können, hauptsächlich von dem unversehrten Zustand der Isolierglocken und besonders von der Reinheit ihrer Oberfläche ab. In rußiger Luft überziehen sich die Porzellanglocken nach und nach mit einer leitfähigen Schicht; die Rußschicht selbst hält wiederum Wasserhäutchen und Nebelbläschen leichter fest, als blankes Porzellan. Starker Regen bessert daher oft den Isolationszustand, indem er die schmutzige Schicht abwäscht. Anderseits kann sich bei Nebel ein sehr niedriger Isolationswiderstand einstellen, ohne daß Betrieb und Sicherheit der Anlage gefährdet werden, zumal da oft der Betriebsstrom selbst die Wasserniederschläge auf den Glocken zum Verschwinden bringt. Die Isolationsmessung wird daher im allgemeinen kein richtiges Maß für die

verlegt sind, brauchen der Regel 4 nicht zu genügen. Wo eine größere Anlage feuchte Teile enthält, sollen sie bei der Isolationsprüfung abgeschaltet sein, und die trockenen Teile sollen der Regel 4 genügen. [10])

⚒ In B. u. T. gilt dies auch für Räume, in denen Tropfwasser auftritt, und für durchtränkte Grubenräume; vorausgesetzt ist hierbei, daß sich die elektrischen Einrichtungen sonst in bester Ordnung befinden. [10])

Güte der Freileitung ergeben. Daß sich sehr hohe Isolationsgrößen erzielen lassen, ist z. B. aus ETZ 1902, S. 1039 zu ersehen. Die 55 km lange Leitung St. Maurice—Lausanne zeigte, mit 20 000 Volt gemessen, einen Stromübergang zwischen beiden Liniendrähten von 0,003 A oder den Isolationswiderstand 6,75 Megohm, später nach leichtem Regen 16,6 Megohm. Letzteres ist das 500fache des im § 5⁴ verlangten Betrages.

10) Die unter 4. geforderten Isolationsgrößen sind so festgesetzt, daß sie auch unter ungünstigen Verhältnissen eingehalten werden können, wenn alle in den Vorschriften angeführten Maßnahmen beachtet, ausschließlich gute, den Verhältnissen angepaßte Materialien verwendet und die Arbeiten mit Sorgfalt ausgeführt werden. ETZ 1902, S. 939.

Die Erreichung dieser Isolationsgrößen muß daher, vor allem bei Neuanlagen, unter allen Umständen angestrebt werden. Es ist indessen nicht undenkbar, daß ausnahmsweise ungünstige äußere Einflüsse oder die Wirkungen des besonders gearteten Betriebes, wie sie z. B. in manchen chemischen Fabriken, manchmal auch in Färbereien, Brauereien usw. auftreten, dies Ziel nicht erreichen oder nicht dauernd aufrecht erhalten lassen. Alsdann kann von der Einhaltung der verlangten Isolationsgrößen Abstand genommen werden, wenn durch die Bauart der Räume und die Art der Verlegungsmaterialien und der Verlegung selbst dafür gesorgt ist, daß die vorhandenen Isolationsfehler zu Feuersgefahr keinen Anlaß bieten können. (§ 31).

Solche Einrichtungen sind jedoch stets als Ausnahmen zu betrachten und dauernd mit besonderer Sorgfalt zu beaufsichtigen. Es empfiehlt sich namentlich, wie überhaupt, so besonders in diesem Falle, Isolationsmessungen der einzelnen Unterabteilungen vorzunehmen, um wenigstens gröbere Fehler aufdecken und abstellen zu können, und um sich davon zu überzeugen, inwieweit der Isolationsfehler über die ganze Anlage gleichmäßig verteilt ist. Solche Messungen sollten in regelmäßigen Zwischenräumen, etwa alle Monate, wiederholt werden. Auch ist es gut, wenn derartige Teile einer größeren Anlage zu allen Zeiten, wo dies tunlich erscheint, von dem übrigen Netze durch Öffnen der Ausschalter abgetrennt werden, damit einerseits unnötiger Stromverlust vermieden, anderseits die zersetzende Wirkung des Erdstroms eingeschränkt wird.

Bei Anlagen unter gebräuchlichen Verhältnissen ist eine dauernde Kontrolle des Isolationszustandes, wie sie z. B. durch Anordnung eines der bekannten Erdschlußzeiger am Hauptschaltbrett erreicht werden kann, zu empfehlen. Bei Hochspannung können hierzu statische Voltmeter dienen, die mit einem Pol an Erde, mit dem andern an die Leitung gelegt werden. Hat man je ein solches Instrument an jedem Pol, so wird bei einer Verminderung der Isolation in der dem einen Pol entsprechenden Leitung das zugehörige Instrument kleineren, das am andern oder an den andern Polen liegende Instrument größeren Ausschlag geben.

6. Lackierung und Emaillierung von Metallteilen gilt nicht als Isolierung im Sinne des Berührungsschutzes.[11])

Als Isolierstoffe für Hochspannung gelten faserige oder poröse Stoffe, die mit geeigneter Isoliermasse getränkt sind, ferner feste feuchtigkeitssichere Isolierstoffe.

Material wie Holz und Fiber soll nur unter Öl und nur mit geeigneter Isoliermasse getränkt als Isolierstoff angewendet werden. (Ausnahme siehe § 12$\frac{1}{}$).[12]) Die nicht polierten Flächen von Steinplatten sind durch einen geeigneten Anstrich gegen Feuchtigkeit zu schützen.[13])[14])

Die Isolationsgröße wird nie völlig gleichbleibend sein, sie hängt z. B. von der Witterung ab. Welche Bedeutung die jeweiligen Angaben solcher Instrumente für den Zustand der Anlage haben, läßt sich daher nur auf Grund längerer Beobachtungen beurteilen. Es ist daher gut, in regelmäßigen Zeiträumen zu beobachten und über die Resultate Buch zu führen, damit das Interesse des Wärters stets wachgehalten wird. Die Buchführung bietet ferner den Vorteil, bei eingetretenen Unglücksfällen feststellen zu können, in welchem Zustande sich die Anlage befunden hat.

Die Festsetzung der Zeiträume, in welchen der Isolationszustand zu notieren ist, sowie die Festsetzung anderer regelmäßiger Beobachtungen über den Zustand der Anlagen ist Sache der „Betriebsvorschriften". Vgl. die „Betriebsvorschriften", § 2 unter [4]).

11) Die Anforderungen, welche an Isolierstoffe zu stellen sind, können nicht in allgemeiner Form festgelegt werden. Die Praxis benützt die verschiedensten Stoffe mit Erfolg, indem sie die Verwendungsweise den Eigenschaften des Materials anpaßt. So hat sich Papier trotzdem es hygroskopisch ist, in Telephonkabeln bewährt, da man die feuchte Luft mittels des Bleimantels fernhält. Die Regel 6 soll nur einzelne besonders beachtliche Gesichtspunkte hervorheben. Lack- und Emailleschichten sind zu dünn, um als sicherer Schutz zu wirken, zumal da die berührten Stellen stärker auf Durchschlag beansprucht werden als nicht berührte. Für einzelne Installationsmittel, wie Drähte und Kabel enthalten die „Normalien" Angaben über Art und Bemessung der Stoffe sowie über die Anforderungen, denen das Fabrikat genügen muß.

12) Imprägniertes Holz würde bei Luftzutritt sehr brennbar sein, unter Öl fällt dieses Bedenken weg. Es wird in der Regel mit Leinöl oder Paraffin imprägniert. Auch imprägniertes Holz ist in feuchter Luft kein zuverlässiger Isolator für hohe Spannung, da die Imprägniermasse, wie es scheint, durch die Luftfeuchtigkeit verdrängt wird. Sein Verhalten hängt sehr von der Holzsorte und der Behandlung ab. Nur ausnahmsweise darf es daher als Isolator für hohe Spannung dienen, wenn man nämlich die genannten Nachteile mit Rücksicht auf die günstigen Festigkeitseigenschaften des Holzes in den Kauf nimmt und sich gegen ihre schädlichen Folgen anderweitig schützt (§ 12$\frac{1}{}$). Vorteilhaft dagegen dient Holz auch bei Hochspannung oft als zweite Isolationsstufe.

Vulkanfiber ist nur in trockenem Zustand ein guter Isolator, nimmt aber aus der Luft begierig Wasser auf, ist daher nur bedingt brauchbar. ETZ 1905, S. 1078.

13) Schieferplatten werden in Paraffin gesotten oder mit gutem Lack angestrichen. Bei Schiefer und Marmor ist wegen der leitenden Adern und der Verschiedenartigkeit der einzelnen Sorten

⚒ In B. u. T. sollen Steinplatten (Marmor, Schiefer und dergleichen) nur unter Öl Anwendung finden.

C. Maschinen, Transformatoren und Akkumulatoren.*)

§ 6.

Elektrische Maschinen.

a) Elektrische Maschinen sind so aufzustellen, daß etwa im Betriebe der elektrischen Einrichtung auftretende Feuererscheinungen keine Entzündung von brennbaren Stoffen der Umgebung hervorrufen können.[1])

---

große Vorsicht geboten; besonders in feuchten Räumen und bei Spannungen über 1000 Volt, ETZ 1913, S. 1170. Neben der Rückseite sind unter Umständen namentlich auch die Durchbohrungen von Marmor- und Schiefertafeln sorgfältig anzustreichen oder zu imprägnieren. Auch die einzelnen Glassorten sind in ihrem Verhalten sehr verschieden, sie sollen daher nicht ohne vorherige Probe benützt werden.

Als bester Isolierstoff gilt Glimmer, ETZ 1905, S. 79. Außerdem haben sich verschiedene Kunstprodukte, wie Porzellan, Mikanit, Bakelit, Tenazit, Gummon und andere bewährt. ETZ 1913, S. 79, 829. Hartgummi wird durch Luft und Licht, sowie durch das bei Hochspannung oft auftretende Ozon in seiner Isolierkraft stark beeinträchtigt und wird als nicht feuersicher immer weniger verwendet.

14) Die Wirksamkeit der Isolierkörper hängt ferner ab von ihrer Gestaltung und Bemessung. Die an der Oberfläche übergehenden Funken haben die Fähigkeit, weit größere Strecken zu durchsetzen, als wenn sie in der freien Luft überspringen müßten. Der Übergang wird wesentlich erleichtert durch die auf den Oberflächen etwa gebildeten feinen Wassertröpfchen, oder Wasserhäutchen oder Staubschichten. Man muß daher einerseits den Weg, den der Funke über solche Oberfläche nehmen müßte, möglichst lang machen, anderseits darnach trachten, daß durch die Wahl des Materials und durch seine Formgebung die Bildung von Wasserschichten oder Staubschichten möglichst erschwert wird. Isolierstoffe, welche die Wärme gut leiten und kleine Wärmekapazität haben, sind ungünstiger, weil sie bei raschen Temperaturerniedrigungen sich leicht mit einer Wasserhaut bedecken. Horizontale Flächen erleichtern die Ansammlung von Staub. Man versieht daher die Isolierkörper zum Schutz gegen Regen mit Kragen, vermeidet aber im Trockenen Wulste und Rillen, die den Staub festhalten.

Ferner ist zu beachten, daß ein an sich aus gutem Stoff bestehender, richtig gestalteter und bemessener Isolierkörper durch unzweckmäßige Anordnung (auf den Kopf gestellte Isolierglocken) oder durch Befestigungsmittel, die ihn an ungeeigneter Stelle durchsetzen, in seiner Wirkung beeinträchtigt werden kann. ETZ 1902, S. 939.

§ 6. **1)** Für feuergefährliche Betriebsstätten sind im § 34 für explosionsgefährliche Räume im § 35 besondere Vorschriften aufgestellt. Hier sei bemerkt, daß derartige Räume der Regel

---

*) Vgl. auch: Normalien für Bewertung und Prüfung von elektrischen Maschinen und Transformatoren.

b) Bei Hochspannung müssen die Körper elektrischer Maschinen entweder[2]) *geerdet und, soweit der Fußboden in ihrer Nähe leitend ist, mit diesem leitend verbunden sein*[4]), *oder sie müssen gut isoliert aufgestellt und in diesem Falle mit einem gut isolierenden Bedienungsgange umgeben sein.*[3])

---

nach überhaupt nicht, sondern nur im Notfall zur Aufstellung von Stromerzeugern, Motoren und Umformern benutzt werden sollen. Im allgemeinen soll bei Anlagen in Sägewerken, Getreidemühlen, Baumwollspinnereien, Scheunen und dgl. für die erwähnten Maschinen und Zubehör ein abgetrennter Raum zur Verfügung gestellt oder geschaffen werden, der von den brennbaren Stoffen frei bleibt. Dies ist schon zum Reinhalten der Maschinen erforderlich. Auch innerhalb solcher Räume und überhaupt sind besonders brennbare Stoffe, sei es, daß sie dem Gebäude zugehören (Holzwände), oder daß sie im Maschinenraum aufbewahrt und gehandhabt werden (Putzwolle), von den Teilen der Maschinen und Apparate fernzuhalten, die Funken erzeugen. Die Größe der nötigen Entfernung richtet sich nach Art, Größe und Spannung der Maschinen oder Transformatoren. ETZ 1904, S. 424 N. 102.

Die im regelrechten Betrieb auftretenden Feuererscheinungen, wie Funken am Kommutator, sind bei modernen Maschinen an sich unbedeutend. Bedenklicher sind schon die Funken und Lichtbogen an Ausschaltern und Sicherungen. Indessen hat man auch mit Störungen des regelrechten Betriebes zu rechnen. Die Kommutatorfunken werden bedenklich bei plötzlicher Überlastung oder unrichtiger Bürstenstellung. Maschinen und Transformatoren können infolge von Kurzschluß oder durch schadhafte Isolierung in Brand geraten. Hierbei kommen oft gewaltige Energiemengen in Betracht, weshalb besondere Vorsicht angezeigt ist.

Beim Aufstellen von Maschinen usw. ist ferner zu beachten, daß außer den brennbaren auch leitende Stoffe, wie Tropfwasser, Drehspäne, kleine Werkzeuge und dgl., fernzuhalten sind Diese können durch Auffallen auf die Klemmen, Kommutatoren und andere blanke Teile zu Kurzschluß und Feuer Anlaß geben.

2) Die Vorschrift des § 6b wiederholt die Forderung des § 3c. Als eines der im § 3c genannten „anderen Mittel“ wird die isolierte Aufstellung der Maschinenkörper in Verbindung mit einem isolierenden Bedienungsgang besonders erwähnt.

3) Das Verfahren, die Körper zu isolieren, ist in Deutschland wenig gebräuchlich. Bei gewissen Systemen, die namentlich in der Schweiz ausgebildet und verwendet sind, ist es notwendig. Dort werden nämlich sehr hohe Gleichstromspannungen dadurch erzeugt, daß man mehrere Maschinen hintereinander schaltet. Man kann nun nicht jede einzelne Maschine so bauen, daß sie zwischen Wicklung und Körper und namentlich am Kommutator die ganze in Betracht kommende Spannung aushält. Da aber ein erheblicher Teil dieser Spannung zwischen den stromführenden Teilen der Maschine und dem Erdboden wirksam ist, so muß man diese Teilspannung auf mehrere Isolierungen verteilen, um sie gewissermaßen stufenweise zu überwinden. Es werden daher die Wicklung zunächst vom Ankereisen, die Lager der Welle und die Elektromagnete vom Gestell, und schließlich das Gestell von Erde durch je eine starke isolierende Zwischenlage getrennt. (Eine Beschreibung isolierter Aufstellung siehe ETZ 1902, S. 1004 Sp. 3).

c) Die spannungführenden Teile der Maschinen und die zugehörigen Verbindungsleitungen unterliegen

---

Dies Verfahren soll auch den Vorteil haben, daß die Maschine weniger als eine mit geerdetem Gestell der Gefahr ausgesetzt ist, durch in die Leitung eingedrungene atmosphärische Entladungen zerstört zu werden. Die Schwierigkeiten liegen hauptsächlich darin, daß der Aufbau umständlich und kostspielig wird. Es ist klar, daß bei diesem Verfahren die von der Erde isolierten Teile sogenannte statische Ladungen annehmen können, welche auch auf anderen nicht mit der Maschine zusammenhängenden Metallteilen auftreten. Eine Berührung dieser Teile durch Menschen, die selbst auf der Erde stehen, würde daher einen, unter Umständen erheblichen Stromübergang auf den menschlichen Körper zur Folge haben. Sie wird aber ungefährlich, wenn der menschliche Körper selbst von Erde isoliert ist; denn in diesem Falle wird er nur den seiner Kapazität entsprechenden Ladungsstrom aufnehmen. Man muß daher dafür sorgen, daß es unmöglich ist, gleichzeitig mit der Erde und einem in der Nähe der Maschine befindlichen Metallteil in Berührung zu kommen. Dies geschieht am einfachsten dadurch, daß der Fußboden rings um die Maschine selbst gut isoliert wird. Dieser Isoliergang muß so groß sein und so eingerichtet werden, daß man auch nicht durch Vermittelung einer zweiten Person gleichzeitig einen zu der Maschine gehörigen und einen mit der Erde verbundenen Gegenstand berühren kann.

Der Isoliergang wird meistens aus Holz gebaut; an den Auflagestellen wird er durch Unterlagen von Glas oder Porzellan vom Erdboden und von den Wänden getrennt. Das Holz muß stets trocken gehalten werden. Zweckmäßig gibt man ihm einen Anstrich von Leinölfirnis oder Ölfarbe. Es ist gut, wenn der Isoliergang etwas über den Fußboden erhaben oder durch ein Geländer von dem übrigen Raum getrennt ist, damit man beim Betreten unwillkürlich aufmerksam gemacht wird. Ist der Abstand zwischen den Metallteilen und den Umfassungswänden klein, so ist bei höheren Spannungen auch eine isolierende Wandbekleidung erforderlich.

Bis zu Spannungen von etwa 1000 Volt kann statt eines vollständigen Aufbaues aus Holz ein Belag des Fußbodens mit Kautschukplatten von entsprechender Größe und Dicke benützt werden. Auch Linoleum ist dienlich, doch sind die einzelnen Sorten sehr verschieden hinsichtlich des Isoliervermögens und der Dauerhaftigkeit. Bei Benützung von Platten aus Kautschuk und dgl. ist zu beachten, daß sie nicht durch eingedrungene Metallteile (Schuhnägel) verletzt werden. Asphaltbelag des Fußbodens ergibt bei sorgfältiger Herstellung und Wartung ebenfalls eine brauchbare Isolierung, wird jedoch von Öl (Schmieröl) erweicht und dann leicht abgetreten. Werden ihm Steine beigemischt, so sind sie vorher gut zu waschen und scharf zu trocknen.

Außerdem aber ist zu beachten, daß zwischen den die Hochspannung selbst führenden Teilen, also z. B. den Bürsten und dem Gestell, noch sehr hohe Spannungsdifferenzen vorhanden sind. Der Aufbau der Maschine muß daher derartig sein, daß man auch bei Ausführung der notwendigen Hantierungen nicht gleichzeitig mit beiden in Berührung kommt. Es müssen also z. B. die Handgriffe der Bürstenhalter und ähnliche Dinge möglichst frei an der Außenseite der Maschine angebracht sein.

4) Der Aufbau der Maschinen mit geerdetem Körper ist insofern einfacher, als die umständliche Isolierung der Fundamente

nur den Vorschriften über Berührungsschutz nach § 3a. *Bei Hochspannung müssen auch die mit Isolierstoff bedeckten Teile gegen zufällige Berührung geschützt sein.*[5])

Soweit dieser Schutz nicht schon durch die Bauart der Maschine selbst erzielt wird, muß er bei der

---

wegfällt, die bei sehr schweren Maschinen manchmal überhaupt undurchführbar sein dürfte. Auf der andern Seite ist bei geerdetem Körper die Gefahr, daß die Isolierung zwischen Wicklung und Körper durchschlagen wird, viel größer, da im Falle eines Erdschlusses in einem Leiter die Spannung des andern Leiters gegen den Körper gleich der vollen zwischen beiden Leitern vorhandenen Spannung wird. Auch die Gefahr einer Beschädigung der Maschine durch Blitzschläge soll größer sein. Für die Bedienung ergibt sich der Vorteil, daß alle geerdeten Teile des Körpers ohne Rücksicht auf statische oder übergesickerte Ladungen gefahrlos berührt werden können. Um die Gefahr auch für den Fall auszuschließen, daß die hohe Spannung direkt auf den Körper überspringt, ist auch der Fußboden, soweit er in der Nähe der Maschine etwa aus Metall (eiserne Fundamentrahmen, eiserne Schaltbühnen) besteht oder aus halbleitenden Stoffen (Mauerwerk) hergestellt ist, gut leitend mit dem Maschinenkörper zu verbinden. Dadurch soll bewirkt werden, daß das Spannungsgefälle, welches beim Stromübergang auf den Körper der Maschine und zum Erdboden auftritt, hinlänglich klein gemacht wird.

Es kann der Fall eintreten, daß die Erdleitung einen verhältnismäßig großen Widerstand hat; so z. B. wenn die Maschinen in einem oberen Stockwerk stehen und hinlänglich ausgedehnte geerdete Metallmassen nicht zur Verfügung stehen; alsdann ist es wichtiger, den Fußboden in der Nähe der Maschine sehr gut mit dem Maschinenkörper zu verbinden, als beide Teile zusammen sehr gut an Erde zu legen. Es kommt nämlich stets auf dasjenige Spannungsgefälle an, dem der Bedienende (etwa zwischen den Auflagepunkten seiner Hände und Füße) ausgesetzt sein kann. Vgl. § 3[a] unter [11]).

Wenn die Maschine geerdet und alle zugänglichen Hochspannung führenden Teile, gemäß § 3b), geschützt sind, ist es nicht notwendig, einen Isoliergang oder Isolierstand anzuwenden. Es ist jedoch nicht schädlich, dies dennoch zu tun. Überall, wo Gefahr besteht, daß die Erdung nicht zuverlässig wirkt oder daß auch die unter Spannung stehenden Maschinenteile, z. B. die Bürsten, unmittelbar berührt werden, ist es nützlich, außer den geforderten auch noch diese Vorsichtsmaßregel anzuwenden. Man kann sich dann oft mit einer einfacheren Form des Isolierstandes, z. B. einer oder mehreren übereinander gelegten Gummimatten, begnügen. Auf keinen Fall aber darf die Benutzung eines Isolierganges bei geerdetem Gestell die Vernachlässigung der übrigen in § 3 geforderten Maßnahmen zur Folge haben, weil man sonst trotz des isolierten Standpunktes gleichzeitig mit einem geladenen Metallteil und dem Gestell in Berührung kommen kann. Vergl. S. 21 unter [9]).

5) Während nach § 3b sowohl blanke als isolierte Teile, die unter Hochspannung stehen, im allgemeinen der Berührung entzogen sein müssen, ist diese Forderung bei Maschinen auf einen Schutz gegen zufällige Berührung und bei Niederspannung auf blanke Teile im Handbereich beschränkt, weil ein vollständiger Abschluß der gefährlichen Teile mit der not-

Aufstellung durch Lage, Anordnung oder besondere Schutzvorkehrungen erreicht werden.[6])

d) Die äußeren spannungführenden Teile der Maschinen müssen auf feuersicheren Unterlagen befestigt sein.

e) Elektrische Maschinen müssen eine Angabe über Stromstärke, Spannung, Drehzahl, Frequenz, Asynchronmotoren auch eine solche über die Anlaßspannung tragen.[7])

§ 7.

Transformatoren.

a) Bei Hochspannung müssen Transformatoren entweder in geerdete Metallgehäuse eingeschlossen oder in besonderen Schutzverschlägen untergebracht sein. Ausgenommen von dieser Vorschrift sind Transformatoren in abgeschlossenen elektrischen Betriebsräumen (siehe § 29) und solche, welche nur mit besonderen Hilfsmitteln zugänglich sind.[1])

---

wendigen Beaufsichtigung, Bedienung und Lüftung der Maschinen nicht vereinbar ist.

6) Wie S. 19 unter [6]) erläutert, kann der erforderliche Schutz gegen zufällige Berührung auf verschiedenen Wegen erreicht werden. Bis zu einem gewissen Grade kann ihm schon bei der fabrikmäßigen Herstellung der Maschinen Rechnung getragen werden; doch wird dies nicht immer vollständig möglich sein, weil das Maß des Schutzes und die Art seiner zweckmäßigsten Ausführung auch von den örtlichen Verhältnissen (feuchte Räume § 31a, Höhe der Räume usw.) abhängt. Es empfiehlt sich daher, bereits beim Bestellen der Maschinen den Umfang und die Art des nötigen Schutzes mit Rücksicht auf die beabsichtigte Verwendung der Maschinen zu vereinbaren.

7) Von den im § 2 der Maschinennormalien verlangten Angaben werden hier nur die gefordert, die für die Sicherheit der Anlage und ihrer Bedienung Bedeutung haben; so kann z. B. die Anlaßspannung, d. h. die bei Stillstand eines Asynchronmotors im offenen Sekundäranker auftretende Spannung, erheblich höher sein als die betriebsmäßige, daher höheren Berührungsschutz erfordern, als nach der Betriebsspannung zu erwarten ist.

§ 7. **1)** T r a n s f o r m a t o r e n ohne geerdete Metallgehäuse oder besondere Schutzverschläge dürfen demnach nur in abgeschlossenen Betriebsräumen (§ 29) oder an unzugänglichen Örtlichkeiten (z. B. auf Leitungsmasten oder in besonderer Höhe an Wänden des Betriebsraumes) Aufstellung finden.

Außerhalb der abgeschlossenen Betriebsräume stehen sie entweder in besonderen Schutzverschlägen (Transformatorhäuschen) oder, bei Kabelnetzen, unter dem Straßenniveau in Verteilungskästen innerhalb geerdeter Metallgehäuse; in den mit Strom versorgten Häusern werden sie vielfach entweder in ähnlichen Metallgehäusen oder in besonderen Verschlägen untergebracht. Bei Freileitungen werden sie häufig auf den Leitungsmasten befestigt und bedürfen im letzteren Fall der besonderen Metallgehäuse oder Schutzverschläge nicht. Enge Schutzverschläge oder Metallgehäuse müssen ventiliert werden, oder es muß auf andere Weise für Abkühlung gesorgt sein.

b) An Hochspannungstransformatoren, deren Körper nicht betriebsmäßig geerdet ist, müssen Vorrichtungen angebracht sein, welche gestatten, die Erdung des Körpers gefahrlos vorzunehmen, oder die Transformatoren allseitig abzuschalten.[2])

c) Die spannungführenden Teile der Transformatoren und die zugehörigen Verbindungsleitungen unterliegen nur den Vorschriften über Berührungsschutz nach § 3 a.[3])

d) Die äußeren spannungführenden Teile der Transformatoren müssen auf feuersicheren Unterlagen befestigt sein.

e) Transformatoren müssen eine Angabe über Stromstärken, Spannungen, Frequenz und Schaltart tragen.[4])

§ 8.

Akkumulatoren (siehe auch § 32).[1])

a) Die einzelnen Zellen sind gegen das Gestell, letzteres ist gegen Erde durch feuchtigkeitssichere Unterlagen zu isolieren.[2])

---

2) Die Erdung des Gestelles wird sich oft am besten mit Hilfe der Armatur der ein- und austretenden Kabel bewerkstelligen lassen. Die Vorrichtung kann in einem Schalter bestehen, der so angeordnet werden kann, daß beim Öffnen der Türe des Schutzgehäuses die Erdung selbsttätig erfolgt. Es genügen aber auch geeignete Klemmen, in die der geerdete Draht unter Beobachtung der nötigen Vorsicht eingeführt werden kann. Die Vorschrift gilt auch für Transformatoren in elektrischen Betriebsräumen. Sie soll ein gefahrloses Hantieren am Transformator ermöglichen.

Selbstverständlich wird in der Regel jede Hantierung am Transformator nur nach seiner Abschaltung von Primär- und Sekundärleitung vorgenommen. Doch sind Ausnahmen in dringenden Fällen denkbar. Die Betriebsvorschriften enthalten die dann gebotenen Vorsichtsmaßnahmen (siehe dort § 8). Zu ihnen gehört auch das Erden des Gestelles.

Nur dort, wo dies nicht möglich ist, z. B. auf hölzernen Leitungsmasten, genügt das allseitige Abschalten, muß aber dann ausnahmslos durch geeignete Vorrichtungen ermöglicht sein. Daß das Abschalten der Primärleitung allein den Transformator nicht spannungslos macht, wenn er sekundär mit anderen Transformatoren in Verbindung steht, wird oft nicht hinreichend beachtet.

3) Auch in abgeschlossenen elektrischen Betriebsräumen, in denen nach § 7a ein vollständiges Einschließen in Gehäuse oder Schutzverschläge nicht gefordert wird, ist ein Schutz gegen zufälliges Berühren der unter Spannung stehenden Teile notwendig. Nach § 28b) gilt dies auch für die mit Isolierstoff bedeckten Teile, also z. B. für freiliegende Wicklungen, für die Zu- und Ableitungen usw.

4) Auch sogenannte Klingeltransformatoren und Reduktoren unterliegen den Vorschriften des § 7. Für erstere gelten außerdem besondere Leitsätze, die im Anhang dieses Buches enthalten sind.

§ 8. **1)** Akkumulatoren-Räume nehmen eine Sonderstellung ein weil die Sammlerplatten, ihre Verbindungsstücke,

b) Bei Hochspannung müssen die Batterien mit einem isolierenden Bedienungsgang umgeben sein.[3])

die Anschlußleitungen und die Elektrolytflüssigkeit in den Zellen wegen der Wirkung der Säuren und wegen der notwendigen Beaufsichtigung und Bedienung nicht mit Isolierstoff bedeckt oder der Berührung entzogen werden können. (§ 3.) Andrerseits kann man den vorhandenen Gefahren durch Einhaltung einfacher und leicht durchführbarer Verhaltungsregeln vollständig begegnen. Daher ist es nötig, daß das mit der Bedienung betraute Personal sorgfältig unterwiesen und eingeübt ist, und daß Unberufene ferngehalten werden. Dies sind dieselben Bedingungen, wie sie für abgeschlossene elektrische Betriebsräume § 2e und § 29 gelten.

2) Ziffernmäßig bestimmte Isolationswerte sind für Sammlerbatterien nicht verlangt (§ 5$\frac{4}{}$ letzter Satz). Der Grund liegt darin, daß die Isolationsgröße während der Ladung oder bei raschen Temperaturschwankungen großen Veränderungen unterworfen ist infolge der auf der Außenseite der Zellen und des Gestelles sich niederschlagenden Flüssigkeitströpfchen. Es muß aber im Interesse der Sicherheit darauf gesehen werden, daß bei normalem Zustand des Akkumulators eine gute Isolation vorhanden ist und zwar können sehr wohl Werte erreicht werden, welche den in § 5$\frac{4}{}$ für die Leitungsanlage festgesetzten annähernd entsprechen. Damit dies erreicht werde, sind statt der Isolationswerte bestimmte Isolations*mittel* verlangt. Diese gewährleisten auch, daß die oben erwähnten Erniedrigungen der Isolation wieder verschwinden, sobald normale Verhältnisse eingetreten sind. Aus Glas gefertigte Akkumulatorzellen besitzen vielfach angegossene Glasfüße. Diese gelten als isolierende nicht hygroskopische Unterlagen im Sinne des § 8. Es kommt hier nämlich hauptsächlich darauf an, daß die Übergangsflächen, welche dem Strom einen Weg zur Erde bieten können, möglichst verkleinert sind, und daß der übergespritzten oder kondensierten Flüssigkeit die Möglichkeit gegeben ist, wieder zu verdunsten.

Bei Aufstellung größerer Batterien pflegt man die tragenden Gebäudeteile gegen Gefährdung durch ausgelaufene Säure zu schützen, indem man den Fußboden mit Asphaltbelag oder mehrfachem Teeranstrich versieht.

Verschüttete Säure wird durch Aufsaugen mittels Putzlappen oder Sägespänen, Nachwaschen mit Wasser und gutes Abtrocknen baldigst unschädlich gemacht. (Betriebsvorschriften § 10$\frac{1}{}$).

3) Die Ausführung des isolierenden Bedienungsganges richtet sich nach der Höhe der verwendeten Spannung, siehe auch § 6 unter [3]) und § 9 unter [2]). Bei Batterien, die mit einem Pol an Erde liegen, wie es bei Pufferbatterien für elektrische Bahnen die Regel ist, wird man sowohl die Isolierung der Zellen als die des Bedienungsganges für einzelne Gruppen von Zellen der gegen Erde bestehenden Spannung anpassen. Während für die ersten 800 Volt die unter b) angegebene Isolierung der Zellen gegen Gestell und des letzteren gegen Erde durch die gebräuchlichen Isolierkörper in sinngemäßer Übertragung auch für den Bedienungsgang ausreicht, sollen bei Spannungen zwischen etwa 800 und 1500 Volt sowohl für die Gestelle der Zellen als für Bedienungsgänge Doppelglockenhochspannungsisolatoren benutzt werden, die auf 10000 Volt geprüft sind.

Bei Spannungen von 1500 bis 10000 Volt sollen die Gestelle und Bedienungsgänge an jedem Stützpunkt durch zwei im

c) Die Batterien müssen so angeordnet sein, daß bei der Bedienung eine zufällige gleichzeitige Berührung von Punkten, zwischen denen eine Spannung von mehr als 250 V herrscht, nicht erfolgen kann.[4]) *Im übrigen gilt bei Hochspannung der isolierende Bedienungsgang als ausreichender Schutz bei zufälliger Berührung unter Spannung stehender Teile.*[5])

1. Bei Batterien, die 1000 V oder mehr gegen Erde aufweisen, empfiehlt es sich, abschaltbare Gruppen von nicht über 500 V zu bilden.[6])

Sinne der Isolation hintereinanderliegende, durch eine Zwischenlage von beliebiger Höhe voneinander getrennte Doppelglockenhochspannungsisolatoren, die auf je 20000 Volt geprüft sind, gegen Erde isoliert werden. Der eine dieser Isolatoren soll mindestens 0,5 m über dem Fußboden angebracht sein.

Bei der Ausführung des Bedienungsganges ist darauf zu achten, daß der Bedienende auch gegen zufällige Berührung mit Seitenwänden, Tragesäulen u. dgl. geschützt ist, daher sollen bei Spannungen über 800 Volt auch die Steinwände und Pfeiler, namentlich aber metallische Teile derselben, wie Rohrleitungen, Trageschienen, Eisentreppen, Maschinenteile, Metallgefäße, soweit es möglich erscheint, daß diese Teile zugleich mit den Elementen über 800 Volt und deren Zubehör berührt werden könnten, mit einer an Hochspannungsisolatoren befestigten Lattenverschalung oder dgl. verkleidet sein, die sich auf eine Höhe von etwa 1,75 m über den Laufboden des Bedienungsganges erstreckt.

Dabei ist auch darauf zu achten, daß nicht etwa geöffnete Fensterflügel oder andere bewegliche Teile in den zu begehenden Raum hineinragen können und so Veranlassung zu einer Berührung mit diesen geerdeten Teilen geben. Man wird zu diesem Zwecke unter Umständen die Fensterflügel nach außen aufschlagend anordnen oder ihre Bewegung durch Anschläge begrenzen.

4) Daß eine Person nicht gleichzeitig zwei Punkte der Batterie berühren kann, zwischen denen höhere Spannung herrscht, ist meistens durch geeignete Aufstellung der Zellen zu bewirken. Ist dies nicht ohne weiteres möglich, so genügt in vielen Fällen eine kurze in den Bedienungsraum vorspringende Scheidewand, etwa eine Glastafel von verhältnismäßig kleinen Abmessungen, um das zufällige Berühren beider Punkte, z. B. der beiden Endpole oder zweier Zellen von verschiedenen Gruppen zu verhüten.

5) Daß ungeschützte unter Spannung stehende Teile im Bereiche des Bedienungspersonals bei Akkumulatoren nicht zu vermeiden sind, ist unter [1]) dargelegt. Die Einfachheit der nötigen Hantierungen macht es aber dem Unterwiesenen leicht, alle Gefahren zu vermeiden.

6) Da Batterien nicht wie Maschinen oder Transformatoren durch Stillsetzen oder Abschalten vom Netz spannungslos gemacht werden können, so empfiehlt es sich, um Arbeiten, die über die regelmäßige Beaufsichtigung, wie Nachfüllen von Säure und das Besichtigen der Platten hinausgehen, gefahrlos vornehmen zu können, sie teilbar anzuordnen, so daß in jedem Teil nur eine mäßige Spannung auftreten kann, die durch Erden eines geeigneten Punktes weiter abgeschwächt werden kann. Zur Teilung können herausnehmbare Schmelzsicherungen oder Klemmbügel dienen.

d) Zelluloid darf bei Akkumulatorenbatterien für mehr als 16 V Spannung außerhalb des Elektrolyten und als Material für Gefäße nicht verwendet werden[7]).

D. Schalt- und Verteilungsanlagen.*)

§ 9.

a) Schalt- und Verteilungstafeln müssen aus feuersicherem Baustoff bestehen. Holz ist als Umrahmung und als Schutzgeländer zulässig.[1])

---

7) Durch Zelluloid an Akkumulatoren sind mehrmals gefährliche Brände verursacht worden. Die Verwendung dieses Stoffes in erheblichem Maßstab ist daher verboten. Kleine Mengen sind zugelassen, weil ein geeigneter Ersatz für die Ausrüstung kleiner leichter Batterien noch nicht gefunden ist. Die Grenze von 16 Volt ist völlig willkürlich. Sie soll nur große und kleine Batterien unterscheiden. Werden Akkumulatoren mit Zelluloidausrüstung in Ladestationen zu größeren Batterien zusammengestellt, so sind Gruppen zu 16 Volt zu bilden und durch feuersichere Zwischenstücke (z. B. Asbesttafeln) zu trennen.

§ 9. 1) In Übereinstimmung mit der guten Praxis sind auch die Vorschriften im Laufe ihrer Entwicklung in der Ausschließung brennbarer Stoffe beim Aufbau von **Schalttafeln** immer schärfer geworden. Während bis zum Jahre 1903 das Holz allgemein noch als Baustoff, nicht aber als isolierende Unterlage für die stromführenden Teile zugelassen war, wurde es von da bis zum Jahre 1908 nur noch für kleinere Verteilungstafeln gestattet. Seit 1908 ist auch diese Ausnahme, soweit es sich um dauernde Einrichtungen handelt, aufgehoben und nur noch bei provisorischen Einrichtungen (§ 37 b) ist Holz als Baustoff, nicht aber als Isolierstoff erlaubt.

Daß andere leicht brennbare Stoffe, wie Linoleum, sich nicht zur Verkleidung von Schalttafeln eignen, ist wohl längst anerkannt, doch hat man trotz mehrfach vorgekommener Brände an Schalttafeln noch lange die Verwendung harten Holzes verteidigt.

Hiergegen ist zu bemerken, daß eine scharfe Grenze zwischen hartem und weichem, leicht entflammbarem Holze nicht existiert. Ferner daß eine Holztafel, auch wenn sie aus sachgemäß gewähltem Material besteht und in trockenem Zustande aufgestellt wird, durch ungünstige Verhältnisse an einzelnen Stellen unbemerkt Feuchtigkeit aufnehmen kann, so daß ihr Isolationsvermögen verschwindet. Es sei ferner daran erinnert, daß gerade an Schalttafeln Erwärmungen nicht durch Überlastung der Leitungen, sondern durch mangelhaften Kontakt besonders häufig sind, welch letztere Erscheinung sich unter Umständen, z. B. infolge fortgesetzter Erschütterungen (in Maschinenräumen), allmählich und unbemerkt einstellt. Auch die durch den normalen Betrieb bedingte abwechselnde Erwärmung und Abkühlung der Schmelzsicherungen bewirkt eine allmähliche Lockerung der Kontaktschrauben. Hierzu kommt noch, daß die Holztafeln sich leicht werfen oder reißen, um so mehr, je größer sie sind. Dabei sind schon Porzellanbestandteile der Apparate zerstört, auch Zähler

---

*) Vgl. auch: Vorschriften für die Konstruktion und Prüfung von Installationsmaterial. § 30. Verteilungstafeln.

b) Bei Schalttafeln und Schaltgerüsten[2]), die betriebsmäßig auf der Rückseite zugänglich sind, müssen die Gänge hinreichend breit und hoch sein und von

---

und andere Meßgeräte in Unordnung gebracht worden. Die großen Stromstärken, die an Schalttafelleitungen herrschen, machen es erklärlich, daß auch scheinbar geringfügige Fehler schwerwiegende Folgen nach sich ziehen.

Zu diesem Bedenken tritt bei Hochspannung noch das weitere Moment hinzu, daß bei Spannungen von mehreren Tausend Volt auch trockenes Holz sich wie ein Leiter verhält und direkt entflammt werden kann. Die Zulassung zur Umrahmung ist nur aus Rücksichten auf Schönheitsgründe geschehen und es ist dabei vorausgesetzt, daß die Umrahmung von den stromführenden Teilen weit entfernt bleibt.

Ebenso wie die Umrahmung und die besonders erwähnten Schutzgeländer können auch Schutzkästen, Türen an solchen, kurz alle Teile, die nicht zur Schalttafel selbst gehören und von den leitenden Teilen durch hinreichend große Luftschichten getrennt sind, aus Holz bestehen. Desgleichen ist Holz erlaubt als Unterlage von in sich abgeschlossenen **einzelnen** Meßgeräten, wie Zählern (Zählerbrett); sollen dagegen mit dem Zähler etwa noch Sicherungen, Klemmen usw. auf derselben Tafel vereinigt werden, so darf sie nicht aus Holz bestehen.

Der Aufbau der Schalt- und Verteilungstafeln geschieht daher im Gerüst aus Eisen, in den Flächen aus Marmor, leitungsfreiem Schiefer, Porzellan oder dgl. ETZ 1908, S. 652, N. 203, 204; 1909, S. 497, N. 208, 214a. Über die Auswahl und Behandlung der Steinplatten vgl. § 5, Seite 34 unter [13]).

Was für Schalttafeln gesagt ist, gilt sinngemäß auch für Schaltsäulen, Schaltgerüste u. dgl.

2) Der Schutz der an Schalttafeln beschäftigten Personen gegen die Berührung der unter Spannung stehenden Teile regelt sich im allgemeinen nach § 3. Da die Schaltanlagen meistens in elektrischen Betriebsräumen aufgebaut sind und der Raum auf der Rückseite der Tafeln häufig als abgeschlossener elektrischer Betriebsraum ausgebildet ist, sind die im § 3 gemachten Ausnahmen und die Sonderbestimmungen der §§ 28 und 29 besonders zu beachten.

Von großer Bedeutung ist bei Schaltanlagen die im § 3c behandelte Erdung der Metallteile, die nicht Spannung führen, aber Spannung annehmen können. Vgl. hierzu S. 21 unter [9]). Unter Umständen sind auch bei Schaltanlagen anstatt des Erdens die im § 3c erwähnten „anderen Mittel" anzuwenden, z. B. Isolierung der nicht spannungführenden Metallteile verbunden mit isolierendem Bedienungsgang, wie dies für elektrische Maschinen im § 6b ausdrücklich erwähnt ist. Siehe S. 36 unter [3]).

Im einzelnen ist zu beachten, daß die Forderungen der §§ 3a und 3b auf Schutz gegen zufällige oder gegen jede Berührung auch dann erfüllt werden, wenn die Abdeckungen, Schranken usw. an den Teilen der Schalteinlagen so eingerichtet sind, daß sie zur Beobachtung oder Bedienung zeitweise entfernt werden. Die in den §§ 10 bis 15 für Apparate, Schalter, Sicherungen usw. gegebenen Sonderbestimmungen gelten naturgemäß auch für die zu Schaltanlagen vereinigten Apparate.

Zweck und Aufgabe des isolierenden Bedienungsganges, von dem schon im § 6 b) und § 8 c) die Rede war, ist bereits S. 37 kurz erwähnt. Er verhindert, daß ein erheblicher Strom durch den

Gegenständen freigehalten werden, welche die freie Bewegung stören.[3])

Bedienenden zur Erde fließt, wenn dieser mit einem elektrisch geladenen Teil in Berührung gekommen ist. Es wird nämlich in den durch den Körper nach Erde führenden Stromweg ein großer Widerstand (die Isolation des Bedienungsganges) eingeschaltet.

Die Isolation des Bedienungsganges muß eine vollständige und dauernde sein, wozu je nach den örtlichen Verhältnissen (Feuchtigkeit, Höhe der Spannung) mehr oder weniger umständliche Hilfsmittel dienen. Sie darf nicht dadurch unwirksam gemacht werden, daß der auf dem Isolierstand Befindliche mit einem Teil seines Körpers (Hand, Fuß usw.) mit Erde oder mit unisolierten Metallteilen, die mit Erde in Verbindung stehen, in Berührung kommen kann. Es würde z. B. bedenklich sein, wenn ein Arbeiter beim Straucheln oder Zurücktreten oder durch andere willkürliche oder unwillkürliche Bewegungen gegen eine Mauer geraten könnte, besonders wenn diese vielleicht in der Höhe des Kopfes oder auch im Handbereich Metallteile (Gasrohre, Turbinenteile) trägt. Der isolierte Bedienungsgang bietet den Vorzug, daß auch die einseitige Berührung eines unmittelbar stromführenden Teiles unter günstigen Umständen schadlos verlaufen kann; weil die einzelnen Isolierstrecken nach Art von Kondensatoren wirken, auf welche sich die ganze Spannung verteilt. Bei Berührung mit einem Pol wird also die Person auf dem Isolierstand einer kleineren Spannungsdifferenz ausgesetzt, als eine auf Erde stehende. Doch ist zu beachten, daß ein Mensch beim Betreten eines Isolierstandes, der eine Ladung angenommen hat, einen Schlag erleiden kann, wenn er mit einem Fuß noch auf der Erde steht oder ein nicht isoliertes Geländer oder dgl. berührt. Um dies zu vermeiden, müssen bei sehr hohen Spannungen Übergangsstufen vorgesehen sein.

Ein erhöhter Schutz gegen die Gefahr zufälliger Berührung spannungführender Teile wird nach Kübler dadurch erzielt, daß die beiden Pole der Schaltanlage und ihr Zubehör weit voneinander getrennt werden. Z. V. D. I. 1909, S. 1516; 1910, S. 37.

In vielen Fällen ist das Prinzip des Isolierstandes nicht durchführbar; z. B. wenn große Feuchtigkeit herrscht, die eine dauernde Aufrechterhaltung der Isolation unmöglich macht.

Das Prinzip der Erdung des Bedienungsganges, der Schutzgehäuse und dgl. bringt es mit sich, daß die volle Betriebsspannung gegen Erde zwischen den arbeitenden Teilen, z. B. den Spulen der Meßgeräte und den Gehäusen, wirksam ist. Bei Gewittern oder durch andere Ursachen bedingten Überspannungen wird die Gefahr des Überschlagens auf die Gehäuse durch die Erdung noch erhöht. Hierbei wird durch die geerdeten Metallteile Kurzschluß entstehen können. Die isolierende Trennschicht zwischen den arbeitenden Teilen der Apparate und ihren Gehäusen ist daher besonders sorgfältig auszuführen.

3) Es ist darnach zu streben, daß alle Schalttafeln für größere Anlagen auf der Rückseite zugänglich gemacht werden. Die Zugänglichkeit und damit die Einhaltung der in § 9 1) erwähnten Abstände muß unbedingt gefordert werden, wenn die Rückseite Sicherungen trägt oder wenn dort lösbare Verbindungen oder Schalter angebracht sind, die während des Betriebes gehandhabt werden müssen.

Der zugängliche Raum auf der Rückseite kann abgeschlossen und so zum abgeschlossenen elektrischen Betriebsraum ge-

1. Die Entfernung zwischen ungeschützten, Spannung gegen Erde führenden Teilen der Schalttafel und der gegenüberliegenden Wand soll bei Niederspannung etwa 1 m, *bei Hochspannung etwa 1,5 m* betragen.[4]) Sind beiderseitig ungeschützte, Spannung gegen Erde führende Teile in erreichbarer Höhe angebracht, so sollen sie in der Horizontalen etwa 2 m voneinander entfernt sein.[5])

In Gängen sollen Hochspannung führende Teile besonders geschützt sein, wenn sie weniger als 2,5 m hoch liegen.[6])

⚒ In B. u. T. genügt für Schaltgänge, in denen die spannungführenden Teile der einzelnen Schaltzellen durch Schutztüren besonders abgeschlossen sind, eine freie Breite, die den dort auszuführenden Arbeiten entspricht; doch soll sie nicht geringer als 1 m sein. In Gängen, die nur Kabelendverschlüsse, Sammelschienen und Leitungsverbindungen unter Schutz gegen zufällige Berührung enthalten, die also nicht betriebsmäßig, sondern nur zur Nachprüfung betreten werden, kann die freie Breite bis auf 0,6 m verringert werden.[7])

c) Schaltanlagen, die nicht von der Rückseite zugänglich sind, müssen so eingerichtet sein, daß die Anschlüsse der Leitungen nachgesehen werden können.[8])

---

staltet werden (§ 2e), in welchem die Bedingungen des § 29 Platz greifen.

4) Die zahlenmäßig festgesetzten Abstände der Regel 1 werden nur für den Fall gefordert, daß spannungführende ungeschützte Teile an der Schaltanlage oder ihr gegenüber an der Wand vorhanden sind. Sind diese Teile geschützt, so wird nach § 9b nur im allgemeinen hinreichende Breite und Höhe der Gänge gefordert, nicht aber ein bestimmtes Maß vorgeschrieben. Die allgemeinere Forderung des § 9b ist auch dann maßgebend, wenn der Schutz vorübergehend zur Bedienung usw. geöffnet wird; so z. B. wenn die einzelnen Schaltzellen durch Türen zugänglich sind. ETZ 1913, S. 444, N. 245. Vergl. auch Abs. 3 der Regel 1 für B. u. T.

5) Die größere Entfernung ist in diesem Falle nötig, weil es vorkommen kann, daß der Bedienungsmann beim Arbeiten auf der einen Seite einen elektrischen Schlag erleidet und dann die stromführenden Teile berührt, denen er den Rücken zukehrt. Um dies noch besser zu verhüten, wird u. a. der Raum durch ein Geländer geteilt, das man jedoch in der Regel nicht in der Mitte, sondern nahe der einen Seite anbringen wird, um die Bewegungsfreiheit nicht zu sehr einzuschränken.

6) Besonders zu achten ist auf Schalter oder Trennschalter, deren beweglicher Teil beim Öffnen nach unten geschwenkt wird und alsdann von einer den Gang betretenden Person mit dem Kopfe berührt werden kann, wenn ein besonderer Schutz fehlt.

7) **Wenn auf der Rückseite von Schalttafeln öfters Hantierungen nötig sind, tut man gut, dort eine Glühlampe zu installieren, weil tragbare Lampen, besonders Grubenlampen, durch ihre Metallteile Berührung mit spannungführenden Teilen oder Kurzschluß veranlassen können.**

8) Zwischen den betriebsmäßig auf der Rückseite zugänglichen Schalttafeln des § 9b) und den nicht zugänglichen nach § 9c) gibt es allerlei Zwischenstufen: Schalttafeln, die

2. An Verteilungstafeln, die nicht von der Rückseite zugänglich sind, sollen die Leitungen erst nach Befestigung der Tafel an diese herangeführt und angeschlossen werden.[9])

3. Verteilungstafeln sollen durch eine Umrahmung oder ähnliche Mittel so geschützt sein, daß Fremdkörper nicht an die Rückseite der Tafel gelangen können.[10])

d) Die Sicherungen und, wo erforderlich, auch die Schalter an Schaltanlagen sind mit Bezeichnungen zu versehen, aus denen hervorgeht, zu welchen Räumen oder Gruppen von Stromverbrauchern sie gehören.[11])

4. Bei Schaltanlagen, die für verschiedene Stromarten und Spannungen bestimmt sind, sollen die Einrichtungen für jede Stromart und Spannung entweder auf getrenn-

---

aus ihrer Betriebsstelle ausgefahren und dadurch an ihrer Rückseite zugänglich werden, solche die türartig in Gelenken drehbar oder aufklappbar sind. Werden derartige Anordnungen nicht gewählt, so tritt § 9c) in Geltung. Er verbietet, daß die Schalttafeln zuerst an die Zuleitungen des Netzes angeschlossen und nun die Tafel an der Wand so befestigt wird, daß diese Anschlußstellen nicht mehr nachgesehen werden können.

Dagegen verbietet § 9c) keineswegs die Verwendung von Tafeln, welche die Schienen oder einzelne Strecken der Schienen auf ihrer Rückseite tragen, auch können die leitenden Teile der Schaltung unter sich auf der Rückseite verbunden sein, wenn diese Verbindungen nicht während des Betriebes bedient werden müssen. Es müssen nur die Klemmen für die zuführenden und die abführenden Leitungen frei zugänglich sein und die ganze Anordnung der Bedingung entsprechen, daß die Tafel selbst leicht abgenommen und dann auch auf der Rückseite besichtigt werden kann. ETZ 1903, S. 434 N. 47. Dies gilt auch für Motorschalttafeln. ETZ 1909, S. 497, N. 209, 213; 1910, S. 197, N. 223.

9) Regel 2 dient ebenso wie § 9c der Absicht daß ungenügende Kontakte, gelockerte Verbindungen, mangelhaft verlötete Kabelschuhe und ähnliche Fehler, die übermäßige Erwärmung erzeugen, beseitigt werden können. Nicht zu empfehlen sind Anordnungen, bei denen die Klemmen, mit welchen die Tafel an die zu- und abführenden Leitungen angeschlossen ist, nur durch enge Bohrungen in der Tafel mittels Schraubschlüssel lösbar sind, weil in diesem Falle zwar das Lösen und Befestigen von der Vorderseite her möglich ist, nicht aber die Kontrolle, ob die Leitung fest sitzt und sich nicht unzulässig erwärmt. ETZ 1909, S. 497, N. 209, 213; 1910, S. 1322, N. 226. Eine Anschlußklemme, die diese Nachteile vermeidet, siehe z. B. ETZ 1907, S. 820, auch 1909, S. 291 (Stotz).

10) Erfahrungsgemäß werden die Oberkanten von Tafeln häufig als Aufbewahrungsorte für Schraubenzieher, Schlüssel und ähnliche Handgeräte mißbraucht, die beim Herabfallen zwischen die blanken Leitungsteile Kurzschluß verursachen.

11) Dies gilt auch für die Rückseite der Schaltanlagen; es genügen Nummern oder einzelne Buchstaben, die durch ein neben der Tafel angebrachtes Verzeichnis erläutert werden. Einzelne Firmen liefern Sicherungen, Schalter u. dgl., die mit Glastäfelchen versehen sind, unter welche die Aufschriften eingeschoben werden. Weitere Bezeichnungen an Schaltern und Sicherungen selbst sind in §§ 11b), 11f), 13a), 14c) gefordert.

ten und entsprechend bezeichneten Feldern angeordnet oder deutlich gekennzeichnet sein.

5. Bei Schaltanlagen, die von der Rückseite betriebsmäßig zugänglich sind, soll die Polarität oder Phase von Leitungsschienen u. dergl. kenntlich gemacht sein. Die Bedeutung der benutzten Farben und Zeichen soll bekannt gegeben werden.[12])

⚒ *e) In jeder Verteilungsschaltanlage für Hochspannung müssen die Zuführungsleitungen durch Schalter oder Sicherungen abtrennbar sein.*[13])

E. Apparate.*)

§ 10.

Allgemeines.

a) Die äußeren spannungführenden Teile und, soweit sie betriebsmäßig zugänglich sind, auch die inneren müssen auf feuer-, wärme- und feuchtigkeitssicheren Körpern angebracht sein.[1])

---

12) Bestimmte Zeichen oder Farben sind zurzeit nicht vorgeschrieben; man erwartet, daß sich eine einheitliche Bezeichnung mit der Zeit herausbildet.

Der Farbanstrich braucht nicht die Leitungen in ihrer ganzen Ausdehnung zu bedecken; es genügt, wenn die Polarität deutlich und ohne langes Suchen erkennbar ist.

Wo Hochspannungs- und Niederspannungsleitungen benachbart sind, müssen auch diese Unterschiede kenntlich gemacht werden. Die Schalttafeln für Hoch- und Niederspannung sind am besten völlig getrennt anzuordnen; wird eine gemeinsame Schalttafel benützt, so ist durch getrennte Anordnung der Apparate und deutliche Bezeichnung die Hochspannung kenntlich zu machen.

Selbstverständlich soll bei allen Bezeichnungen ein und dieselbe Bezeichnungsweise in der ganzen Anlage übereinstimmend durchgeführt sein.

13) Vergl. § 21 i) Abs. 2.

§ 10. **1)** Wie an den Schalttafeln (§ 9), so ist auch bei den einzelnen Apparaten, insbesondere bei solchen, die zur Stromunterbrechung dienen (Schalter, Sicherungen), danach zu streben, daß alles ferngehalten werde, was brennbar ist. Diese Forderung ist indessen nicht allgemein durchführbar, da z. B. die beweglichen Spulen von Zählern zu schwer werden, wenn die Spulenkörper aus feuersicheren Stoffen hergestellt sind; andere Teile, wie die Träger von Kommutatoren für Motorzähler, können bei Anfertigung aus Porzellan nicht genügend genau bearbeitet werden; in einigen Fällen ist ferner zu bedenken, daß das Quantum brennbaren Stoffes, welches auf die Unterlagen trifft, unbedeutend bleibt gegenüber der noch brenn-

---

*) Vgl. auch Vorschriften für die Konstruktion und Prüfung von Installationsmaterial; Vorschriften für die Konstruktion und Prüfung von Schaltapparaten für Spannungen bis 750 V; Richtlinien für die Konstruktion und Prüfung von Wechselstrom-Hochspannungsapparaten von einschließlich 1500 V Nennspannung aufwärts; Leitsätze für die Konstruktion und Prüfung elektrischer Starkstrom-Handapparate für Niederspannungsanlagen; Normalien für Koch- und Heizapparate in Niederspannungsanlagen.

Abdeckungen und Schutzverkleidungen müssen mechanisch widerstandsfähig und wärmesicher sein sowie zuverlässig befestigt werden. Solche aus Isolierstoff, die im Gebrauch mit einem Lichtbogen in Berührung kommen können, müssen auch feuersicher sein (Ausnahme siehe § 15 b).

b) Die Apparate sind so zu bemessen, daß sie durch den stärksten normal vorkommenden Betriebs-

---

bareren isolierenden Baumwoll- oder Gummihülle des Drahtes selbst oder der Ölfüllung von Ölschaltern oder Transformatoren. Man hat daher die Forderung der unverbrennlichen Unterlagen auf diejenigen Teile beschränkt, welche der mechanischen Beschädigung, dem Kurzschluß durch Berührung mit leitenden Werkstücken oder Werkzeugen, dem Erhitzen durch Lockern der Verbindungen in besonderem Maße ausgesetzt sind, daher auch leichter zu Brandgefahr Anlaß geben.

Neben der Feuersicherheit muß für die Unterlagen der stromführenden Teile auch genügende Isolierfähigkeit gefordert werden, die den obwaltenden Verhältnissen angepaßt sein muß (vgl. § 5[e] unter [11]), Seite 34) und unter Umständen von der Widerstandsfähigkeit gegen Feuchtigkeit, außerdem aber auch von der Oberflächengestaltung abhängt. Bei den meisten gegenwärtig in Gebrauch befindlichen Apparaten, wie Ausschaltern, Sicherungen u. dgl., ist das früher viel benutzte Holz durch Porzellan oder Schiefer oder ähnliche Stoffe ersetzt, welche der Feuchtigkeit widerstehen und gleichzeitig unverbrennlich und schlechte Wärmeleiter sind. Auch unter diesen Stoffen bestehen noch Abstufungen hinsichtlich ihrer Güte. Es ist daher nötig, daß sie unter denjenigen Verhältnissen eine gute Isolation gewährleisten, unter denen sie zur Verwendung gelangen. Eine Unterlage aus bestimmtem Stoff kann noch zulässig sein, wenn der Apparat, in dem sie angewendet ist, in einem trockenen Raume angebracht ist, während sie beanstandet werden muß, wenn sie an einem für feuchte Räume bestimmten Apparat vorkommt.

Holz wird daher in der Mehrzahl der Fälle als unmittelbare Unterlage der stromleitenden Teile unzulässig sein (ETZ 1905, S. 702, N 168); vielmehr ist da, wo etwa vorübergehend benutzte Schaltbretter oder Kästen aus Holz diese Teile aufnehmen sollen, eine Zwischenlage aus feuerfesten, von der Feuchtigkeit nicht beeinflußten Stoffen einzufügen. Insbesondere ist weiches Holz streng zu vermeiden. Dagegen wird behauptet, daß für einzelne Sonderzwecke hartes Holz nicht ersetzbar sei, weil es leichter, fester und bequemer zu bearbeiten sei als andere feuersichere und feuchtigkeitssichere Isolierstoffe. Daher sind im § 12[1] Unterlagen aus Holz unter besonderen Bedingungen zugelassen. Die Anwendung imprägnierten Holzes als Bau- und Isoliermaterial ist ferner in allen denjenigen Fällen gemäß § 5[e] erlaubt, in denen es durch eine Ölfüllung von der Berührung mit Luft betriebssicher abgeschlossen ist. Erlaubt ist auch die Benutzung von Holz neben einem guten Isolierstoff (wie Porzellan), um die Beanspruchung, die der letztere durch die hohe Spannung erfährt, herabzumindern, oder um die Durchschlagstrecke zu vergrößern, die Kapazität des Kondensators zu verkleinern, den die beiden voneinander zu isolierenden Metallkörper bilden. Hiervon wird beim Aufbau von Hochspannungsapparaten Gebrauch gemacht.

strom keine für den Betrieb oder die Umgebung gefährliche Temperatur annehmen können.[2])

c) die Apparate müssen so gebaut oder angebracht sein, daß einer Verletzung von Personen durch Splitter, Funken, geschmolzenes Material oder Stromübergänge bei ordnungsmäßigem Gebrauch vorgebeugt wird[3]) (siehe auch § 3)[4]).

---

2) Es ist sehr schwierig, allgemein anzugeben, welche Übertemperaturen (Erwärmung über die Umgebungstemperatur) als zulässig und welche als bedenklich zu bezeichnen sind. Viele Vorrichtungen müssen ihrem Zweck und Wesen nach hohe Temperaturen in einzelnen wirksamen Teilen aufweisen, wie z. B. Heizapparate, Widerstände, Schmelzsicherungen, Hitzdrahtmeßgeräte. Abgesehen von Heiz- und Kochvorrichtungen wird man eine Erwärmung als unbedenklich bezeichnen können, wenn die äußere Umhüllung der Vorrichtung beliebig lange mit der Hand berührt werden kann. Man wird sich jedoch nicht immer mit diesem Kennzeichen begnügen dürfen, sondern es muß sachverständig geprüft werden, wann, wo und wie weit eine beobachtete Erwärmung eine betriebsmäßige und unbedenkliche ist, oder aber, ob sie unrichtige Abmessungen oder ordnungswidrigen Zustand des Apparates anzeigt. Zu beachten ist, daß Schraubverbindungen häufig durch die Erschütterungen des Betriebes locker und infolge des so erhöhten Widerstandes warm werden, ebenso wird sich häufig unreine Oberfläche der Kontaktstellen durch Erwärmung verraten. Derartige Fehler pflegen sich im Lauf des Betriebes zu vergrößern und können bedenkliche Folgen haben.

Bei Wechselstromapparaten können schädliche Erwärmungen durch Wirbelströme eintreten, wenn die Anordnung und die Ausmaße nicht mit Rücksicht auf sie gewählt sind.

Für Dosenschalter ist im § 13 der Vorschriften für Konstruktion und Prüfung von Istallationsmaterial ein Verfahren zur Ermittelung unzulässiger Erwärmung angegeben.

3) Betreffs der Bauart vergleiche auch § 10l S. 51 unter [6]) Beim Anbringen der Apparate ist darauf zu achten, daß die Griffe der im Betriebe regelmäßig zu bedienenden Apparate erreicht und gehandhabt werden können, ohne daß man mit geladenen Teilen in Berührung kommt. Sicherungen, selbsttätige Ausschalter und sonstige Vorrichtungen, an denen Funken, Lichtbogen oder explosionsartige Erscheinungen möglich sind, sollen nicht so angeordnet werden, daß sie etwa die Augen des Wärters gefährden, wenn dieser die Meßgeräte oder den Zustand andrer wichtiger Teile beobachtet. Splitter, Funken und dgl. treten vorzugsweise bei Schmelzsicherungen auf. Je höher die Spannung, desto leichter bleibt beim Abschmelzen ein Lichtbogen bestehen, desto größer sind auch die hierbei innerhalb der Sicherung frei werdenden Energiemengen. Sie können die Gehäuse der Sicherung zertrümmern und deren Teile umherschleudern. Demnach sind hier unter Umständen besondere Schutzgitter, Schutzgläser oder dgl. vorzusehen. Bei Benützung von Hüllen oder Abschlußwänden aus Glas oder andern spröden Stoffen ist besonders darauf zu achten, daß deren umhergeschleuderte Splitter niemanden verletzen können.

4) Der § 3 behandelt den Schutz gegen die Gefährdung von Personen durch Stromübergänge.

d) Apparate müssen so gebaut und angebracht sein, daß für die anzuschließenden Drähte (auch an den Einführungsstellen) eine genügende Isolation gegen benachbarte Gebäudeteile, Leitungen und dergleichen erzielt wird.[5])

1. Bei dem Bau der Apparate soll bereits darauf geachtet werden, daß die unter Spannung gegen Erde stehenden Teile der zufälligen Berührung entzogen werden können (Ausnahme siehe § 15b).[6])

2. Griffe, Handräder und dergleichen können aus Isolierstoff oder Metall bestehen. In letzterem Falle ist § 3 Regel 2 zu berücksichtigen. Bei Spannungen bis 1000 V sind metallene Griffe, Handräder und dergleichen, die mit einer haltbaren Isolierschicht vollständig überzogen sind, auch ohne Erdung zulässig.[7])

---

5) Häufig begegnet man dem Fehler, daß zwar die Leitungen dort, wo sie frei verlaufen, sorgfältig von der Wand abgehalten sind, ebenso wie die Apparate auf den nötigen isolierenden Unterlagen sitzen, daß aber die Bauart der Apparate es nötig macht, die Leitungen an der Einführungsstelle dicht an die Wand heran oder sogar mit ihr in Berührung zu bringen. Da die Leitungen dort meist mehr oder weniger von ihrer Isolierhülle entblößt sind, so entsteht auf diese Weise Gelegenheit zur Ausbildung eines Erdschlusses. Ein solcher kann sich auch ausbilden, wenn die Apparate Stoffe enthalten, die, wie weiches Holz, Feuchtigkeit anziehen. Diese Gefahr muß durch die Bauart der Apparate oder durch Zwischenfügen von Isolierrohr oder dergl. ausgeschlossen werden. ETZ, 1904 S. 363 N. 89, N. 93; 1910 S. 1322 N. 225.

Besonders zu beachten ist auch der Umstand, daß das Erden der Metallkörper, Gehäuse und Verkleidungen meistens die Spannung zwischen ihnen und den stromzuführenden Teilen und damit die Neigung zum Überspringen von Funken oder Lichtbogen erhöht. Namentlich bei Apparaten für Hochspannung ist die Wahl der Abmessungen wichtig. Einheitliche Grundlagen hierfür sind in den „Richtlinien für die Konstruktion und Prüfung von Wechselstrom-Hochspannungsapparaten von einschließlich 1500 Volt Nennspannung aufwärts" enthalten. ETZ 1913, S. 1067, erläutert ETZ 1912, S. 354 u. 380.

6) Die gute Praxis hat den Schutz gegen zufällige Berührung in steigendem Maße berücksichtigt. Die Schaltergriffe sollen hinlängliche Abmessungen aufweisen und mit Schutztellern versehen sein. Auch Sicherungen werden, wo es mit ihren sonstigen Bestimmungen verträglich ist, in Isolierstücke eingebaut, Steckkontakte mit vorstehenden Isolierhülsen, Fassungen mit Kragen versehen. Schraubenköpfe, die unter Spannung stehen, werden abgedeckt. ETZ 1909, S. 497 N. 215. Doch kann nur die ordnungsmäßige Handhabung dabei berücksichtigt werden, da viele Teile ihrer Zweckbestimmung nach oder behufs der notwendigen Besichtigung unbedeckt bleiben müssen, wie z. B. die funkenlöschenden Hilfskontakte oder Hörner von Schaltern und Sicherungen.

7) Zu beachten ist, daß nach §§ 11d) und 12c) die Griffdorne und die Drehachsen nicht unter Spannung stehen dürfen. Holz gilt nach § 5$\underline{6}$ nicht als zuverlässiger Isolierstoff, weil es durch Feuchtigkeit Risse erleidet, die sich mit Metallstaub füllen, so daß hierdurch oder durch eindringende Feuchtigkeit Strömübergänge stattfinden, die dem Bedienenden gefährlich

Bei Spannungen über 1000 V sollen isolierende Griffe (entweder ganz aus Isolierstoff oder nur damit überzogen) so eingerichtet sein, daß sich zwischen der bedienenden Person und den spannungführenden Teilen eine geerdete Stelle befindet. Ganz aus Isolierstoff bestehende Schaltstangen sind von dieser Bestimmung ausgenommen.[8])

e) Ortsfeste Apparate müssen für Anschluß der Leitungsdrähte durch Verschraubung oder gleichwertige Mittel eingerichtet sein (siehe auch § 21[13]).

f) Metallteile, für die eine Erdung in Frage kommen kann, müssen mit einem Erdungsanschluß versehen sein.

g) Alle Schrauben, die Kontakte vermitteln, müssen metallenes Muttergewinde haben.

h) Bei ortsveränderlichen oder beweglichen Apparaten müssen die Anschluß- und Verbindungsstellen von Zug entlastet sein.

i) Der Verwendungsbereich (Stromstärke, Spannung, Stromart usw.) muß, soweit es für die Benutzung notwendig ist, auf den Apparaten angegeben sein.

§ 11.

Ausschalter und Umschalter.

a) Alle Schalter, die zur Stromunterbrechung dienen, müssen so gebaut sein, daß beim ordnungsmäßigen Öffnen unter normalem Betriebsstrom kein Lichtbogen bestehen

---

werden. Gegen Feuchtigkeit kann Tränkung mit Paraffin oder Anstrich mit Ölfarbe Schutz bieten. Gewöhnliche Politur verbessert an sich das Isoliervermögen nicht merklich (ETZ 1906, S. 471, S. 870). Es empfiehlt sich, Holzgriffe mit besser isolierenden Stoffen auszufüttern oder zu überziehen oder besser das Holz durch zuverlässigere Isolierstoffe zu ersetzen.

8) Bei höheren Spannungen sind isolierende Überzüge oder Zwischenschichten wegen der unter [7]) erwähnten Bedenken nicht völlig sicher. Auch ist die Dicke der Isolierschicht nicht immer kontrollierbar. So können scheinbar starke Porzellanhülsen Risse enthalten, welche von Funken durchsetzt werden. Daher ist die Zwischenfügung einer geerdeten Stelle empfohlen, welche derartige Ladungen unschädlich macht. Bei Mastschaltern für Hochspannung empfiehlt es sich sehr, eine isolierende und eine geerdete Strecke im Bedienungsgestänge hintereinander anzuordnen. Indessen können auch Fälle vorkommen, wo das Erden unausführbar ist oder andre Gefahren mit sich bringt. Bei Anlagen, die grundsätzlich das Erden vermeiden, wie viele mit hochgespanntem Gleichstrom tun, wird man dies Prinzip nicht durchbrechen dürfen. Man wird dann die Werkzeuge als Schaltstangen ausbilden und bei anderen Schalteinrichtungen eine kontrollierbare, genügend lange isolierende Strecke zwischen die Griffe und die Arbeitsteile einschalten und die Wirkung dieser Isolierung durch Benützung von Isoliertritten (Gummimatte oder dgl.) Gummihandschuhen, Gummischuhen verstärken, namentlich wenn ein beweglicher Erdungsdraht nötig sein würde, der hinderlich ist und durch Berührung mit spannungführenden Teilen Kurzschlüsse oder andere Gefährdungen herbeiführen kann.

bleibt (Ausnahme siehe § 28d.) Sie müssen mindestens für 250 V gebaut sein.[1])

Soweit Schalterabdeckungen gefordert werden müssen, sind offene Betätigungsschlitze nicht zulässig.

1. Schalter für Niederspannung bis 5 kW sollen in der Regel Momentschalter sein.[2])

2. Ausschalter sollen in der Regel nur an den Verbrauchsapparaten selbst oder in festverlegten Leitungen angebracht werden.[3])

---

§ 11. 1) Die im § 11 1 erwähnten Momentschalter bilden für die Installationen in Wohn- und Geschäftsräumen sowie für die Lampen und kleineren Motoren von Werkstätten die Regel. Allgemein können sie indessen nicht vorgeschrieben werden, denn bei Hochspannung reichen die gebräuchlichen Formen der Momentschalter nicht aus, hier sowie in Niederspannungsanlagen, wo auf sachgemäße Bedienung zu rechnen ist, sind oft andere Mittel zum Löschen des Lichtbogens erfolgreicher; z. B. Hörnerschalter (ETZ 1902, S. 652). Schalter für sehr starke Ströme können meistens nicht als Momentschalter gebaut werden, weil sie wegen ihrer Masse allzuheftige Rückschläge auf die Schalttafel verursachen würden. Ausschalter, die mit Anlassern (§ 12) oder andern Regulierwiderständen vereinigt sind, bedürfen in der Regel der Momentschaltung nicht, weil der Stromunterbrechung zwangläufig eine so starke Stromschwächung vorausgeht, daß ein Lichtbogen nicht mehr auftreten kann. In Betriebsräumen kommen Schalter vor, die nicht zum Ausschalten unter Strom, sondern nur zum Einschalten bestimmt sind, diese brauchen daher auf den Lichtbogen keine Rücksicht zu nehmen. Andere Schalter in Betriebsräumen werden als Kohlenschalter ausgebildet und sollen einen Lichtbogen absichtlich hervorrufen, um die schädlichen Wirkungen der Selbstinduktion bei der Unterbrechung zu vermeiden.

Schlagweite, Stärke und Dauer des Lichtbogens hängen von der Spannung, der Stromstärke und der Selbstinduktion des Stromkreises ab. Die möglicherweise ins Spiel tretenden Kräfte sind bei der Bauart der Schalter zu berücksichtigen. (Über den Bau von Schaltern vgl. Z. f. E. Wien. 1902, S. 510. ETZ 1909, S. 941; 1911, S. 971.)

2) In welchen Grenzen der Lichtbogen durch andere Mittel als Momentschaltung sicher unterbrochen und hierauf eine allgemein verwendbare Bauart von Schaltern gegründet werden kann, läßt sich zurzeit nicht übersehen. Vgl. ETZ 1913 S. 33, 35, 1225, 1245.

3) Bei Anordnung der Ausschalter ist auch auf die zu ihnen führenden Leitungen zu achten. Beim Abzweigen eines einpoligen Schalters aus der Richtung nach den Lampen heraus wird ein Kurzschluß zwischen der zum Schalter hin und der von ihm weg führenden Leitungsstrecke dadurch besonders gefährlich, daß diesem Kurzschluß stets die Lampe oder ein anderer Stromverbraucher vorgeschaltet bleibt, er bringt daher die Sicherung nicht zum Ansprechen und kann so zu Entzündung Anlaß geben. Hier ist daher besonders sorgfältige Verlegung angezeigt. Zweckmäßig ist der Vorschlag, mit der dem einen Pol angehörigen Hin- und Rückleitung zum Schalter eng vereinigt ein tot endigendes an den andern Pol angeschlossenes Leitungsstück so zu verlegen, daß bei Verletzung der frag-

b) Nennstromstärke und Nennspannung sind auf dem Schalter zu vermerken.[4])

c) Der Berührung zugängliche Gehäuse und Griffe müssen, wenn sie nicht geerdet sind, aus nichtleitendem Baustoff bestehen oder mit einer haltbaren Isolierschicht ausgekleidet oder überzogen sein.[5])

---

lichen Schalterleitung ein Kurzschluß zustande kommt, der die Sicherung auslöst. ETZ 1904, S. 362 N. 87.

Diese Gefahr steigt noch ganz besonders, wenn derartige Schalterleitungen in Gestalt von beweglichen Schnurleitungen ausgeführt und in der Nähe von entzündlichen Gegenständen wie Betten, Gardinen usw. angeordnet werden. Solche Einrichtungen, wie sie in Hotels als sogen. Birnenschalter üblich waren, dürfen unter keinen Umständen geduldet werden. Sie lassen sich meistens ersetzen durch eine rein mechanische Fernschaltung, bei der ein fest angebrachter Schalter durch eine Zugschnur bedient wird. (ETZ 1901, S. 1055.) In der früheren Fassung der Vorschriften waren daher die Birnenschalter gänzlich verboten. Neuerdings sind elektrisch betriebene Werkzeuge (Nietmaschinen) aufgekommen, die derartige Schalter nicht entbehren können. Dort fällt wenigstens die Gefahr weg, daß sie mit Betten und dgl. in Berührung kommen. ETZ 1908, S. 652, N. 200.

4) Die Stromstärke ist bei geschlossenem Schalter für die Erwärmung der Kontakte maßgebend; die Spannung bedingt die Länge des beim Öffnen entstehenden Lichtbogens und nach der gleichzeitig herrschenden Stromstärke bemißt sich die Wirkung des Lichtbogens. Wie unter [1]) erwähnt, kommen in Betriebsräumen Schalter vor, die nicht zum Ausschalten des Betriebsstromes bestimmt sind; auf diesen ist die Stromstärke anzugeben, bei der sie noch gefahrlos geöffnet werden können. Beim Einbau der Schalter ist auf die Betriebsbedingungen und auf die Verhältnisse zu achten, die nach der Art der Anlage bei Handhabung der Schalter auftreten können; die Auswahl der Bauart und Größe der Schalter muß darnach geschehen. Der feste Teil, der die Angaben über Strom und Spannung trägt, soll nicht der verwechselbare Deckel sein, sondern die Unterlage, auf der die feststehenden Kontakte befestigt sind. Die Angaben sollen auch bei montiertem Schalter erkennbar sein. ETZ 1904, S. 424 N. 100d.

Früher war auch vorgeschrieben, daß die Schalter auf dem Gehäuse ein Zeichen tragen müssen, welches erkennen läßt, ob der Strom geschlossen oder geöffnet ist. Dies wurde fallen gelassen, weil es sich bei den Schaltern mit toter Linksdrehung nicht durchführen läßt; auch bei Druckknopfschaltern ist eine solche Bezeichnung nicht möglich. Vgl. indessen § 11f).

5) Metallgehäuse und Metallgriffe ohne isolierende Bekleidung sind bei den immer mehr in Anwendung kommenden höheren Spannungen sehr gefährlich, weil im Innern der Schalter leicht Stromübergänge auf solche Gehäuse oder Griffe, sei es durch Oberflächenleitung, Körperleitung, Funken oder Lichtbogen, vorkommen können, die dann dem Bedienenden gefährlich werden. Es stehen jetzt so viele Arten von haltbaren Isolierstoffen zur Verfügung, daß die gestellte Forderung auch dort leicht erfüllt werden kann, wo es auf mechanische Festigkeit ankommt. Kann das Gehäuse nicht völlig aus Isolierstoff gebaut werden, wie z. B. bei wasserdichten Schaltern, deren Gehäuse vielfach aus Gußeisen besteht, so ist es entweder zuverlässig zu erden,

d) Griffdorne für Hebelschalter, Achsen von Drehschaltern und diesen gleichwertige Betätigungsteile dürfen nicht spannungführend sein.[6])

e) Ausschalter[7]) für Stromverbraucher müssen, wenn sie geöffnet werden, alle Pole ihres Stromkreises, die unter Spannung gegen Erde stehen, abschalten.[8]) Aus-

---

oder außen mit einer Isolierschicht zu umkleiden, oder durch eine isolierende Ausfütterung so von den stromführenden Teilen zu trennen, daß Stromübergang oder Funkenübergang auf das Metallgehäuse ausgeschlossen ist.

Bei Hausinstallationen, die künstlerisch ausgestattet sein sollen, tritt gelegentlich das Bedürfnis hervor, Griffe aus Bronzeguß oder dgl. zu verwenden. Man kann hier dem Sinne der Vorschrift Rechnung tragen, indem ein isolierendes Stück zwischen diesem Griff und der arbeitenden Schaltwelle eingeschoben wird. ETZ 1903, S. 298 N. 36. Doch sind derartige Bauformen bei höheren Spannungen zu vermeiden und von der regelmäßigen Fabrikation auszuschließen, weil die Gefahr besteht, daß das Isolierstück in seinen Abmessungen zu klein gehalten wird oder durch die Befestigungsmittel (Stifte, Schrauben) metallische Überleitung hergestellt wird.

6) Diese im Jahre 1913 neu aufgestellte Vorschrift bedeutet in einzelnen Fällen eine merkliche Erschwerung der Ausführung, zugleich aber eine erheblich verstärkte Sicherheit.

7) Es ist nützlich, wenn größere Hauptabzweigungen ausschaltbar sind. Man kann so leichter die Prüfung der Anlage in ihren einzelnen Teilen vornehmen oder fehlerhafte Stellen beseitigen, ohne die ganze Anlage außer Betrieb zu setzen; derartige Abschaltungen lassen sich zwar auch mit Hilfe der Sicherungen vornehmen; doch sollte jede Anschlußanlage in der Nähe der Anschlußstelle im ganzen oder in allen Teilen abschaltbar sein. Besonders in Werkstätten und ähnlichen größeren Räumen ist bei Hochspannung dafür zu sorgen, daß größere Gruppen der Stromverbraucher durch leicht zugängliche Ausschalter stromlos und spannungslos gemacht werden können, damit bei einem Unfall gefahrlos Hilfe geleistet werden kann.

Manchmal empfiehlt sich, die in feuchte Räume führenden Leitungen auszuschalten, solange in ihnen kein Strom benötigt wird, damit unnötige Stromverluste durch die im feuchten Raum vorhandenen Erdschlüsse vermieden werden und Isolationsfehler im übrigen Teil der Leitung durch Abschalten des fehlerhaften Teiles sicherer erkannt werden können. Im § 31 a) ist daher die Abschaltbarkeit für feuchte Räume vorgeschrieben.

8) Durch diese Bestimmung soll erreicht werden, daß ein ausgeschalteter Stromverbraucher gefahrlos berührt und bedient werden kann. Zu diesem Behufe müssen die Ausschalter allpolig sein, wenn alle Pole erhebliche Spannungen gegen Erde haben; ist ein Pol des Leitungsnetzes geerdet, so können die Schalter in Zweileiterkreisen einpolig sein, müssen aber im nicht geerdeten Pol liegen. Drehstromkreise erfordern im allgemeinen dreipolige Schalter.

Anderseits ist wohl zu beachten, daß das im § 11 e) geforderte allpolige Abschalten den Stromverbraucher nicht immer spannungslos macht. So genügt es z. B. bei Transformatoren nicht, den Primärstrom allpolig abzuschalten, sobald sie sekundär an einem Netz liegen, das noch andere Transformatoren enthält. Auch Motoren, deren Erregung abgeschaltet ist, können

schalter für Niederspannung, die kleinere Glühlampengruppen bedienen, unterliegen dieser Vorschrift nicht.[9])

3. Als kleinere Glühlampengruppen gelten solche, welche nach § 14[1] mit 6 A gesichert sind.

f) An Hochspannungsschaltern muß die Schaltsellung erkennbar sein.[10])

---

vom Netz her Spannung haben; dasselbe ist der Fall, wenn ein Motor zwar völlig abgetrennt ist, aber noch in Bewegung ist, sei es, daß er „ausläuft" oder von einer Transmission her oder durch die Last angetrieben wird.

Wird ein Netz oder ein Teil eines Netzes (Hausanschluß) von mehreren Speiseleitungen aus gespeist, so kann ein Schalter in einer der Speiseleitungen das Netz nicht spannungslos machen. Um den Zweck der Bestimmung des § 11e) völlig zu erreichen, müssen in solchen Fällen Betriebsvorschriften unterstützend eingreifen.

Die Möglichkeit, den Stromkreis der Verbraucher völlig spannungslos zu machen, ist namentlich von Bedeutung in dem Falle, daß eine Person durch Berührung spannungführender Teile betäubt ist, weil nach Unterbrechung der Leitung in allen Polen die Hilfeleistung gefahrlos geschehen kann. § 11e) ist nicht so zu verstehen, als ob alle Lampen eines Beleuchtungskörpers oder eines Raumes stets gleichzeitig ausschaltbar sein müßten. ETZ 1905, S. 888 N. 173.

9) Um die Installation nicht unnötig zu erschweren, sind mit Niederspannung versorgte kleinere Glühlampengruppen, also auch einzelne Glühlampen, ausgenommen. Es ist dabei berücksichtigt, daß solche Glühlampenstromkreise in der Regel keine von Hand erfolgende Bedienung der Lampen usw. erfordern. Sind solche Bedienungen nötig, so kann man den Hauptschalter öffnen. ETZ 1905, S. 475 N. 163; 1909, S. 497, N. 206. Natürlich ist der einpolige Schalter bei Benützung einer geerdeten Leitung stets in den nicht geerdeten Pol zu verlegen. Dagegen ist allpolige Ausschaltung stets zu fordern bei Motoren, Bogenlampen usw., die zum Schmieren der Lager, Einstellen der Bürsten, Einsetzen neuer Kohlenstäbe und dgl. von Hand bedient werden. Die Gefahr der Berührung mit gefährlichen Spannungen hat auch dazu geführt, daß im § 16b) Schaltfassungen für besonders kleine und für besonders große Glühlampen sowie für Spannungen über 250 Volt verboten sind.

10) Die Erkennbarkeit der Schaltstellung war früher allgemein gefordert (vgl. S. 54 unter [4]), was indessen als unnötig und undurchführbar erkannt worden ist. Für Hochspannung ist jedoch die Forderung neuerdings betont worden. Wenn auch das Offenstehen der Schalter nicht stets volle Gewähr dafür bietet, daß der von ihm abhängige Teil der Anlage spannungslos ist (vgl. S. 55 unter [8]), so wird doch dem, der etwa Arbeiten vorzunehmen oder der Ursache einer Unregelmäßigkeit nachzuforschen hat, der Überblick über den Zustand der Anlage erleichtert, wenn zunächst wenigstens über die Stellung der Schalter Klarheit herrscht. Unglücksfälle können dadurch vermieden werden. Auf welche Weise die Schaltstellung erkennbar gemacht wird, bleibt freigestellt. Bei vielen Bauarten ersieht man sie aus der Lage der arbeitenden Teile ohne weiteres. Bei Schaltern, deren arbeitende Teile eingebaut sind, soll sowohl an der Bedienungsseite als am Schalter selbst die Stellung zu erkennen sein. Nicht verlangt sind Aufschriften, die jedem aus dem Publikum verständlich sind, sondern es genügt, wenn

Kriechströme über die Isolatoren müssen durch eine geerdete Stelle abgeleitet werden.

Hochspannungsölschalter in großen Schaltanlagen sind so einzubauen, daß zwischen ihnen und der Stelle, von der aus sie bedient werden, eine Schutzwand besteht.

4. Als große Schaltanlagen gelten solche, deren Sammelschienen mehr als 10000 kW abgeben. Die Schutzwand soll die Bedienenden gegen Flammen und brennendes Öl schützen.

5. Bei Verwendung eingekapselter Schalter für Hochspannung über 1000 V soll noch eine sichtbare Trennungsstelle vorgesehen werden.[11])

⚒ | Für B. u. T. siehe Vorschrift *h*) und Regel 6. |

g) Nulleiter und betriebsmäßig geerdete Leitungen dürfen entweder gar nicht oder nur zwangläufig zusammen mit den übrigen zugehörigen Leitern abtrennbar sein (Ausnahme siehe § 28e.)[12])

---

der Sachverständige aus der Stellung irgend welcher leicht sichtbarer Bauteile oder Marken die Schaltstellung erkennen kann.

11) Unter einer sichtbaren Trennungsstelle ist nicht ein mit dem Schalter sich öffnender und schließender Kontakt verstanden, sondern eine Stelle, an der eine Trennung der Leitungen, sei es mit oder ohne besondere Hilfsmittel möglich ist, also etwa ein für die Regel dauernd geschlossener Schalter oder eine Schmelzsicherung oder eine mittels Werkzeug lösbare Schraubverbindung oder ähnliches. Die Empfehlung ist ausgesprochen, weil in eingekapselten Schaltern (meist Ölschaltern) gelegentlich Störungen aufgetreten sind, so daß trotz geöffneter Stellung des Schalters die durch ihn scheinbar abgetrennten Teile oder das Gehäuse unter Spannung standen. Es ist alsdann unter Umständen erforderlich, den Betrieb der ganzen Anlage abzustellen, um die Störung zu beseitigen, wenn nicht eine Art Notschalter vorgesehen ist, der die Eigenschaft haben muß, daß er von Sachkundigen mittels geeigneter Hilfsmittel ohne Lebensgefahr bedient werden kann. In vielen Fällen genügt es, für mehrere benachbarte Schalter eine sie gemeinsam beherrschende Trennstelle anzuordnen. Über Anordnung solcher Trennschalter in Anlagen für 50000 Volt siehe ETZ 1906, S. 56, Sp. 1.

Die Ursache der erwähnten Störungen kann in abgeschiedenen Zersetzungsprodukten des Öles liegen, die leitende Verbindungen bilden. Bei einzelnen Bauarten ist es auch vorgekommen, daß die geöffneten Schalter infolge der Kapazität ihrer Arbeitsflächen Ladungsströme führten; atmosphärische Entladungen oder andere Überspannungen können Übergänge des Stromes oder der Spannung auf das Gehäuse oder die Gestelle verursachen. Was in Regel 5 allgemein empfohlen, ist für B. u. T. unter h) als Vorschrift gefordert. Die Trennstelle braucht nicht unmittelbar am Schalter zu sein, sie kann auch an der zum Schalter führenden Abzweigstelle liegen. ETZ 1910, S. 1322, N. 224.

12) Die Nulleiter und andere Ausgleichsleiter in Mehrleiter- und Mehrphasensystemen haben die Aufgabe, die Belastungen der zugehörigen Zweige des Systems auszugleichen; werden sie unterbrochen, so können in diesen Zweigen unerwartete Spannungserhöhungen auftreten. Besonders folgenreich ist dies bei Nulleitern, die betriebsmäßig an Erde liegen,

⚒ *h) In B. u. T. müssen vor gekapselten Hochspannungsschaltern, die nicht ausschließlich als Trennschalter dienen, erkennbare Trennstellen vorgesehen sein.*

⚒ *6. In B. u. T. kann unter Umständen eine gemeinsame Trennstelle für mehrere eingekapselte Schalter genügen. Bei parallel geschalteten Kabeln und Ringleitungen sollen nicht nur vor, sondern auch hinter eingekapselten Schaltern erkennbare Trennstellen vorgesehen werden.*[13])

---

sowie bei Schutzerdungen, die die Spannung in den zugehörigen Teilen auf einer bestimmten Grenze gegenüber dem Erdpotential oder auf diesem selbst halten sollen. Tritt z. B. in einem Zweig eines Dreileitersystems Kurzschluß ein, so kann bei unterbrochenem Nulleiter die Spannung im anderen Zweig auf das Doppelte des normalen Betrages steigen. Dies kann zur Zerstörung der Glühlampen, zu Brandfällen und zur Verletzung von Personen Anlaß geben. Daß die im § 3 c), § 4 l, § 6 b), § 7, u. a. a. O. erwähnten Erdungen wirkungslos und damit erhebliche Gefahren herbeigeführt werden, wenn die Erdungsleitung unterbrochen wird, ist nach dem dort Gesagten ohne weiteres verständlich. Um zu verhüten, daß dies durch Fahrlässigkeit oder Unkenntnis geschehe, sind Schalter, die solche Leitungen unterbrechen, ohne zugleich die übrigen zugehörigen Leiter abzuschalten, verboten. ETZ 1904, S. 1116, N. 131.

In elektrischen Betriebsräumen ist die zwangsweise Verbindung dieser Schalter nicht immer durchführbar; so z. B. bei größeren Akkumulatorbatterien, wo die Außenleiter vom Mittelleiter durch die ganze Hälfte aller Zellen getrennt sind und die hohen Stromstärken so starke Leitungen erfordern, daß jede mögliche Ersparnis an ihrer Länge angestrebt werden muß. Hier wird von der Schulung der Beschäftigten erwartet, daß sie niemals den Mittelleiter allein ausschalten. Man kann hier den Schalter plombieren oder sonstwie so in geschlossener Lage sichern, daß ein Versuch, ihn zu öffnen, wenigstens zur Aufmerksamkeit zwingt. Ähnliche Verhältnisse wie in Betriebsräumen liegen vor bei den Bühnenregulatoren, wenn sie in den geerdeten Leitungen angeordnet sind und Ausschalter enthalten. Auch hier wird besonders geschultes Personal vorausgesetzt. Außerdem wird (§ 39 a) verlangt, daß die Außenleiter abgeschaltet werden, solange der Bühnenregulator außer Betrieb ist, also nicht unter Aufsicht steht. Bei neueren Bühneneinrichtungen hat man die Regulierwiderstände in die Außenleiter gelegt, obwohl dadurch die Konstruktion erschwert ist. Vgl. § 39 a) Abs. 3.

Übrigens hat man „betriebsmäßig geerdete Leitungen" von solchen zu unterscheiden, die nur vorübergehend, etwa zur Vornahme besonderer Messungen an Erde gelegt werden, wie z. B. den Erdungsdraht eines Isolationsprüfers oder die vierte Leitung, wenn sie bei Drehstromanlagen nur vorgesehen ist, um zeitweilig den neutralen Punkt des Systems an Erde zu legen. Solche Leitungen dürfen, sofern sie zum normalen Betrieb nicht dienen, ausschaltbar sein. Hat man nach den Vorschriften, z. B. nach § 6 b), die Wahl zwischen isolierter und geerdeter Aufstellung, so muß die eine oder die andere vollständig durchgeführt werden. Erdungsdrähte dürfen also keine Ausschalter enthalten. Wollte man einen solchen anbringen,

§ 12.

Anlasser und Widerstände.

a) Anlasser und Widerstände, an denen Stromunterbrechungen vorkommen, müssen so gebaut sein, daß bei ordnungsmäßiger Bedienung kein Lichtbogen bestehen bleibt.[1])

b) Die Anbringung besonderer Ausschalter (siehe § 11e) ist bei Anlassern und Widerständen nur dann notwendig, wenn der Anlasser nicht selbst den Stromverbraucher allpolig abschaltet.[2])

1. In eingekapselten Steuerschaitern ist bis 1000 V Holz, das durch geeignete Behandlung feuchtigkeitssicher und wärmesicher gemacht ist, auch außerhalb eines Ölbades zulässig, abgesehen von Räumen mit ätzenden Dünsten (siehe § 33$\underline{1}$.)[3])

2. Die stromführenden Teile von Anlassern und Widerständen sollen mit einer Schutzverkleidung aus feuersicherem Stoff versehen sein (Ausnahme siehe § 28$\underline{1}$ und 39h.) Diese Apparate sollen auf feuersicherer Unterlage, und zwar freistehend, oder an feuersicheren Wänden und von entzündlichen Stoffen genügend entfernt angebracht werden.[4])

---

so müßte die Maschine isoliert aufgestellt und mit isoliertem Bedienungsgang ausgerüstet werden. ETZ 1902, S. 698 N. 12.

13) Vgl. S. 55, 56 unter [8]) Abs. 2 u. 3.

§ 12. 1) Wie bei § 11 a) erwähnt, sind bestimmte Mittel, um das Bestehenbleiben eines Lichtbogens zu vermeiden, nicht vorgeschrieben. Wo die Stromunterbrechung, sei es durch den Regulierhebel oder durch eingebaute Schalter, nur erfolgen kann, wenn der Strom durch Widerstände erheblich geschwächt ist, bedarf es keiner weiteren Vorkehrungen, um den Lichtbogen unschädlich zu machen. Im übrigen hängt die Anordnung besonderer Vorkehrungen hierfür davon ab, ob die Handhabung der Anlasser bestimmten Personen anvertraut ist, die man zu einer Handhabung in bestimmter Reihenfolge anhalten kann, oder ob es sich um Hilfsmittel handelt, die von beliebigen Personen bedient werden.

2) Unter allpolig sind hier wie im § 11 c) alle Pole verstanden, die unter Spannung gegen Erde stehen.

3) Vgl. § 10 a), S. 48 unter [1]) Abs. 3. — Solche mit Holz aufgebaute Steuerschalter sollten stets mit besonderen Funkenlöschern ausgerüstet sein. Bei Räumen mit ätzenden Dünsten wird es auf die Art der Dünste ankommen, ob sie die Isolierfähigkeit oder die sonstige Zuverlässigkeit des Holzes beeinträchtigen.

4) Von einer Festlegung der höchsten Temperatur, die ein Widerstand erreichen darf, ist in den Vorschriften abgesehen worden, weil ein im normalen Betrieb nur mäßig beanspruchter Widerstand unter Umständen, die sich nicht immer mit Sicherheit vermeiden lassen, auf kurze Zeit verhältnismäßig starke Erhitzungen erleidet. So kann z. B. der Vorschaltwiderstand einer Bogenlampe infolge des Festschmorens der Lichtkohlen vorübergehend nahezu zur Rotglut erhitzt werden, und es ist praktisch untunlich, die Widerstände so zu bemessen, daß sie auch in solchen Fällen nur mäßige Temperaturen annehmen.

c) Bei Apparaten mit Handbetrieb darf die Achse der Betätigungsvorrichtung nicht spannungführend sein. [5])

d) Kontaktbahn und Anschlußstellen müssen mit einer widerstandsfähigen, zuverlässig befestigten und abnehmbaren Abdeckung versehen sein; sie darf keine Öffnung enthalten, die eine unmittelbare Berührung spannungführender Teile zuläßt (Ausnahmen siehe §§ 28 u. 29). [6])

§ 13.

Steckvorrichtungen.[1])

a) Nennstromstärke und Nennspannung müssen auf Dose und Stecker verzeichnet sein.

Vielmehr muß dafür gesorgt werden, daß derartige vorübergehende Erhitzungen gefahrlos verlaufen, indem man brennbare Stoffe fernhält. Dabei ist nicht nur eine unmittelbare Berührung mit entzündlichen Stoffen zu verhindern, sondern namentlich auch darauf zu achten, daß die von den erhitzten Drähten aufsteigenden Luftströme nicht unmittelbar an brennbare Stoffe gelangen können.

Bei der Umkleidung mit Schutzhüllen ist zu beachten, daß diese nicht zur Ansammlung von Staub, Fasern u. dgl. Anlaß geben. Dies ist auch in solchen Räumen zu beachten, welche nicht betriebsmäßig staubhaltig sind, da erfahrungsgemäß gewisse Mengen von Staub an allen Orten, die nicht regelmäßig gereinigt werden, fast unvermeidlich sind. Man richte daher die Rahmen und Gehäuse der Widerstände so ein, daß größere horizontale Flächen im Innern vermieden werden. Namentlich ist die Bodenplatte des Schutzgehäuses durchbrochen zu gestalten, wodurch auch die Abkühlung wesentlich gefördert wird.

Brennscheeren, Plätteisen, Bratpfannen, Lötkolben, Zigarrenanzünder usw. können nicht verkleidet werden, da ihre erhitzten Teile betriebsmäßig mit entzündlichen Stoffen in Berührung kommen müssen. Zwar kann man unter Umständen die unbeabsichtigten Berührungen ausschließen, wie es etwa bei Zigarrenanzündern durch einen Glaszylinder mit seitlicher Öffnung geschieht. ETZ 1903, S. 363 N. 94a.

Im übrigen ist hier auf die richtige Aufstellung Gewicht zu legen; denn es kann durch die Konstruktion und Anordnung der Apparate allein niemals alle Gefahr ausgeschlossen werden; vielmehr bedarf es auch sachgemäßer Handhabung. Immerhin ist zu betonen, daß bei den meisten der genannten Hilfsmittel die elektrische Heizung einen höheren Grad von Sicherheit erreichen läßt, als die anderen bekannten Heizmittel; daher hat man z. B. in Theatergarderoben elektrische Brennscheren vorgeschrieben an Stelle der früher benützten, die mit Spiritus geheizt waren.

5) Vgl. § 11 d).

6) Die Vorschrift folgt unmittelbar aus den §§ 3a) und 3b).

§ 13. 1) Die Vorschrift trifft nicht die Stöpselkontakte, die zwei ortsfeste Leitschienen u. dergl. miteinander verbinden.

Für die mittels Stecker anzuschließenden ortsbeweglichen Leitungen vergl. auch §§ 19III, 21c), 21l), 21m), 24c).

Stecker dürfen nicht in Dosen für höhere Nennstromstärke und Nennspannung passen.[2])

An den Steckvorrichtungen müssen die Anschlußstellen der ortsveränderlichen oder beweglichen Leitungen von Zug entlastet sein.

Die Kontakte in Steckdosen müssen der unmittelbaren Berührung entzogen sein.[3])

b) Soweit nach § 14 Sicherungen an der Steckvorrichtung erforderlich sind, dürfen sie nicht im Stecker angebracht werden.[4])

---

2) Es hat keine Schwierigkeit, Steckkontakte in derselben Weise unverwechselbar zu gestalten, wie dies für Sicherungen und Lamp nfassungen geschehen ist. Lampen und Sicherungseinsätze, die für höhere Stromstärken bestimmt sind, dürfen nicht in Kontakte für niedere Stromstärken passen. Bei den Steckern ist es umgekehrt; würde nämlich ein für höhere Stromstärken bestimmter Apparat, wie etwa ein Heizkörper, ein Plätteisen an eine feste Leitung für niedere Stromstärke angeschlossen, so würde sofort die an der festen Leitung angebrachte Sicherung wirksam werden; es kann also keine Gefahr entstehen; dagegen wäre ein transportabler Apparat für kleinere Stromstärken ungesichert, wenn er an eine feste Leitung für höhere Stromstärke angeschlossen wird, weil die am festen Teil sitzende Sicherung für die höhere Stromstärke bestimmt ist, also die schwache bewegliche Leitung und ihren Stromverbraucher nicht vor Überlastung schützt.

3) Folgerung aus §§ 3a) und 3b). Über sachgemäße Ausführung siehe die Vorschriften für die Konstruktion und Prüfung von Installationsmaterial. Über mangelhaft gebaute Stecker vergl. ETZ 1904, S. 147.

4) Für die durch § 13b) verbotenen Stecker mit einer Sicherung im beweglichen Teil lassen sich zwar einige Vorteile geltend machen, indessen steht ihnen eine bedenkliche Gefährlichkeit gegenüber. Wenn nämlich die Sicherung in dem beweglichen Teil sitzt, den man mit der Hand ein- und ausschaltet, so kann es vorkommen, daß gerade im Augenblick des Einschaltens die Sicherung durchschmilzt, was bei größeren Stromstärken und Spannungen unter ungünstigen Umständen die Zertrümmerung des Kontaktstöpsels bewirkt, und entweder ein unangenehmes Erschrecken, vielleicht auch eine Körperverletzung, Verbrennung oder dgl., nach sich zieht. Vor allem aber wird die bewegliche Sicherung leicht beschädigt oder in Unordnung gebracht, zumal sie weniger Raum bietet, weniger kräftig gebaut wird und einer rauheren Behandlung ausgesetzt ist, als eine fest montierte.

Sitzt dagegen die Sicherung am festen Teil, wie vorgeschrieben, so bietet diese Anordnung den Vorteil, daß die zur Anschlußdose führenden Leitungen auch gegen diejenigen Kurzschlüsse gesichert sind, die am offenen, festen Teil des Kontaktes vorkommen können. Solche sind z. B. durch mutwilliges Spielen mit Hilf von Scheren, Zirkelspitzen, Haarnadeln u. dg . vorgekommen.

Sind Steckdosen für Anlagen bestimmt, deren eine Leitung bis zu den Stromverbrauchern als geerdete Leitung ausgeführt ist, so ist eine Sicherung nur in der nicht geerdeten Leitung nötig, da es aber bei Dosen, welche die Sicherungen im Innern tragen, meistens nicht kontrollierbar ist, ob sie am richtigen Pol angeschlossen ist, so ist es besser, wenn Steckdosen nur

1. Wenn an ortsveränderlichen Stromverbrauchern eine Steckvorrichtung angebracht wird, so soll die Dose mit der Leitung und der Stecker mit dem Stromverbraucher verbunden sein.[5])

c) Der Berührung zugängliche Teile der Dosen und Steckerkörper müssen, wenn sie nicht für Erdung eingerichtet sind, aus Isolierstoff bestehen.[6])

Erdverbindungen der Stecker müssen hergestellt sein, bevor die Polkontakte sich berühren.

d) Bei Hochspannung müssen Steckvorrichtungen so gebaut sein, daß das Einstecken und Ausziehen des Steckers unter Spannung verhindert wird.

Bei Zwischenkupplungen ortveränderlicher Leitungen genügt es, wenn ihre Betätigung durch Unberufene verhindert ist.[7])

---

mit allpoligen Sicherungen oder ganz ohne eingebaute Sicherung hergestellt werden. Im letzteren Falle wird die Sicherung, soweit eine solche nach § 14 erforderlich ist (ETZ 1909, S. 497, N. 212), neben der Dose oder am Abzweig der zur Dose führenden Leitung von der Hauptleitung angeordnet. Ihr richtiger Anschluß kann dann jederzeit nachgeprüft werden.

5) Elektrische Kocher, Plätteisen u. dgl. sind häufig durch Stecker mit der biegsamen und transportablen Zuleitung lösbar verbunden, die ihrerseits mittels einer weiteren Steckvorrichtung an die festverlegte Leitung angeschlossen ist. Würde hier der Stromverbraucher (Kocher) mit der Dose ausgerüstet sein, so könnte es geschehen, daß die vorstehenden Stifte des an der Leitung hängenden Steckers unter Spannung stehen und der Berührung durch Personen oder leitende Teile zugänglich frei herabhängen. Es kann dann Verletzung von Personen oder Brandgefahr durch Kurzschluß infolge dieser Berührung eintreten. Daher wählt man die umgekehrte Anordnung. In Theatern sind allerdings transportable Leitungen üblich, die an beiden Enden Kontaktstifte zum Einführen in Dosen tragen; diese sind aber durch kräftige überstehende Hülsen gegen Berührung mit Fremdkörpern oder Personen geschützt.

6) Ob die Erdung vorzunehmen ist, richtet sich nach §§ 3c und 32. Früher waren Stecker aus Hartgummi in trockenen Räumen erlaubt; jetzt sind sie durch § 10a als nicht wärmesicher verboten, weil bessere Isolierstoffe vorhanden sind.

7) Mißbräuchlicherweise werden Stecker oft ausgezogen, ohne daß der Strom vorher durch einen ordnungsmäßigen Schalter unterbrochen wird, der nach § 11 a) den Lichtbogen unterbricht. Bei Niederspannung ist diese mißbräuchliche Handhabung bei gut gebauten Steckern ungefährlich, solange nur mäßige Stromstärken unterbrochen werden. Bei Hochspannung dagegen kann der Lichtbogen gefährlich werden. Die Stecker werden daher mit einem Schalter vereinigt oder so zusammengebaut, daß sie nur stromlos betätigt werden können; hierfür gibt es verschiedene brauchbare Bauarten. Ihre Verwendung empfiehlt sich auch bei Niederspannung, wenn größere Stromstärken in Frage kommen und in leicht brennbarer Umgebung, z. B. in Scheunen. Vgl. auch § 34b).

§ 14.

Schmelzsicherungen und Selbstschalter.[1])

a) Schmelzsicherungen und Selbstschalter sind so zu bemessen oder einzustellen, daß die von ihnen geschützten Leitungen keine gefährliche Erwärmung annehmen können[2]); sie müssen so eingerichtet oder angeordnet sein, daß ein etwa auftretender Lichtbogen keine Gefahr bringt.[3])

---

§ 14. 1) Im § 14 handeln die Absätze a) bis c) von der Beschaffenheit der Sicherungen, die Absätze d) bis g) von ihrer Verwendungsweise. Dabei sind die im § 10 für alle Apparate geforderten Eigenschaften nicht nochmals wiederholt. Die dort angegebenen Erfordernisse gelten auch für Sicherungen. Wertvolle Grundsätze über Sicherungen hat Kuhlmann ETZ 1908, S. 316, 329 mitgeteilt.

2) Was unter „gefährlicher" Erwärmung zu verstehen ist, wird in der Vorschrift nicht näher ausgeführt. Die Regel § 14[1] und die Vorschriften und Regeln des § 20 geben hierfür Anhaltspunkte, doch wird auch durch sie die Frage nicht erschöpft. Es ist in § 14 a) mit Absicht eine allgemeine Fassung gewählt, weil die praktischen Verhältnisse außerordentlich vielgestaltig sind und jede Möglichkeit für die Verwendungsart der Sicherungen sowie für ihre weitere Ausgestaltung gemäß den Bedürfnissen der Praxis offen bleiben soll.

Es sei in dieser Hinsicht nur andeutungsweise erwähnt, daß bei Freileitungen unter Umständen eine hohe Dauererwärmung ungefährlich ist, sofern die Festigkeit nicht leidet (§ 22[3]), daß ferner die Sicherungen in ihrer Empfindlichkeit so gewählt werden können, daß sie verhältnismäßig hohen Stromstärken den Durchgang für kurze Zeiten gestatten, dabei aber doch die mögliche Erwärmung der geschützten Leitung auf ein zulässiges Maß beschränken, indem sie die Stromunterbrechung herbeiführen, sobald die Dauer des Stromes ein gewisses Zeitmaß überschreitet.

Über den Schutz der Stromverbraucher (Motoren, Dynamos, Lampen usw. siehe § 20 unter [9]).

3) Die Mittel, mit denen das Stehenbleiben des Lichtbogens verhindert wird, sind in ihren Grundlagen dieselben, die auch bei Schaltern (§ 11), Anlassern (§ 12), Blitzschutz- und Überspannungssicherungen Anwendung finden. Sie sind sehr mannigfaltiger Art. Je nach der möglichen Stromstärke und der Spannung genügt schon eine richtige Bemessung des Abstandes zwischen den unveränderlichen Kontaktstücken; auch deren Masse und Oberfläche spielt hinsichtlich ihrer Abkühlung, die Art des Stoffes, aus denen sie bestehen, wegen der verschiedenen Verdampfbarkeit und Oxydationsfähigkeit eine Rolle. Durch die Gestalt der Umhüllung kann ein ausblasender Luftstrom erzeugt, durch Einbettung in pulverförmige Stoffe oder in Öl ein Auslöschen des Lichtbogens bewirkt werden. Auch Federwirkungen zum Auseinanderreißen der Kontakte werden benutzt. Am häufigsten ist dort, wo es sich um höhere Spannungen und große Energiemengen handelt, die elektrodynamische Wirkung des Stromes auf seine eigene Bahn mittels der funkenlöschenden Hörner und die ablenkende Wirkung des magnetischen Feldes zum Unterbrechen des Lichtbogens heran-

1. Die Stärke der Schmelzsicherung soll der Betriebsstromstärke der zu schützenden Leitungen und der Stromverbraucher tunlichst angepaßt werden. Sie soll jedoch nicht größer sein, als nach der Belastungstabelle und den übrigen Regeln des § 20 für die betreffende Leitung zulässig ist.[4])

2. Bei Schmelzsicherungen sollen weiche, plastische Metalle und Legierungen nicht unmittelbar den Kontakt vermitteln, sondern die Schmelzdrähte oder Schmelzstreifen sollen mit Kontaktstücken aus Kupfer oder gleichgeeignetem Metall zuverlässig verbunden sein.[5])

---

gezogen worden. Auch die Lage der Schmelzstrecke, ob horizontal oder vertikal, ob in der Nähe von fremden Metallmassen oder dem freien Luftzug ausgesetzt, ist für die Ausbildung und den Verlauf des Lichtbogens von Bedeutung. Sicherungen, die einen Lichtbogen austreten lassen, z. B. solche mit Hörnern, sind so einzubauen, daß er nicht brennbare Stoffe entzünden oder auf benachbarte Metallteile überspringen kann.

Um für die gleichmäßige Beschaffenheit und Wirkungsweise der am meisten benötigten Sicherungen Gewähr zu bieten, hat man das früher ausschließlich als Schmelzmetall benützte Blei durch weniger oxydierbare Stoffe von höherem Schmelzpunkt und geringerer Dampfbildung wie Kupfer oder Silber ersetzt (ETZ 1899, S. 463, 571, 599; 1904, S. 587 u. 762) und in den Vorschriften für die Konstruktion und Prüfung von Installationsmaterialien Vereinbarungen über ihren Aufbau getroffen.

4) Die Stärke der Sicherungen wurde früher ausschließlich nach dem Querschnitt der zu schützenden Leitung, später nach der Betriebstromstärke bemessen, wogegen die geltende Fassung die Sicherung nach der Stromstärke als Regel empfiehlt, aber auch Ausnahmen berücksichtigt in der Weise, daß als oberste Grenze der Belastung die durch den Querschnitt nach §§ $20\frac{1}{}$ und $20\frac{2}{}$ bedingte gilt. ETZ 1905, S. 702 N. 171.

Für die Sicherung nach Stromstärken ist der Umstand maßgebend, daß häufig die normale Strombelastung einer Leitung weit unter derjenigen bleibt, die nach ihrem Querschnitt zulässig wäre. Wenn hierbei nach dem Querschnitt der Leitungen gesichert wäre, so würden bei eingetretenem Erdschluß oder teilweisem Kurzschluß schon sehr erhebliche Überschüsse über die normale Stromstärke den Erdschluß oder Kurzschluß durchfließen, ohne die Sicherung zum Ansprechen zu bringen. Bei höheren Betriebsspannungen machen solche Kurzschlüsse aber Energiemengen frei, die vielleicht die Leitung nicht übermäßig erwärmen, dabei aber an der Kurzschlußstelle selbst, z. B. in einer Lampenfassung ihre volle Wirkung äußern, und bei etwa 200—250 Volt bei weitem größer und gefährlicher sind, als wenn es sich nur um etwa 100 Volt handelt.

Je genauer die Sicherungen der Betriebsstromstärke angepaßt werden können, desto empfindlicher werden sie alle Unregelmäßigkeiten und Störungen in der Anlage zur Anzeige bringen. In der Praxis wird die volle Ausnutzung dieses Kontrollmittels dadurch beschränkt, daß in vielen Anlagen niemals alle installierten Lampen und dgl. gleichzeitig brennen und daß man den bei Bogenlampen und Motoren betriebsmäßig auftretenden Stromschwankungen Rechnung tragen muß. Vgl. ferner § 20 unter [9]) und [10]).

5) Die weichen Metalle können sehr leicht beim Einschrauben oder Einpressen Formveränderungen erleiden, die

Reparierte Sicherungsstöpsel sollen nicht verwendet werden.[6])

3. Schmelzsicherungen, die nicht spannungslos gemacht werden können, sollen so gebaut oder angeordnet sein, daß sie auch unter Spannung, gegebenenfalls mit geeigneten Hilfsmitteln, von unterwiesenem Personal ungefährlich ausgewechselt werden können.[7])

b) Schmelzsicherungen für niedere Stromstärken müssen bei Niederspannung so beschaffen sein, daß die fahrlässige oder irrtümliche Verwendung von Einsätzen für zu hohe Stromstärken durch ihre Bauart ausgeschlossen ist (Ausnahme siehe § 28 h). Für niedere Stromstärken dürfen nur Sicherungen mit geschlossenem Schmelzeinsatz verwendet werden.[8])

---

den Widerstand ändern und das richtige Arbeiten der Sicherung beeinträchtigen. Unter den Legierungen, die als Schmelzstreifen benutzt werden, finden sich einige, die genügend hart sind, um ohne besondere Kontaktstücke verwendet zu werden. Dagegen sind noch vielfach Streifensicherungen aus Stanniol mit einer Unterlage aus Preßspan im Handel, die den Bestimmungen des § 14[2] nicht genügen.

6) Die außerhalb der ursprünglichen Fabrik mit neuen Schmelzdrähten versehenen Sicherungs-Stöpsel bieten keine Gewähr für richtige Abmessung und zuverlässiges Arbeiten; sie können daher gefährlich werden. ETZ 1913, S. 416.

7) Gemäß Regel 3 ist die Bauart von Sicherungen mit geschlossenem Schmelzeinsatz für Spannungen bis 750 Volt in den Vorschriften für Installationsmaterial festgesetzt. Doch können auch offene Schmelzeinsätze von geschultem Personal in besonderen Fällen, z. B. in Kabelkasten, verwendet werden. Zweckmäßig benützt man dann isolierte Zangen, isolierte Schraubschlüssel (ETZ 1909, S. 497, N. 205) u. dergl., um die Sicherungen einzusetzen. Stets ist darauf zu achten, daß eine Person nicht dadurch verletzt werden kann, daß während des Einsetzens einer Sicherung eine andere durchschmilzt. Man wird z. B. die benachbarten Sicherungen isolierend abdecken. Hochspannungssicherungen werden mit isolierenden Handhaben (Gehäusedeckel, Zangen) eingesetzt und entfernt.

8) Vielfach wird von ungeschultem oder unzuverlässigem Bedienungspersonal der Fehler gemacht, daß eine abgeschmolzene Sicherung durch eine stärkere ersetzt wird, um der unbequemen Störung, die das Abschmelzen und Einsetzen der Schmelzstreifen bedingt, aus dem Wege zu gehen. Es wird dies unsachgemäße Vorgehen besonders dann beliebt, wenn infolge eines Erdschlusses oder ähnlichen Fehlers eine bestimmte Sicherung wiederholt ausgebrannt ist. Daß dieses Verfahren im höchsten Grade gefährlich ist, ergibt sich durch einfache Überlegungen. Es ist daher das Bedienungspersonal nachdrücklich dahin zu belehren, daß jedes Ausbrennen einer Sicherung einen vorhandenen Fehler anzeigt, der alsbald aufgesucht und entfernt werden muß. Um aber nach Möglichkeit das gekennzeichnete Vorgehen zu verhindern, ist vorgeschrieben, daß die Sicherungen so gebaut sein müssen, daß ein stärkerer Schmelzstreifen als derjenige, für welchen der Sockel eingerichtet ist, nicht eingesetzt werden kann. Über Ausführungsformen dieser Art siehe ETZ 1898,

4. Als niedere Stromstärken gelten hier solche bis 60 A, doch soll für Stromstärken unter 6 A die Unverwechselbarkeit der Sicherungen nicht gefordert werden.[9])

c) Nennstromstärke und Nennspannung sind sichtbar und haltbar auf dem ortsfesten Teile der Sicherung sowie auf dem Schmelzeinsatz zu verzeichnen.[10])

d) Leitungen sind durch Abschmelzsicherungen oder Selbstschalter zu schützen. (Ausnahmen siehe f und g.)[11])

S. 463, 571, 599; 1899, S. 323, 575; 1902, S. 567, 1070; 1904, S. 587; 1910, S. 833, 932, 969.

Für Hochspannungssicherungen ist die Unverwechselbarkeit nicht gefordert, indem vorausgesetzt wird, daß sie nur von besonders geschultem Personal bedient werden und auch nur solchem Personal zugänglich sind. Es kommt dabei weiter in Betracht, daß bei Hochspannungssicherungen die besondere Rücksicht auf Explosionssicherheit und Lichtbogenlöschung bei weitem wichtiger und nicht immer mit der Unverwechselbarkeit vereinbar ist.

9) Daß die Unverwechselbarkeit auf Sicherungen von 6 bis 60 A beschränkt ist, hat zunächst rein praktische Gründe. Es sind die Größen bis 60 A diejenigen, welche in Wohnungen und Werkstätten meist vorkommen, während die Sicherungen für höhere Stromstärken einerseits nur von geschultem Personal gehandhabt werden, anderseits bei ihrer Konstruktion andere Forderungen oft wichtiger sind.

Eine Sicherung unter 6 A muß ebenfalls so gebaut sein, daß sie einen Schmelzeinsatz für mehr als 6 A nicht aufnehmen kann. ETZ 1902, S. 698 N. 10; 1904, S. 1115 N. 126.

10) Die Aufschrift der Stromstärke ist zur wirksamen Kontrolle der Anlage unerläßlich, sie vereinfacht außerdem die Installation und den Betrieb. Da bei höheren Spannungen besondere Vorkehrungen gegen das Stehenbleiben des Lichtbogens getroffen sein müssen, so darf eine für niedere Spannung bestimmte Sicherung nicht ohne weiteres für eine höhere Spannung verwendet werden. Um gegen Fahrlässigkeit in dieser Richtung geschützt zu sein, muß auf der Sicherung ferner vermerkt sein, welches die höchste Spannung ist, bei der sie ihrer Bauart nach gefahrlos benutzt werden kann. Bei Hochspannungssicherungen dient vielfach als Schmelzstreifen ein Draht. Die Bezeichnung ist auf dem Draht nicht anbringbar, dagegen ist sie auf die Patrone, Röhre oder sonstigen Konstruktionsteil zu setzen, der den Draht aufnimmt. Zweckmäßig werden außerdem die als Ersatz vorrätigen Drähte mit Anhängezettel versehen, die die nötigen Angaben enthalten.

11) Der Wortlaut des § 14 d) ist absichtlich allgemein gehalten; denn daß der Grundsatz, die Leitungen durch Sicherungen zu schützen, nicht überall richtig und nicht vollständig durchführbar ist, ergibt sich schon aus den unter f) und g) angeführten Ausnahmen; es ist auch nicht immer ganz einfach, den Ort und die Bemessung der Sicherungen richtig zu bestimmen, wie sich bei Erläuterung des § 14 e) (siehe unter [13]) zeigen wird. Trotzdem wird in der weitaus überwiegenden Zahl der Fälle kein Zweifel bestehen; und nur da, wo sich das Weglassen der Sicherung durch ausreichende Gründe rechtfertigen läßt, kann eine ungesicherte Leitung geduldet werden.

5. Bei Niederspannung sollen die Sicherungen an einer den Berufenen leicht zugänglichen Stelle angebracht werden; es empfiehlt sich, solche tunlichst auf besonderer gemeinsamer Unterlage zusammenzubauen.[12])

e) Sicherungen sind an allen Stellen anzubringen, wo sich der Querschnitt der Leitungen nach der Verbrauchsstelle hin vermindert,[13]) jedoch sind da, wo

---

Daß überall im Verteilungsnetz, wo Nulleitungen oder geerdete Leitungen nicht in Betracht kommen, jeder Pol gesichert werden muß, ist jetzt allgemein anerkannt; doch war es früher vielfach üblich, sich mit Sicherungen in einem Pole zu begnügen, wobei diese in der ganzen Anlage durchweg in dem gleichen Pol der Leitung angeordnet wurden. Die Ansicht, daß dieses Verfahren ausreiche, ist indessen unzutreffend. Denn abgesehen davon, daß es schwer kontrollierbar ist, ob die Sicherung wirklich überall in demselben Pole liegt, und daß bei nachträglichen Veränderungen und Erweiterungen leicht Fehler in dieser Richtung entstehen, läßt sich der Nachweis führen, daß eine derartige Anordnung nicht vor Brandgefahr schützt. Bildet sich nämlich ein Kurzschluß zwischen einer dünnen Abzweigung des ungesicherten Pols und der stärkeren Hauptleitung des anderen Pols, so wird unter Umständen die ungesicherte dünne Zweigleitung zum Glühen kommen, ohne daß die der Hauptleitung angepaßte stärkere Sicherung schmilzt. ETZ 1904, S. 1116 N. 130. Bei Drehstrom sind im allgemeinen alle drei Leitungen zu sichern, einerlei ob man Schmelzsicherungen oder elektromagnetische Ausschalter benützt (Kuhlmann ETZ 1908, S. 318); nur bei besonders einfacher Gestalt der Leitungsführung ist unter Umständen die dritte Phase durch die Sicherung der beiden anderen ausreichend geschützt.

12) Die Regel § 14$\frac{5}{-}$ ist auf Niederspannung beschränkt weil es bei Hochspannung im allgemeinen besser ist, die Sicherungen unter Verschluß anzubringen und sie so anzuordnen, daß sie beim Funktionieren keinen Schaden anrichten können. Soweit beides vereinbar ist, wird man auch bei Hochspannung tunlichste Zentralisierung anstreben.

Unberufenen sollen die Sicherungen stets nach Möglichkeit entzogen werden, z. B. durch Anordnung in verschließbaren Kästen. Stellen, an denen lebhafter Verkehr herrscht, wird man vermeiden, um das Auswechseln der Sicherungen ungestört vornehmen zu können. Damit der Ersatz einer Sicherung, durch deren Abschmelzen ein Teil der Beleuchtung erloschen ist, nicht allzu lange Zeit oder besondere Hilfsmittel erfordert, wird man anderseits die Sicherungen nicht an unzugängliche Stellen legen. Das Bedienungspersonal soll stets über die Lage der Sicherungen und ihre Zugehörigkeit zu den einzelnen Stromkreisen genau unterrichtet sein. Vgl. § 9 d). Die Sicherungen sollen auf besonderer gemeinsamer Unterlage, z. B. auf einer Tafel, einem Rahmen usw. zusammengebaut, nicht aber selbständig nebeneinander auf der Wand befestigt werden.

13) Hier ist zunächst auf die für alle Spannungen unter g) und für Niederspannung unter $\frac{1}{-}$) zugelassenen Ausnahmen hinzuweisen, von denen sehr oft Gebrauch gemacht wird. Im allgemeinen aber ist die Forderung, daß jede Querschnittsänderung einer dem kleineren Querschnitt angepaßten Sicherung bedarf, einzuhalten. Wenn anderseits zwecks Einfachheit und Übersichtlichkeit eine möglichst geringe Zahl und tunlichste Konzentrierung der Sicherungen (§ 14$\frac{5}{-}$) erwünscht ist und das Be-

davorliegende Sicherungen auch den schwächeren Querschnitt schützen, weitere Sicherungen nicht erforderlich.[14])

Sicherungen müssen stets nahe an der Stelle liegen, wo das zu schützende Leitungsstück beginnt.[15])

---

streben hiernach noch durch die Überlegung unterstützt wird, daß jede Sicherung eine Widerstandvermehrung und einen Punkt geringeren Isolationsvermögens, in die Anlage hineinbringt, so ist diesen Gesichtspunkten dadurch Rechnung zu tragen, daß man den Querschnitt der Leitungen nicht allzu oft ändert, sondern größere Lampengruppen mit einem und demselben Leitungsquerschnitt einrichtet. Es wird dadurch an manchen Stellen zwar ein stärkerer Draht benutzt werden, als durch die Belastung unbedingt gefordert wäre, doch kommt dies der mechanischen Festigkeit zugute und gewährt die Möglichkeit, später kleine Vermehrungen der Lampenzahl oder Erhöhungen der Kerzenstärke ohne weiteres vornehmen zu können. Die Installation wird durch das empfohlene Verfahren bedeutend vereinfacht, ohne daß sich die Kosten wesentlich erhöhen.

Anderseits ist zu beachten, daß bei Ringleitungen und überhaupt dann, wenn mehrere Speiseleitungen in einen gemeinsamen Nutzkreis münden, die Verzweigungsstellen meistens gesichert werden müssen, auch wenn keine Querschnittsänderung eintritt. Dabei ist nach folgenden Gesichtspunkten zu verfahren:

1. Sämtliche Leitungen, denen von beiden Enden Strom zufließen kann, sind beiderseitig mit Sicherungen zu versehen, die dem Querschnitt entsprechen.
2. Die Sicherungen können auf einzelnen Leitungen fortbleiben, wenn deren zulässige Betriebsstromstärke mindestens der Summe der Betriebsstromstärken aller übrigen in demselben Punkte zusammentreffenden Leitungen gleich ist.
3. Sind von derartigen Leitungen dritte Leitungen abgezweigt, die von keiner weiteren Seite her Stromzufuhr erhalten, so müssen diese nach ihrem Querschnitt gesichert werden, falls ihre zulässige Betriebsstromstärke kleiner ist, als die Summe der Stromstärken, für welche die zum Schutz der Hauptleitung dienenden Sicherungen bemessen sind. (Sengel, ETZ 1902, S. 381, Kuhlmann, ETZ 1908, S. 331.)

Besondere Beachtung verdienen auch parallel geschaltete Leitungen, wie sie z. B. mehrere dünne Drähte darstellen, die zur leichteren Verlegung als Ersatz eines dickeren dienen. Selbst wenn jeder einzelne von ihnen an seinem einen Ende dem Querschnitt entsprechend gesichert ist, so kann doch, wenn einer der Drähte Kurzschluß oder Erdschluß erfahren hat und seine Sicherung abgeschmolzen ist, der Kurzschlußstelle vom andern Ende her durch die anderen parallel geschalteten Leitungen Strom zugeführt werden, der den Draht überlastet, ohne daß die übrigen Sicherungen dies hindern. Auch in diesem Falle sind beide Enden jedes der parallel geschalteten Drähte mit Sicherungen auszurüsten.

14) Ob der schwächere Querschnitt durch die der Stromquelle nähere davorliegende Sicherung ausreichend geschützt ist, muß in jedem Einzelfalle festgestellt werden. Die unter [13]) behandelten Sonderfälle sind sorgfältig zu beachten.

15) Die Sicherung selbst hat ihren natürlichen Platz unmittelbar an der Abzweigestelle in der Weise, daß der eine Kontakt

6. Bei Abzweigungen kann das Anschlußleitungsstück von der Hauptleitung zur Sicherung, wenn seine einfache Länge nicht mehr als etwa 1 m beträgt, von geringerem Querschnitt sein als die Hauptleitung, wenn es von entzündlichen Gegenständen feuersicher getrennt und nicht aus Mehrfachleitungen hergestellt ist.[16])

7. In Gebäuden können bei Niederspannung mehrere Verteilungsleitungen eine gemeinsame Sicherung von höchstens 6 A Nennstromstärke erhalten ohne Rücksicht auf die verwendeten Leitungsquerschnitte.[17]) Strom-

---

der Sicherung mit der Hauptleitung, der andere mit der abzweigenden Leitung verbunden wird. ETZ 1904, S. 1114 N. 111t. Ist dies nicht durchführbar, soll die Sicherung z. B. leichter zugänglich gemacht werden, oder ist an der Abzweigestelle kein Raum vorhanden, so ist zunächst ein Zweigdraht von derselben Stärke wie die Hauptleitung bis zur Sicherung zu führen und hier erst mit der dünneren Zweigleitung zu beginnen. Manchmal läßt sich jedoch auch dies Verfahren nicht streng durchführen weil die Hauptleitung einen sehr viel größeren Querschnitt besitzt als die abzuzweigende. Es sei z. B. der Fall angenommen, daß eine Steigleitung von etwa 25 qmm einen Raum durchläuft, in welchem eine einzelne Glühlampe eingerichtet werden soll. Dann ist es nicht möglich, in die für eine Lampe bemessene Sicherung die starke Hauptleitung einzuführen und richtig zu befestigen.

16) In diesem Ausnahme all ist es nun zugelassen, die von der Hauptleitung nach der Sicherung führenden Drähte vom Querschnitt der dünneren Zweigleitung zu wählen oder eine angemessene Zwischenstufe der Drahtstärke zu benutzen. Da jedoch dieses Zwischenstück alsdann tatsächlich eines vollkommenen Schutzes entbehrt, so sind besondere Maßregeln vorgeschrieben, welche die in dieser Anordnung liegende Gefahr tunlichst vermindern sollen. Es muß nämlich erstlich das ungesicherte Stück so kurz als möglich sein — nicht über 1 m —; zweitens dürfen Mehrleiter nicht verwendet werden, da sie weniger Festigkeit und Widerstandsfähigkeit haben und leichter zu Kurzschluß Anlaß geben als zwei getrennte Leiter; endlich müssen entzündliche Gegenstände fern gehalten werden; es darf also die Befestigung nur auf unverbrennlichen Wänden oder Unterlagen geschehen; Holzverschalungen, brennbare Materialien und dgl. müssen durch besondere feuersichere Zwischenlagen dauernd abgehalten werden. Dieser Schutz muß so beschaffen sein, daß das Zwischenstück im Falle eines Kurzschlusses oder dgl. völlig ausbrennen kann, ohne daß die Gefahr einer Brandstiftung entsteht.

17) Die im § 14e) aufgestellte Forderung, wonach an jeder Querschnittsverminderung eine Sicherung anzubringen ist, wenn nicht der schwächere Querschnitt bereits ausreichend geschützt ist, erleidet durch die Regel § 14 7 eine Einschränkung, die im Interesse einfacherer Installation für Niederspannung zugelassen worden ist. Sie wird namentlich bei der Montage von Kronleuchtern Anwendung finden, wo es schon wegen des Raummangels nicht möglich ist, jede einzelne Abzweigung mit einer besonderen, ihr entsprechenden Sicherung auszustatten; es können aber auch sämtliche Lampen in benachbarten Räumen, wenn ihr Stromverbrauch die Grenze von 6 Ampere nicht übersteigt, an eine gemeinsame Sicherung angeschlossen werden. Eine derartige Anordnung erleichtert die Zentralisierung der Sicherungen. Zweckmäßig wird man jedoch von der gemein-

kreise, in denen hochkerzige Glühlampen (mit Goliathfassungen) von einer Leitung gleichen Querschnitts in Parallelschaltung abgezweigt werden, können eine dem Querschnitt entsprechende gemeinsame Sicherung, höchstens aber eine solche von 15 A erhalten.[18])

f) Betriebsmäßig geerdete Leitungen dürfen im allgemeinen keine Sicherung enthalten.[19])

8. Die Mittelleiter von Mehrleiter- oder Mehrphasensystemen sollen keine Sicherungen enthalten. Ausgenommen hiervon sind isolierte Leitungen, die von einem Mittelleiter abzweigen und Teile eines Zweileitersystems sind; diese dürfen Sicherungen enthalten, dann aber nicht zur Schutzerdung benutzt werden. Wird ein solches System nur einpolig gesichert, so sollen die Abzweigungen vom Mittelleiter gekennzeichnet sein.[20])

---

samen Sicherung nur insoweit Gebrauch machen, daß nicht allzu ausgedehnte oder stark verzweigte Leitungen von einer einzigen Sicherung geschützt werden. ETZ 1908, S. 662, N. 201.

Der unbedingte Schutz des schwächsten Leitungsquerschnitts (0,5 qmm) durch die 6-Ampere-Sicherung wird nicht erreicht, wenn zwischen Sicherung und Lampen ein Transformator geschaltet ist (Reduktor für Niedervoltlampen). Bei 220 V. Primär- und 20 V. Lampenspannung können in diesem Falle auf der Sekundärseite des Reduktors Stromstärken von mehr als 60 A. auftreten, ohne daß die Sicherung zu 6 A. auf der Primärseite anspricht. Es müssen also auch auf der Sekundärseite die Lampen in Gruppen zusammengefaßt werden, deren jede mit 6 A. nochmals gesichert wird.

18) Die unter [17]) erörterte Beschränkung der gemeinsamen Sicherung auf 6 Amp. soll verhüten, daß die Stromversorgung allzu ausgedehnter oder allzu zahlreicher Räume von einer einzigen Sicherung abhängt. Dies Bedenken tritt zurück, wenn die einzelnen Stromverbraucher Glühlampen von hoher Stromstärke sind. Der Ersatz von Bogenlampen durch große Glühlampen erfordert größere gemeinsame Sicherungen, bedingt aber auch gewöhnlich einfachen Verlauf der Stromkreise. Die in Regel 7 gegebene Ausführungsart gilt wie für Gebäude auch für andere geschlossene Räume, z. B. Bergwerke. Dagegen nicht für Einrichtungen im Freien, wie Bahnhofs- oder Straßenbeleuchtungen; auch nicht für Reihenschaltung von Glühlampen.

19) Als betriebsmäßig geerdete Leitungen kommen hauptsächlich die neutralen oder Nulleiter von Mehrleiter- und Mehrphasensystemen sowie die nach § 3c), § 4, § 6b), § 7b), erforderlichen Erdungsleitungen in Betracht. Über erstere wird in Regel § 14[8] unter [20]) ausführlicher gesprochen. Wie im § 11g) das Anbringen von Schaltern in beiden Arten von Leitungen verboten ist, so sind auch Sicherungen ausgeschlossen, weil es von höchster Wichtigkeit ist, daß der leitende Zusammenhang mit der Erde unter keinen Umständen unterbrochen wird; denn von ihm hängt es ab, daß an den geerdeten Gegenständen wie Gehäusen, Maschinengestellen, Schaltgerüsten keine gefährlichen Spannungen auftreten.

Etwas anderes ist es z. B. bei Meßleitungen, deren Erdverbindung nicht zum Betrieb oder zur Sicherheit sondern zur Prüfung dient

20) Die Bestimmung, wonach die Mittelleiter überhaupt keine Sicherung enthalten dürfen, gilt zunächst uneingeschränkt für

g) Die Vorschriften über das Anbringen von Sicherungen beziehen sich nicht auf Freileitungen, Leitungen an Schaltanlagen, ferner in elektrischen Betriebsräumen nicht auf die Verbindungsleitungen zwischen Maschinen, Transformatoren, Akkumulatoren, Schaltanlagen und dergleichen, sowie auf Fälle, in denen durch das Wirken einer etwa angebrachten Sicherung Gefahren im Be-

---

diejenigen Strecken der Leitung, welche wirklich den Charakter des im allgemeinen stromlosen, reinen Ausgleichdrahtes haben. Werden in einzelnen Teilen der Dreileiteranlage die beiden Hälften des Systems g e t r e n n t geführt, so können von der Trennungsstelle an zweierlei verschiedene Verfahren in bezug auf die Sicherung des Nulleiters eingeschlagen werden. Das eine läuft darauf hinaus, jeden der Teile für sich als eine Zweileiteranlage zu betrachten. Alsdann wird in jedem Teil sowohl der eine als der andere Pol, also auch der geerdete Pol gesichert und der geerdete Pol braucht nicht als solcher kenntlich zu sein. ETZ 1904, S. 361 N. 75a, b. Dies ist gerechtfertigt, weil beim Ausbrennen dieser Sicherung auch der Zusammenhang mit dem andern Zweig des Systems gelöst wird, so daß in der Regel die Arbeitsspannung des einen Zweiges nicht mehr auf den andern übertragen werden kann; denn es wird vorausgesetzt, daß hinter der Sicherung, in Richtung nach den Verbrauchsstellen hin, Stromverbraucher nur nach dem einen Außenpol hin vom Nulleiter, in dem die besprochene Sicherung liegt, sich abzweigen. Der oben geschilderte Fall der Spannungsübertragung könnte hier nur eintreten, wenn einer der in Frage kommenden letzten Ausläufer der einen Hälfte irgendwo mit einem Ausläufer oder einem Hauptstamm der andern Hälfte in Kontakt käme, was in der Regel als ausgeschlossen gelten kann. Daß ein solcher mit Sicherungen ausgestatteter Leiter nicht zur Schutzerdung im Sinne des § 3 b) usw. dienen darf, ist unmittelbar klar, weil seine Schutzwirkung aufhört, sobald die Sicherung schmilzt und den Anschluß an Erde unterbricht.

Das andere Verfahren setzt das System der einpoligen Sicherung bis in die letzten Ausläufer fort. Damit werden nicht nur Sicherungen und die Arbeit ihrer Montierung gespart, sondern man schafft auch aus der Leitung eine große Zahl von Befestigungs- und Anschlußstellen hinaus, die ja immer am leichtesten zu unsicheren Kontakten, Erwärmungen und dgl. Störungen Anlaß geben. Es besteht aber hierbei die große Gefahr, daß die, beide Pole jedes Zweiges darstellenden, Leitungen beim Einbau der Sicherungen oder infolge einer später vorgenommenen Umschaltung verwechselt werden, so daß in einzelnen Zweigen die Sicherung nicht mehr im Außenleiter, sondern gerade im Nulleiter sitzt, während der Außenleiter ungesichert ist. Dies ist natürlich eine höchst bedenkliche Sache. Denn wenn jetzt die im Nullleiter gelegene Sicherung ausgebrannt ist und infolgedessen die Lampen erloschen sind, so sind deren Zuleitungen zwar stromlos, dagegen stehen sie am Außenpol unter der vollen Spannung gegen Erde und es kann für den Bedienenden bei der Berührung der Leitung, die für abgetrennt gehalten wird, Gefahr entstehen. Man hat daher das System, wonach der geerdete Nulleiter keine Sicherung enthält, nur dann anzuwenden, wenn die Nulleitung als solche deutlich kenntlich gemacht ist, so daß eine Verwechselung sicher ausgeschlossen bleibt. Solange die drei Leitungen nebeneinander verlaufen, ist aus der Lage oder mit einfachen Untersuchungsmitteln der Nulleiter leicht erkenntlich. Da,

triebe der betreffenden Einrichtungen hervorgerufen werden könnten (siehe auch § 20²).[21])

9. Abzweigungen von Freileitungen nach Verbrauchsstellen (Hausanschlüsse) sollen, wenn nicht schon an der Abzweigstelle Sicherungen angebracht sind, nach Eintritt in das Gebäude in der Nähe der Einführung gesichert werden.

§ 15.

Andere Apparate.

a) Bei ortsfesten Meßgeräten für Hochspannung müssen die Gehäuse entweder gegen die Betriebsspannung sicher isolieren oder sie müssen geerdet sein, oder es müssen die Meßgeräte von Schutzkästen umgeben oder hinter Glasplatten derart angebracht sein, daß auch ihre Gehäuse gegen zufällige Berührung geschützt sind (siehe § 3).[1]) *Die an Meßwandler angeschlossenen Meßgeräte unterliegen dieser Vorschrift nicht, wenn ihr Sekundär-*

---

wo mehr als drei Leiter eines Stranges oder nur die zwei einer Hälfte nebeneinander liegen, wird durch dauerhafte Farbe, durch Verwendung einer besonderen Drahtsorte oder einer besonderen Befestigungsart eine Kennzeichnung erzielt.

21) Der Strombelastung von Freileitungen ist nach § 20¹ Abs. 2 und § 22³ ein ziemlich weiter Spielraum gelassen. Die hiernach und aus Betriebsrücksichten nötigen Sicherungen werden vielfach in Gestalt von Selbstschaltern in den Stromerzeugungs- und Verteilungsstationen vereinigt.

Diejenigen Leitungen, welche Bestandteile der Schaltanlage selbst sind, oder die Stromquellen unter sich und mit der Schaltanlage verbinden, müssen im allgemeinen vor unvorhergesehener Unterbrechung bewahrt bleiben, da sonst unter Umständen erhebliche Gefahren entstehen können; so z. B. wenn der Erregerstrom eines Motors plötzlich verschwindet, oder wenn die Leitung einen Sicherheitsapparat, etwa einen Bremsmagnet oder Ausschaltemagnet speist. Die Verhältnisse sind hier so vielgestaltig, daß es dem Erbauer der Anlage überlassen bleiben muß, wie weit er es für angezeigt erachtet, die Maschinen, Transformatoren und Hilfsgeräte sowie die Schaltleitungen selbst vor Beschädigung und Zerstörung durch Überstrom mittels Sicherungen zu schützen, und wie weit ein solcher Schutz zulässig ist, ohne andere Teile der Anlage wie die Dampfmaschinen oder die beteiligten Personen (Fahrstuhlbeförderung) großen Gefahren auszusetzen. Das über Schaltleitungen Gesagte trifft oft auch auf Meßleitungen zu. Je nach Art der Maschinen und den vorhandenen Verhältnissen wird man ganz oder teilweise von Sicherungen absehen, oder aber sie in Gestalt selbsttätiger Ausschalter oder in Form von Schmelzsicherungen anordnen und ihre Einstellung den Umständen anpassen. Vgl. ETZ 1902, S. 610/611 1906, S. 293, Sp. 1, 1908, S. 329.

§ 15. **1)** Da die Meßgeräte bewegliche und besonders empfindliche Teile enthalten, so ist bei ihnen, soweit sie mit Hochspannung arbeiten, die Möglichkeit, daß ein Übertritt derselben auf das Gehäuse — etwa infolge von Überspannungen — erfolgt, besonders naheliegend. Es werden daher im § 15a) und b) die allgemeinen Grundsätze des Schutzes gegen Berührung, wie sie bereits im § 3 b) und c) niedergelegt sind, nochmals betont.

stromkreis gegen den Übertritt von Hochspannung gemäß § 4 geschützt ist.[2])

b) Bei ortsveränderlichen Meßgeräten[3]) (auch Meß-, wandlern) kann von den Forderungen der §§ 10a, 10$\frac{1}{-}$ 10$\frac{2}{-}$ und 10f abgesehen werden.[4])

c) Handapparate mit einer Aufnahme bis einschließlich 0,3 kW sind für Betriebsspannungen von mehr als 250 V nicht zulässig.[5])

1. Handapparate sollen besonders sorgfältig ausgeführt und ihre Isolierung soll derart bemessen sein, daß auch bei rauher Behandlung Stromübergänge vermieden werden. Die Bedienungsgriffe der Handapparate mit Ausnahme derjenigen von Betriebswerkzeugen sollen möglichst nicht aus Metall bestehen und im übrigen so gestaltet sein, daß eine Berührung benachbarter Metallteile erschwert ist.[6])

---

2) Meßwandler können mit großer Sicherheit gegen den Übertritt der Hochspannung auf die Niederspannungswicklung gebaut werden. Daher können die Meßgeräte, die an sie angeschlossen sind, nach Niederspannungsvorschriften behandelt werden. Es ist dabei zu berücksichtigen, daß die Meßtransformatoren selbst in der Regel in das geerdete Eisengerüst der Schalttafel eingebaut sind, so daß die Forderung des § 4 z. B. durch Erden des Sekundärkreises leicht erfüllt werden kann.

3) In der früheren Fassung der Vorschriften waren Handmeßgeräte und Handapparate überhaupt nicht berücksichtigt, weil sie nicht zu den „Starkstrom**anlagen**" gehören. In der Fassung von 1914 ist zum erstenmal versucht, Grundsätze für sie aufzustellen; sie werden ergänzt durch die „Leitsätze für die Konstruktion und Prüfung elektrischer Starkstrom-Handapparate für Niederspannungsanlagen (ausschließlich Koch- und Heizapparate)" und die „Normalien für Koch- und Heizapparate".

4) Handmeßgeräte, wie sie in Laboratorien und Prüffeldern benützt werden, werden ausschließlich von Sachverständigen bedient und schon wegen ihres Wertes sorgfältig behandelt. Man verlangt von ihnen große Empfindlichkeit, kleines Gewicht und geringen Raumbedarf; um sie gemäß ihrer Bestimmung je nach Bedarf an verschiedene Leitungen anzuschließen und die Messungen auszuführen, müssen sie auch an spannungführenden Teilen zugänglich sein. Daher können sie nicht allen für andere Apparate geltenden Bestimmungen genügen. Bei neueren Ausführungen sind diese aber doch nach Möglichkeit berücksichtigt. Beim Gebrauch ist vorsichtige Handhabung geboten.

5) Über den Aufbau von Handapparaten für Starkstrom, wie Massageapparate, Heißluftduschen, Tischventilatoren, Handmagnete, Spannfutter, Handbohrmaschinen usw. sind i. J. 1914 Leitsätze aufgestellt worden. Auch bei ihnen ist das Streben nach kleinem Gewicht und geringem Raumbedarf vorherrschend und erhöht die Gefahr, daß unbeabsichtigte Stromübergänge auftreten, zumal da hier auf sorgfältige Handhabung durch Sachverständige nicht zu rechnen ist. Es ist daher verboten, kleine Apparate für Hochspannung einzurichten.

6) Durch Handapparate, deren wirksame Teile gegen den Handgriff und die Umkleidung ungenügend isoliert waren oder

Die Handapparate, sowie Koch- und Heizapparate sollen ein Ursprungszeichen tragen, das den Hersteller erkennen läßt.[7])

F. Lampen und Zubehör.*)

§ 16.

Fassungen und Glühlampen.

a) Jede Fassung ist mit der Nennspannung zu bezeichnen.

Bei Fassungen verwendete Isolierstoffe müssen wärme-, feuer- und feuchtigkeitssicher sein.[1])

Die unter Spannung gegen Erde stehenden Teile der Fassungen müssen durch feuersichere Umhüllung, die jedoch nicht unter Spannung gegen Erde stehen darf, vor Berührung geschützt sein.[2])

---

deren Aufbau im ganzen zu wenig fest war, sind wiederholt Unfälle hervorgerufen worden.

7) Diese Bestimmung soll die Hersteller zu möglichst zuverlässigem Aufbau der Apparate veranlassen und dazu beitragen, daß schlechte Apparate vom Markte verdrängt werden. ETZ 1913, S. 924; 1914, S. 603.

§ 16. **1)** Viele Erdschlüsse und Kurzschlüsse lassen sich auf mangelhafte oder in Unordnung geratene Fassungen zurückführen. Dies kommt daher, daß sich in diesem Bestandteil eine ganze Reihe von Einzelvorrichtungen im engen Raum vereinigt finden und außerdem die Fassung vielfacher Handhabung — oft von seiten unbefugter Personen — ausgesetzt ist. Die neueren Fabrikate besserer Firmen haben die früher übliche Verwendung von Holz, Vulkanfibre, Steinnuß u. dgl. völlig aufgegeben und benutzen ausschließlich Porzellan und andere der Feuchtigkeit widerstehende und zugleich feuersichere Stoffe als Unterlage der leitenden Bestandteile.

2) Eine Zeitlang was es üblich, die Lampenfassungen in der Weise zu bauen, daß der äußere Metallmantel die Stromleitung zwischen dem einen Pol der Glühlampe und dem entsprechenden Zuleitungsdraht vermittelte. Dadurch sollte Raum erspart und der Aufbau der Fassung vereinfacht werden. Diese Anordnung kann leicht zu Feuersgefahr Anlaß geben, indem z. B. der ungeschützte stromführende Teil mit einem an Erde liegenden Metallkörper in Berührung kommt, so daß Funken oder Erdschlüsse entstehen. Auch die beim Berühren einer solchen Fassung erfolgenden elektrischen Schläge sind zu fürchten.

Beide Gefahren sind ausgeschlossen, wenn der an den Mantel der Fassung angeschlossene Pol der Leitung so an Erde gelegt ist, daß an der Fassung merkliche Spannungsdifferenzen gegen Erde nicht herrschen. Dies ist z. B. bei einer Anlage mit geerdetem Mittelleiter möglich. Es wird aber nicht immer bei solchen Anlagen zutreffen, denn dazu gehört, daß die Erdleitung, die von der Fassung wegführt, so stark ist, daß der durch den Verbrauchsstrom der Lampe in ihr entstehende Spannungsabfall unter einer gewissen Grenze bleibt. Außerdem liegt die Gefahr nahe, daß beim Montieren die beiden Pole verwechselt und so die ganze

*) Vgl. auch: Vorschriften für die Konstruktion und Prüfung von Installationsmaterial, §§ 34—45 Fassungen und Lampenfüße, § 46 Edisongewinde, § 47 Nippel, § 48 Handlampen.

In Stromkreisen, die mit mehr als 250 V betrieben werden, müssen die äußeren Teile der Fassungen aus Isolierstoff bestehen und alle spannungführenden Teile der Berührung entziehen. Fassungen mit Mignongewinde sind in solchen Stromkreisen nicht zulässig.[3])

b) Schaltfassungen mit Mignon- und Goliathgewinde sind für alle Spannungen, Schaltfassungen mit Normalgewinde für Spannungen über 250 V unzulässig.[4])

Schaltfassungen müssen im Innern so gebaut sein, daß eine Berührung zwischen den beweglichen Teilen des Schalters und den Zuleitungsdrähten ausgeschlossen ist. Handhaben zur Bedienung der Schaltfassungen dürfen nicht aus Metall bestehen. Die Schaltachse muß von den spannungführenden Teilen und von dem Metallgehäuse isoliert sein.[5])

⚒ | In B. u. T. sind Schaltfassungen unzulässig. |

Lampenspannung an den ungeschützten Teil der Fassung angeschlossen wird.

Der Gebrauch von solchen Fassungen ist daher nur bei Niederspannung in Anlagen mit einem geerdeten Leiter erlaubt, wenn diese Erdleitung in ihrem ganzen Verlauf kenntlich und in einer gewissen Stärke, die sich nach der Gebrauchsspannung und dem Lampenstrom richtet, bis zu den letzten Lampen geführt ist. Über einen auf stromführende Glühlampenfassungen zurückgeführten Brandfall vgl. ETZ 1897, S. 327, Sp. 3.

3) Für Spannungen über 250 Volt sind ferner nach § 16b) alle Fassungen mit Schalter verboten; nach § 16e) müssen Wechselstromlampen von 250 Volt an, Gleichstromlampen von 1000 Volt an unzugänglich angebracht werden.

4) Die in die Fassungen eingebauten Schalter geraten leicht in Unordnung und geben dann zu Kurzschluß und zu Stromübergang auf den Bedienenden Anlaß. Sie sind daher bei sehr kleinen Fassungen (Mignon) und ebenso bei Fassungen, die starke Ströme führen (Goliath), endlich überall, wo Hochspannung wirksam ist, nicht zugelassen. Gänzlich verboten sind die Fassungen mit Schalter ferner in Bergwerken unter Tage, in feuchten Räumen (§ 31), in Räumen mit ätzenden Dünsten (§ 33) und in explosionsgefährlichen Räumen (§ 35). Es empfiehlt sich, ganz allgemein alle Fassungen, die an Schnurpendeln hängen, ohne Hahn anzuordnen, weil der Hahn nicht sicher bedient werden kann, ohne daß man mit der andern Hand die Fassung festhält.

5) Im übrigen müssen die Hähne an Fassungen dem § 11a) genügen also Momentschalter sein. In der Regel wird die Stellung des Griffes so gewählt, daß die Ebene seines Flügels parallel zur Stromleitung gestellt ist, wenn der Strom geschlossen, senkrecht dazu, wenn er unterbrochen ist. Der Zweck dieser Maßnahme ist, bei abgenommener oder zerbrochener Lampe oder bei zerstörtem Faden erkennen zu können, ob die Fassung unter Spannung steht oder nicht, so daß man mit Sicherheit die Spannung abschalten kann, bevor man an der Fassung eine Auswechselung der Lampe oder eine Prüfung des Zustandes der Fassung vornimmt.

Daß die Handhaben (Griffe, Druckknöpfe usw.) aus Isolierstoff bestehen müssen, war früher nicht gefordert, ist aber von großer Bedeutung. Wegen der Schaltachsen vgl. auch § 11d).

c) Die unter Spannung gegen Erde stehenden Teile der Lampen müssen der zufälligen Berührung entzogen sein.[6])

d) Glühlampen in der Nähe von entzündlichen Stoffen müssen mit Vorrichtungen versehen sein, welche die Berührung der Lampen mit solchen Stoffen verhindern.[7])

e) In Hochspannungsstromkreisen sind zugängliche Glühlampen und Fassungen nur für Gleichstrom und nur für Betriebsspannungen bis 1000 V gestattet.[8])

---

6) Bei manchen Fassungen kommt es vor, daß der Sockel der Glühbirne aus der Fassung soweit hervorragt, daß man beim Erfassen der Birne ihn berühren kann. Da dies bereits mehrfach für Menschen gefährlich geworden ist, sollen die Fassungen so gebaut sein, daß alle stromführenden Teile, auch die der eingesetzten Lampe, völlig verdeckt sind. Bei der Fabrikation von Lampen und Fassungen ist hierauf s t r e n g zu achten. Vgl. ETZ 1904, S. 147. Besonders auch beim Ersatz von Kohlenfadenlampen durch solche mit Metallfäden, da deren Sockel meist erheblich höher ist. Der häufig zum Verdecken des Sockels benützte Fassungsring aus Porzellan wird leicht zerbrochen; solche aus zäherem Isolierstoff sind daher vorzuziehen. **Beim Auswechseln der Lampen ist jede Berührung des Sockels zu vermeiden.**

7) Es ist häufig nicht genügend beachtet worden, daß die Glühlampen gebräuchlicher Bauart, die an der Oberfläche der Birne in der Regel beobachtete verhältnismäßig niedrige Temperatur nur dann zeigen, wenn sie frei ausstrahlen können. Wird die freie Strahlung und Luftzirkulation verhindert, so steigt die Temperatur in kurzer Zeit so hoch, daß Papier, Gewebe, Sägespäne u. dgl., welche die Lampe berühren, ohne weiteres zu glimmen beginnen. Die Gefahr ist gesteigert bei den mit Stickstoff usw. gefüllten neueren Glühlampen (Halbwattlampen). Man muß daher derartige Berührungen durch geeignete Mittel verhindern. Hiergegen wird besonders häufig gefehlt bei der Beleuchtung von Räumen mit starker Entwicklung von Sägespänen, Mehlstaub, Baumwollstaub u. dgl., ferner von Schaufenstern, sowie bei dekorativen Anordnungen, wie sie bei Festen und ähnlichen Gelegenheiten getroffen werden. Es ist jedoch nicht schwer, durch Verwendung von Schalen, Tulpen u. dgl., die in den verschiedensten Ausstattungen zu haben sind, der Sicherheit Rechnung zu tragen, ohne die Schönheit zu beeinträchtigen.

Bei der Befestigung der Glühlampen ist namentlich auch darauf zu sehen, daß sie sich nicht in ihren Fassungen lockern. Wo regelmäßige Erschütterungen vorkommen (z. B. in manchen Fabriken) tritt dies leicht ein und führt zu Funkenbildungen und Erhitzungen, welche die Fassungen zerstören können.

8) Glühlampen sollen in Stromkreisen mit Hochspannung tunlichst vermieden werden. Wechselstrom kann meistens in Niederspannung transformiert werden. Andernfalls sind die Lampen in Laternen u. dgl. einzuschließen oder (Reihenschaltung am Nordostseekanal) durch Stacheldrähte an den Masten usw. unzugänglich zu machen. ETZ 1908, S. 652, N. 199. Ein Bedürfnis, z u g ä n g l i c h e Glühlampen mit Hochspannung zu speisen, besteht, — abgesehen von den Lampen der Fahrzeuge elektrischer Bahnen, für die die Bahnvorschriften gelten,

⚒ *In B. u. T. sind Glühlampen und Glühlampenfassungen in Hochspannungskreisen nur zulässig, wenn sie im Anschluß an vorhandene Gleichstrom-Bahn- oder Kraft-Anlagen betrieben werden. Es müssen jedoch in diesem Falle die unter f) geforderten isolierten Fassungen und außerdem Schutzkörbe angewendet werden.*

⚒ f) In B. u. T. dürfen Glühlampen in erreichbarer Höhe, bei denen die Fassungen äußere Metallteile aufweisen, nur mit starken Überglocken, die die Fassung umschließen, verwendet werden. Die Überglocke ist nicht erforderlich, wenn die äußeren Teile der Fassung aus Isolierstoff bestehen und sämtliche stromführenden Teile der Berührung entzogen sind.

§ 17.

Bogenlampen.*)

a) An Örtlichkeiten, wo von Bogenlampen herabfallende glühende Kohleteilchen gefahrbringend wirken können[1], muß dies durch geeignete Vorrichtungen ver-

— nur für solche Wohn- und Arbeitsräume oder Straßenbeleuchtungen, die an Bahnanlagen angeschlossen sind. Daß hierbei alle metallischen Zubehöre, wie Wandarme, Schutzrohre, ebenso auch die äußeren Fassungsteile, Lichtschirme und Schutzkörbe zu erden sind, ergibt sich bereits aus § 3c). Das Erden kann hier keine Schwierigkeit bieten, weil die Bahnen mit einem Erdpol arbeiten, an den auch die letzte Lampe der Reihe angeschlossen ist. Man braucht also nur mit der Betriebsleitung für die Lampenreihe eine zweite unmittelbar an den Erdpol führende Leitung zu verlegen, die zum Erden der Fassungen, Armaturen und der anderen äußeren Metallteile dient. Handlampen in solchen Anlagen sind stets am geerdeten Ende des Reihenstromkreises anzuschließen.

§ 17. **1)** Völlig ungeschützt brennende Bogenlampen werden zwar selten, aber gelegentlich doch zur Beleuchtung von Bauplätzen, Festplätzen, Wasserflächen, Hafenplätzen verwendet. Hier sind Anordnungen möglich, die jede Brand- oder Verletzungsgefahr durch herabfallende glühende Kohlenteilchen ausschließen. Man kann z. B. die nächste Umgebung des Mastensockels absperren oder ihn in unbetretene Räume, Buschwerk u. dgl. verlegen. Wo dagegen der Platz unmittelbar unter der Lampe dem regelmäßigen Verkehr ausgesetzt ist, besonders da wo Menschen in größerer Zahl versammelt sind oder verkehren oder wo brennbare Waren gelagert sind, in Kirchen, Bahnhofshallen, Warenhäusern, ist für zuverlässigen Schutz Sorge zu tragen. Es dürfen dort weder Bogenlampen ohne Glocken oder Gehäuse, noch Glocken, die unverschlossene Öffnungen am Boden haben, benutzt werden. Die frühere Vorschrift, daß einfache Glasglocken stets mit besonderen, in feuergefährlichen Räumen mit metallenen Aschentellern versehen sein müssen, ist nicht mehr aufrecht erhalten worden, weil die neueren besseren Kohlensorten meist ohne Zerbröckeln abbrennen und

*) Über Moorelichtanlagen siehe S. 84.

hindert werden. Bei Bogenlampen mit verminderter Luftzufuhr oder bei solchen mit doppelter Glocke sind keine besonderen Vorrichtungen hierfür erforderlich.

b) Bei Bogenlampen sind die Laternen (Gehänge, Armaturen) gegen die spannungführenden Teile zu isolieren und bei Verwendung von Tragseilen auch diese gegen die Laternen.[2])

1. Die Einführungsöffnungen für die Leitungen an Lampen und Laternen sollen so beschaffen sein, daß die Isolierhüllen nicht verletzt werden. Bei Lampen und Laternen für Außenbeleuchtung ist darauf Bedacht zu nehmen, daß sich in ihnen kein Wasser ansammeln kann.[3])

c) Werden die Zuleitungen als Träger der Bogenlampe verwendet, so müssen die Anschlußstellen von Zug entlastet sein; die Leitungen dürfen nicht verdrillt werden.[4])

Bei Hochspannung dürfen die Zuleitungen nicht als Aufhängevorrichtung dienen.

d) Bei Hochspannung muß die Lampe entweder gegen das Aufzugsseil und, wenn sie an einem Metallträger angebracht ist, auch gegen diesen doppelt isoliert sein, oder Seil und Träger sind zu erden. Bei Span-

---

für die Glocken gut gekühlte Glassorten zur Verfügung stehen, die dem Zerspringen wenig ausgesetzt sind. Immerhin ist auch jetzt noch Vorsicht geboten, denn es kommen immer noch Brände durch herabfallende glühende Lampenkohlen vor. ETZ 1906, S. 205. Wo Glocken mit Bodenöffnungen benutzt werden, sollten die Aschenteller so ausgebildet sein, daß sie im Betriebe in ihrer Lage festgehalten werden. Auf sorgsame Bedienung ist besonders zu achten.

2) Da bei manchen Bogenlampen ein Teil des Lampenkörpers selbst als Stromleiter dient, oder doch wegen des engen Baues der Lampe zufällig mit den stromführenden Teilen in Berührung kommen kann, so wird in der Regel die Lampe von der Laterne isoliert. Dabei ist zu beachten, ob die Laterne den Einflüssen von Wind und Wetter ausgesetzt ist, und die Isolierung nach Material und Gestalt entsprechend zu wählen. Unter Umständen kann mehrfache Isolierung angezeigt sein, etwa in der Weise, daß auch die Laterne von ihrem Tragmast isoliert wird. Bei aufgehängten Laternen ist letzteres vorgeschrieben, weil es vorgekommen ist, daß die metallene Aufhängung einen Stromweg bildete und infolge der Stromwärme riß, so daß die Lampe herabfiel. Diese Isolierung muß im Freien regensicher sein. Vgl. auch [5]).

3) Für Lampen, die im Freien oder in feuchten Räumen brennen sollen, empfiehlt es sich, unten Öffnungen so anzubringen, daß das im Innern etwa gebildete Kondenswasser abfließen kann.

4) Es müssen also neben den Klemmen, die der Lampe den Strom zuführen, noch andere Klemmstellen oder Befestigungsmittel vorgesehen sein, die das Gewicht der Lampe aufnehmen. Beim Befestigen und Anschließen der Lampe an die Zuleitungen ist darauf zu achten, daß die Anschlußstellen auch tatsächlich entlastet sind. Um hierüber sicher zu sein, wird man die Leitungen unmittelbar an diesen Stellen nicht straff anspannen.

nungen über 1000 V müssen beide Vorschriften gleichzeitig befolgt werden.[5])

e) Bei Hochspannung müssen Bogenlampen während des Betriebes unzugänglich und von Abschaltvorrichtungen abhängig sein, die gestatten, sie zum Zweck der Bedienung spannungslos zu machen.[6])

⚒ *f) In B. u. T. sind Bogenlampen in Hochspannungskreisen unzulässig.*

§ 18.

Beleuchtungskörper, Schnurpendel und Handlampen.

a) In und an Beleuchtungskörpern müssen die Leitungen mit einer Isolierhülle gemäß § 19 versehen sein. Fassungsadern dürfen nicht als Zuleitungen zu ortsveränderlichen Beleuchtungskörpern verwendet werden.[1])

---

5) Die Isolierung der Laterne gegen ihren Tragmast und das Aufzugseil dient hauptsächlich dazu, Personen, welche den Aufzug bedienen, oder den Träger oder das Seil berühren, vor der Wirkung eines Stromüberganges oder übergetretener Ladungen zu schützen. Daher kann die Isolierung der Laterne bis zu Spannungen von 1000 Volt gegen Erde auch durch Erdung von Mast (Wandarm) und Seil ersetzt werden. Übersteigt aber die Spannung gegen Erde 1000 Volt (wie bei Reihenschaltung von Bogenlampen vorkommt), so wird die Isolierung allein nicht mehr als ausreichend erachtet; denn sie kann besonders durch Witterungseinflüsse beeinträchtigt sein; auch die Erdung für sich ist nicht immer und an jedem Mast oder Wandarm so auszuführen, daß sie bei unmittelbarem Übergang des vollen Stroms absolute Gefahrlosigkeit herbeiführt. Mit Rücksicht darauf, daß am Lampenaufzug betriebsmäßig hantiert werden muß, wird daher ein möglichst hohes Maß von Sicherheit durch Vereinigung der beiden Schutzmittel angestrebt. Beim Bau und bei Aufstellung der Aufzugvorrichtung ist darauf zu achten, daß das Seil nicht stromführend wird, wenn es etwa aus der Rolle springt. Hierdurch sind mehrfach Unfälle entstanden. Beispiele von Bogenlampen-Aufhängungen siehe ETZ 1907, S. 812.

Bei abkuppelbaren Bogenlampen bieten die blanken Kontaktstücke Gelegenheit zum Übertritt der Spannung auf den Träger, was durch passend gestaltete Isoliervorrichtungen zu verhindern ist.

6) Um die Bogenlampen während der Bedienung sicher spannungslos zu machen, können die Schalter der einzelnen Lampen derart angeordnet sein, daß die Lampe nicht herabgelassen werden kann, solange der Schalter geschlossen ist. Doch sind solche Einrichtungen nicht vorgeschrieben. Größere Lampenstromkreise werden meistens von einer Zentralstelle aus eingeschaltet. Es sind zwar auch bei dieser Anordnung Vorrichtungen der genannten Art (magnetische Sperrung der Aufzugswinde) denkbar, doch wird im allgemeinen durch Betriebsvorschriften dafür zu sorgen sein, daß das Einsetzen der Kohlenstifte usw. nur bei abgeschalteter Lampe erfolgt. § 17 e) fordert nur die Möglichkeit der Abschaltung.

§ 18. **1)** Blanke Leitungen sowie isolierte Leitungen, die dem § 19 und den dort genannten Normalien nicht entsprechen, sind in und an Beleuchtungskörpern verboten.

Wird die Leitung an der Außenseite des Beleuchtungskörpers geführt, so muß sie so befestigt sein, daß sie sich nicht verschieben und durch scharfe Kanten nicht verletzt werden kann.[2]) *Bei Hochspannung dürfen die Leitungen von zugänglichen Beleuchtungskörpern nur geschützt geführt werden.* [3])

1. Die zur Aufnahme von Drähten bestimmten Hohlräume von Beleuchtungskörpern sollen so beschaffen sein, daß die einzuführenden Drähte sicher ohne Verletzung der Isolierung durchgezogen werden können; die engsten für zwei Drähte bestimmten Rohre sollen bei Niederspannung wenigstens 6 mm, *bei Hochspannung wenigstens 12 mm* im Lichten haben.[4])

⚒ In B. u. T. sollen Rohre an Beleuchtungskörpern für Niederspannung, die für zwei Drähte bestimmt sind, mindestens 11 mm lichte Weite haben.

2. Bei Niederspannung sollen Abzweigstellen in Beleuchtungskörpern tunlichst zusammengefaßt werden.[5])

Besonders geeignet wegen ihres geringen äußeren Durchmessers ist Fassungsader, die aber nur in Anlagen mit Niederspannung zulässig und nur für die Ausrüstung der Beleuchtungskörper selbst, nicht aber als bewegliche Leitung zum Anschluß der Körper an die Steckdosen bestimmt ist. Für letzteren Zweck ist sie nicht genügend widerstandsfähig. Die Rücksicht auf Schönheit und Eleganz muß zurücktreten hinter der Erfahrung, daß diese beweglichen Anschlußleitungen starkem Verschleiß ausgesetzt sind.

2) Auch an der Außenseite der Beleuchtungskörper darf nur Gummiaderdraht oder Fassungsader oder eine gleichwertige Leitung, etwa Gummiaderschnur, verwendet werden; je nach der Spannung, für welche jede dieser Drahtsorten zulässig ist.

3) Diese Vorschrift folgt unmittelbar aus § 3 b).

4) Da die im Handel vorkommenden Beleuchtungkörper, namentlich mehrarmige Kronen, häufig viel zu enge Rohre besitzen, so hat die Sicherheitskommission des V. D. E. im Jahre 1901 ein Rundschreiben an die Fabrikanten von Beleuchtungskörpern erlassen, worin auf diesen Übelstand hingewiesen wird.

Die Weite von 6 mm ist die allergeringste, die verlangt werden muß. Häufig wird eine größere nötig sein, denn 6 mm reicht nur für zwei reine Gummiadern von je 0,75 qmm Kupferquerschnitt; (Fassungsadern, siehe Normalien für isolierte Leitungen usw.).

Für Hochspannung ist die größere Weite von mindestens 12 mm im Lichten vorgeschrieben, einerseits um auf die Verwendung stärker isolierter Drähte hinzuwirken, anderseits um scharfe Biegungen und Verletzungen der Drähte beim Einziehen mit größerer Sicherheit zu vermeiden.

5) Die Mehrzahl der mehrarmigen Kronen und ähnlicher Beleuchtungskörper wird noch immer mit fertig eingezogenen Leitungen, deren Abzweigstellen unzugänglich sind, in den Handel gebracht. Die Art der Verlötung an den Abzweigstellen entzieht sich so jeder Kontrolle. Da die Körper im Handel oft durch mehrere Hände gehen, so fehlt auch eine sonstige Gewähr für sachgemäße Ausführung. Anderseits liegt die Gefahr vor, daß an den Abzweigungen Körperschluß, d. h. Übergang der Spannung auf den Beleuchtungskörper selbst eintritt, was Brandgefahr und Verletzung von Personen verursachen kann.

3. *Bei Hochspannung sollen Abzweig- und Verbindungsstellen in Beleuchtungskörpern nicht angeordnet werden.*[6])

4. Beleuchtungskörper sollen so angebracht werden, daß die Zuführungsdrähte nicht durch Bewegen des Körpers verletzt werden können; Fassungen sollen an den Beleuchtungskörpern zuverlässig befestigt sein.[7])

b) Bei Hochspannung sind zugängliche Beleuchtungskörper nur bei Gleichstrom und nur bis 1000 V gestattet. Ihre Metallkörper müssen geerdet sein.[8])

⚒ | *Für B. u. T. siehe § 16 e).* |

c) Werden die Zuleitungen als Träger des Be-

Es gibt Kronen, die in einem als Ornament ausgebildeten kugelförmigen oder vasenförmigen Teil eine Art Schalttafel tragen, die durch eine abnehmbare Kappe zugänglich ist und die zum Anschluß der Abzweigungen dienenden Klemmschrauben enthält. Ähnliche Träger für diese Klemmen lassen sich auch nachträglich von außen an den Kronen anbringen oder an der Decke über der Krone etwa in Gestalt von Porzellanringen befestigen.

Wird der Beleuchtungskörper mit Mehrfachleitungsschnur ausgerüstet, so ist zu beachten, daß nach § 21 Regel 14 die Verzweigungen solcher Mehrfachleitungsschnur bei fest verlegten Leitungen nicht durch Verlöten, sondern mittels Abzweigklemmen ausgeführt werden sollen. An und in Beleuchtungskörpern ist jedoch das Löten erlaubt, weil nicht alle Beleuchtungskörper zur Aufnahme der Klemmen geeignet sind; doch wird es empfehlenswert sein, den ganzen Beleuchtungskörper mittels Klemmen an die Zuführungsleitung anzuschließen.

6) Mit Rücksicht auf die Durchschlagskraft der Hochspannung und die Gefahr, die nach Übertreten derselben auf den Beleuchtungskörper für Personen entsteht, die diesen berühren, wird man die Einrichtung stets so treffen, daß Abzweigungen außerhalb des Beleuchtungskörpers angeordnet und in geeigneter Weise so geschützt werden, daß sie stets kontrollierbar sind

7) Sind die Kronen oder dgl. drehbar aufgehängt, so muß die Bewegung durch Anschläge oder dgl. begrenzt werden. Außerdem ist durch Auswahl einer biegsamen Leitungssorte und entsprechende Bemessung und Gestaltung der Zuleitung dafür zu sorgen, daß sie nicht auf Zug beansprucht, geknickt oder durchgescheuert werden kann.*)

Die Befestigung der Fassungen an den Beleuchtungskörpern ist häufig mangelhaft, zumal da dem Umstand, daß die Fassung häufig einen Lichtschirm, Überglocke oder Tulpe zu tragen hat, bei der Konstruktion und bei der Montierung nicht immer genügend Rechnung getragen wird. Es empfiehlt sich dringend, die Ausrüstungsstücke nicht an der Fassung, sondern am Beleuchtungskörper selbst zu befestigen.

8) Vgl. § 16e) unter [8]) S. 76 u. § 17d) und e) S. 78, 79 Bei Wechselstrom muß entweder auf Niederspannung transformiert oder es müssen die Beleuchtungskörper durch Laternen oder dergl. unzugänglich gemacht werden. ETZ 1908, S. 652, N. 199.

---

*) Die Vereinigung Deutscher Priv.-Feuer-Vers.-Ges. hat früher verlangt, daß alle Beleuchtungskörper mit Ausnahme derjenigen, welche an geerdete Mittelleiter angeschlossen sind, isoliert aufgehängt werden; doch ist dies nicht mehr vorgeschrieben.

leuchtungskörpers verwendet (Schnurpendel) so müssen die Anschlußstellen von Zug entlastet sein.[9])

⚒ | In B. u. T. sind Schnurpendel unzulässig. |

d) Bei Hochspannung sind Schnurpendel unzulässig.

e) Körper und Griff der Handlampen müssen aus Isolierstoff bestehen. Die spannungführenden Teile müssen der zufälligen Berührung durch ausreichend widerstandsfähige Schutzmittel entzogen sein.[10])

---

9) Die Entlastung ist auf verschiedene Weise möglich, z. B. mittels Klemmnippel. Pendelschnüre für Zugpendel sind nach den Normalien mit einer besonderen Tragschnur ausgerüstet, die das Gewicht der Fassung nebst Zubehör (Schirm) aufnimmt. Bei ihrer Verwendung ist stets darauf zu achten, daß die Befestigungsstellen der Leitungsdrähte nicht durch das Gewicht der Lampe belastet werden, was daran beurteilt werden kann, daß die Leitungen selbst nicht angespannt, sondern länger sind als die Tragschnur. (Siehe z. B. ETZ 1901, S. 67.) Werden spiralig gewundene Leitungsdrähte zu einer hängenden Lampe geführt, so muß letztere in gleicher Weise von einer besonderen Tragvorrichtung gehalten sein; dies kann ein steifer Draht, eine Schnur, ein Metall- oder Papierrohr sein. Daß die Anschlußstellen nicht durch Zug beansprucht werden, ist namentlich bei seitlicher Bewegung aufgehängter Lampen besonders wichtig. ETZ 1908, S. 652, N. 200.

Hahnfassungen sind für Schnurpendel nicht zu empfehlen (vgl. S. 75 unter [4]).

Auch für Schnurpendel sollen nur Leitungen mit nahtloser Gummihülle (Gummiaderschnüre), (ETZ 1905, S. 474 N. 156; 1906, S. 814 N. 188), für Schnurzugpendel hauptsächlich die besonders biegsame Pendelschnur (§ 19) verwendet werden. Vgl. auch die Normalien für Leitungen. Die Feuer-Vers.-Gesellschaften fordern für alle Schnurpendel eine Tragschnur. Doch ist oft auch ohne solche eine Entlastung der Anschlußstellen möglich. ETZ 1909, S. 498, N. 217.

Bei Schnurzugpendeln ist zu beachten, daß der Durchmesser der Rolle, welche die Schnur aufnimmt, nicht zu klein gewählt wird, da die Drähte sonst leicht brechen. Es empfiehlt sich, den Rollendurchmesser nicht unter 4 cm zu wählen (vergl. ETZ 1902, S. 733, Sp. 2).

10) Durch schlecht gebaute oder in Unordnung geratene Handlampen sind viele Todesfälle veranlaßt worden; auch bei niedrigen Spannungen. Die Handlampen sind starker Abnutzung ausgesetzt; teils durch den Gebrauch selbst, teils weil sie außer Gebrauch nicht sorgsam aufbewahrt und behandelt werden. Dazu kommt, daß sie häufig unter Verhältnissen gebraucht werden (beim Reinigen von Kesseln, Fässern u. dgl.), die den Körper des Benutzers in seinem Widerstand gegen Erde erheblich vermindern (Schweißbildung, Benetzung mit leitenden oder ätzenden Flüssigkeiten), ihn in gute Verbindung mit der Erde bringen und zugleich die Berührung der Lampe mit den Körperteilen begünstigen. Viele gebräuchliche Handlampen sind demgegenüber viel zu schwach gebaut. Die für den Bau dieser Lampen geltenden Vorschriften sind daher schrittweise immer mehr verschärft worden.

Um der rohen Behandlung zu widerstehen, hat man Metallgriffe verwendet; da diese jedoch durch Beschädigung der Fassungen oder der Zuleitungen Spannung annehmen können.

Die Anschlußstellen der Leitungen müssen von Zug entlastet sein.

Gewöhnliche Schaltfassungen in Handlampen sind verboten.

Schalter in Handlampen sind nur bis 250 V zulässig. Sie müssen den Vorschriften für Dosenschalter entsprechen und so im Körper oder Griff eingebaut sein, daß sie mechanischen Beschädigungen bei Gebrauch der Handlampe nicht unmittelbar ausgesetzt sind.

Metallteile der Betätigungsvorrichtung des Schalters müssen auch beim Bruch des Schaltergriffes der zufälligen Berührung entzogen bleiben.[11])

Die Einführungsstellen für die Leitungen müssen derart ausgebildet sein, daß eine Beschädigung der biegsamen Leitungen auch bei rauher Behandlung nicht zu befürchten ist.

Ist die Lampe mit einem Schutzkorbe, Aufhängehaken, Tragebügel oder dergleichen aus Metall versehen, so müssen diese auf dem isolierenden Körper befestigt sein.[12])

---

und eine bewegliche Erdungsleitung zerstört werden kann, sind sie verboten worden.

Im allgemeinen empfiehlt es sich, möglichst wenig metallische Außenteile anzuwenden; die unentbehrlichen (Schutzkorb, Aufhängehaken) sind so anzuordnen, daß sie durch feste isolierende Unterlagen von den spannungführenden Teilen und von denen, die Spannung annehmen können, sicher getrennt sind. Die Lampensockel müssen durch die Fassungen oder durch Fassungsringe aus widerstandsfähigem Stoff gut abgedeckt sein. Als Isolierstoffe sind möglichst zuverlässige zu wählen. Holz ist nach § 5[6] nicht als Isolierstoff anzusehen. Vgl. auch § 10[2] unter [7]). Die Zuleitung ist bei starker mechanischer Beanspruchung durch Gummischlauch, Lederüberzug u. dgl. zu schützen und ihre Anschlußstellen von Zug zu entlasten. ETZ 1908, S. 652 N. 198.

11) Die gebräuchlichen Hahnfassungen sind dem angestrengten Gebrauch, den die Handlampen zu erfahren pflegen, nicht gewachsen. Es ist jedoch erlaubt, einen besonders sicher gebauten Ausschalter in der Fassung oder von ihr getrennt am Griff der Handlampe anzubringen, wenn er Gewähr bietet, daß er nicht in Unordnung geraten und zur Berührung spannungführender Teile nicht Anlaß geben kann. ETZ 1905, S. 474 N. 157; 1912, S. 275. Da jedoch bei rauhen Betrieben in engen Räumen nach dem Ausschalten der Lampe die unter Spannung bleibende bewegliche Zuleitung verletzt und alsdann beim Berühren gefährlich werden kann, so wird für derartige Verhältnisse empfohlen, überhaupt keinen Schalter an den Handlampen anzubringen, das Ausschalten vielmehr mittels eines im festverlegten Teile der Leitung angebrachten Schalters zu bewirken.

Die in Wohnräumen und Werkstätten üblichen Tischlampen sind nicht als Handlampen im Sinne des § 18e) anzusehen.

12) Selbstverständlich kann der Haken am Schutzkorb sitzen, wenn dieser auf dem isolierenden Körper der Handlampe befestigt ist. Die erwähnten Ausrüstungsteile sollen vor allem nicht an der Fassung sitzen. Der Schutzkorb soll nicht

f) Bei Hochspannung sind Handlampen nicht zulässig. (Ausnahme siehe § 28 k.)

---

nur eine Beschädigung der Lampe, sondern auch ihre Berührung mit brennbaren Stoffen verhüten. Werden Lampen mit brennbaren Stoffen für längere Zeit völlig bedeckt, so ist eine Entzündung dieser Stoffe nur dann ausgeschlossen, wenn Metallfadenlampen von niedriger Lichtstärke (16 HK) verwendet werden.

Die Moorelampen und Moorelichtanlagen sind in den Vorschriften nicht besonders erwähnt, weil die bei ihrer Einrichtung zu beachtenden Gesichtspunkte bereits aus den allgemeinen Vorschriften zu entnehmen sind. Zur leichteren Übersicht sind i. J. 1913 folgende „Leitsätze für die Herstellung und den Anschluß von Moorelichtanlagen aufgestellt worden. ETZ 1913 S. 307.

1. Wegen der hohen Spannungen, welche bei Moorelichtanlagen in Frage kommen, sind sowohl bei der Herstellung wie bei der Inbetriebsetzung und Inbetriebhaltung solcher Anlagen genau die Vorschriften für die Errichtung elektrischer Starkstromanlagen zu befolgen, insbesondere die §§ 3b und 3c, 4, 6, 7, 18a und b, sowie die Vorschriften für den Betrieb elektrischer Starkstromanlagen.

Transformatoren und Apparate müssen, insbesondere in bezug auf Prüfspannung, den jeweils geltenden Normalien für Maschinen und Apparate entsprechen.

2. Die unter Hochspannung stehenden Apparate und Metallteile sind allseitig zu verschließen, so daß eine Berührung derselben auch bei der Inbetriebsetzung einer Anlage ausgeschlossen ist. Es sind deshalb die Vertikalwände des Apparateschutzkastens aus vollem, nicht perforierten Material herzustellen, die Horizontalwände dagegen aus durchlochten Platten, welche doppelt anzuordnen sind, u. zw. derart, daß die Öffnungen gegeneinander versetzt liegen.

3. Das Öffnen plombierter Teile ist durch entsprechende Aufschrift zu untersagen.

4. Die unter Niederspannung stehenden Teile (wie z. B. Regulierspule mit Regulierventilen) sind derartig anzuordnen, daß sie von hochspannungführenden Teilen von Apparaten durch Scheidewände aus Isolierstoff getrennt sind, und ihre Berührung vollkommen gefahrlos ist.

5. Die unter Hochspannung stehende Luftpumpe ist in einem hölzernen Kasten zu montieren, in welchem die Pumpe während der Arbeiten eingeschlossen bleibt. Die Pumpe muß in diesem Kasten so isoliert aufgestellt werden, daß eine Berührung des Kastens, auch wenn die Pumpe unter Spannung steht, ohne jede Gefahr erfolgen kann.

6. Die Erdungsleitungen sind offen und sehr sorgfältig zu verlegen.

7. Die Monteure sind vor Beginn auf die Gefahren bei der Inbetriebsetzung einer Anlage aufmerksam zu machen und genügend zu informieren.

G. Beschaffenheit und Verlegung der Leitungen.*)

§ 19.

Beschaffenheit isolierter Leitungen.

a) Isolierte Leitungen müssen mit einer Hülle versehen sein, deren Haltbarkeit und Isolierfähigkeit den vorliegenden Betriebsverhältnissen entspricht.

1. Leitungen, die nur gegen chemische Einflüsse geschützt sind, gelten nicht als isolierte Leitungen.[1])

2. Isolierte Leitungen sollen den „Normalien für isolierte Leitungen in Starkstromanlagen" entsprechen. Man unterscheidet folgende Arten:[2])

I. Leitungen für feste Verlegung.

Gummiaderleitungen, für Spannungen bis 750 V.
Spezialgummiaderleitungen, für alle Spannungen.
Rohrdrähte, für Niederspannungsanlagen, zur erkennbaren Verlegung, welche es ermöglicht, den Leitungsverlauf ohne Aufreißen der Wände zu verfolgen.[3])

---

§ 19. 1) Schon im § 5 ^{6} ist ausgesprochen, daß ein Lack- oder Emailleüberzug für sich allein nicht als wirksame Isolierung im Sinne des Berührungsschutzes gilt. Leitungen, deren Überzug nicht ein den Normalien entsprechendes Isoliervermögen aufweist, müssen beim Verlegen wie blanke Leitungen behandelt werden.

2) Die Beschaffenheit der einzelnen Leitungssorten ist in den Normalien geregelt, die im Anhange dieses Buches abgedruckt sind. § 19 gibt nur eine Übersicht über die gebräuchlichen Sorten und ihre Verwendungsgebiete; die angegebenen Spannungsgrenzen bedeuten wie im § 2 die Gebrauchsspannungen (siehe S. 14 unter [2]). An Stelle der einzelnen angeführten Leitungsarten ist stets auch eine besser geschützte Sorte zulässig; z. B. Spezialgummiader an Stelle der Gummiader, Gummiader an Stelle des blanken Drahts.

Sollten andere als die im § 19 angeführten Leitungssorten in den Handel kommen, so richtet sich ihre Verwendbarkeit nach ihren Eigenschaften und ist aus den hier angegebenen Regeln abzuleiten. Es müssen aber alle Anlagen, die den Errichtungsvorschriften entsprechen sollen, mit Leitungen nach den Normalien ausgeführt sein; insbesondere sind isolierte Leitungen mit andern als den in den Normalien vorgeschriebenen Gummimischungen nicht vorschriftsmäßig. ETZ 1912, S. 569/570. Dasselbe gilt für Leitungssorten, die nach älteren nicht mehr in Kraft stehenden Normalien hergestellt sind. ETZ 1913 S. 422. Leitungen zum Aufbau von Maschinen und Apparaten unterliegen Bedingungen, die zu verschiedenartig sind, als daß ihnen mit den vorliegenden Vorschriften Rechnung getragen werden könnte. Die Grundsätze für die Beurteilung von Maschinen sind in den „Normalien für elektrische Maschinen und Transformatoren" niedergelegt. Aus ihnen können auch Anhaltspunkte für die verwendbaren Drahtsorten entnommen werden.

3) Rohrdrähte dürfen daher nicht glatt in die Wand

---

*) Vgl. auch: Normalien für isolierte Leitungen in Starkstromanlagen, Normalien für Freileitungen.

Panzeradern, nur zur festen Verlegung für Spannungen bis 1000 V.[4]

II. Leitungen für Beleuchtungskörper.

Fassungsadern, zur Installation nur in und an Beleuchtungskörpern in Niederspannungsanlagen.[5]

⚒ | In B. u. T. ist Fassungsader unzulässig. |

Pendelschnüre, zur Installation von Schnurzugpendeln in Niederspannungsanlagen.

⚒ | In B. u. T. ist Pendelschnur unzulässig. |

III. Leitungen zum Anschluß ortsveränderlicher Stromverbraucher.

Gummiaderschnüre (Zimmerschnüre), für geringe mechanische Beanspruchung in trockenen Wohnräumen in Niederspannungsanlagen.

Werkstattschnüre, für mittlere mechanische Beanspruchung in Werkstätten- und Wirtschaftsräumen in Niederspannungsanlagen.

Spezialschnüre, für rauhe Betriebe in Gewerbe, Industrie und Landwirtschaft in Niederspannungsanlagen.

Hochspannungsschnüre, zum Anschluß ortsveränderlicher Stromverbraucher für Spannungen bis 1000 V.

Leitungstrossen, geeignet zur Führung über Leitrollen und Trommeln.

IV. Bleikabel.

Gummi-Bleikabel.

Papier- oder Faserstoff-Bleikabel.

Einleiter-Gleichstrom-Bleikabel mit und ohne Prüfdraht bis 750 V.

Konzentrische und verseilte Mehrleiter-Bleikabel mit und ohne Prüfdraht.

⚒ | Abteufkabel. |

§ 20.

Bemessung der Leitungen.[1]

Elektrische Leitungen sind so zu bemessen, daß sie bei den vorliegenden Betriebsverhältnissen genügende

---

eingeputzt oder eingegipst werden. Die auf der Wand verlegten Rohrdrähte mit Tapete zu überziehen ist nicht verboten, aber schon deswegen nicht zu empfehlen, weil sich bei dem üblichen Verfahren meistens neben dem Rohrdraht unter der Tapete ein Hohlraum bildet, der mit der Zeit zum Reißen der Tapete Anlaß gibt.

4) Panzerader eignet sich in der jetzt üblichen Ausführung nur für trockene Räume. Die früher gebräuchliche Gummibandleitung ist nur noch wenig in Verwendung; sie ist wie blanker Draht zu verlegen.

5) Nach § 18a darf Fassungsader nicht als Zuleitung zu ortsveränderlichen Beleuchtungskörpern, daher auch nicht als Zuleitung zu andern ortsveränderlichen Stromverbrauchern dienen.

§ 20. 1) Die Bemessung der Leitungen ist nicht ausschließlich durch ihre Strombelastung bedingt. Die Ver-

mechanische Festigkeit haben[2]) und keine unzulässigen Erwärmungen annehmen können.[3])

1. Isolierte Leitungen[4]) und Schnüre aus Leitungskupfer[5]) dürfen mit den in nachstehender Tabelle[6]) verzeichneten Stromstärken dauernd belastet werden.

---

hältnisse der Umgebung (z. B. Verlegung in Kesselhäusern, besonders starke mechanische Beanspruchung) oder andere Umstände (das Weglassen von Sicherungen gemäß § 14 g) können eine stärkere Bemessung fordern; die Art der Stromverbraucher oder ihres Betriebes (Motoren mit aussetzender oder stark wechselnder Belastung, Bogenlampen) sowie die sonst benutzten Hilfsmittel (Selbstausschalter) können eine geringere Bemessung zulässig erscheinen lassen, daher mußte die Vorschrift im § 20 eine allgemeine Fassung erhalten, während das, was für die gewöhnlichen Fälle als gebotene Ausführung erscheint, in den Regeln angeführt ist, von denen nur dann abgewichen werden soll, wenn zureichende Gründe dafür vorliegen.

2) Daß die mechanische Festigkeit der Leitungen zur Vermeidung von Lebens- und Feuersgefahr wichtig ist, wurde für die geerdeten Leitungen bereits im § 3[2] berücksichtigt. Die erforderliche Festigkeit hängt im übrigen von der Art der mechanischen Schädigungen, denen die Leitungen ausgesetzt sind, und von den verwendeten Schutzvorrichtungen (vgl. § 21 a)—d)) ab.

3) Wann eine Erwärmung unzulässig ist, hängt von der Lage des Einzelfalles ab. Handelt es sich um völlig feuersichere Umgebung und ist für die Festigkeit der Leitung keine Gefahr zu befürchten, so können z. B. Freileitungen (§ 22[3]) über das bei Hausinstallationen Übliche hinaus erwärmt werden, wie anderseits Drähte in Heiz- und Kochapparaten, Widerständen usw. ihrem Zweck nach hohe Temperaturen annehmen müssen. Ist die Umgebung feuergefährlich, so muß wiederum besondere Beschränkung der zulässigen Temperatur Platz greifen. Die Gummiisolierung, mit der die isolierten Drähte umhüllt sind, leidet Schaden, wenn sie längere Zeit, etwa 1000 Stunden hindurch, wärmer als 50° C. bleibt. ETZ 1906, S. 333.

4) Gemäß Abs. 2 der Regel 1 gilt die Tabelle auch für die blanken Kupferleitungen kleineren Querschnittes (siehe hierüber unter [8]).

5) Unter Leitungskupfer wird ein solches verstanden, dessen Widerstand für 1 km Länge und 1 qmm Querschnitt bei 20° C nicht mehr als 17,84 Ohm beträgt (siehe Kupfernormalien). Über Leitungen aus anderen Kupfersorten und anderen Metallen siehe Regel 4.

6) Über die der Tabelle zugrunde liegenden Überlegungen siehe Passavant, ETZ 1907, S. 499. Die in der zweiten Spalte benannte dauernd zulässige Stromstärke entspricht einer Temperaturerhöhung von 20° über die Umgebung, indem angenommen ist, daß eine Grenztemperatur von 50° C. wegen der unter [3]) erwähnten Schädigung der Gummihülle nicht überschritten werden soll und daß die Raumtemperatur nicht höher als 30° ist, was unter gewöhnlichen Verhältnissen sicher zutrifft. Diese Belastungen können tatsächlich ausgenutzt werden, wenn z. B. durch scharf einstellbare Selbstschalter jede Überschreitung verhindert wird. Sollen häufige Stromunterbrechungen vermieden werden und nur im Notfall eintreten, wie es bei Benutzung von Schmelzsicherungen der Regel nach beabsichtigt ist, so sind die Zahlen der dritten Spalte zu benutzen. Die geschlossenen Sicherungen werden nämlich so gebaut, daß sie den

Querschnitt in qmm	Stromstärke in A	Nennstromstärke für entsprechende Abschmelzsicherung in A
0,5[7])	7,5	6
0,75	9	6
1	11	6
1,5	14	10
2,5	20	15
4	25	20
6	31	25
10	43	35
16	75	60
25	100	80
35	125	100
50	160	125
70	200	160
95	240	200
120	280	225
150	325	260
185	380	300
240	450	350
310	540	430
400	640	500
500	760	600
625	880	700
800	1050	850
1000	1250	1000

Blanke Kupferleitungen bis zu 50 qmm unterliegen gleichfalls den Vorschriften der vorliegenden Tabelle.[8]) Auf blanke Kupferleitungen über 50 qmm sowie auf alle Freileitungen finden die vorstehenden Zahlenbestimmungen keine Anwendung; solche Leitungen sind

---

1,3- bis 1,5fachen, die offenen, daß sie den 1,6fachen Nennstrom eine Stunde lang aushalten. Der maximale Prüfstrom, bei dem sie sicher abschmelzen müssen, beträgt das 1,6- bis 2,1fache des Nennstroms bei geschlossenen, das 1,8fache desselben bei offenen Sicherungen. Dadurch ist kleineren Stromschwankungen Rechnung getragen, wie sie beim Regulieren von Bogenlampen in Einzelschaltung und beim Anlassen kleiner Motoren vorkommen; auch Temperatursteigerungen vorübergehender Art oder an einzelnen Strecken der Leitung sind auf diese Weise ausreichend berücksichtigt.

Die auf den Quadratmillimeter des Querschnitts zugelassene Stromstärke nimmt mit zunehmender Drahtstärke ab von 6 Ampere bei 1 qmm auf 3,5 Ampere bei 10, 2,5 Ampere bei 50, 2 Ampere bei 95, 1,5 Ampere bei 240 bis 1 Ampere bei 1000 qmm.

7) Die als Fassungsader zugelassene Leitung von 0,5 qmm ist durch eine Sicherung für 6 Ampere ausreichend geschützt.

8) Blanke Leitungen erwärmen sich im allgemeinen etwas stärker als isolierte, weil bei letzteren die ausstrahlende Oberfläche durch die Isolierhülle vergrößert ist. Anderseits fällt bei ihnen die Rücksicht auf die Schädigung der Isolierhülle weg. Bei größeren Querschnitten ist die Abkühlung meist durch flache Form der Leitungsschienen gegenüber dem runden Querschnitt begünstigt. Häufig wird auch eine Teilung in Lamellen vorgenommen.

in jedem Falle so zu bemessen, daß sie durch den stärksten normal vorkommenden Betriebsstrom keine für den Betrieb oder die Umgebung gefährliche Temperatur annehmen können.

Für die Belastung von Kabeln gelten die in den „Normalien für isolierte Leitungen in Starkstromanlagen" auf Kabel bezüglichen Bestimmungen.

2. Bei intermittierendem Betrieb ist für Leitungen mit Querschnitten von 120 qmm und darüber die zeitweilige Erhöhung der Belastung über die Tabellenwerte auch unter Verwendung stärkerer Sicherungen zulässig,[9]) wenn keine größere Erwärmung als bei der der Tabelle entsprechenden Dauerbelastung entsteht.

3. Der geringste zulässige Querschnitt für Kupferleitungen beträgt[10])

für Leitungen an und in Beleuchtungskörpern (siehe § 18a)[11])	0,5 qmm
für Pendelschnüre	0,75 „
für isolierte Leitungen bei Verlegung in Rohr oder auf Isolierkörpern, deren Abstand nicht mehr als 1 m beträgt, und für ortsveränderliche Leitungen . .	1 „
für isolierte Leitungen in Gebäuden und im Freien, bei denen der Abstand der Befestigungspunkte mehr als 1 m beträgt	4 „

---

9) Nach der früheren Fassung war bei aussetzenden Betrieben das zeitweise Überschreiten der Tabellenwerte durch Einbau stärkerer Sicherungen auch bei kleineren Querschnitten zugelassen. Dies ist jedoch als bedenklich erachtet worden, weil in der Praxis meistens die Möglichkeit vorliegt, daß die höhere Stromstärke unbeabsichtigterweise dauernd bestehen bleibt. So kann z. B. bei einem Motor mit Kurzschlußanker der hohe Anlaufstrom dauernd in der Zuleitung auftreten und diese gefährlich erhitzen. Es müssen also die Querschnitte der Zuleitungen zu solchen Motoren bei Anwendung von Automaten nach der zweiten, bei Schmelzsicherungen nach der dritten Spalte der Tabelle auf Grund des Anlaßstromes bemessen werden. Sollten sich dabei allzugroße Querschnitte ergeben, so muß das Auftreten gefährlicher Dauerstromstärken durch besondere Vorkehrungen verhindert werden. Man kann etwa den Anlasser so einrichten, daß die Stufen hohen Stromes zwangläufig nur kurze Zeiten eingeschaltet bleiben und während dieser Zeiten die Schmelzsicherung überbrückt ist. Auch nacheinander eingeschaltete abgestufte Sicherungen oder träge Sicherungen sind dienlich; ebenso Zeitrelais. ETZ 1903, S. 1049, N. 67.

10) Vgl. unter [2]) sowie § 3 Regel 5 und ETZ 1903, S. 1049 N. 70. Die Minimalquerschnitte gelten für Kupferleitungen. Bei andern Metallen tritt Regel 4 in Geltung. Siehe hierüber unter [13]).

11) Ortsveränderliche Leitungen zum Anschluß beweglicher Beleuchtungskörper dürfen nicht als Leitungen an oder in Beleuchtungskörpern angesehen werden; denn es empfiehlt sich keineswegs, den Minimalquerschnitt von 0,5 qmm für solche Leitungen zu verwenden, da sie starker mechanischer Beanspruchung ausgesetzt sind. Man sollte sie niemals dünner als 1 qmm wählen. ETZ 1911, S. 743, N. 235.

für blanke Leitungen in Gebäuden und im Freien[12]) . . . . 4 qmm
bei Freileitungen . . . . 10 „

⚒ In B. u. T. beträgt der geringst zulässige Querschnitt für Kupferleitungen an und in Beleuchtungskörpern . . . . 1 qmm
Für isolierte Leitungen bei Verlegung auf Isolierkörpern . . . . 2,5 „

4. Bei Verwendung von Leitern aus Kupfer von geringerer Leitfähigkeit oder anderen Metallen, z. B. auch bei Verwendung der Metallhülle von Leitungen als Rückleitung sollen die Querschnitte so gewählt werden, daß sowohl Festigkeit wie Erwärmung durch den Strom den im vorigen für Leitungskupfer gegebenen Querschnitten entsprechen.[13])

---

12) Wo es sich im Freien um größere Spannweiten handelt, empfiehlt es sich, den Querschnitt zu mindestens 6 qmm zu wählen, bei Hochspannung sollte stets 10 qmm verwendet werden; die größeren Querschnitte sollen vor allem auch die Drähte leichter erkennbar machen und so vor Beschädigung hüten.*)

13) Die Verwendung anderen Materials an Stelle des Kupfers der unter [5]) angegebenen Leitfähigkeit sollte im Interesse der Übersichtlichkeit tunlichst vermieden werden. Manchmal ist sie indessen geboten. So hat die Erfahrung dazu geführt, in sehr feuchten Räumen, wie z. B. Brauereikellern, oder in solchen, welche ätzende Dünste enthalten (Stallungen, chemische Fabriken), das Kupfer durch verzinkten Eisendraht zu ersetzen. Dieser erhält passend einen Anstrich von guter Ölfarbe oder von Emaillack. Manchmal ist es von Vorteil, den Vorschaltewiderstand einer Bogenlampe in der Weise in die Leitung zu verlegen, daß man letztere aus Eisendraht herstellt. Zur Überwindung sehr großer Spannweiten von Freileitungen wurde gelegentlich Siliziumbronzedraht benutzt. Man sollte es jedoch zur Regel machen, derartiges Material nur ausnahmsweise und dann stets offen, niemals in Form von übersponnenen oder sonst verdeckten Drähten zu verlegen.

Bei Bestimmung des Querschnittes, welcher bei anderen Metallen als Kupfer für jede einzelne Stromstärke nötig ist, muß beachtet werden, daß dieser nicht in demselben Verhältnis größer sein muß, als das Leitvermögen kleiner ist als das des Kupfers. Vielmehr wird bei kleineren Stromstärken durch eine proportionale Vermehrung des Querschnittes auch die ausstrahlende Oberfläche so stark zunehmen, daß eine verhältnismäßig größere Belastung erlaubt ist. Man muß daher je nach dem gewählten Leitungsmaterial von Fall zu Fall entscheiden.

Hierfür ist die folgende Überlegung maßgebend:

Es wird stets die durch den Strom (J) erzeugte Wärmemenge, welche sich aus dem spezifischen Widerstand (s) und dem Querschnitt ($r^2 \pi$) berechnet, der an der Oberfläche nach außen abgegebenen gleich sein müssen. Letztere ist dem Temperaturüberschuß (u), der äußeren Wärmeleitfähigkeit (h) und der Oberfläche ($2r\pi$) proportional, so daß $u \cdot h \cdot 2r\pi = \text{konst.}\ J^2\, s/r^2\pi$

$$\text{oder } u \cdot h = \text{konst. } J^2\, s/r^3 \text{ oder } J^2 = K \cdot D^3.$$

---

*) Gummibandleitungen und ähnliche Leitungen, deren Isolierhülle den Normalien nicht entspricht, die daher nach § 19 1 wie blanke Leitungen zu verlegen sind, dürfen gleichwohl unter geeignetem Schutz, z. B. in Rohren in kleineren Querschnitten als 4 qmm verwendet werden.

§ 21.

Allgemeines über Leitungsverlegung.[1])

a) Festverlegte Leitungen müssen durch ihre Lage oder durch besondere Verkleidung vor mechanischer Beschädigung geschützt sein[2]); soweit sie unter Span-

---

Ausführliche Untersuchungen haben gezeigt, daß diese Beziehung nur für dickere Drähte zutrifft, während im allgemeinen die Formel gilt:

$$J^2 = K_1 D^2 + K_2 D^3.$$

Sollen also Stromstärke, Erwärmung und Oberflächenbeschaffenheit gleich bleiben, so müssen nach der ersten Formel bei verschiedenen Stoffen die dritten Potenzen der zu wählenden Halbmesser sich wie die spezifischen Widerstände der benützten Metalle verhalten. Ändert sich z. B. der spezifische Widerstand im Verhältnis von 17 (Kupfer) zu 102 (Eisen), also um das 6 fache, so braucht der Durchmesser nur um das 1,8 fache größer genommen zu werden. Im übrigen ist die Beschaffenheit der Oberfläche des Drahtes und seiner Umgebung (bewegte oder ruhende Luft) von sehr erheblichem Einfluß.

Bei Bestimmung des zulässigen kleinsten Querschnittes für andere Metalle als Kupfer ist neben der Erwärmung auch deren Festigkeit zu beachten. Es müssen diejenigen Zugfestigkeiten gewährleistet sein, die den Kupferquerschnitten des § 20[3] entsprechen. Die für normales Kupfer und Aluminium vorausgesetzten Festigkeitsgrößen, sowie die Anforderungen an die Festigkeit anderer Metalle und die Festigkeitsrechnungen sind in den Normalien für Freileitungen angegeben.

§ 21. **1)** Die Grundsätze über Leitungsverlegung, wie sie im § 21 zusammengestellt sind, sollen keineswegs als erschöpfend angesehen werden; vielmehr finden sich an vielen anderen Stellen der Vorschriften ebenfalls Bestimmungen über die Verlegung, die ebenso wie die des § 21 sowohl für Leitungen und Installationen im Freien als für solche in Gebäuden gelten.*) Die Abschnitte a) bis d) handeln vom Schutz der Leitungen gegen mechanische Beschädigung, wobei zu beachten ist, daß daneben noch der im § 3 behandelte Schutz gegen Berührung durch Personen gefordert wird. Die nach beiden Richtungen hin vorgeschriebenen Schutzmaßnahmen treffen zwar vielfach zusammen, so daß ein und dieselbe Vorkehrung beide Wirkungen erzielt, aber sie werden doch von so verschiedenen Bedingungen beherrscht, daß sich eine gemeinsame Vorschrift für beide Forderungen nicht aufstellen ließ. Unter e) bis h) wird von den Maßnahmen zur Erzielung der nötigen Isolation und zwar hauptsächlich von den einzuhaltenden Abständen gehandelt. Weitere Einzelheiten über besondere Verlegungsmittel ergeben sich, da sie vorzugsweise in Gebäuden Anwendung finden, aus den §§ 25—26. Die Abschnitte i) bis m) sprechen von den Verbindungen und Abzweigungen der Leitungen; hieran schließen sich unter n) und o) einige Einzelheiten über Kreuzungen und über gegenseitige Beeinflussung.

2) Wo die Gefahr einer Beschädigung vorliegt kann nicht allgemein angegeben werden; es richtet sich dies nach der Be-

---

*) Wie bereits beim Bau der Häuser auf die Verlegung der Leitungen Rücksicht zu nehmen ist, sagen die „Leitsätze für Herstellung und Einrichtung von Gebäuden bezüglich Versorgung mit Elektrizität". ETZ 1910 S. 825.

nung gegen Erde stehen[3]), ist im Handbereich stets eine besondere Verkleidung zum Schutz gegen mechanische Beschädigung erforderlich.[4]) (Ausnahmen siehe §§ 8c, 28g und 30a).

1. Bei armierten Bleikabeln und metallumhüllten Leitungen gilt die Metallhülle als Schutzverkleidung.

Mechanisch widerstandsfähige Rohre (siehe § 26) gelten als Schutzverkleidung.

Panzerader soll gegen chemische und nach den örtlichen Verhältnissen auch gegen mechanische Angriffe geschützt werden.[5])

⚒ In B. u. T. sollen metallische Schutzverkleidungen geerdet werden.[6])

b) Bei Hochspannung müssen Schutzverkleidungen aus Metall geerdet, solche aus Isolierstoff müssen feuersicher sein.[7])

---

schaffenheit und Benutzungsart der Örtlichkeit. In Betriebsstätten, an denen größere Werkstücke und Werkzeuge gehandhabt werden, wird die Schutzverkleidung unter Umständen kräftiger zu wählen und über den unmittelbaren Handbereich zu erstrecken sein. Besonders gefährdet sind die Fußbodendurchgänge, ferner auch Leitungen, welche unmittelbar auf den Fußböden, z. B. auf dem eines Speichers geführt sind, wie dies etwa bei den Zuleitungen zu sogenannten Oberlichtern von Bühnenbeleuchtungen oder zu Kronleuchtern vorkommt. Diese bedürfen eines Schutzes auch dann, wenn der Speicher in der Regel nicht betreten wird. Überhaupt ist das Verlegen auf der Oberkante oder Oberfläche von horizontal verlaufenden Konstruktionsteilen der Gebäude viel weniger zu empfehlen, als die Benutzung der unteren oder seitlichen Flächen zu diesem Zweck. ETZ 1904, S. 425 N. 106.

3) Über Schutz der **geerdeten** Leitungen siehe unter d).

4) Auch Leitungen, die an sich widerstandsfähig sind, z. B. Steigleitungen, müssen abgesehen von den erwähnten Ausnahmen, im Handbereich durch Rohre usw. geschützt sein. Ebensowenig kann z. B. der Umstand, daß es sich nur um kurze Leitungsstrecken (z. B. an Zählerklemmen) oder um selten betretene (etwa nur zu Repräsentationszwecken benutzte) Räume handelt, von der Forderung entbinden. ETZ 1911, S. 743, N. 237. Als unmittelbaren Handbereich rechnet man ungefähr 2,5 m Höhe über den Standort.

5) Nackte **Bleikabel** gelten auch in Wohnräumen innerhalb des Handbereiches nicht als genügend geschützt. Panzergeflecht auf Bleikabeln gilt im allgemeinen nicht als genügender Schutz. Rohrdrähte gelten als geschützt nur soweit sie nicht chemischen oder Witterungsangriffen ausgesetzt sind.

6) Ist die metallische Schutzverkleidung noch mit einer haltbaren Isolierhülle bedeckt (etwa Leder bei ortsveränderlichen Leitungen), so kann die Erdung der Metallverkleidung unterbleiben. ETZ 1910, S. 1322, N. 229. Der Metallschutz kann oft mit Vorteil durch eine kräftige Umkleidung aus nichtleitendem Stoff ersetzt werden.

7) Vgl. § 3b) und c). Bei Hochspannung darf das Gebiet des „Handbereiches" nicht zu eng gefaßt werden.

Bei metallischen Schutzverkleidungen ist auf sorgfältige Bemessung der Erdverbindung und leitende Verbindung der

c) Ortsveränderliche Leitungen und bewegliche Leitungen, die von festverlegten abgezweigt sind, bedürfen, wenn sie rauher Behandlung ausgesetzt sind, eines besonderen Schutzes.[8])

⚒ In B. u. T. bedürfen ortsveränderliche Leitungen und bewegliche Leitungen stets eines besonderen Schutzes; besteht der Schutz aus Metallbewehrung, so muß er geerdet sein.[8a])

2. In Betriebsstätten sollen ungeschützte Schnüre nicht verwendet werden. Besteht der Schutz aus Metallbewehrung, so empfiehlt es sich, ihn zu erden.

d) Geerdete Leitungen können unmittelbar an Gebäuden befestigt oder in die Erde verlegt werden, jedoch ist eine Beschädigung der Leitungen durch die Befestigungsmittel oder äußere Einwirkung zu verhüten.[9])

Stoßstellen die größte Aufmerksamkeit zu richten; denn es ist nie ganz ausgeschlossen, daß die Leitung an einer oder der andern Stelle die Verkleidung berührt und daß ein Durchschlagen der Isolierhülle stattfindet. Wenn die sichere Erdung nicht durchführbar ist, so ist eine isolierende Verkleidung vorzuziehen. Wenn die Schutzverkleidung dem Zweck der Leitung widersprechen würde, wie z. B. bei Kontaktleitungen von Laufkränen, so ist die Leitung durch die Lage, in der sie angeordnet ist, gegen Berührung zu sichern. ETZ 1905, S. 475 N. 162.

8) Ortsveränderliche Leitungen, wie sie zum Anschluß von Tischlampen, Plätteisen, Kochapparaten u. dgl. dienen, liegen der Regel nach im Handbereich, können aber der Forderung eines besonderen Schutzes durch Verkleidung, wie sie § 21 a) für festverlegte Leitungen verlangt, meistens nicht unterworfen werden, ohne ihren Zweck wesentlich zu beeinträchtigen. Ein gewisser Schutz gegen Verletzung durch Zugbeanspruchung liegt in der durch § 21 l) geforderten Maßnahme, daß sie nur mittels lösbarer Verbindung (Steckvorrichtung) abgezweigt werden. Neben diesen lösbaren ortsveränderlichen Leitungen werden als bewegliche diejenigen bezeichnet, die zwar an die festverlegte Leitung unlösbar angeschlossen sind, aber dem von ihnen versorgten Stromverbraucher eine begrenzte Beweglichkeit gestatten; solche kommen z. B. bei Webstuhllampen vor. Sie sollten so eingerichtet werden, daß die Stromzuführung im Sinne des § 18c) nicht auf Zug beansprucht werden und nach § 18[1] nicht durch die Bewegung verletzt werden kann. ETZ 1903, S. 516 N. 54; 1904, S 361 N. 81 und 98; S. 425 N. 107; 1905, S. 278 N. 136 und 138; S. 279 N. 153.

Immerhin sind ortsveränderliche und bewegliche Leitungen stets der Beschädigung und Abnutzung in hohem Maße ausgesetzt und sind daher besonders gut zu beaufsichtigen. Wo es möglich ist, besonders aber auf Werkplätzen, in Werkstätten, nach Umständen auch in Küchen usw. sind kräftige Sorten, z. B. Werkstattschnüre anzuwenden, oder Leder-, Gummi-, Metallschläuche als Schutzverkleidung zu benutzen.

8a) Vgl. Anm. 6.

9) Geerdete Leitungen, die sowohl zur Schutzerdung nach § 3 wie auch zur Betriebserdung z. B. im Mittelleiter von Dreileitersystem vorkommen, müssen nicht nur ebensogut, wie andere Leitungen, sondern womöglich noch sorgfältiger vor Verletzung

3. Strecken einer geerdeten Betriebsleitung sollen nicht durch Erde allein ersetzt werden.[10])

e) Ungeerdete blanke Leitungen dürfen nur auf zuverlässigen Isolierkörpern verlegt werden.[11])

---

geschützt werden, als jene. Denn eine Unterbrechung des geerdeten Leiters kann in den übrigen eine bedenkliche Erhöhung der Spannung zur Folge haben. Diese Leitungen dürfen nicht unmittelbar in Putz, sondern sollen stets so verlegt werden, daß sie nachgesehen und ausgewechselt werden können (§ 21 ²).

Namentlich ist zu berücksichtigen, daß in größerer Entfernung von der absichtlich hergestellten Erdverbindung auch in dem an Erde gelegten Zweig eine merkliche Potentialdifferenz gegen Erde auftreten kann infolge des durch die Belastung bedingten Spannungsverlustes bei ungleicher Beanspruchung der beiden Hälften des Dreileitersystems. Diese wird unter Umständen imstande sein, an Stellen mangelhafter oder wechselnder Berührung mit der Erde (Gas- oder Wasserleitungen) Funkenbildung zu veranlassen. Noch bedenklicher sind die elektrolytischen Zerstörungen, die bei fortgesetztem Stromübergang aus einem der blanken Leiter auf benachbarte Metallteile unter Vermittelung von feuchtem Holz oder feuchtem Mauerwerk eintreten können. Es empfiehlt sich daher, an allen Stellen, wo ein Stromübergang von dem blanken geerdeten Draht nach der Erde auf Seitenwegen möglich ist, eine gut leitende metallische Erdverbindung herzustellen, an denjenigen Punkten aber, wo eine derartige leitende Verbindung nicht geschaffen werden soll, die Ausbildung unbeabsichtigter Ableitungsströme durch zwischengelegte Isolierstoffe zu verhindern. Der Anschluß der geerdeten Leiter an die letzten Ausläufer von Gas- und Wasserleitungsrohren wird im allgemeinen nicht empfohlen werden können, weil deren Leitfähigkeit namentlich an den Stoßstellen nicht verbürgt ist.

Durch ausgedehnte Anlagen mit blankem geerdeten Mittelleiter in Städten, wie Bonn, Krefeld usw. ist die Durchführbarkeit des Systems erwiesen; doch sind die örtlichen Verhältnisse zu berücksichtigen. Es scheint z. B., daß die Beschaffenheit des Mauerkalkes auf die Haltbarkeit der blanken Drähte von Einfluß ist. Vergl. ETZ 1902, S. 307, 308 und S. 698 unter 8); 1903 S. 1049 N. 65.

10) Vgl. § 3 ⁹. Der Unterschied zwischen geerdeter „Betriebsleitung", z. B. geerdetem Mittelleiter, und der sogenannten „Schutzerdung" ist zu beachten. Als „Erde" im Sinne des § 21 ³ sind auch metallische Gebäudeteile anzusehen. Diese dürfen wohl zur Verstärkung der besonders zu verlegenden Erdleitung herangezogen werden, nicht aber als ganzer oder teilweiser Ersatz, der dauernd im Betriebe Strom führen soll. So darf z. B. ein geerdeter Mittelleiter nicht streckenweise durch Erde selbst oder einen solchen Gebäudeteil ersetzt werden. Anders ist es bei Schutzerdungen, namentlich, wenn sie nur statische Ladungen abführen sollen. Solche können unter Umständen lediglich durch Anschluß an metallische Gebäudeteile, Fundamente von Turbinen oder Dampfmaschinen in hinreichender Weise erzielt werden. Doch sind stets alle Möglichkeiten von wirklichen Stromübergängen in Rücksicht zu ziehen.

Wird die Regel 3 nicht beachtet, so können sich Stromübergänge unter Vermittelung von feuchten Erd- oder Mauerschichten ausbilden, wobei eine elektrolytische Zerstörung der Leitungen oder der Rohre eintreten kann, wie unter [9]) erörtert ist.

11) Blanke Leitungen bedürfen naturgemäß stets eines besser isolierenden Befestigungsmittels, als isolierte Leitungen. Bei

⚒ In B. u. T. sind sie nur als Fahrleitung und in abgeschlossenen elektrischen Betriebsräumen zulässig.

f) Ungeerdete blanke Leitungen müssen, soweit sie nicht unausschaltbare gleichpolige Parallelzweige bilden, in einem der Spannweite, Drahtstärke und Spannung angemessenen Abstand voneinander und von Gebäudeteilen, Eisenkonstruktionen und dergleichen entfernt sein.

4. Ungeerdete blanke Leitungen sollen, wenn sie nicht unausschaltbare Parallelzweige sind, in der Regel bei Spannweiten von mehr als 6 m etwa 20 cm, bei Spannweiten von 4—6 m etwa 15 cm und bei kleineren Spannweiten etwa 10 cm voneinander, in allen Fällen aber etwa 5 cm von der Wand oder von Gebäudeteilen entfernt sein (siehe § 31[2].)[12])

5. Bei Verbindungsleitungen zwischen Akkumulatoren, Maschinen und Schalttafeln und auf Schalttafeln, ferner bei Zellenschalter-Leitungen und bei parallel geführten Speise-, Steig- und Verteilungsleitungen können starke Kupferschienen sowie starke Kupferdrähte in kleineren Abständen voneinander verlegt werden.

Kleinere Abstände zwischen den Leitungen sind nur zulässig, wenn sie durch geeignete Isolierkörper gewährleistet sind, die nicht mehr als 1 m voneinander entfernt sind.[13])

---

der Beurteilung der Zuverlässigkeit ist stets von der Porzellandoppelglocke als der normalen Isoliervorrichtung auszugehen. Es müssen daher die Ersatzmittel dem Stromübergang ähnlich lange Wegstrecken entgegensetzen. Auf den Schutz gegen Regen, den die Glocke bietet, kann in trockenen Räumen unter Umständen verzichtet werden, doch ist zu beachten, daß die vertikalen überdachten isolierenden Flächen der Glocke auch dem Staub und Schmutz besser entzogen sind, als unüberdachte Flächen. In Kellern, Stallungen, dampferfüllten Räumen ist auf Tropfwasser und Kondenswasser Rücksicht zu nehmen. Vgl. auch Erläuterungen zu §§ 25c) u. 25d).

12) Berührung zwischen blanken Leitungen gibt zu Kurzschluß und Funkenbildung oder zur Bildung stehender Lichtbogen Anlaß, und zwar nicht nur zwischen Leitungen verschiedener Polarität, sondern auch zwischen gleichpoligen, die Spannungsdifferenzen aufweisen. In Gebäuden ist der Durchhang, außerdem aber auch die stärkere Erwärmung einzelner Leitungsstrecken durch etwa vorhandene Kessel, Öfen, Feuerungen, ferner die zufällige Berührung mit Werkzeugen, Staffeleien u. s. w. zu berücksichtigen.

Unausschaltbare Parallelzweige kommen in der Regel nur dadurch zustande, daß man des leichteren Spannens wegen oder behufs nachträglicher Verstärkung mehrere dünne Drähte statt eines dicken nebeneinander spannt. Sie sind an einzelnen Stellen miteinander durch verlötete Querdrähte zu verbinden.

13) Die für Akkumulatorräume und die Leitungen nach den sogenannten Zuschaltezellen und für ähnliche Verhältnisse gemachte Ausnahme ist nur für solche Leitungen gültig, die keine erheblichen Spannungsdifferenzen aufweisen, sie ist darin begründet, daß für diese, meist in großer Anzahl nötigen, Leitungen oft nur ein beschränkter Raum zur Verfügung steht. Die großen Querschnitte dieser Drähte werden ihnen in der Regel

6. Bei blanken Hochspannungsleitungen sollen als Abstände der Leitungen gegen andere Leitungen, gegen die Wand, Gebäudeteile und gegen die eigenen Schutzverkleidungen folgende Maße eingehalten werden:

Betriebsspannung in V	*Mindestabstand in cm*
bis 1500	*5,0*
„ 3000	*7,5*
„ 6000	*10,0*
„ 12000	*12,5*
„ 24000	*18,0*
„ 35000	*24,0*

Für die Bemessung der Abstände ist die Spannung maßgebend, die betriebsmäßig zwischen den Leitungen vorhanden ist.[14])

7. Wird eine Hochspannungsleitung an der Außenseite eines Gebäudes geführt, so soll an keiner Stelle der Abstand von der äußeren Gebäudewand weniger als 1 cm für je 1000 V, mindestens aber 10 cm betragen (siehe auch § 22b).[15]) *Ausgenommen hiervon sind Kabel.*

g) Isolierte Leitungen dürfen entweder offen auf geeigneten Isolierkörpern oder in Rohren verlegt werden.[16])

---

so viel Festigkeit verleihen, daß die Gefahr einer Berührung ausgeschlossen ist. Benutzt man dabei Rollen auf gemeinsamem Träger, so muß die geringere Isolierfähigkeit der Rollen durch eine bessere Isolation des gemeinsamen Rollenträgers ausgeglichen werden.

Zu beachten ist, daß die elektrodynamische Anziehung und Abstoßung bei hohen Stromstärken Ausbiegungen der Leitungsschienen und infolgedessen gegenseitige Berührung bewirken kann. Sind die Leitungen nicht selbst genügend steif, so sind in solchen Fällen trennende Isolierkörper in geeigneten Abständen zwischen den Leitungen anzuordnen, die unter Umständen von den Leitungen selbst getragen werden können.

14) Die angegebenen Spannungsstufen sind wie im § 2a als Gebrauchsspannungen anzusehen; es sollen daher die angegebenen Mindestabstände auch für die um 15% über den Nennspannungen liegenden Spannungen anwendbar sein, die infolge Spannungsabfalles bis zur Verbrauchsstelle in der Erzeugerstelle auftreten. Bei Anlagen bis 15000 Volt dürfen die für 12000 Volt angegebenen Abstände benützt werden, wenn der Dauerkurzschlußstrom nicht mehr als 500 A beträgt.

15) Der Abstand von 10 cm ist nur soweit ausreichend, als die Leitungen von betretbaren Örtlichkeiten (Fenstern, Altanen) aus nicht ohne besondere Hilfsmittel erreichbar sind (§ 22b).

16) Während für blanke Leitungen im § 21f. ganz allgemein ein angemessener Abstand von Wänden usw. gefordert wird, dessen Bemessung des Näheren aus den Regeln 4 bis 7 hervorgeht, ist für isolierte Leitungen eine grundsätzliche Bestimmung über Abstände nicht gegeben; es werden lediglich in den Regeln 9 und 12 die bei bestimmten Verlegungsarten einzuhaltenden Maße genannt. Technisch ist es möglich, der Isolierhülle selbst eine der Spannung angepaßte Isolier- und Durchschlagfestigkeit zu geben, wie denn auch in mehradrigen Kabeln die Leitungen verschiedenen Potentials

8. Leitungen sollen in der Regel so verlegt werden, daß sie ausgewechselt werden können (siehe § 26 $\frac{1}{}$). Rohrdrähte sollen nicht eingemauert oder eingeputzt werden.[17])

---

auf weite Strecken nur durch die Isolierschichten getrennt eng nebeneinander liegen; ebenso hat sich die Verlegung der beiden Leitungen eines Stromkreises in einem gemeinsamen Rohr für Niederspannung bewährt. Damit ist jedoch nicht gesagt, daß die erwähnten Abstände völlig unerheblich seien und keiner weiteren Beachtung bedürften. Im allgemeinen pflegt man sich auf die Wirkung der Isolierhülle des Drahtes allein nur dann zu verlassen, wenn sie der Beschädigung entzogen, d. h. wenn die Leitung etwa durch ein Rohr geschützt und damit auch am Durchbiegen oder Durchscheuern gehindert ist. Diese Vorteile finden sich in erhöhtem Maße bei Leitungen, die in einem Kabel vereinigt sind, das seinerseits durch die Armierung geschützt ist. Sie werden ferner nach Regel 10 und 11 den Leitungen mit unmittelbar aufsitzender metallischer Schutzhülle und bezüglich der gegenseitigen Berührung allen wasserdicht isolierten Leitungen dann zugebilligt, wenn eine Lagenveränderung verhindert ist.

Ist eine solche Schutzhülle oder Schutzverkleidung nicht vorhanden, so werden auch die isolierten Leitungen durch besondere Isolierkörper von der Umgebung und von benachbarten Leitungen getrennt, um einerseits die Isolierwirkung der Hülle zu erhöhen, die Spannung, mit der sie beansprucht wird, zu vermindern und zugleich die Kapazität der Leitung zu verkleinern, anderseits um die von den Wänden ausgehenden Schädlichkeiten (Kalk, Schmutz, Feuchtigkeit) von den Leitungen fern zu halten; nicht zum wenigsten endlich um die frei gespannten Leitungen dem Auge sichtbarer zu machen und so zufällige Berührung derselben zu erschweren, ihre Verletzung zu vermeiden und die Kontrolle ihres Zustandes zu erleichtern. Siehe unter [18]).

Durch die Vorschriften des § 21 g) ist es verboten, Drähte unmittelbar einzumauern oder in den Verputz zu verlegen, ebensowenig dürfen sie einfach in den sogenannten Fehlboden, d. h. unmittelbar hinter dem Plafond oder unter den Fußboden eingezogen werden. Es ist vielmehr, wenn die Wandfläche glatt und die Leitung unsichtbar bleiben soll, die Verlegung in Röhren oder Kanälen anzuwenden, und zwar in der Weise, daß bei dünneren Leitungen eine hinreichende Anzahl von Einführungs-, Verbindungs- und Abzweigungsdosen vorgesehen wird, um die Drähte herausziehen und einführen zu können, ohne dabei die Wände und Decken oder den Draht selbst zu verletzen, während bei Leitungen stärkeren Querschnittes wenigstens die Rohre selbst unverdeckt und zugänglich bleiben sollen (§ 26 $\frac{1}{}$). Dies ist notwendig, weil unzugängliche Drähte in bezug auf ihre Beschaffenheit und die Veränderung, welche die Isolierschicht durch die in Mauern und Wänden enthaltene Feuchtigkeit oder sonstige schädliche Stoffe erleidet, nicht untersucht werden können. Die entstehenden Fehler geben zu Erdschluß und Kurzschluß Anlaß, der alsdann oft an einer entfernten Stelle zu Überlastung und Entzündung führt. Siehe Regel 8.

17) Dabei ist auch zu beachten daß jede Verlegungsart, welche eine Nachprüfung des verlegten Drahtes ausschließt, geeignet ist, die Arbeiter, welche die Verlegung ausführen, zu Mißbräuchen zu verleiten. Es werden z. B. Lötstellen eingefügt, wo sie nicht hingehören, oder die Lötstellen werden schlecht isoliert, verletzte

9. Isolierte offen verlegte Leitungen sollen bei Niederspannung im Freien mindestens 2 cm, in Gebäuden mindestens 1 cm von der Wand entfernt gehalten werden.[18])

⚒ In B. u. T. soll der Abstand mindestens 2 cm von Stößen, Firsten und dergleichen betragen.

10. Isolierte Leitungen mit metallener Schutzhülle (Rohrdrähte, Panzerader usw.) können im Freien an maschinellen Aufbauten und Apparaten, die ständiger Überwachung unterstehen (wie Krane, Schiebebühnen usw.), unmittelbar auf Wänden, Maschinenteilen und dergleichen mit Schellen befestigt werden.[19])

---

oder zu dünne Drahtstrecken können verwendet werden und dgl. mehr. Ferner muß der Verlauf der Leitungen verfolgt werden können um aufgetretene Störungen zu beheben. (Siehe auch Seite 85 unter [3]).) Diese Erwägungen sprechen für die aufgestellte Bestimmung, während aus rein physikalischen Gründen nichts im Wege stände, etwa eine ungelötete Drahtlänge an einer trockenen Mauer in reinen Gips völlig einzubetten, sofern sie dort dauernd vor Nässe und vor Beschädigungen (etwa durch eingetriebene Nägel) geschützt ist.

(Über die Verlegung der Rohre vgl. auch § 26.)

Auch blanke, geerdete Leitungen sollen nicht ohne Schutzrohr eingeputzt werden. Gerade sie sind mit besonderer Sorgfalt so zu verlegen, daß sie stets nachgesehen werden können; denn der Umstand, daß die Verlegung hier ohne Rücksicht auf elektrische Isolation ausgeführt werden darf, verführt sehr leicht dazu, diese Leitung selbst mit weniger Sorgfalt zu behandeln. (Vgl. S. 93 unter [9]). Wird der Körper metallischer Schutzrohre als geerdeter Mittelleiter verwendet, so ist bei sorgfältiger leitender Verbindung der Stoßstellen und genügender Stärke des Rohrkörpers das Einputzen meistens unbedenklich. Vgl. unter [9]).

Kabel fallen nicht unter die Bestimmung des § 21 g), da der Sprachgebrauch unter isolierten Leitungen solche versteht, die nicht mit nahtloser wasserdichter Metallhülle versehen sind, wie es bei Kabeln der Fall ist. Bei Verlegung von Kabeln ist nur dafür zu sorgen, daß eine Prüfung ihres Zustandes auf elektrischem Wege möglich bleibt; weshalb in nicht zu großer Entfernung von den Enden der Kabel Sicherungen oder Anschlußstellen vorzusehen sind, die ein Einschalten von Meßgeräten möglich machen. Die Kabel sind in hohem Grade in sich geschützt und eine mißbräuchliche Verlegung einzelner beschädigter oder ungeeigneter Strecken ist nicht so leicht möglich, wie bei Drähten.

18) Die Abstände parallel geführter Drähte unter sich sind für blanke Drähte durch § 21$^{\underline{4}}$ geregelt. Isolierte Drähte werden in Rohren (§ 26c) und Beleuchtungskörpern unmittelbar nebeneinander gelegt. Ebenso in den Fällen der Regeln 10 und 11. Bei offener Verlegung ist dies jedoch im allgemeinen nicht zulässig. Die Isolatoren sollen vielmehr in solchem Abstande voneinander stehen, daß sich die Drähte auch auf den frei gespannten Strecken nicht aneinander scheuern können. In der Regel wählt man für Niederspannung 5 cm, bei Hochspannung 10 cm Abstand, häufig ist jedoch (siehe Regel 12) je nach der Art der benützten Isolierhülle und der Höhe der Spannung, noch größerer Abstand erforderlich. Vgl. [16]).

19) Das Bedürfnis nach einem dichteren Zusammenlegen

Gegen chemische und atmosphärische Angriffe soll die Schutzhülle gesichert sein.[20])

11. Bei Einrichtungen, an denen ein Zusammenlegen von Leitungen in größerer Zahl unvermeidlich ist (z. B. Reguliervorrichtungen, Schaltanlagen), dürfen isolierte Leitungen so verlegt werden, daß sie sich berühren, wenn eine Lagenveränderung ausgeschlossen ist.[19])

12. Bei Hochspannung über 1000 V sollen auf Glocken, Rollen usw. verlegte isolierte Leitungen mit den für blanke Leitungen geforderten Mindestabständen verlegt werden, wenn ihre Isolierhülle nicht gegen Verwitterung geschützt ist. Bei Spannungen unter 1000 V gelten 2 cm als ausreichender Abstand.[21])

h) Bei Leitungen oder Kabeln für Ein- und Mehrphasenstrom, die eisenumhüllt oder durch Eisenrohre geschützt sind, müssen sämtliche zu einem Stromkreise gehörigen Leitungen in der gleichen Eisenhülle enthalten sein, wenn bei Einzelverlegung eine bedenkliche Erwärmung der Eisenhüllen zu befürchten ist (siehe § 26c).[22])

---

macht sich nur in besonderen Fällen fühlbar, so z. B. bei den in Regel 10 erwähnten Kranmotoren oder bei Bühnenregulatoren, oder bei Reklamebeleuchtungen mit umlaufenden Schaltwalzen. Hier müssen zahlreiche Leitungen, die den einzelnen Lampengruppen oder Regelungsorganen zugehören, auf kleinere oder größere Strecken einen gemeinsamen Weg nehmen und treffen an der Schaltvorrichtung dicht zusammen. Derartige Leitungen dürfen dicht zusammengelegt werden, wenn sie mit nahtloser Gummiader umhüllt und außerdem so fest miteinander verbunden sind, daß sie sich nicht gegeneinander bewegen, also reiben oder verwirren können. Am besten vereinigt man sie auf der gemeinsamen Wegstrecke durch Umschnüren mit Isolierband oder durch Einnähen in einen Schlauch aus starkem, wasserdichtem Stoff oder Leder. Die verminderte Wärmeabgabe solcher Bündel von Leitungen ist zu beachten.

20) Insbesondere ist bei Panzeradern, bei Rohren mit dünnem Metallüberzug und bei Rohrdrähten ein schützender Anstrich zu empfehlen.

21) Vgl. unter [12]) und [16]).

22) Wechselströme können, wenn nur eine Leitung in einem Metallrohr geführt ist, dieses zum Träger induzierter Ströme machen. Bei Eisenrohren kommen hierzu noch die magnetischen Erregungen, die nicht nur einen gewissen Verlust an elektrischer Energie, sondern auch Erwärmungen des Eisenrohres bewirken. Auch Metallrohre aus unmagnetischem Stoff, wie Blei oder Messing, können durch die induzierten Ströme Erwärmung erfahren; besonders wenn diesen eine geschlossene Bahn geboten wird z. B. über andere Metallteile des Gebäudes, wie Gasrohre, Wasserrohre, eiserne Träger, wobei sie je nach den obwaltenden Verhältnissen nicht unerhebliche Stärke annehmen können. Da solche Verhältnisse selten zusammentreffen, so ist die Vorschrift, daß bei Wechselstrom stets Hin- und Rückleitung in dasselbe Rohr verlegt werde, auf eiserne oder eisenüberzogene Rohre beschränkt worden. Entscheidend ist die Sachlage (Stromstärke usw.) im Einzelfalle. ETZ 1909, S. 497, N. 210. Nach Versuchen von Bloch, ETZ 1913, S. 207, ergibt die einphasige Verlegung in Papierrohr mit Messingmantel auch bei

i) Die Verbindung von Leitungen untereinander, sowie die Abzweigung von Leitungen dürfen nur durch Lötung, Verschraubung oder gleichwertige Mittel bewirkt werden.[23])

⚒ In B. u. T. müssen an Schaltstellen die ankommenden Leitungen abtrennbar sein.

Bei Hochspannung müssen die zu den Stromverbrauchern führenden Abzweigungen von Hauptleitungen unter Spannung abtrennbar sein. Die Trennstelle muß in angemessener Entfernung von der durchgehenden Leitung liegen.[24])

12a. Bei Niederspannung empfiehlt es sich, Hauptabzweigungen unter Spannung abtrennbar zu machen (siehe § 41a).

---

hohen Stromstärken nur unerhebliche Vermehrung des Spannungsabfalls und der Erwärmung; sie ist daher bei dieser Rohrsorte unbedenklich. Bei Papierrohr mit verbleitem Eisenmantel tritt bei höheren Stromstärken zwar noch keine bedenkliche Erwärmung, aber eine sehr erhebliche Steigerung des Spannungsabfalles und der Energieverluste auf. Bei Stahlrohren ergaben schon Stromstärken unter 50 A erhebliche Übertemperaturen und starke Steigerung des Spannungsabfalles und der Energieverluste. Das vielfach als Aushilfsmittel angesehene Verfahren, die Eisenhüllen der einzeln verlegten Phasenleitungen miteinander durch leitende Verbindungsstücke zu überbrücken, ist praktisch erfolglos

23) Das elektrische Leitvermögen darf an einer Verbindungsstelle des Drahtes nicht geringer sein, als innerhalb des Drahtes selbst. Unzulässig ist demnach das häufig von unberufenem Personal beliebte Verfahren, die Drähte einfach umeinander zu würgen. Hierbei bleibt eine Oxydschicht zwischen den beiden zu verbindenden Drahtenden, welche im Laufe der Zeit ihren Widerstand immer mehr erhöht; besonders dann, wenn der Zutritt von Feuchtigkeit nicht ausgeschlossen ist. Als eine dem Verlöten gleichwertige Verbindungsart gilt der Drahtbund, bei welchem eine Hülse von zähem Metall über die Drähte geschoben und mit ihnen verdrillt wird oder der Nietverbinder. El. K. u. B. 1910, S. 391. Die so erzielte Vergrößerung der Übergangsfläche, verbunden mit dem ziemlich zuverlässigen Abschluß von Luft und Feuchtigkeit, lassen diese Verfahren bei sorgfältiger Ausführung als zulässig erscheinen; besonders dort, wo das Löten mit Gefahr verbunden ist, z. B. in Scheunen oder auf Strohdächern. ETZ 1903, S. 1049 N. 66. Bei hartgezogenen Kupferdrähten ist das Löten bedenklich, weil ihre Festigkeit durch das Erhitzen leidet.

Bei Peschels Verlegungsart in blanken Metallrohren, die als geerdete Leiter dienen können, wird die leitende Verbindung der einzelnen Rohrlängen durch einen federnden Kontakt vermittelt, dessen richtiger Sitz kontrollierbar ist. Vgl. ETZ 1902, S. 202, 510. ETZ 1903, S. 1049 N. 69.

Es ist auch verboten, zwei Drähte durch eine freihängende Klemmschraube zu verbinden. Dieses Hilfsmittel ist ausschließlich zu vorübergehenden Verbindungen bei Versuchen im Laboratorium usw. anzuwenden, niemals aber zu dauerndem Anschluß; denn die blanke Klemme gibt Anlaß zu gefahrbringender Berührung, außerdem wird durch die Schwingungen, welche

13. Die Verbindung der Leitungen mit den Apparaten, Maschinen, Sammelschienen und Stromverbrauchern soll durch Schrauben oder gleichwertige Mittel ausgeführt werden.[25])

Schnüre oder Drahtseile bis zu 6 qmm und Einzeldrähte bis zu 16 qmm Kupferquerschnitt können mit angebogenen Ösen an den Apparaten befestigt werden. Drahtseile über 6 qmm, sowie Drähte über 16 qmm Kupferquerschnitt sollen mit Kabelschuhen oder gleichwertigen Verbindungsmitteln versehen sein. Bei Schnüren und Drahtseilen jeder Art sollen die einzelnen Drähte jedes Leiters, wenn sie nicht Kabelschuhe oder gleichwertige Verbindungsmittel erhalten, an den Enden miteinander verlötet sein.[26])

---

die freihängende Masse der Klemme stets ausführen wird, ein Zug auf die Berührungsstellen ausgeübt, womit allmähliche Lockerung der Verbindung entsteht. Eine andere unzulässige Verbindungsart siehe ETZ 1905, S. 279 N. 148. Ist es an irgend einer Stelle erwünscht, eine lösbare Verbindung zwischen zwei Drähten zu haben, so setze man eine mit entsprechender Unterlage an der Wand oder Decke befestigte Anschlußklemme ein, wie sie in Regel 14 verlangt ist. In feuchten Räumen sind jedoch blanke Messingklemmen der Zerstörung durch chemischen Angriff ausgesetzt. Vgl. unter [26]).

Beim Löten ist darauf zu achten, daß die verwendeten ätzenden Lötmittel nach Herstellung der Verbindung sorgfältig entfernt werden; da dies von unkontrollierten Arbeitern oft versäumt wird, so daß dünne Drähte durch die Nachwirkung zerfressen werden, so ist es üblich, stark saure Lötmittel (Salzsäure) den Arbeitern zu verbieten. Mäßige Zusätze schwacher z. B. organischer Säuren sind erfahrungsgemäß unschädlich. ETZ 1907, S. 856 u. 875.

24) Die Abtrennbarkeit ermöglicht, größere oder kleinere Teile des Netzes spannungslos zu machen und so Fehler innerhalb der Leitungen oder der Schaltstellen zu finden oder zu beheben. Vielfach ist das Abtrennen mit Hilfe der betriebsmäßig vorhandenen Schalter, Sicherungen, Anschlußklemmen u. dgl. möglich, andernfalls sind entsprechende Hilfsmittel einzubauen. Vgl. auch §§ 11 e), 30 b), 31 a).

Bei Hochspannung wird nicht verlangt, daß das Abtrennen unter Strom, sondern nur, daß es unter Spannung möglich ist. Es genügt also, wenn die unbelastete Leitung sicher abtrennbar ist.

25) Unzulässig ist es, Drähte nur um die Anschlußstücke umzuwickeln oder etwa zwischen die isolierenden Unterlagplatten und die Anschlußstücke einzuklemmen.

Drähte mit fest verlegten Apparaten zu verlöten, ist im allgemeinen nicht verboten. Es wird sich jedoch in der Regel nicht empfehlen, weil unter Umständen ein Lösen der Verbindung zwecks Revision der Anlage nötig wird.

Auch beim Benützen von Schrauben können noch Fehler gemacht werden. Bei Klemmschrauben, die eine Bohrung zur Aufnahme des Drahtes haben, soll diese Bohrung durch den Draht möglichst voll ausgefüllt sein; es ist darauf zu achten, daß die Befestigungsschraube den Draht nicht abdrücke.

26) Damit bei Schnüren und Drahtseilen alle einzelnen dünnen Drähte der litzenartigen Seele gleichmäßig an der Stromleitung beteiligt werden, ist es nötig, die Enden zu verlöten. Dadurch

14. Verbindungen von Schnüren untereinander oder zwischen Schnüren und anderen Leitungen sollen nicht durch Verlötung, sondern durch Verschraubung auf isolierender Unterlage oder durch gleichwertige Vorrichtungen hergestellt sein. An und in Beleuchtungskörpern sind bei Niederspannung auch für Schnüre Lötungen zulässig.[27])

k) Bei Verbindungen oder Abzweigungen von isolierten Leitungen ist die Verbindungsstelle in einer der übrigen Isolierung möglichst gleichwertigen Weise zu isolieren.[28]) Wo die Metallbewehrungen und metallischen

---

wird auch verhindert, daß einzelne abstehende Drahtenden Kurzschluß machen. Beim Benützen der Lötlampe ist zu beachten, daß die feinen Drähte sehr leicht verbrennen, so daß sie später brechen und entweder durch die in dem verkleinerten Querschnitt erzeugte Stromwärme, oder durch Funken und Lichtbogen an der Bruchstelle Unheil stiften.

Man benützt daher Lampen mit kleinen, nicht zu heißen Flammen auch ist das Eintauchen in geschmolzenes Lötzinn, üblich. Sowohl bei diesen Verfahren als bei dem Gebrauch des Lötkolbens muß darauf geachtet werden, daß nicht eine zu große Menge Lötmetall aufgebracht wird; diese macht die Litze auf eine gewisse Strecke völlig steif und sie bricht alsdann beim Gebrauche an der Stelle, wo die Verlötung aufhört. Das überflüssige Lot muß, bevor es erhärtet, abgewischt werden.

Im Handel sind neuerdings lötfertige Kontakte (Kabelschuhe, Anschlußstücke u. dgl.), die mit Lötmetall gefüllt sind und nach geeigneter Anwärmung das Ende der Litze aufnehmen.

In dem Bestreben, das Löten zu erleichtern, darf nicht vergessen werden, daß Lötmetalle mit allzu niedrigem Schmelzpunkt durch die betriebsmäßige Erwärmung der Leitungen weich werden können, so daß die Lötstelle unterbrochen wird.

27) Abzweig- und Anschlußklemmen sind bei Schnüren an Stelle des Abzweigens durch Lötung sowie für alle Verbindungen von Schnüren unter sich und mit Drähten geboten, weil die Erfahrung gezeigt hat, daß die feinen Drähte, aus denen die Mehrfachleitung besteht, beim Löten, namentlich wenn es mit der Lötlampe ausgeführt wird, leicht verbrannt werden. ETZ 1903, S. 1049 N. 73. Außerdem sind die Abzweigungen mittels Klemmen auf isolierender Unterlage leichter kontrollierbar als Lötungen, deren schlechte Ausführung durch die Umwicklung mit Isolierband leicht verdeckt werden kann. Hierbei sind jedoch die Enden jeder Schnur durch Lot zu vereinigen. Eine Beschreibung solcher Abzweigklemmen siehe z. B. in ETZ 1901, S. 327.

An und in Beleuchtungskörpern fehlt in der Regel der Raum für die Klemmen. Man hat daher dort das Löten zugelassen. Sorgfältigste Ausführung der Lötstellen durch besonders geschulte Arbeiter ist hier dringend nötig. Zum leichteren Auffinden von Fehlern wird man jedoch den ganzen Beleuchtungskörper durch Klemmen an die äußere Zuleitung anschließen. ETZ 1903, S. 434 N. 45; 1904, S. 362 N. 79; S. 1116 N. 132; 1905, S. 279 N. 152.

28) Das Isolieren der Lötstelle erfolgt entsprechend der angewendeten Drahtsorte mit Isolierband, Guttaperchapapier und sogenanntem Compound. Dabei ist hauptsächlich auf einen guten Anschluß an die unverletzte Hülle des Drahtes zu achten,

Schutzverkleidungen geerdet werden müssen, sind sie an den Verbindungsstellen gut leitend zu verbinden.

l) Ortsveränderliche Leitungen dürfen an festverlegte nur mit lösbaren Verbindungen angeschlossen werden.[29])

m) Jede ortsveränderliche Leitung muß ihren eigenen Stecker erhalten.[30])

---

der ein Eindringen von Feuchtigkeit wirksam verhindert. ETZ 1909, S. 498, N. 216.

In neuerer Zeit kommen T-förmige abgepaßte aufgeschnittene Gummiröhrchen zum Isolieren von Abzweigstellen auf den Markt.

29) Biegsame Leitungsschnüre zum Anschluß transportabler Stromverbraucher wie Tischlampen, Plätteisen, Heizvorrichtungen werden durch die Handhabung der letzteren stärker angestrengt und rascher abgenutzt, als fest verlegte Leitungen. Vgl. § 21c) S. 93 unter [8]). Da beim unmittelbaren Anschluß solcher biegsamer, transportabler Zuleitungen an fest verlegte durch die Handhabung der Stromverbraucher leicht ein Zug auf die fest verlegten Teile der Leitung ausgeübt werden kann, so ist dieser unmittelbare Anschluß verboten und die Benutzung eines Wandkontaktes vorgeschrieben. Hierbei ist auch § 18c) zu beachten, wonach die Abzweigstellen von Zug zu entlasten sind. Besonders dürfen auch sogenannte Birnenschalter, die nach § 11[2] zu vermeiden sind, nur mittels Steckkontakt angeschlossen werden*).

Es mag hier ausdrücklich erwähnt werden, daß Schnurpendel und Zuglampen nach Anmerkung [3]) zu § 24 c), sofern sie nicht zur Ortsveränderung eingerichtet sind, nicht als transportable Beleuchtungskörper angesprochen werden können, daher dem § 21 l) nicht unterliegen. ETZ 1904, S. 1116 N. 132. Auch Lampen mit begrenzter Beweglichkeit, die derart eingerichtet sind, daß die Leitungsschnur nicht auf Zug beansprucht werden kann, wie sie z. B. bei Webstühlen üblich sind, gelten nicht als ortsveränderlich. ETZ 1903, S. 516 N. 54; 1904, S. 362 N. 81 u. 98; S. 425 N. 107; 1905, S. 278 N. 136 u. 138; S. 279 N. 153. Werden jedoch solche an Schnurpendeln befestigte Lampen etwa mit Handgriffen oder Aufhängehaken oder mit besonders langen Zuleitungen versehen, um, wie in Akkumulatorräumen zum Prüfen der Zellen, an verschiedenen Stellen Verwendung zu finden, so gelten sie als ortsveränderlich und fallen unter § 21 l). Man kann in solchen Fällen oft den lösbaren Kontakt an der Decke des Raumes anbringen, wenn dieser nicht zu hoch ist. Andernfalls muß der Anschluß an der Wand erfolgen oder man befestigt an der Decke einen entsprechend langen steifen Hängearm, der die Anschlußdose trägt. Hierbei ist besonders darauf zu sehen, daß der beim Lösen des Steckstöpsels entstehende Zug nicht auf die Zuleitungen übertragen wird. Man wird also den Hängearm mittels starken Hakens aufhängen oder sonst sicher befestigen. Auf Werkplätzen und in Werkstätten, wo schwere Gegenstände hantiert werden, sind Panzerschnüre angezeigt oder es werden Metallschläuche oder Lederhüllen zum Schutz der Schnüre benutzt. (§ 21 c).

30) Die Bestimmung des § 21 m) verbietet, daß etwa an einen lösbaren Kontakt mehrere bewegliche Schnüre mit je einer oder mehreren Lampen angeschlossen werden. Derartige Bündel von

---

*) Über mehrere durch bewegliche Leitungen verursachte Brandfälle siehe ETZ 1901, S. 1055.

n) Kreuzungen stromführender Leitungen unter sich und mit Metallteilen sind so auszuführen, daß Berührung ausgeschlossen ist.[31])

o) Es sind Maßnahmen zu treffen, um die Gefährdung von Schwachstromleitungen durch Starkstromleitungen zu verhindern.[32])

15. Bezüglich der Sicherung vorhandener Fernsprech- und Telegraphenleitungen wird auf das Gesetz über das Telegraphenwesen des Deutschen Reiches vom 6. April 1892 und auf das Telegraphenwegegesetz vom 18. Dez. 1899 verwiesen.[33])

Schnüren verwirren sich leicht und werden dann zerrissen. Liegt die Notwendigkeit vor, eine Gruppe von Lampen beweglich anzuschließen, so sind die Lampen selbst unter sich in starre Verbindung zu bringen; der so gebildete Beleuchtungskörper kann dann mittels Schnur und lösbaren Kontaktes angeschlossen werden. ETZ 1904, S. 294 N. 36. Oder man benützt tragbare Steckvorrichtungen (Mehrfachstecker), welche ordnungsmäßig gebaute Abzweigvorrichtungen enthalten.

31) Sehr zweckmäßig verwendet man bei Verlegung auf Rollen oder Glocken an den Kreuzungsstellen besonders ausgebildete Isolatoren, die auf der Kopffläche eine Quernut für den einen Draht und auf den Mantelflächen eine oder mehrere Ringnuten für den kreuzenden Draht besitzen und so den richtigen Abstand zwischen beiden Leitungen gewährleisten.

Besonders die Kreuzung von offen verlegten Drähten und Schnüren mit Gas- oder Wasserleitungsrohren ist sorgfältig zu behandeln, weil sich hier leicht Erdschlüsse ausbilden. Sind beide sich kreuzende Leitungen in Rohren verlegt, so bilden natürlich die Rohre selbst die genügende isolierende Zwischenschicht. Andernfalls wird über einen oder beide sich kreuzende Drähte je ein kurzes Rohrstück geschoben und sicher befestigt.

Für blanke Drähte in Gebäuden sind die Abstände zwischen den Drähten und von der Wand, wie sie im § 21 ^{4} vorgeschrieben sind, auch bei Kreuzungen der Drähte unter sich oder mit andern Metallteilen einzuhalten.

Für isolierte Drähte gelten die Regeln 10 bis 12, dabei regelt sich die Entfernung durch das Befestigungsmittel. Es dürfen also im allgemeinen zwei auf Rollen verlegte Drähte nicht näher aneinander kommen, als die Dicke der Rollen beträgt. ETZ 1904, S. 1115 N. 118 c).

32) Eine sorgfältige Ausführung der Starkstromleitung nebst sachgemäßer Überwachung ihres Zustandes wird im allgemeinen auch benachbarten Schwachstromleitungen meist zureichenden Schutz gewähren. Indessen ist zu beachten, daß in feuchten Räumen Isolationsfehler sich ausbilden und einen Stromübergang von der einen auf die andere Leitung bewirken können. Wenn Schwachstromanlagen wie Klingeln, Fernsprecher, Feuermelder, medizinische Geräte usw. von Starkstromnetzen gespeist werden sollen, sind die „Leitsätze für den Anschluß von Schwachstromanlagen an Niederspannungsstarkstromnetze durch Transformatoren oder Kondensatoren“ zu beachten. (Vgl. diese am Schlusse dieses Buches.) Über Fernsprechleitungen, die an Gestängen für Starkstromfreileitungen geführt werden, vgl. § 22 i.

33) Das Reichstelegraphengesetz siehe ETZ 1892, S. 235;

§ 22.

Freileitungen.[1])

a) Ungeerdete Freileitungen dürfen nur auf Porzellanglocken oder gleichwertigen Isoliervorrichtungen verlegt werden.[2])

b) Freileitungen, sowie Apparate an Freileitungen sind so anzubringen, daß sie ohne besondere Hilfsmittel weder vom Erdboden noch von Dächern, Ausbauten, Fenstern und anderen von Menschen betretenen Stätten aus zugänglich sind[3]); wenn diese Stätten selbst nur durch besondere Hilfsmittel zugänglich sind, genügt bei Niederspannung die Verwendung wetterfester isolierter Leitungen oder die Anbringung besonderer Schutz-

---

das Telegraphenwegegesetz ebenda 1899, S. 889. Der hauptsächlich in Betracht kommende § 12 des ersteren lautet:

„Elektrische Anlagen sind, wenn eine Störung des Betriebes der einen Leitung durch die andere eingetreten oder zu befürchten ist, auf Kosten desjenigen Teiles, welcher durch eine spätere Anlage oder durch eine später eintretende Änderung seiner bestehenden Anlage diese Störung oder die Gefahr derselben veranlaßt, nach Möglichkeit so auszuführen, daß sie sich nicht störend beeinflussen."

Die Kostenfrage regelt § 6 des Telegraphenwegegesetzes.

Für die Ausführung von Starkstromanlagen, die Telegraphen- oder Fernsprechleitungen benachbart sind oder sie kreuzen, gelten die in den Anhängen 7 und 8 wiedergegebenen Vorschriften. Vgl. auch ETZ 1909, S. 520 und 1910, S. 141.

§ 22. **1)** Der Begriff „Freileitungen" ist in § 2c) erklärt.

2) Unter Isoliervorrichtungen, die mit Porzellanglocken gleichwertig sind, sind hier vor allem solche verstanden, welche, wie die Doppelglocke, zwei hintereinander geschaltete isolierende Strecken besitzen, von denen wenigstens die eine gegen Regen geschützt sein muß. Derartige Vorrichtungen sind z. B. zur Aufhängung der Arbeitsdrähte elektrischer Bahnen in Gebrauch.

Mit steigender Betriebsspannung sind die Abmessungen der Glocken zu vergrößern; bei besonders hohen Spannungen ist darauf zu achten, daß auch bei Regen ein Überspringen von Funken nach der Isolatorstütze verhindert ist.

Zur Befestigung der Glocken auf den Stützen dienen Hanf, Leinöl, Mennige, auch Asphalt oder Bleiglätte mit Glyzerin.

3) Als besondere Hilfsmittel gelten z. B. Leitern, Steigeisen, besonders herbeigeschaffte Werkzeuge und dgl. Als zugänglich im Sinne der Vorschriften sind auch noch solche Leitungen anzusehen, welche zwar nicht ohne weiteres mit der Hand, aber doch mit Hilfe von solchen Gegenständen erreichbar sind welche an dem fraglichen Ort üblicherweise gebraucht werden Unter Umständen genügen engmaschige Schutznetze zwischen den Fenstern, Altanen usw. und den Freileitungen, um letztere unzugänglich zu machen. Müssen Apparate, wie Ausschalter, Sicherungen und dgl., in erreichbarer Höhe angebracht werden, so sind sie durch verschließbare Schutzgehäuse unzugänglich zu machen. Die für Apparate an Freileitungen gegebenen Vorschriften beschränken sich auf den Schutz der Personen. Der Schutz der Apparate gegen Witterungseinflüsse ist nicht festgelegt. Vgl. hierüber § 23[5].

wehren.[4]) Bei Wegübergängen müssen die Leitungen einen angemessenen Abstand vom Erdboden oder einen geeigneten Schutz gegen Berührung erhalten.

1. Ungeschützte Freileitungen für Hochspannung sollen in der Regel mit ihren tiefsten Punkten mindestens 6 m von der Erde und bei befahrenen Wegübergängen mindestens 7 m von der Fahrbahn entfernt sein.[5])

c) Träger und Schutzverkleidungen von Freileitungen, die mehr als 750 V gegen Erde führen, müssen durch einen roten Blitzpfeil sichtbar gekennzeichnet sein.[6])

d) Leitungen, Schutznetze und ihre Träger müssen

---

4) Auf schrägen Dächern, Mauerkronen und ähnlichen Örtlichkeiten, die nicht ohne weiteres zugänglich sind, ist es zwar wünschenswert aber nicht unbedingt nötig, die Leitungen so hoch anzubringen, daß ein Berühren von jenen Orten aus unmöglich ist. Es muß aber dafür gesorgt sein, daß Personen, die dort zu tun haben, wie Bauhandwerker, gegen unmittelbare Gefahr durch zufälliges Berühren der Leitungen geschützt sind. Dies kann durch Verwendung von wetterfest isolierten Drahtstrecken, die auch in gutem Zustand zu erhalten sind, oder durch Abwehrschranken, die nach Bedarf mit Warnungschild versehen werden, geschehen.

5) Für Niederspannung ist außer der unter b) gegebenen allgemein gefaßten Bestimmung eine zahlenmäßige Mindesthöhe der Leitungen über dem Erdboden nicht festgelegt. Installationsleitungen im Freien sollen nach § 23[2] mindestens $2^1/_2$ m über dem Erdboden liegen. Bei Hochspannung ist entsprechend der größeren Lebensgefahr der zulässige Abstand von der Erdoberfläche genauer angegeben. Die vorzuschreibende Höhe ist dadurch begrenzt, daß höhere Masten dem Windbruch stärker ausgesetzt sind und beim Umfallen einen weiteren Umkreis gefährden. Die angegebene Höhe bezieht sich auf den tiefsten Punkt der Leitung selbst, nicht auf vorhandene Schutzdrähte oder Schutznetze.

6) Nach der ursprünglichen Abgrenzung der „Hochspannung" war der Blitzpfeil als Warnungszeichen nur für Spannungen von 1000 Volt und darüber vorgeschrieben. Die jetzige Festsetzung, daß er bei Spannungen von mehr als 750 Volt gegen Erde angebracht sein muß, ist nicht völlig konsequent, da das Bereich der „Hochspannung" im Sinne der Vorschriften schon beginnt, wo der Betrag von 250 Volt gegen Erde überschritten wird. Man fürchtete jedoch die Wirkung des Warnungszeichens abzuschwächen, wenn es schon bei der vielfach (z. B. bei elektrischen Bahnen) gebräuchlichen Spannung von etwa 400 Volt benutzt werden muß. Anderseits ist das Bedürfnis geltend gemacht worden, für besonders hohe Spannungen, wie 1000 Volt und darüber, eine besondere Kennzeichnung zu haben; es hat sich jedoch kein einfaches und einwandfreies Abzeichen hierfür finden lassen. Vielleicht empfiehlt es sich, bei jenen Spannungen den Blitzpfeil doppelt zu machen, oder die Spannung in Ziffern daneben zu schreiben. Schutznetze, Schutzrohre und dgl., die selbst nicht genügende Oberfläche zur Anbringung des Zeichens bieten, sind mit angehängten Tafeln zu versehen, welche das Zeichen aufnehmen. Natürlich genügt es bei längeren Leitungsstrecken, wenn das Zeichen in passenden Abständen, etwa an jedem Mast oder anderem Leitungsträger angebracht ist, und braucht alsdann auf den Schutznetzen usw. nicht wiederholt zu werden.

genügend widerstandsfähig (auch gegen Winddruck und Schneelast) sein.[7])

2. Die Ausführung und Bemessung von Freileitungen soll nach den „Normalien für Freileitungen" erfolgen.[8])

3. Freileitungen können mit größeren Stromstärken belastet werden, als der Tabelle im § 20¹ entspricht, wenn dadurch ihre Festigkeit nicht merklich leidet.[9]) [10])

---

7) Die Vorschrift des § 22d) ist ganz allgemein gefaßt. Die Einzelheiten ergeben sich aus den „Normalien", die gemäß Regel 2 im Sinne des § 1¹ Geltung haben. Über den Blitzschutz von Freileitungen ist in der jetzigen Fassung der Vorschriften nichts gesagt. Siehe hierüber die Anmerkung.[10])

8) Die Bemessung der Freileitungen bezüglich der Spannweite, des Durchhangs und des Materials der Drähte sowie des Aufbaues und der Stärke von Masten und anderen Trägern erfolgte früher vielfach nur auf Grund der Erfahrung und war keineswegs einheitlich geregelt. Erörterungen über die maßgebenden Grundsätze finden sich in ETZ 1902, S. 593; 1903 S. 37 u. 255; Z. f. Elektrot. (Wien) 1899, S. 199; 1906, S. 837. Die Normalien für Freileitungen sind zuerst 1907 aufgestellt und 1913 neu gefaßt worden. Sie sind im Anhang dieses Buches wiedergegeben und erläutert. Vergl. auch: ETZ 1913, S. 1155. Über Eisbelastung von Freileitungen siehe ETZ 1914, S. 453.

9) Die frei gespannten Drähte der Freileitungen können in der Regel die Stromwärme besser abgeben, als Leitungen, die an Wänden oder in Rohren verlegt sind, außerdem besteht bei ihnen auch weniger Gefahr, daß sie bei Überhitzung eine Entzündung veranlassen können. Sie dürfen daher stärker mit Strom belastet werden; meistens wird jedoch die Rücksicht auf den Spannungsverlust ein Überschreiten der im § 20 gesetzten Grenzen verbieten; außerdem ist zu beachten, daß durch stärkere Erwärmung einzelner Drähte ein ungleichmäßiger Durchhang und damit Berührung verschiedener Leitungen eintreten kann.

Wird von einer Freileitung ein Hausanschluß abgezweigt, so sind die Sicherungen so zu wählen, und anzubringen, daß die innerhalb des Hauses befindlichen Leitungen nicht über die Vorschrift des § 20 beansprucht werden. Vgl. § 14².

10) Die früheren Vorschriften enthielten die Forderung, Freileitungen den örtlichen Verhältnissen entsprechend durch Blitzschutzvorrichtungen zu sichern. Diese ist gestrichen worden, weil die Blitzgefahr, je nach dem Klima der einzelnen Gegenden, sehr verschieden groß ist, so daß es nicht möglich erscheint, allen Verhältnissen durch einfache und unbestrittene Regeln Rechnung zu tragen. Die Frage hängt auch mit dem Schutze gegen Überspannungen eng zusammen und wird zurzeit von vielen Seiten bearbeitet. Es ist jedoch im Interesse des Betriebes geboten, auf sachgemäßen Schutz gegen die Wirkungen atmosphärischer Entladungen und anderer Überspannungen Bedacht zu nehmen.

Ob es möglich ist, Schutzvorrichtungen so herzustellen und anzuordnen, daß sie bei allen denkbaren Arten von Blitzschlägen und anderen Entladungen unbedingt sicher wirken, ist noch unentschieden. Dagegen weiß man, daß es Vorrichtungen gibt, die bei wiederholten Entladungen wirksam bleiben und jahrelang in stark gefährdeten Betrieben jeden Schaden verhindert haben. ETZ 1906, S. 56 Sp. 2, S. 434.

e) Bei Freileitungen für Hochspannung müssen blanke Leitungen verwendet werden; wo ätzende Dünste

---

Es scheint, daß für Hochspannungsanlagen die Hörnerblitzableiter, namentlich in richtiger Verbindung mit Wasserwiderständen; für Niederspannung die mit magnetischer oder mechanischer Funkenlöschung die besten sind, während sich Scheiben-, Rollen- oder Platten-Blitzschutzvorrichtungen im allgemeinen weniger gut bewährt haben. Schrottke, ETZ 1908, S. 797, 798.

Bei ausgedehnten Leitungen werden die Blitzableiter auf der Strecke verteilt, besonders aber die Einführungsstellen damit ausgerüstet. In manchen Fällen hat es sich als nötig erwiesen, denselben Draht an mehreren nahe nebeneinander gelegenen Stellen mit Blitzschützern zu versehen. Zur Unterstützung der auf der Strecke verteilten Blitzableiter ist vielfach mit Erfolg ein über die Leitung gespanntes Stahlseil benutzt worden, das an vielen Stellen mit der Erde gut leitend verbunden ist.*) Auch hat man die Erfahrung gemacht, daß bei Dreileiteranlagen mit Freileitungen ein an vielen Stellen an Erde gelegter Mittelleiter einen wirksamen Schutz gegen Blitzgefahr bietet. Eine ständige Abführung der atmosphärischen Elektrizität nach der Erde wird auch dadurch erzielt, daß man alle Leitungen über sehr große induktionsfreie Widerstände an Erde legt. Z. f. Elektrot. (Wien) 1903, S. 572. Bei beiden zuletzt genannten Anordnungen ist jedoch auf die Störung benachbarter Telephonleitungen Rücksicht zu nehmen.

Bei Hörnerblitzschützern, die im Freien aufgestellt sind, kann durch Regen und Schnee vorübergehend Kurzschluß entstehen, sie können daher dort nicht so empfindlich eingestellt werden, wie die unter Dach angebrachten. Es empfiehlt sich daher, entweder neben den auf der Strecke verteilten noch besondere Vorrichtungen in den Stationen und Unterstationen einzubauen oder alle mit Schutzdach auszurüsten. Über hochempfindliche Relais-Blitzableiter siehe ETZ 1905, S. 485.

Drosselspulen, unmittelbar vor den zu schützenden Maschinen und Apparaten in die Leitung eingebaut, haben sich in zahlreichen, sicher nachgewiesenen Fällen als sehr wirksam bewährt. Nach Thomas (Trans. Am. Inst. El. Eng. Bd. 19, S. 189—240, 1902) werden zwischen die Drossel und die zu schützenden Apparate Kondensatoren angeschaltet, deren andere Belegung an Erde liegt.**)

Neben den atmosphärischen Entladungen sind auch Überspannungen zu beachten, die teils infolge derselben, teils infolge von Betriebsvorgängen, wie Ein- und Ausschalten, Abschmelzen von Sicherungen, Arbeiten der automatischen Schalter u. dgl. auftreten. Zum Teil werden sie bereits durch die Blitzschützer unschädlich gemacht. Doch zeigt die neuerdings gewonnene Erkenntnis ihres Wesens, daß sie nur dann erfolgreich zu bekämpfen sind, wenn die benutzten Hilfsmittel auch der Größe nach den besonderen Verhältnissen des zu schützenden Leitungsnetzes und der angeschlossenen elektrischen Einrichtungen angepaßt sind. Vgl. z. B. ETZ 1914, S. 610, S. 757.

In der Erdleitung der Blitzschutzvorrichtung sind Krüm-

---

*) Beispiel für 60000 V siehe ETZ 1908, S. 218, für 110000 V. ETZ 1909, S 328; 1911, S. 980; ferner 1914, S 1.

**) Weitere Einzelheiten siehe ETZ 1902, S. 456, 1019; 1903, S. 351; 1909 S. 1110; Z. f. Elektrot. Wien 1907, S. 753; besonders auch: Schrottke, ETZ 1908, S. 797; 1910, S. 443, 461; ferner ETZ 1910, S. 149, 461, 958, 1150; 1911, S. 549, 1023, 1244.

zu befürchten sind, ist ein schützender Anstrich gestattet.[11])

f) Bei Freileitungen für Hochspannung müssen Eisenmaste, Eisenbetonmaste oder ihre Isolatorenträger und die

mungen möglichst zu vermeiden; jedenfalls ist eine Häufung von Krümmungen der sicheren Abführung der Entladung hinderlich. Ob es wirklichen Vorteil bringt, die Erdleitung nahezu ohne Knick von der Betriebsleitung abzuzweigen, ist strittig. Vgl. ETZ 1901, S. 572.

Stets ist auf möglichst kleinen Übergangswiderstand an den Erdplatten Bedacht zu nehmen. Der Anschluß an Erde geschieht z. B. mit Hilfe von Kupferplatten, die in dauernd feuchtem Erdreich oder in Wasser liegen; auch die Hauptrohre großer Wasserleitungen geben gute Erde, mitunter ist man auch gezwungen, das Schienennetz einer Eisenbahn oder Straßenbahn als Erde zu benutzen. Können derartige Hilfsmittel nicht herangezogen werden, so muß man längere Strecken von Drahtseil oder Eisenband in die Erde eingraben, deren Oberfläche durch Umgeben mit festgestampften Koks vergrößert werden kann. Vgl. § 34. ETZ 1903, S. 434, N. 42.

Obwohl man sich so stets einen Erdübergang von geringem Widerstand zu verschaffen sucht, schaltet man manchmal künstliche Widerstände in diese Erdleitung ein. Hierin liegt nur ein scheinbarer Widerspruch, denn diese künstlichen Widerstände sind bekannt und kontrollierbar, während ein Übergangswiderstand zur Erde, der schon eine gewisse Größe hat, leicht bis ins Unkontrollierbare wachsen kann. Die künstlichen Widerstände haben den Zweck, den Kurzschlußstrom abzuschwächen, der von der Maschine durch die Erdleitung verläuft, sobald die Blitzentladung den Weg über die Funkenstrecke des Blitzableiters frei gemacht hat. Dies tritt namentlich dann ein, wenn die Blitzentladung an beiden Polen gleichzeitig auftritt, oder wenn ein Pol des Leitungsnetzes dauernd an Erde liegt, wie z. B. beim geerdeten Mittelleiter oder bei elektrischen Bahnen.

Um diesen Kurzschlußstrom abzuschwächen, wird auch von vielen Elektrikern Wert darauf gelegt, die Blitzschutzvorrichtung jedes einzelnen Pols der Leitung zu einer besonderen Erdplatte zu führen und diese in angemessener Entfernung voneinander in die Erde oder in das Wasser zu legen.

11) Isolierte Drähte für Freileitungen mit Hochspannung haben sich als unzweckmäßig erwiesen; zwar sind Isolierhüllen aus gutem Gummi bei sachgemäßer Behandlung für Spannungen bis etwa 10000 Volt mehrere Jahre lang brauchbar geblieben, doch fehlt eine umfassende Erfahrung, besonders für höhere Spannungen. Ferner sollen nach den Betriebsvorschriften die Hochspannungs-Leitungen, bevor Arbeiten an ihnen vorgenommen werden, kurz geschlossen und geerdet werden. Bei isolierten Leitungen würde dies nur nach umständlicher Entfernung der Isolierung möglich sein. Endlich soll es auch möglich sein, bei Unglücksfällen durch einen übergeworfenen Draht oder dgl. möglichst schnell und gefahrlos einen Kurzschluß herzustellen. Aus diesen Gründen sind bei Hochspannung im allgemeinen nur blanke Freileitungen zulässig. Isolierte Freileitungen sind dagegen bei elektrischen Bahnen (siehe Bahnvorschriften) und bei Niederspannung erlaubt. ETZ 1904, S. 1114 N. 116, 1909, S. 903. Isolierte Leitungen haben ferner den Nachteil, daß der Isolierstoff die Leitungen belastet und dem Schnee eine größere Auflagefläche bietet. Umgibt man die Isolierhülle von Leitungen noch mit

Ankerdrähte gut geerdet werden. Ferner müssen bei der Führung von Leitungen an Wänden und solchen Holzmasten, welche sich an verkehrsreichen Stellen befinden, Isolatorenstützen und Tragteile von Streckenschaltern, Kurzschließern usw. an die Erdleitung angeschlossen werden.[12] *Bei Holzmasten genügt in diesem Falle ein geerdeter Schutzring am Mast unterhalb der Leitung.*

g) In die Betätigungsgestänge von Schaltern an Holzmasten sind Isolatoren einzuschalten, wenn eine zuverlässige Erdung des Schalters nicht gewährleistet werden kann. In diesem Falle ist nicht das Gestell selbst, sondern das Betätigungsgestänge unterhalb der Isolatoren zu erden.[13]

---

einem weiteren Schutzmantel, indem man die Leitung etwa in Gestalt von Kabeln mit Bleimantel versieht, oder indem man sie in ein Rohr einzieht, so verlieren sie den Charakter der Freileitungen und brauchen auch nicht den übrigen Bestimmungen des § 22 zu genügen, dagegen kommen alsdann die §§ 21 u. 23 in Betracht.

Der Anstrich wird in der Regel unmittelbar auf die blanken Drähte aufgetragen. Man benützt Asphaltlack, Mennigefirnis, Emaillack, Parazit (ETZ 1914, S. 747) u. dergl. Auch liegen für einzelne Drahtsorten, deren Faserhülle mit geeigneten Stoffen angestrichen oder getränkt ist, günstige Erfahrungen vor.

12) Eisenmaste und Ankerdrähte können, wenn sie nicht gut geerdet sind, durch Elektrizitätsmengen, welche über die Isolatoren hinübersickern, geladen werden und bilden dann eine große Gefahr für Menschen; die Gefahr erhöht sich, wenn ein Isolator platzt oder der Draht sich vom Isolator löst oder sonstwie mit dem Mast in Berührung kommt. Alsdann kann auch bei ziemlich guter Erdung des Mastes, während der Strom in ihm verläuft, eine so hohe Spannungsdifferenz zwischen Mast und der ihn umgebenden Erde oder zwischen benachbarten Punkten der Umgebung auftreten, daß Menschen beschädigt werden. ETZ 1905, S. 279 N. 146. Das Gleiche gilt für die Erdleitung von Blitzschutzvorrichtungen im Falle, daß die Funkenstrecke etwa durch Schnee, Eis oder fremde Körper überbrückt ist, sowie während des Überganges der atmosphärischen Entladungen. Ankerdrähte, die an Außenwänden von Gebäuden befestigt waren, haben gelegentlich die Spannung der Betriebsleitung auf die metallischen Gebäudeteile übertragen, so daß beim Betreten eiserner Treppen Schläge verspürt wurden. Über Art der Erdung siehe § 3 S. 22 unter [11]) und ETZ 1904, S. 1115 N. 129.

13) Es gibt viele Örtlichkeiten, an denen eine gute Erde nicht erreichbar ist; auch ein besonderer, die Maste einer Freileitung verbindender Erdungsdraht, der an entfernter Stelle gute Erde findet, reicht nicht immer aus, um alle Ströme, die ungünstigenfalls auftreten können, gefahrlos abzuführen. Alsdann muß an Stelle der Erdung oder neben ihr die Isolierung derjenigen Teile, die der Berührung zugänglich sind, helfend eingreifen. In die Griffstangen und Ankerdrähte werden Isolatoren eingeschaltet, Eisenmaste mit Holz umkleidet. Abspannisolatoren werden zweckmäßig aus Stoffen hergestellt, die weniger zerbrechlich sind als Porzellan, das häufig unter Steinwürfen leidet.

Ankerdrähte von Holzmasten sind zu erden oder mit zuverlässigen Abspannisolatoren über Reichhöhe zu versehen.

h) Bei parallel verlaufenden oder sich kreuzenden Freileitungen, die an getrenntem oder gemeinsamem Gestänge geführt sind, sind die Drähte so zu führen oder es sind Vorkehrungen zu treffen, daß eine Berührung der beiden Arten von Leitungen miteinander verhütet oder ungefährlich gemacht wird (siehe auch § 4 a).[14])

i) Fernmelde-Freileitungen, die an einem Freileitungsgestänge für Hochspannung geführt sind, müssen so eingerichtet sein, daß gefährliche Spannungen in ihnen nicht auftreten können, oder sie sind wie Hochspannungsleitungen zu behandeln. Fernsprechstellen müssen so eingerichtet sein, daß auch bei Berührung zwischen den beiderseitigen Leitungen eine Gefahr für die Sprechenden ausgeschlossen ist.[15])

---

14) Im allgemeinen empfiehlt es sich, getrennte Gestänge zu verwenden, die etwa auf verschiedenen Seiten der Straße geführt werden. Auch dann ist die Möglichkeit zu beachten, daß durch Wind oder Schneedruck eine der Leitungen samt ihrem Gestänge sich neigt oder niedergerissen wird. Dies muß durch reichliche Bemessung der Gestänge und ihres Abstandes, durch zweckmäßige Verankerung, namentlich an den Kurven und Ecken, sowie durch regelmäßige Beaufsichtigung verhindert werden. Sowohl bei getrennten wie auch bei gemeinsamem Gestänge kann eine besonders kräftige und sorgfältige Ausgestaltung der ganzen Leitungsanlage (kleiner Mastabstand, mehrfache Befestigung der Leitungen usw.), sowie auch die Verwendung selbsttätiger Ausschalter herangezogen werden, um die Berührung der Leitungen zu verhüten oder ungefährlich zu machen.

Bei Kreuzungen von zwei oder mehreren Freileitungen werden Schutzdrähte oder Schutznetze (siehe Regel 5) benutzt oder aber, was neuerdings für richtiger und sicherer gehalten wird, man verstärkt das Gestänge und die Leitung derart und sichert die Aufhängung durch so umfassende Maßnahmen, daß ein Bruch auch unter den denkbar ungünstigsten Verhältnissen ausgeschlossen erscheint. Für die Kreuzung von Starkstromleitungen mit Eisenbahngleisen und deren Telegraphenleitungen, sowie mit den Telegraphen- und Fernsprechleitungen der Post sind Leitsätze vereinbart, die gewisse Ausführungsformen und Abmessungen empfehlen. Siehe am Schlusse dieses Buches: „Anhänge".

15) Vgl. § 21 o) Daß in Fernsprechleitungen, die mit Hochspannungsleitungen am selben Gestänge geführt sind, unerwartet hohe Spannungen auftreten können, ist von Schrottke, ETZ 1907, S. 685 und 707 nachgewiesen.

Diese rühren nicht etwa nur von übergesickerten Ladungen her, sondern beruhen der Hauptsache nach auf Influenz. Sie sind durch Verdrillung der Leitungen gegeneinander nicht zu bekämpfen, weil im Falle eines Erdschlusses in einer der Leitungen die geschaffene Symmetrie zerstört wird. Als Schutz gegen die Influenzwirkung kann die Vergrößerung der Erdkapazität der influierten Leitungen gelten. Leitungen, die nur

4. Fernmelde-Freileitungen sollen entweder auf besonderem Gestänge oder bei gemeinsamem Gestänge in angemessenem Abstand unterhalb der Starkstromleitungen verlegt werden.

k) Wenn eine Hochspannungsleitung über Ortschaften, bewohnte Grundstücke und gewerbliche Anlagen geführt wird, oder wenn sie sich einem verkehrsreichen Fahrweg so weit nähert, daß die Vorüberkommenden durch Drahtbrüche gefährdet werden können, müssen die Leitungsdrähte entweder so hoch angebracht werden, daß im Falle eines Drahtbruches die herabhängenden Enden mindestens 3 m vom Erdboden entfernt sind, oder es müssen Vorrichtungen angebracht werden, die das Herabfallen der Leitungen verhindern oder welche die herabgefallenen Teile selbst spannungslos machen, oder es müssen innerhalb der fraglichen Strecke alle Teile der Leitungsanlage mit entsprechend erhöhter Sicherheit ausgeführt werden.[16])

---

streckenweise mit den Hochspannungsleitungen parallel laufen, schützen sich durch ihre größere Erdkapazität gewissermaßen selbst. Geerdete Schutzdrähte in der Nähe der gefährdeten Leitungen wirken nur dann ausreichend, wenn mehrere oder ganze Netze angeordnet werden. Als wirksamstes Hilfsmittel ist das Führen der Fernsprechleitungen in Kabeln anzusehen. Die Fernsprechanlage wird dadurch nicht wesentlich verteuert, wenn das Fernsprechkabel am Hochspannungsgestänge aufgehängt wird.

Sind derartige Hilfsmittel nicht in sicher wirksamem Maße benutzt, so hat man die Berührung der Fernsprechleitungen ebenso zu vermeiden, wie die der Leitung für Hochspannung. Namentlich ist sie nach § 22 b) und Regel 2 in ausreichender Höhe anzubringen. Ihre Berührung mit anderen, insbesondere mit Niederspannungsleitungen ist auszuschließen (§ 4). — An den Fernsprechstellen sind Isolierstände vorzusehen, Hör- und Sprechteile sowie die Griffe der Anrufkurbeln aus Isolierstoff zu bauen und Spannungssicherungen zwischen Leitung und Sprechstelle einzubauen. Siehe Regel 4.

16) Wenn die Enden der gebrochenen Drähte noch 3 m vom Erdboden entfernt bleiben sollen, so müssen die Maste um 3 m höher sein, als die Entfernung zwischen zwei benachbarten Masten. Dies kann nur bei sehr kleinen Mastabständen durchgeführt werden, ist aber trotzdem oft das einfachste Hilfsmittel, nämlich dann, wenn es sich um Sicherung eines schmalen Weges handelt.

Um das Herabfallen der Leitungen beim Bruch der Leitungen oder der Isolatoren zu verhindern, benutzte man früher kräftige, auf der ganzen Strecke in ansehnlicher Breite angeordnete Fangnetze. Diese sind schwerfällig, kostspielig und werden leicht selbst Ursache einer Gefahr. Ein Hilfsmittel, um die herabfallenden Teile spannungslos zu machen, ist die Gouldsche oder Hessesche Sicherheitsaufhängung (ETZ 1901, S. 637 u. 979); sie bewirkt, daß der gebrochene Draht sich aus dem Zusammenhang mit der Leitung löst und spannungslos herabfällt. Damit der fallende Draht nicht an andern Drähten derselben oder einer kreuzenden Leitungsstrecke hängen bleiben kann, darf der so geschützte Draht nicht über einer andern Leitung angebracht sein; auch der horizontale Abstand von anderen

5. Schutznetze für Hochspannungsleitungen sollen so gestaltet oder angebracht sein, daß sie auch bei starkem Winde mit den Hochspannungsleitungen nicht in Berührung kommen können und einen gebrochenen Draht mit Sicherheit abfangen.

Sie sollen, wo sie nicht geerdet werden können, der höchsten vorkommenden Spannung entsprechend isoliert sein.[17])

Leitungen ist reichlich (mindestens 30 cm) zu bemessen. Ein anderes Mittel sind Erdungsbügel, die an den Masten neben jeder Leitung oder an einer Gruppe von solchen derart angeordnet sind, daß die fallenden Drähte den Bügel berühren und so Erdschluß bekommen, der eine in der Leitung vorhandene Sicherung zur Wirkung bringt, so daß die Leitung stromlos wird. Die sichere Wirkung der Erdungsbügel erscheint nicht überall gewährleistet, weil sie unter Umständen den Draht durchschneiden, ohne daß die Erdung zuverlässig eintritt. Daß eine genügend gute Erdung nicht immer durchführbar ist, wurde S. 22 auseinandergesetzt. Der in Frankreich verwendete Apparat Giraud begegnet dieser Schwierigkeit dadurch, daß ein beim Bruch der Leitung bewegter Hebel mit der Leitung des andern Pols Kurzschluß bildet und so einen selbsttätigen Ausschalter auslöst.

Neuerdings strebt man dahin, durch besonders kräftige Gestaltung der ganzen Leitungsanlage den Bruch von Leitung und Gestänge auszuschließen. Hierzu dient unter anderem die Kettenaufhängung der Leitung an einem besonderen Tragdraht oder die Verdoppelung der Leitung nach Ulbricht El. Kr. u. B. 1910, S. 307 oder ihre Befestigung an zwei bis drei Isolatoren an jedem Stützpunkt nach Klingenberg. Werden die wirksamen Kräfte auf Grund der Normalien über Freileitungen richtig in Rechnung gesetzt, so kann durch entsprechende Vergrößerung der als nötig ermittelten Stärke eine hinreichende Sicherheit geboten werden. Vgl. ETZ 1906, S. 55 Sp. 1 und besonders ETZ 1909, S. 903 (Ausführungsbeispiel).

Für Fuß- und Feldwege außerhalb von Ortschaften sind die genannten Schutzmaßnahmen nicht gefordert. ETZ 1904, S. 1113 N. 108; 1905, S. 279 N. 144b; 1910, S. 1322 N. 233.

17) Zur Herstellung von S c h u t z n e t z e n verwendet man z. B. Stahldraht, wobei die Längsdrähte mit 2,5 bis 3 mm Durchmesser, die Querdrähte als 2 mm Stahl- oder 2,5—3 mm Eisendraht in Abständen von 1 m angeordnet werden. Die Querdrähte dürfen nicht zu stark sein, damit sie nicht die Längsdrähte zu stark belasten und nicht durch ihr Gewicht eine seitliche Einschnürung des Netzes hervorrufen. Bei größeren Abmessungen sind Drahtseile zu verwenden. Oft ist ein Gitter aus Gasrohr und dgl. dem Drahtnetz vorzuziehen.

Bei Herstellung der Schutznetze ist es wichtig, deren Schwingungsdauer nach der der Leitungen abzustimmen, damit beim Schwingen im Wind keine Berührung zwischen Leitung und Schutznetz eintreten kann.

Bei Benützung von Eisenmasten ist das Schutznetz in der Regel zu erden (§ 22 f). Ist ein Maschinenpol geerdet, so ist das geerdete Schutznetz mit diesem Pol in leitende Verbindung zu bringen, damit beim Herabfallen der spannungführenden Drähte ein möglichst vollständiger Kurzschluß entsteht, der die Sicherungen auslöst. Wird das Schutznetz isoliert, so geschieht dies mit Hochspannungsisolatoren; dabei ist es so hoch zu legen, daß es nicht berührt werden kann.

6. Bei Winkelpunkten von Hochspannungsleitungen sollen die Leitungen an zwei Isolatoren mit Sicherheitsbügel abgespannt werden, die beim Bruch von Isolatoren das Herabfallen der Leitungen verhindern.[18])

l) Hochspannungs-Freileitungen zur Versorgung ausgedehnter gewerblicher Anlagen, größerer Anstalten, Gehöfte und dergleichen müssen während des Betriebes streckenweise spannungslos gemacht werden können.[19])

7. Dies soll auch bei Ortschaften den örtlichen Verhältnissen entsprechend beachtet werden.

§ 23.

Installationen im Freien.[1])

a) Im Freien verlegte Leitungen müssen abschaltbar sein.[2])

---

18) Die beiden Isolatoren können hinter- oder nebeneinander sitzen.

19) In Ortschaften kann es vorkommen, daß z. B. bei Schadenfeuer mit hohen Leitern und ähnlichen Geräten hantiert werden muß. In solchen Fällen muß die Leitung ausgeschaltet werden. Auch bei Unfällen an den elektrischen Einrichtungen kann dies nötig sein. Die Ausschalter oder Kurzschließer sind in solcher Zahl und an solchen Punkten (Wegkreuzungen u. dgl.) anzuordnen, daß sie im Notfall innerhalb angemessener Zeit erreicht werden können. Die zuständigen Organe, Feuerwehren, Ortsbehörden, sind über die Lage und Handhabung der Ausschalter zu unterrichten. ETZ 1905, S. 279 N. 144a.

Über Gefährdung der Feuerwehr durch Anspritzen von Hochspannungsleitungen vgl. ETZ 1903, S. 478.

§ 23. 1) Installationen im Freien sind seit d. J. 1907 in den Vorschriften besonders behandelt. Zur Beleuchtung von Gärten, Anlagen, Höfen, Bauplätzen, zum Antrieb von Kranen, Aufzügen, Hängebahnen und anderen Motoren in Fabrikhöfen und landwirtschaftlichen Gütern, als Reklameschilder auf Dächern und an der Außenwand von Gebäuden kommen sie in immer größer werdenden Umfange vor. Vielfach sind Zweifel darüber entstanden, in welcher Weise sie auszuführen seien. Sie unterliegen anderen Bedingungen als die im § 22 behandelten Freileitungen. Diese sind vorzugsweise längere Linien und befinden sich vielfach auf öffentlichem oder auf fremdem Grund und Boden. Deshalb ist für die Freileitungen das öffentliche Interesse in erster Linie maßgebend, während die Installationen im Freien mehr innerhalb von Privatgrundstücken vorkommen, daher auch in höherem Maße dem Eingriff Unbefugter entzogen sind und leichter überwacht und bedient werden können. Bei den Installationen im Freien handelt es sich auch nicht nur um die Leitungen, sondern ebensosehr um Fassungen, Schalter u. dgl. Immerhin gehen beide Arten von Einrichtungen ineinander über, weshalb zu ihrer Unterscheidung im § 2 c) die Entfernung der Stützpunkte herangezogen ist. Selbstverständlich wird eine Freileitung, die sich ihrem übrigen Zweck und Wesen nach als solche kennzeichnet, nicht dadurch von den für sie gültigen Vorschriften befreit, daß man etwa auf bestimmten Strecken ihre Stützpunkte auf 20 m zusammenrückt.

2) Da die Installationen im Freien den Witterungseinflüssen

b) Im Freien ist die feste Verlegung von ungeschützten Mehrfachleitungen unzulässig.[3])

c) Träger und Schutzverkleidungen von Hochspannungsleitungen im Freien, die mehr als 750 V gegen Erde führen, müssen durch einen roten Blitzpfeil sichtbar gekennzeichnet sein.[4])

1. Bei im Freien offen verlegten Leitungen ist der Schutz gegen Berührung besonders zu beachten.[5])

2. Ungeschützte Niederspannungsleitungen im Freien sollen so verlegt werden, daß sie ohne besondere Hilfsmittel nicht berührt werden können, sie sollen jedoch mindestens $2^1/_2$ m vom Erdboden entfernt sein.[6])

3. Ungeschützte Hochspannungsleitungen im Freien sollen in der Regel mit ihrem tiefsten Punkt mindestens 6 m von der Erde entfernt sein.

---

sowie allerlei mechanischen Angriffen in höherem Maße ausgesetzt sind, als die Hausinstallationen oder die Kabelnetze, mit denen sie zusammenhängen, so ist es geboten, sie abschaltbar zu machen. Man kann dann die entstandenen Fehler leichter aufsuchen und verbessern und die von den Fehlern verursachten Störungen und Stromverluste während der Zeit, wo die Installation im Freien außer Betrieb ist, vom übrigen Teil der Anlage fernhalten. Das Abschalten wird meistens durch besondere Schalter geschehen, doch kann es auch mittels bequem herausnehmbarer Sicherungen oder Trennstücke erfolgen.

3) Mehrfachleitungen in Gestalt von verdrillten oder verflochtenen Drähten und Schnüren sind gegen verschiedene schädliche Einflüsse weniger widerstandsfähig als getrennt geführte oder in einem Rohr nebeneinander gelegte einfache Leitungen. Die Feuchtigkeit kann sich zwischen den Leitungen leicht festsetzen. Bei Schnüren können einzelne der feinen Drähte brechen und mit ihren Enden die Hüllen durchbohren, so daß Kurzschluß entsteht. Die geringere Steifigkeit gibt zu größerem Durchhang und somit zum Schwingen und Scheuern an Befestigungsmitteln und anderen Gegenständen, auch zum Fangen und Verwickeln mit Besen, Vorhangschnüren, Werkzeugen Anlaß Bei Drähten, die gemeinsam in einem Rohre liegen, ebenso bei mehradrigen Kabeln und mit Bleimantel versehenen Panzerdrähten fallen diese Bedenken weg. Diese sind daher durch § 23 b) nicht verboten. ETZ 1910, S. 196 N. 220.

4) Siehe § 22 c) unter [6]), S. 106.

5) Vgl. § 3, § 10 c), § 11 c), § 21 a), b), c), d). Der Schutz ist wichtig, weil Leitungen und Apparate durch die Witterung schadhaft und dadurch gefährlich werden können und weil im allgemeinen ein größerer Kreis von Personen in Betracht kommt als in Gebäuden. Anlagen an öffentlichen Plätzen, in Wirtsgärten u. dergl. sind besonders sorgsam zu schützen.

6) Die unter [5]) erwähnten Schutzmaßnahmen sind durch die Regel 2 noch weiter verschärft. Diese gilt auch für Kontaktleitungen ETZ 1911, S. 743, N. 238. Hiernach ist auch bei Niederspannung nicht nur im Handbereich, sondern soweit überhaupt die Leitung zugänglich ist, ein Schutz durch Rohre, Latten oder dgl. geboten. Es empfiehlt sich, die Installationen tunlichst nicht an solchen Stellen anzubringen, die dem Verkehr stark ausgesetzt sind. Unter Umständen wird man durch Schranken, Warnungstafeln usw. das Herankommen an die Installation erschweren.

4. Wenn bei Fahrleitungen die in Regel 2 und 3 genannten Maße nicht eingehalten werden können oder die Fahrleitungen lose auf Stützpunkten ruhen müssen, so sollen den Betriebsverhältnissen entsprechend Vorsichtsmaßregeln getroffen werden.[7])

5. Apparate sollen tunlichst nicht im Freien untergebracht werden; läßt sich dies nicht vermeiden, so soll für besonders gute Isolierung, zuverlässigen Schutz gegen Berührung und gegen schädliche Witterungseinflüsse Sorge getragen werden.[8])

§ 24.

Leitungen in Gebäuden.

a) Innerhalb von Gebäuden müssen alle gegen Erde unter Spannung stehenden Leitungen mit einer Isolierhülle im Sinne des § 19 versehen sein.

Nur in Räumen, in denen erfahrungsgemäß die Isolierhülle durch chemische Einflüsse rascher Zerstörung ausgesetzt ist, ferner für Kontaktleitungen und dergleichen dürfen blanke spannungführende Leitungen Verwendung finden, wenn sie vor Berührung hinreichend geschützt sind.[1])

b) Bei Hochspannung sind ungeerdete blanke Leitungen außerhalb elektrischer Betriebs- und Akkumulatorenräume nur als Kontaktleitungen gestattet. Sie müssen

---

7) Bei Hängebahnen in Fabrikhöfen und bei ähnlichen Einrichtungen fordern manchmal die Betriebszwecke ein Abweichen von den genannten Maßen. Derartige Einrichtungen müssen auch gelegentlich mit größeren Spannweiten als 20 m ausgeführt werden und können trotzdem gemäß ihrer Zweckbestimmung den Vorschriften für Freileitungen nicht unterworfen werden.

8) Gegen Verwitterung ist Anstrich mit wetterfesten Farben zu empfehlen; er ist nach Bedarf zu erneuern. Überhaupt ist im Freien öftere Nachprüfung und Instandhaltung aller Einrichtungen unerläßlich.

§ 24. 1) Grundsätzlich sind in Gebäuden, ebenso auch in Bergwerken, geschlossenen Höfen u. dergl., abgesehen von geerdeten Leitungen, nur isolierte Leitungen zu verwenden, weil blanke Leitungen zu Unfällen durch Berührung mit Werkzeugen, Werkstücken und andern Gegenständen Anlaß geben. Auch in Ställen, Scheunen, Kellern usw. sind blanke Leitungen zu vermeiden. Gegen Feuchtigkeit und chemische Angriffe können meistens auch isolierte Leitungen durch Anstrich geschützt werden. Unvermeidlich sind blanke Leitungen, wenn sie als Fahrleitungen dienen, sowie in solchen Betrieben, wo sie großer Hitze ausgesetzt sind, z. B. bei großen elektrischen Öfen, ferner als Bestandteile von Schaltanlagen, wie Sammelschienen u. dergl.

Bei Hochspannung ist ihre Verwendung noch weiter eingeschränkt. (§ 24b).

Über Verlegung und Schutz geerdeter blanker Leitungen vgl. § 21 d) unter [9]) S. 93.

an geeigneter Stelle mit Schalter allpolig abschaltbar sein Für Fahrleitungen gilt § 23ⁱ.[2])

c) Bei Abzweigstellen muß den auftretenden Zugkräften durch geeignete Anordnungen Rechnung getragen werden.[3])

---

2) Während bei Freileitungen für Hochspannung die blanke Leitung durch § 22 e) vorgeschrieben ist, ist ihre Verwendung in Gebäuden auf das Notwendigste beschränkt. Die Isolierhülle wird dem, der durch Zufall mit der Hochspannungsleitung in Berührung kommt, zwar keinen absoluten Schutz gewährleisten, aber immerhin unter normalen Verhältnissen, wenn sie den Witterungseinflüssen entzogen ist, die Gefahr erheblich herabsetzen. Nach § 3 b) und § 21 a) und b) müssen die Leitungen für Hochspannung, auch wenn sie eine Isolierhülle tragen, durch ihre Lage oder durch Verkleidung der Berührung entzogen und gegen mechanische Beschädigung geschützt sein.

3) Die Entlastung der Abzweigstellen geschieht durch Befestigungsmittel (Isolierglocken, Rollen etc.), die in unmittelbarer Nähe der Verzweigung so angeordnet werden, daß sie den abgezweigten Teil tragen, ohne die Hauptleitung aus ihrer Lage zu bringen. Am einfachsten ist es, die Abzweigungen nur an den Befestigungsstellen der Hauptleitung selbst vorzunehmen. Ist die Leitung und die Abzweigleitung in Rohren verlegt, so daß beide Teile auf ihrer ganzen Länge gestützt und überhaupt nicht gespannt werden, so entfällt natürlich die Notwendigkeit einer Entlastung. Dagegen ist die Entlastung von Zug besonders auch beim Anschluß von Schnurpendeln (§ 18 c) und von transportablen Stromverbrauchern zu beachten, welch letztere nach § 21 l) mittels Steckkontaktes oder dgl. zu erfolgen hat.

Stromverbraucher, die nicht transportabel, wohl aber beweglich, d. h. mittels biegsamer Leitung angeschlossen werden, wie Webstuhllampen, Kulissenwagen, auch schwenkbare Wandarme usw. sind in ihrer Bewegungsfreiheit zu begrenzen und die biegsamen Leitungen genügend lang zu wählen. Auch gegen das Zerren an etwa sich bildenden Schleifen der Zuleitungen ist ihr Anschluß an die Stromklemmen zu sichern wie nach § 18 c) bei hängenden Beleuchtungskörpern, vgl. auch § 18ⁱ.

Beim Gebrauch der Steckkontakte (§ 13) begegnet man oft einem leider sehr beliebten, aber durchaus fehlerhaften Verfahren, darin bestehend, daß beim Abschalten beweglicher Apparate von der Anschlußdose die Leitungsschnur ergriffen und so lange an ihr gezogen wird, bis sich der Stecker aus seinen Federn löst. — Da aber auch unbeabsichtigterweise durch die Handhabung der beweglichen Apparate (Kochapparate, Tischlampen, Plätteisen) vielfach Zug auf die Leitungsschnüre geübt wird, so ist es nötig, die Anschlüsse so zu gestalten, daß die Kupferlitze selbst entlastet wird (§ 13a). Zu diesem Behufe kann die Umklöppelung oder noch besser eine besondere mit der Litze verflochtene Trageschnur an beiden Ende so befestigt werden, daß sie den Zug aufnimmt (vgl. auch § 18 c). Es existieren Anschlußdosen, welche das oben erwähnte mißbräuchliche Verfahren dadurch verhindern, daß sie nach Art eines Bajonettverschlusses gebaut sind. Um die zum An- und Abschalten erforderliche Drehung auszuführen, muß man den Knopf selbst erfassen, und der schlechten Gewohnheit, an der Schnur zu ziehen, wird so entgegengearbeitet. Auch kann der Stecker durch einen Schalter verriegelt sein, was bei Hochspannung Vorschrift ist (§ 13 d).

d) Durch Wände, Decken und Fußböden sind die Leitungen so zu führen, daß sie gegen Feuchtigkeit, mechanische und chemische Beschädigung sowie Oberflächenleitung ausreichend geschützt sind.[4])

1. Die Durchführungen sollen entweder der in den betreffenden Räumen gewählten Verlegungsart entsprechen, oder es sollen haltbare isolierende Rohre verwendet werden und zwar für jede einzeln verlegte Leitung und für jede Mehrfachleitung je ein Rohr.[5])

In feuchten Räumen sollen entweder Porzellan- oder gleichwertige Rohre verwendet werden, deren Gestalt keine merkliche Oberflächenleitung zuläßt, oder die Leitungen sollen frei durch genügend weite Kanäle geführt werden.[6])

---

4) Nach Regel 1 sind alle Durchführungen, sofern sie nicht in weiten Kanälen oder mittels Kabel bewerkstelligt werden. mit Hilfe von Rohren auszuführen. Porzellan-, Papier-, Eisenrohre mit isolierender Einlage sind zulässig. Ungeschützte Papier- und Hartgummirohre gewährleisten nicht immer die geforderte Haltbarkeit, namentlich nicht bei Durchgängen durch Fußböden. Es ist demnach unter anderm durchaus verboten, Tür- oder Fensterrahmen, Holzwände, Schalttafeln, usw. einfach zu durchbohren und die Drähte durch das enge Loch ohne weiteres hindurchzuführen; stets sind Führungen einzusetzen, welchen man passend abgerundete Enden gibt, um das Scheuern des Drahtes an den Rohrkanten zu vermeiden.

5) Wo die Drähte einzeln verlegt sind, sollen sie nicht durch ein gemeinsames Rohr, sondern mittels getrennter Rohre durch Wände und Decken geführt werden, damit nicht die ohnehin stärker gefährdete Stelle des Durchgangs auch noch eine weniger gute Verlegungsart aufweist, als die übrigen Strecken. Dagegen ist es z. B. zulässig, die Steigleitungen völlig in Rohren zu verlegen, die Verteilungsleitungen in den einzelnen Stockwerken dagegen offen. Vergl. ETZ 1896, S. 683; 1902, S. 689. Beim Übergang getrennter Leitungen in Mehrfachleitung benutzt man zur Durchführung gegabelte Rohre so, daß die Mehrfachleitung das Rohr durchsetzt. ETZ 1910, S. 1322 N. 227.

Es empfiehlt sich, die Rohre an einem oder an beiden Enden abzudichten um eine mit Abscheidung von Kondenswasser verbundene Luftzirkulation zu verhindern. Auch wird so verhütet, daß bei wiederholtem Tünchen der Wände der freie Raum zwischen Rohrwand und Drahtleitung mit Kalk ausgefüllt wird, der die Drähte angreift. Das Abdichten geschieht am besten mit Isoliermasse.

Leitungen für sehr hohe Spannungen werden aus dem Freien in Gebäude zweckmäßig mittels weiter Durchbrechungen eingeführt, in denen durchbohrte Glasscheiben sitzen. ETZ 1906, S. 56, Sp. 1. Einführungen mittels Hochspannungsisolator siehe ETZ 1907, S. 865; 1911, S. 1006.

6) In feuchten Räumen geben enge Rohre und Durchlässe leicht zu dauernden Ansammlungen von Wasser Anlaß, das oft chemisch wirksame Stoffe enthält, die die Leitung angreifen; außerdem kann es über die Oberfläche des Rohres hinweg eine Stromableitung zur Wand und Erde vermitteln, wenn nicht, wie vorgeschrieben, die Enden der Rohre als Isolierglocken ausgebildet sind. Metallrohre mit isolierender Einlage und glockenförmigen Endstücken aus Porzellan sind im Handel zu haben.

Über Fußböden sollen die Rohre mindestens 10 cm vorstehen; sie sollen gegen mechanische Beschädigung sorgfältig geschützt sein. *Bei Hochspannung sollen die Rohre außerdem an Decken und Wandflächen mindestens 5 cm vorstehen.*[7])

§ 25.

Isolier- und Befestigungskörper.

a) Holzleisten sind unzulässig.[1])

b) Krampen sind nur zur Befestigung von betriebsmäßig geerdeten Leitungen zulässig, wenn dafür ge-

---

7) An der Durchgangsstelle durch Fußböden sind die Leitungen der Gefahr, beschädigt zu werden, besonders stark ausgesetzt. Auch eindringendes oder an den Leitungen entlang laufendes Wasser ist zu fürchten. Hier wird man zerbrechliche Rohre aus Glas oder dünnem Porzellan, sowie spröde Hartgummirohre oder ungeschützte Papierrohre vermeiden, oder sie nochmals besonders schützen.

Wenn weite Kanäle, in denen dieselbe Verlegungsart beibehalten werden kann, wie in den durch die Kanäle verbundenen Räumen, in Rücksicht auf die gute und gleichmäßige Isolation den engen Durchführungsrohren vielleicht vorzuziehen sind, so sei doch nicht unerwähnt, daß sie schon bei ausgebrochenem Schadenfeuer dessen Ausbreitung von einem Stockwerk zum andern erleichtert oder veranlaßt haben. Man wird daher bei Deckendurchgängen in der Wahl der Abmessungen solcher Kanäle eine gewisse Vorsicht üben müssen.

§ 25. 1) Es ist bekannt, daß Holzleisten schon sehr vielfach zu Brandfällen Anlaß gegeben haben. Obwohl diese Art der Verlegung, welche sich rasch ausführen läßt und die Drähte gegen Verletzungen schützt, eine Zeitlang sehr verbreitet war, so hat sich doch nach und nach ein ernstes und wohlbegründetes Mißtrauen gegen ihre weitere Anwendung festgesetzt, und schon vor Jahren sind die Holzleisten von einzelnen Elektrizitätswerken, wie z. B. von den Berliner E. W., auf Grund schlechter Erfahrungen verboten worden. Da in der Folge ihre Verwendung auch anderwärts erheblich eingeschränkt worden ist und bessere Verlegungsarten ausgebildet worden sind, so konnte bereits bei der ersten Aufstellung dieser Vorschriften im Jahre 1895 die Anwendung der Holzleisten gänzlich untersagt werden, ohne eine Störung der Installationstechnik befürchten zu müssen. Auch in der Folge hat sich ein begründetes Bedürfnis für den Gebrauch der Holzleisten nicht geltend gemacht. Die gelegentlich für ihre Wiedereinführung vorgebrachten Gründe haben sich bei wiederholter sorgfältiger Prüfung durch die zuständige Komm. d. V. D. E. nicht als stichhaltig erwiesen.

Die Gefährlichkeit der Holzleisten beruht in folgendem: Sie werden fast ausschließlich aus leichten weichen Holzarten hergestellt, welche die Feuchtigkeit begierig aufsaugen und festhalten. Unterstützt durch die löslichen Bestandteile des Holzes und die bei der Fäulnis entstehenden Stoffe greift die Feuchtigkeit die Isolierhülle der Drähte und letztere selbst an; es bilden sich u. a. Kupfersalze, welche das Holz leitend machen, so daß sich ein vom Draht über und durch die Holzleiste nach der Erde verlaufender Strom ausbildet, der unter Umständen die weitere Zerstörung des Drahtes unterstützt. Schließlich wird entweder der teilweise zerfressene Draht so schwach, daß er auch durch den

sorgt ist, daß der Leiter weder mechanisch noch chemisch durch die Art der Befestigung beschädigt wird.[2])

---

normalen Strom zum Glühen kommt und, ohne daß die zugehörige Bleisicherung in Wirkung tritt, die Leiste in Brand setzt, oder es bildet sich zwischen den beiden Poldrähten ein durch das zersetzte und imprägnierte Holz gehender Strom aus, welcher die zu mittelmäßigen Leitern gewordenen Holzteile zum Glühen bringt.

Mehrfach ist beobachtet worden, daß solche Brandfälle auch in scheinbar trockenen Räumen dadurch entstanden sind, daß die die Leiste tragende Wand oder Decke vorübergehend an einer beschränkten Stelle feucht wurde, indem z. B. eine in der Wand verlaufende Wasserleitung leckte oder indem von einem über der Leitung befindlichen Stockwerke her Wasser durch die Decke sickerte, oder wenn infolge einer Undichtheit in der Bedachung Regen- und Schneewasser eindrang. Als besonders gefährlich hat sich die mit Tapete überzogene Holzleiste erwiesen, da sie das Wasser aus der Mauer aufnimmt, ohne es an ihrer Oberfläche wieder verdunsten zu lassen. Bedenkt man außerdem, daß die Holzleiste häufig dazu benutzt wurde, um einen zu irgend welchen häuslichen Zwecken dienenden Nagel oder Haken aufzunehmen, welcher bei schiefer Stellung Kurzschluß verursachte, so ergibt sich eine ungezwungene Erklärung der außerordentlich großen Zahl von Fällen, in welchen Brandschäden an Holzleisten ihren Ausgangspunkt genommen haben.

Man hat versucht, die Leisten mit fäulniswidrigen Stoffen oder mit solchen, welche sie wasserundurchlässig machen, zu tränken, doch hat sich dies nicht bewährt, da diese Stoffe entweder selbst den Draht angreifen, oder die Entzündlichkeit der Leiste noch erhöhen, zum Teil üblen Geruch oder Flecken auf den Wänden verursachen. Auch untergelegte Porzellanscheiben, welche die Leiste von der Wand entfernt halten, sind ein ungenügendes Mittel, da sie nicht hindern, daß die Leiste mit Tapete überklebt und so die im § 21^{a} empfohlene Zugänglichkeit der Leitung zu nichte gemacht wird. Über den Wert der Holzleisten siehe Zeitschrift für Elektrotechnik, Wien, Bd. 14. S. 455, Sp. 2.

Wo der notwendige Schutz der Leitungen nicht durch Rohre erreicht werden kann, oder diese aus besonderen Gründen nicht verwendet werden sollen, ist ein aus Brettern oder Blech hergestellter Kanal über die auf Rollen oder Glocken verlegte Leitung zu bauen, der die Luft frei zutreten läßt und zur Besichtigung der Leitung geöffnet werden kann.

2) Krampen haben den Nachteil, daß bei ihrer Verwendung die Beschädigung der Isolierschicht von Drähten, Schnüren oder Kabeln nicht sicher vermieden werden kann. Tritt eine solche Verletzung ein, so bildet die Krampe selbst sofort einen Stromweg zur Wand und Erde. Außerdem bietet die Krampe nicht die Möglichkeit, den meistens erforderlichen Abstand der Leitung von der Wand einzuhalten. Auch bei Befestigung von betriebsmäßig geerdeten, blanken Leitungen mittelst Krampen ist Sorge zu tragen, daß der Draht nicht durch die Krampe verletzt werde; dazu helfen Einlagen oder passende Gestaltung der Krampen.

An feuchten Stellen kann chemische Zerstörung eintreten, wenn Draht und Krampe aus verschiedenen Metallen bestehen, die ein galvanisches Element bilden. Möglicherweise spielen dabei die chemischen Eigenschaften der verschiedenen Arten von Wandverputz eine Rolle. In Stuttgart haben sich verzinnte Eisenkrampen auf verzinnten blanken Kupferdrähten bewährt.

c) Isolierglocken müssen so angebracht werden, daß sich in ihnen kein Wasser ansammeln kann.[3])

d) Isolierkörper müssen so angebracht werden, daß sie die Leitungen in angemessenem Abstand voneinander, von Gebäudeteilen, Eisenkonstruktionen und dergleichen entfernt halten.[4])

1. Bei Führung von Leitungen auf gewöhnlichen Rollen längs der Wand soll auf höchstens 1 m eine Befestigungsstelle kommen. Bei Führung an der Decke können den örtlichen Verhältnissen entsprechend ausnahmsweise größere Abstände gewählt werden.[5])

⚒ | In B. u. T. sind gewöhnliche Rollen unzulässig. |

2. Mehrfachleitungen sollen nicht so befestigt werden, daß ihre Einzelleiter aufeinander gepreßt sind.[6])

---

3) Mantelrollen, die unter Umständen als Ersatz von Glocken dienen, sind ebenfalls so anzuordnen, daß das Wasser abläuft, ohne die Isolierfähigkeit zu beeinträchtigen. ETZ 1904, S. 1115 N. 127.

4) Die Isolierkörper müssen feuchtigkeitssicher sein. Wo mechanische Beschädigung zu befürchten ist, wird oft Porzellan oder Glas durch zähere Stoffe ersetzt. Zu beachten ist, daß der angegebene Abstand von der Wand an jeder Stelle des Drahtes vorhanden sein muß; es sind also dort, wo die Leitung vorspringende Teile, wie Verzierungen, Türstöcke u. dgl., kreuzt oder um vorspringende Ecken geführt wird, die Befestigungsstücke so zu verteilen oder auf die vorspringenden Gegenstände selbst zu setzen, daß die gegebenen Maße überall eingehalten sind. Die geforderten Mindestabstände sind aus § 21 zu ersehen.

Die geforderten Abstände von der Wand werden bei niedriger und mittlerer Spannung am einfachsten durch entsprechende Auswahl der Größe der Rollen erlangt. Die so festgelegte Größe der Befestigungsstücke regelt von selbst auch zugleich den Abstand der Drähte unter sich, soweit hierfür nicht in § 21 f) für blanke Leitungen schärfere Forderungen aufgestellt sind. Bei höheren Spannungen sind ausladende Isolatorstützen oder besondere Tragarme erforderlich. Diese werden jedoch in bezug auf den Abstand der Leitung von ihnen nicht als „Wand" betrachtet, denn in der Nähe der Isolatorstützen ist der Draht unverrückbar befestigt, während gegenüber der freien Wand sein Durchhang und seine Beweglichkeit zu beachten und bei den geforderten Abständen berücksichtigt ist.

5) Bei Einhaltung der vorgeschriebenen Abstände der Befestigungsstellen können zwischen diesen noch Eckrollen oder Abstandsstücke nötig werden, die unter Umständen eine besondere Befestigung an der Wand oder eine Bindung des Drahtes entbehren können. Vgl. S. 96 unter [16]) sowie ETZ 1902, S. 1133 N. 24; 1905, S, 702 N. 169.

6) Die Bestimmung für Mehrfachleiter hat den Zweck, die Gefahr eines Kurzschlusses zu vermeiden, welche insbesondere bei biegsamen Schnüren vorhanden ist, da diese gegen Druck weniger widerstandsfähig sind als massive Drähte. Metallene Bindedrähte sind zwar sehr bequem zu handhaben, sie schneiden jedoch zu sehr in die Isolierschicht der Leitungen ein, besonders wenn sie — was sehr nahe liegt — durch Zusammenwürgen ihrer Enden mit der Zange gebunden werden, wobei mehr oder weniger starke Verletzungen der Leitung fast unvermeidlich werden.

§ 26.

Rohre.

a) Rohre und Zubehörteile (Dosen, Muffen, Winkelstücke usw.) aus Papier müssen einen Metallüberzug haben.[1])

1. Dosen sollen entweder feste Stutzen oder hinreichende Wandstärke zur Aufnahme der Rohre haben.

2. Rohrähnliche Winkel-, T-, Kreuzstücke und dergleichen sollen als Teile des Rohrsystems in gleicher Weise ausgekleidet sein wie die Rohre selbst. Scharfe Kanten im Innern sind auf alle Fälle zu vermeiden.

Man verwendet hier am besten in schmale Streifen geschnittenes Isolierband oder Bindeschnur. Auch bei Einfachleitungen ist darauf zu achten, daß die Isolation der Leitung nicht durch den Bindedraht verletzt wird. Man verwendet verzinnten blanken oder umsponnenen Kupferdraht von mindestens 1 qmm Stärke. Die Leitungen sind an den Bindestellen durch eine Umwicklung von isolierendem Stoff besonders zu schützen. In feuchten Räumen setzen metallene Bindedrähte leicht Oxydschichten an, die ihrerseits die Gummihülle der Leitungen angreifen.

§ 26. **1)** Rohre dienen als Schutz gegen Berührung, gegen mechanische und gegen chemische Beschädigung der Leitungen. Gebräuchlich sind Gummirohre, Papierrohre mit Metallüberzug, Eisenrohre mit und ohne Isoliereinlage, geschlitzte federnde Eisenrohre.

Metallrohre spielen außerdem eine besondere Rolle in bestimmten Verlegungsarten, indem sie selbst als geerdete metallische Leitung dienen und gleichzeitig den oder die zugehörigen anderen Leiter umschließen.

Wenn Leitungen dem Auge entzogen, also in die Wand verlegt werden sollen, werden sie in der Regel in Rohren verlegt, da Kabel meistens zu teuer sind und andere Verlegungsarten, soweit über sie Erfahrungen vorliegen, entweder nicht den nötigen Schutz gewähren, oder eine Nachprüfung nicht gestatten: Vgl. § 21ª unter [17]) S. 97, auch ETZ 1904, S. 1115 N. 124. Die Verlegung unter Putz, d. h. in der Wand, ist nur bei Spannungen bis 500 Volt üblich, weil bei den höheren Spannungen eine größere Übersichtlichkeit und leichtere Beaufsichtigung erstrebt werden soll. Jedoch sind Durchführungs- und Einführungsrohre auch bei höheren Spannungen nicht ausgeschlossen.

Die Mauerfeuchtigkeit ist den aus Papier bestehenden Rohren und Verbindungsdosen gefährlich, ETZ 1903, S. 1049 N. 72, daher ist der Metallüberzug vorgeschrieben worden, nachdem eine Umfrage ergeben hatte, daß in der Praxis überwiegend nur Rohre mit diesem verwendet werden. Der Überzug kann durch einen Anstrich noch haltbarer gemacht werden. Dies ist bei den Messingmänteln üblicher Dicke im Freien stets nötig. Dosen und Verbindungsstücke aus Stoffen, die der Feuchtigkeit besser widerstehen als Papier, bedürfen eines Metallmantels nicht. Die Verlegung der Rohre geschieht in der Regel während des Baues, jedoch zweckmäßigerweise nicht früher, als bis der größte Teil der Baufeuchtigkeit bereits aus den Mauern verschwunden ist. Die Drähte sollen erst nach vollständiger Austrocknung eingezogen werden. Werden die Rohre in ungenügend ausgetrocknete Mauern verlegt oder bleiben die Mauern dauernd feucht, so sind dünne Metallmäntel aus Messingblech

b) Rohre aus Metall oder mit Metallüberzug müssen bei Hochspannung in solcher Stärke verwendet werden, daß sie auch den zu erwartenden mechanischen und chemischen Angriffen widerstehen.[2])

Bei Hochspannung sind die Stoßstellen metallener Rohre metallisch zu verbinden und die Rohre zu erden.[3])

⚒ | In B. u. T. gelten beide Absätze auch für Niederspannung. |

c) In ein und dasselbe Rohr dürfen nur Leitungen verlegt werden, die zu dem gleichen Stromkreise gehören (siehe §§ 21h und 28i)[4]).

---

der chemischen Zerstörung durch den Kalk ausgesetzt, man muß alsdann kräftigere Eisenrohre verwenden.

Gummirohre bedürfen keines besonderen Schutzes gegen Feuchtigkeit; sie können daher ohne weiteres in Putz verlegt werden, soweit nicht mechanische Beschädigungen, etwa durch in die Wand geschlagene Nägel, zu befürchten sind.

Gegen derartige Angriffe ist auch der übliche Messingmantel der Papierrohre unzureichend. Gegebenenfalls, z. B. in Fehlböden, über die ein Parkettboden genagelt wird, benützt man Panzerrohre oder besondere Eisenschilder, etwa aus Winkeleisen.

2) Wird der im § 3 b) gegen Berührung und in § 21 a) gegen Beschädigungen geforderte Schutz durch Metallrohre oder metallüberzogene Rohre bewirkt, so erfordert bei Hochspannung schon die nach § 3 c) und § 21 b) nötige Erdung und die sichere Verbindung der Stoßstellen eine gewisse Stärke des Metalles. Auch abgesehen von diesem Grunde soll bei Hochspannung der Schutz der Leitungen besonders kräftig sein.

3) Die leitende Verbindung der Stoßstellen und die Erdung der Rohre ergeben sich aus den Forderungen, die in § 3 c) und § 21b) für andere metallische Schutzverkleidungen aufgestellt sind.

Die metallische Verbindung ist auch bei Niederspannung mit besonderer Sorgfalt auszuführen, wenn das Rohr selbst als geerdete Rückleitung benutzt wird. Dies ist nur bei Rohren von genügender Leitfähigkeit angängig. Peschelrohre z. B vertragen in den Abmessungen 8, 14, 18 mm eine Strombelastung von 10, 15, 20 Ampere. Die Verbindung der Stoßstellen geschieht entweder durch aufgeschraubte Muffen, oder bei Peschelrohren durch unmittelbaren Kontakt der ineinandergesteckten Rohrenden, wobei der Längsschlitz eine dauernd feste federnde Berührung der vorher blank gemachten Flächen verbürgt.

4) Mehr als eine zusammengehörige Hin- und Rückleitung sollen in der Regel nicht in dasselbe Rohr gelegt werden. Beim Anschluß kleiner Drehstrommotoren bedarf es hierzu dreier Drähte. Auch können bei Gleichstromanlagen drei Drähte zusammengehören, wenn sie z. B. zu einer Lampengruppe führen, die von mehreren Punkten aus ein- und ausschaltbar sein soll (sogenannte Wechselschalter oder Gruppenschalter) oder wenn es sich um unverzweigte Strecken eines Dreileitersystems handelt. Vgl. auch ETZ 1904, S. 424 No. 98.

Wenn mehrere Leitungen gleicher Polarität dicht nebeneinander in demselben Rohre liegen, so kann der Fall eintreten, daß bei Beschädigung der Gummihülle die Metalladern sich berühren, ohne daß die Sicherung schmilzt, weil nicht die volle Betriebsspannung an der schadhaften Stelle wirksam wird; auch kann es vorkommen, daß die Leitungen sich so berühren, daß der auf einer bestimmten Strecke von nur einem der Leiter

d) Drahtverbindungen und Abzweigungen innerhalb der Rohrsysteme sind nur in Dosen, Abzweigkästen, T- und Kreuzstücken und nur durch Verschraubung auf isolierender Unterlage zulässig.[5])

3. Rohre sollen so verlegt werden, daß sich in ihnen kein Wasser ansammeln kann.[6])

4. Bei Rohrverlegung sollen im allgemeinen die lichte Weite, sowie die Anzahl und der Radius der Krümmungen so gewählt sein, daß man die Drähte einziehen und entfernen kann.[7]) Von der Auswechselbarkeit der

---

geführte Strom doch durch alle Sicherungen hindurchgeht, indem diese durch die Berührungsstelle parallel geschaltet sind; wächst dann der Strom, so kann dieser Draht gefährliche Hitzegrade erreichen, ohne daß die Sicherung den Strom unterbricht.

Um diese Möglichkeit tunlichst einzuschränken, ist das Zusammenlegen solcher Leitungen auf zusammengehörige Leitungen desselben Stromkreises, z. B. die Hin- und Rückleitung zu einer Lampe (verschiedene Polaritäten) oder zu einem Schalter (gleiche Polaritäten) beschränkt worden. ETZ 1904, S. 424 N. 101; 1905, S. 278 N. 162. Vgl. auch § 11$^{\underline{2}}$ S. 53 unter [3]).

Aus dem gleichen Grunde sollte von der nach § 21$^{\underline{11}}$ in Ausnahmefällen zulässigen Zusammenlegung von mehr als drei Leitungen, die auch verschiedenen Stromkreisen angehören können, nur äußerst vorsichtig Gebrauch gemacht werden, und sind dabei die dort vorgeschriebenen Bedingungen streng einzuhalten. Zu diesen Ausnahmen gehören auch größere Beleuchtungskörper, deren Hauptrohr häufig mehrere Leitungen enthält, die verschiedenen Sicherungsgruppen angehören.

Daß bei Wechselstrom stets alle zusammengehörigen Leitungen in einem Rohr vereinigt sein müssen, sofern dies aus Eisen besteht, ist im § 21 h) festgesetzt und S. 99 unter [22]) erläutert.

5) Die Bestimmung ist auf Rohrsysteme beschränkt, gilt also nicht für Drahtverbindungen innerhalb von Beleuchtungskörpern, doch ist sie auch dort im Sinne des § 18$^{\underline{2}}$ zu empfehlen.

6) Der Bildung von Wasser in den Rohren, die meistens auf Temperaturwechsel zurückzuführen ist (Kondensationswasser), wird auch durch den Verschluß der oberen oder beider Mündungen entgegengewirkt. Würden nämlich beide Enden einer vertikalen Rohrleitung offen sein, so kann leicht ein fortdauernder feuchtwarmer Luftstrom durch die zwischen der oberen und unteren Öffnung vorhandenen Temperatur- und Druckunterschiede entstehen; ist dabei die das Rohr umgebende Mauer kälter als die hindurchströmende Luft, so kommt es zu dauernder Wasserabscheidung. Stagniert dagegen die Luft innerhalb des Rohres, so wird sie nur selten erhebliche Mengen von Wasser abgeben, das, wenn die unteren Enden des Rohrnetzes offen sind, von selbst abfließt. Um erhebliche und schroffe Temperaturwechsel der Rohre zu vermeiden, empfiehlt es sich, letztere tunlichst nicht in die Außenwände der Gebäude zu legen.

Bei Rohren mit Längsschlitz (Peschelrohr) wird der Schlitz nach unten gelegt, um dem Wasser den Austritt zu erleichtern.

Kann ein Gefälle der Rohre nicht eingehalten werden, z. B. wenn eine u-förmige Führung, etwa um einen Balken herum, nötig ist, so kann man das Rohr an der tiefsten Stelle anbohren, um einen Abfluß zu schaffen.

7) Werden die Rohre nicht zu eng gewählt und wird für

Leitungen kann abgesehen werden, wenn die Rohre offen verlegt und jederzeit zugänglich sind.[8]) Die Rohre sollen an den freien Enden mit entsprechenden Armaturen, z. B. Tüllen, versehen sein, so daß die Isolierung der Leitungen durch vorstehende Teile und scharfe Kanten nicht verletzt werden kann.[9])

5. Unter Putz verlegte Rohre, die für mehr als einen Draht bestimmt sind, sollen mindestens 11 mm lichte Weite haben.[10])

---

passende Führung des Rohrstranges und richtige Anzahl der Dosen gesorgt, so vollzieht sich das Einziehen der Drähte in die fertig verlegten Rohre ohne Schwierigkeit. Ganz fehlerhaft und durchaus unzulässig ist das Verfahren, die Drähte vor der Verlegung in Rohre einzuziehen und diese dann in den Verputz einzulegen. Dieses Verfahren, bei dem jede Nachprüfung der verlegten Drähte unmöglich ist, verleitet die Arbeiter zu Nachlässigkeiten. Vgl. § 21² unter [17]), auch ETZ 1904, S. 1114 N. 112.

Im allgemeinen vermeidet man es, die Rohre in scharfen Ecken aneinander stoßen zu lassen, da auf diese Weise das Einziehen und Entfernen der Drähte unmöglich ohne Beschädigung durchführbar ist. Auch verführt diese Anordnung dazu, daß die vielen kurzen Rohrstückchen nicht genügend an der Wand befestigt werden, so daß dann nicht das Rohr den Draht, sondern der Draht das Rohr trägt und stützt. Vgl. auch ETZ 1905, S. 888 N. 176.

Bei richtiger Verlegung vollzieht sich dagegen auch das Entfernen der Drähte aus den Rohren behufs Auswechselung zu schwacher oder fehlerhafter Strecken ohne Schwierigkeit. Sollte eine Leitung infolge von Überhitzung im Rohre festgeklebt sein, so kann sie durch mehrmaliges Drillen um ihre Längsachse (etwa mit Hilfe einer Bohrwinde) leicht gelockert werden.

8) Leitungen großen Querschnitts können in bereits verlegte Rohre nur mit Schwierigkeiten eingezogen werden. Aus den Seite 97 unter [17]) angegebenen Gründen ist es aber auch hier bedenklich, die über die Leitungen geschobenen Rohre in den Putz einzulegen oder einzumauern. Diese meist als Speise- oder Steigleitungen vorkommenden größtenteils geradlinigen Leitungsstrecken sollen daher auf der Oberfläche der Wände in unverdeckten Rohren geführt werden, sofern nicht eine gänzliche offene Verlegung oder Verlegung in weiten Kanälen, die auch mit abnehmbarem Schutzblech oder Schutzbrett überdeckt werden können, vorgezogen wird.

9) Scharfe Kanten sind auch beim Eintritt der Rohre in die Verbindungsdosen zu vermeiden. ETZ 1911, S. 743, N. 239.

10) Dies gilt auch, wenn mehrere Leitungen zu einer Mehrfachleitung in Gestalt von verdrillten Drähten oder Schnüren vereinigt sind. Dagegen bleibt das kleinere Rohrkaliber zulässig bei offen verlegten Rohren. Es kommen hier namentlich Rohrstücke zum Schutz der im Handbereich liegenden Enden von Schaltungsleitungen, ferner Durchführungen dünner Zwischenwände, Rohrzwischenlagen bei Kreuzung von Leitungen in Betracht. Wird den isolierten Leitungen im Rohr ein dünner blanker Draht zur Verbesserung der durch die Rohrwandung gebildeten Rückleitung beigefügt, so kann ebenfalls von einer besonderen Verwendung weiterer Rohre abgesehen werden. Übrigens sollen dabei Drähte unter 4 qmm nicht benutzt werden, weil sie leicht die Isolierhülle der andern Drähte beim Einziehen verletzen; zweckmäßig wird der blanke mit dem isolierten Draht gleichzeitig eingezogen.

§ 27.

Kabel.

a) Blanke und asphaltierte Bleikabel dürfen nur so verlegt werden, daß sie gegen mechanische und chemische Beschädigungen geschützt sind (siehe auch § 21h.)[1])

1. Bleikabel jeder Art, mit Ausnahme von Gummikabeln bis 750 V, dürfen nur mit Endverschlüssen, Muffen oder gleichwertigen Vorkehrungen, welche das Eindringen von Feuchtigkeit verhindern und gleichzeitig einen guten elektrischen Anschluß gestatten, verwendet werden.[2])

⚒ 2. Die Entfernung der Befestigungsstellen der Kabel soll in B. u. T. 3 m nicht übersteigen, außer in Bohrlöchern und Schächten. Für Schächte siehe § 40.

⚒ 3. In B. u. T. ist die Armatur von Kabeln nach Möglichkeit zu erden. An Muffen und ähnlichen Stellen sind die Armaturen leitend zu verbinden.

---

§ 27. 1) Chemischen Angriffen ist blankes Blei in weit höherem Maße ausgesetzt, als gemeinhin angenommen wird. Kalk und andere Alkalien greifen Blei stark an. Die blanken Bleikabel dürfen daher nicht unmittelbar auf den Verputz des Mauerwerkes, noch weniger in den Verputz verlegt werden. Besteht die Oberfläche des Mauerwerkes oder eines zur Verlegung von Kabeln bestimmten Kanals aus reinem Gips, so ist die oben erwähnte Gefahr nicht vorhanden, weil die Schwefelsäure des Gipses mit der Oberflächenschicht des Bleies unlösliche Verbindungen bildet, die die tieferen Schichten vor weiteren Angriffen schützen.

Auch vor manchen organischen Stoffen ist Blei sorgfältig zu schützen. Besonders gefährlich sind Essigsäure, organische Fettsäuren, sowie faulende organische Stoffe, die mit dem Blei lösliche Verbindungen bilden, so daß es zerfressen wird. Wo daher im Erdboden oder an Wänden derartige Stoffe vorkommen können, darf blankes Bleikabel nicht verwendet werden.

Der Asphaltüberzug soll das Blei gegen die erwähnten chemischen Angriffe schützen. Es wird sich jedoch empfehlen, auch bei der Verlegung dieser Kabelsorte vorsichtig zu sein und solche Stellen des Erdbodens oder der Wände, wo die genannten Stoffe vorkommen können, zu vermeiden oder armierte Kabel zu verwenden.

2) Die Regel 1 wendet sich gegen das fehlerhafte Verfahren, wonach die vom Bleimantel entblößte litzenartige Kupferseele ohne weitere Vorkehrungen in Klemmschrauben eingeführt wird. Hierbei werden leicht einzelne Drähte der Litze außer Kontakt bleiben; außerdem bietet dies Verfahren der Feuchtigkeit die Möglichkeit, sich zwischen Seele und Isolierhülle festzusetzen. Wo vollständige Endverschlüsse, Kabelschuhe und dgl. nicht benutzt werden, wie bei den Bleikabeln geringeren Querschnittes, ist das Ende der Isolierschicht durch Isolierband etc. sorgfältig zu schützen und das Ende der Drahtlitze zu verlöten.

Sogenannte Gummikabel, d. h. solche, bei denen keine Papier- oder Faserisolierung verwendet ist, sondern die Kupferseele unmittelbar von einer dicht anliegenden Gummihülle umgeben ist, können unter Umständen eines besonderen Endverschlusses entbehren.

b) Es ist darauf zu achten, daß an den Befestigungsstellen der Bleimantel nicht eingedrückt oder verletzt wird; Rohrhaken sind unzulässig.[3])

c) Prüfdrähte sind wie die zugehörigen Kabeladern zu behandeln.[4])

Bei Hochspannung sind sie so anzuschließen, daß sie nur zur Kontrolle der zugehörigen Kabeladern dienen.[5])

H. Behandlung verschiedener Räume.

Für die in den §§ 28 bis 36 behandelten Räume treten die allgemeinen Vorschriften insoweit außer Kraft, als die folgenden Sonderbestimmungen Abweichungen enthalten.[1])

---

3) Auch armierte Kabel sollen nicht mittels Rohrhaken, sondern mittels Schellen befestigt werden, weil sowohl schwache als starke Kabel beim Einschlagen der Haken häufig beschädigt werden. Dagegen ist das Aufhängen von Kabeln an Haken nicht verboten.

4) Stets ist darauf zu achten, daß die freien Enden der Prüfdrähte, auch wenn sie nicht an Meßgeräte angeschlossen sind, ebenso sorgfältig gegen Berührung und unbeabsichtigten Spannungsübergang geschützt werden, wie eine angeschlossene Betriebsleitung.

5) Die in die Hochspannungskabel eingebauten Prüfdrähte dürfen nicht zu fremdartigen Zwecken benützt werden, weil sie von den Arbeitsdrähten des Kabels beeinflußt sind. Es wäre z. B. sehr bedenklich, die Prüfdrähte zu Telephongesprächen zu benützen, denn bei nicht völlig symmetrischer Lage zu den Arbeitsdrähten oder bei ungleicher Belastung der letzteren werden in den Prüfdrähten durch Wechselstrom Spannungen induziert, die dem Telephonapparat und seinen Benützern gefährlich werden können. Aus dem gleichen Grunde ist es unzulässig, den Prüfdraht eines Hochspannungskabels zu Messungen im Niederspannungsnetz zu verwenden, da er Hochspannung in den Niederspannungskreis einführen könnte. Wenn auch jeder Prüfdraht für sich isoliert ist, so wird seine Isolierschicht doch in der Regel nicht so stark sein, wie die der Arbeitsdrähte. Zulässig ist der Anschluß der Prüfdrähte an Relais, die die zugehörigen Hauptadern aus- und einschalten.

H. 1) Aus der besonderen Beschaffenheit und den mannigfaltigen Verwendungszwecken der verschiedenen Arten von Räumen ergeben sich bestimmte Forderungen für ihre elektrische Einrichtung, die zum Teil miteinander in Widerspruch stehen. Daher ist es nicht möglich, für alle Arten von Räumen eine einheitliche Installationsweise einzuhalten. Die Übersichtlichkeit und Zugänglichkeit der Anordnung, die dort geboten ist, wo unterwiesenes Personal die Erzeugung und Verteilung elektrischer Energie besorgt, ist unvereinbar mit dem unbedingten Schutz gegen Berührung durch Unbefugte, wie er in öffentlichen Versammlungsräumen, Wirtshäusern oder Kaufläden nötig erscheint. Die Maßnahmen, die z. B. in feuchten oder in explosionsgefährlichen Räumen eine dauernde Betriebsfähigkeit und Feuersicherheit gewährleisten, widersprechen den Anforderungen, die an elegante Wohnräume oder Repräsentationsräume gestellt werden. Man muß daher die im allgemeinen gültigen Vorschriften und Regeln in einigen Sonderfällen

§ 28.

Elektrische Betriebsräume.[2])

a) Entgegen § 3a kann in Niederspannungsanlagen von dem Schutz gegen zufällige Berührung blanker, unter Spannung gegen Erde stehender Teile insoweit abgesehen werden, als dieser Schutz nach den örtlichen Verhältnissen entbehrlich oder der Bedienung und Beaufsichtigung hinderlich ist.[3])

---

verschärfen, an anderen Stellen dagegen Ausnahmen in gewissem Umfange zulassen.

§ 28. **2)** Der Begriff des „elektrischen Betriebsraumes" ist in § 2d) erklärt und S. 15 unter [7]) erläutert. Vgl. auch §§ 2e) und 2f). Wesentlich ist die auf unterwiesenes Personal beschränkte Zugänglichkeit. Sie rechtfertigt es, daß man hier einen Teil der Sicherheitsmaßnahmen nicht auf die Beschaffenheit der Einrichtungen, sondern auf das durch Unterweisung geregelte Verhalten des Personals gründet. Es sind aber nicht nur Vorteile für den Betrieb, die sich hieraus ergeben, sondern die Sicherheit vor Feuers- und Lebensgefahr ist unter vielen Umständen auf diese Weise besser gewährleistet, weil den verwickelten Anordnungen und dem vielgestaltigen Zusammenwirken der Dinge und Vorgänge überhaupt nicht durch rein körperliche Vorkehrungen Rechnung getragen werden kann.

Diejenigen Teile der elektrischen Einrichtung von Betriebsräumen, die nur der Beleuchtung des Betriebsraumes dienen, und keinen besonderen, aus der Eigenart der Bestimmung des Raumes folgenden Bedingungen unterliegen, können und müssen auch hier nach den allgemeinen Vorschriften ausgeführt werden.

Die Reihenfolge der Bestimmungen des § 28 entspricht der fortlaufenden Bezifferung derjenigen Paragraphen der allgemeinen Vorschriften, auf die sie sich beziehen. Dementsprechend sind die Absätze a) bis c), die vom Schutz des Personals gegen Berührung unter Spannung stehender Teile handeln, vom Absatz g), betreffend den Schutz der elektrischen Leitungen gegen Beschädigung, getrennt, obwohl vielfach dieselben Mittel den beiden verschiedenen Zwecken dienen.

3) Blanke Teile, wie Sammelschienen, Anschlußklemmen Bürsten, Kommutatoren, Sicherungsstreifen, Kontaktstücke von Schaltern usw. dürfen im Bereich der Niederspannung, also bis zu 250 Volt gegen Erde, insoweit ohne besonderen Schutz gegen Berührung angeordnet werden als entweder die Gefahr auf andre Weise beseitigt ist oder dringende Forderungen des Betriebs diesen Schutz ausschließen. Die sonst vorgeschriebenen und üblichen Schutzmittel dürfen also nicht nach Belieben wegbleiben. Vielmehr sind gemäß § 120a der Gewerbeordnung die Einrichtungen so zu treffen und zu unterhalten, daß die Arbeiter gegen Gefahren für Leben und Gesundheit soweit geschützt sind, wie es die Natur des Betriebes gestattet. Man wird sich also auch hier im allgemeinen der schon durch ihre Bauart geschützten Hilfsmittel (Schalter, Sicherungen, Maschinen, §§ 6c, 10c) bedienen, und die Anordnungen so treffen, daß freie Bewegung und sichere Handhabung der Einrichtung ohne zufällige Berührung gefährlicher Teile möglich ist. Nur ist in die Vorschrift keine bestimmte Formulierung dieser Bedingung aufgenommen, weil sich nicht allgemein festlegen läßt, wie weit die Anforderungen an die Übersichtlichkeit und Zugänglichkeit

b) Entgegen § 3b kann bei Hochspannung die Schutzvorrichtung insoweit auf einen Schutz gegen zufällige Berührung beschränkt werden, als ein erhöhter Schutz nach den örtlichen Verhältnissen entbehrlich oder der Bedienung und Beaufsichtigung hinderlich ist.[4])

c) Bei Hochspannung sind auch solche blanke Leitungen gestattet, welche nicht Kontaktleitungen sind (siehe § 24 b). Sie müssen jedoch nach § 3 b der Berührung entzogen sein.[5])

⚒ *In B. u. T. fällt diese Erleichterung fort.* Auch bei Niederspannung sind blanke Leitungen nur in abgeschlossenen elektrischen Betriebsräumen (siehe § 21 e) oder als Fahrleitungen (siehe § 42) zulässig.[5])

d) Schalter mit Ausnahme von Ölschaltern brauchen der Bestimmung in § 11a Absatz 1 nur bei der Stromstärke zu genügen, für deren Unterbrechung sie bestimmt sind. Auf solchen Schaltern ist außer der

---

im Einzelfall gehen und wie groß die Aufmerksamkeit ist, die man dem jeweils vorhandenen Personal zutrauen kann. Es soll also dem für die Anlage Verantwortlichen im Gebiet der Niederspannung freigestellt werden, wie und durch welche Hilfsmittel er die gebotene Sicherheit erzielt. Außer dem unmittelbaren Schutz gegen zufällige Berührung stehen hier vielerlei Maßnahmen zur Verfügung, wie ausreichende Entfernung zwischen den beiden Polen, geeignete Länge der zu bedienenden Griffe, unverschlossene oder verschlossene Schranken, Stufen, die beim Betreten die Aufmerksamkeit erregen, Isoliertritte oder Gummimatten, die die Wirkung etwaiger Berührung herabmindern und viele andere Hilfsmittel; dazu kommen aber auch Betriebsbestimmungen und Anweisungen und endlich geeignete Auswahl, sowie den Verhältnissen entsprechende Kontrolle des Personals.

4) Während nach § 28a) bei Niederspannung unter bestimmten Bedingungen von einem Schutz gegen zufällige Berührung abgesehen werden kann, wird durch § 28b bei Hochspannung dieser Schutz unter allen Umständen gefordert. Nur die Unzugänglichkeit, die § 3b sowohl für blanke wie für isolierte Teile verlangt, kann durch eine Vorkehrung ersetzt werden, die lediglich zufälliges Berühren hindert. Es werden also z. B. Wickelköpfe von Maschinen, Ausführungsklemmen von Transformatoren usw. mit Schranken, Abweisleisten und ähnlichen Schutzmitteln so weit zu umgeben sein, daß bei unwillkürlicher Annäherung eine Berührung verhütet wird. Aber auch hier darf von der Erleichterung nur so weit Gebrauch gemacht werden, als sie durch dringende Betriebsrücksichten gerechtfertigt ist. Unnötig sind besondere Maßnahmen dort, wo schon die Lage oder Anordnung der gefährlichen Teile (etwa in unzugänglicher Höhe) die zufällige Berührung ausschließt.

5) Blanke Leitungen für Hochspannung können z. B. behufs raschen Kurzschließens an einzelnen Stellen erwünscht sein. Dagegen sind in B. u. T. wegen des beengten Raums und der oft mangelhaften Sichtbarkeit der Leitungen blanke Leitungen so weit irgend möglich auszuschließen.

Betriebsspannung und Betriebsstromstärke auch die zulässige Ausschaltstromstärke zu vermerken.[6])

e) Entgegen § 11g können Nulleiter und betriebsmäßig geerdete Leitungen auch einzeln abtrennbar gemacht werden.[7])

f) Entgegen § 12b sind auch bei nicht allpolig abschaltenden Anlassern besondere Ausschalter nicht notwendig.

⚒ | In B. u. T. fällt diese Erleichterung fort. |

1. Entgegen § 12[2] sind Schutzverkleidungen für Anlasser und Widerstände nicht unbedingt erforderlich.

g) Die im § 21a geforderte Schutzverkleidung ist bei Niederspannung und bei *isolierten Hochspannungsleitungen unter 1000 V* nur insoweit erforderlich, als die Leitungen mechanischer Beschädigung ausgesetzt sind.[8])

h) Aus besonderen Betriebsrücksichten kann entgegen § 14 b von der Unverwechselbarkeit der Schmelzeinsätze abgesehen werden.[9])

---

6) Vgl. S. 53 unter [1]).

7) Bei manchen Dreileiteranlagen wird z. B. zeitweise der Mittelleiter auf den einen Pol, die beiden Außenleiter auf den anderen Pol der halben Gesamtspannung geschaltet. — Zur Prüfung des Zustandes einer Anlage kann es erforderlich sein, den geerdeten Leiter abzuschalten.

8) Die in § 21 a) zum Ausdruck gebrachte Voraussetzung, daß im Handbereich stets ein Schutz der Leitungen gegen Beschädigung erforderlich sei, ist für Betriebsräume nicht gültig, da von dem unterwiesenen Personal erwartet wird, daß es solche Beschädigungen im allgemeinen zu vermeiden versteht.

Wie bereits unter [2]) erwähnt, ist der in 28 g) bzw. 21 a) geforderte Schutz gegen Beschädigung der Leitungen nach anderen Gesichtspunkten geregelt als der in den Absätzen a) und b) bzw. § 3 behandelte Schutz aller unter Spannung stehenden Teile gegen Berührung durch Personen. Sammelschienen werden selbstverständlich von Absatz g) und § 21 a) nicht betroffen, da sie nicht als schutzbedürftige Leitungen, sondern als Teile der Schaltanlage aufzufassen, daher nach § 9 zu behandeln sind. Dagegen werden die Zu- und Ableitungen zu Maschinen, Transformatoren und nicht in die Schaltanlage eingebauten Apparate von § 28 g) erfaßt, müssen also z. B. wenn sie Hochspannung führen, im Handbereich, soweit sie blank sind stets, soweit sie isoliert sind, bei Spannungen über 1000 Volt gegen Beschädigung geschützt sein, etwa durch isolierende oder metallene Schutzrohre, durch Metallarmierung oder durch sonstige Verkleidung.

9) Wie im § 14 g) festgesetzt und S. 72 unter [21]) erläutert ist, liegen bei Schaltanlagen sowie bei Verbindungen zwischen Maschinen, Transformatoren u. dgl. oft derartige Verhältnisse vor, daß die allgemeinen Vorschriften über das Anbringen der Sicherungen nicht eingehalten werden können. Rücksichten derselben Art bedingen es auch, daß in Betriebsräumen von der Unverwechselbarkeit der Sicherungen oft abgesehen werden muß. Die Bemessung der Sicherungen kann an einzelnen Leitungen des Betriebsraumes nicht nach einem starren Schema, sie muß vielmehr oft nach besonderen aus den Betriebsverhältnissen

i) Bei Schalt- und Signalanlagen ist es entgegen § 26 c gestattet, Leitungen verschiedener Stromkreise in einem Rohr zu verlegen.

k) Entgegen § 18 f sind Handlampen bei Gleichstrom bis 1000 V zulässig; ihre Bauart muß der angewendeten Spannung entsprechen.[10])

⚒ | *In B. u. T. fällt diese Erleichterung fort.*

§ 29.

Abgeschlossene elektrische Betriebsräume.[1])

a) In solchen Räumen gelten die Bestimmungen für elektrische Betriebsräume *mit der Maßgabe, daß bei Hochspannung ein Schutz der unter Spannung stehenden Teile nur gegen zufällige Berührung durchgeführt werden muß.*[2])

---

sich ergebenden Erwägungen erfolgen und dieselben Erwägungen führen unter Umständen dazu, die Bemessung der Sicherungen zu ändern. So wenn im Gebiet einer Speiseleitung andere Belastungsverhältnisse eintreten, oder wenn eine Leitung vorübergehend zum Ersatz oder zur Unterstützung einer anderen herangezogen wird. Die unverwechselbaren Sicherungen, die willkürliches Handeln unkundiger oder unzuverlässiger Personen einschränken sollen, würden an einzelnen Stellen die Ausführung sachgemäßer Erwägungen der fachmännischen Betriebsleiter und ihrer Organe erschweren. Soweit durchaus stabile Verhältnisse vorliegen, wird der Betriebsleiter auch im Betriebsraume unverwechselbare Sicherungen anwenden, wenn sie dort zur Vereinfachung und Erleichterung des Dienstes beitragen.

10) Die für Handlampen im § 18 f) festgesetzte Beschränkung auf Niederspannung ist für Betriebsräume bei Gleichstrom im Bereich bis 1000 Volt aufgehoben, weil hier eine besonders gefährliche Beschaffenheit des Raumes wie z. B. in feuchten Räumen nicht gegeben ist, wogegen zur Untersuchung oder Reinigung der Maschinen z. B. in Anlagen für Bahnbetrieb, oder in den Reparaturwerkstätten solcher Bahnen der Gebrauch von Handlampen nicht wohl entbehrt werden kann. ETZ 1910, S. 196 N. 220[3]. Selbstverständlich wird man auch dort die Handlampen stets dann nur mit Niederspannung speisen, wenn solche zur Verfügung steht. In B. u. T. ist der Gebrauch der Handlampen unter allen Umständen auf Niederspannung beschränkt.

§ 29. **1)** Vgl. § 2 e), S. 16, unter [8]). Transformatorsäulen, deren Inneres nicht betretbar ist, sind nicht als Betriebsräume, auch nicht als abgeschlossene, anzusehen. Sie fallen unter § 9.

2) Wie S. 129 unter [4]) erläutert, ist in den stets betretenen Betriebsräumen bei Hochspannung der Abschluß spannungführender Teile nur insoweit auf einen Schutz gegen zufälliges Berühren beschränkt, als die örtlichen oder Betriebsverhältnisse diese Erleichterung rechtfertigen. In **abgeschlossenen** Betriebsräumen ist jedoch größere Freiheit in der Anordnung gestattet. Es ist hier nicht nötig, daß die Berührung gänzlich verhindert ist, vielmehr genügen Schranken, Schutzleisten und ähnliche Mittel, die bei unbeabsichtigter Näherung ein Hindernis bieten und so eine zufällige Berührung vermeiden lassen.

⚒ | Für B. u. T. siehe § 28c. |

1. Als Hilfsmitttel gegen zufälliges Berühren spannungführender Teile kommen in Betracht Trennwände zwischen den Feldern der Schaltanlage, Trennwände zwischen den einzelnen Phasen, Schutzgitter, feste und zuverlässig befestigte Geländer, selbsttätige Ausschalt- oder Verriegelungsvorrichtungen.[3])

2. Der Verschluß der Räume soll so eingerichtet sein, daß der Zutritt nur den berufenen Personen möglich ist.[4])

b) Bei Hochspannung dürfen entgegen § 7a Transformatoren ohne geerdetes Metallgehäuse und ohne besonderen Schutzverschlag aufgestellt werden, wenn ihr Körper geerdet ist.[5])

§ 30.

Betriebsstätten.[1])

a) Entgegen § 21a dürfen bei Niederspannung die im Handbereich liegenden Zuführungsleitungen zu Maschinen ungeschützt verlegt werden, wenn sie einer Beschädigung nicht ausgesetzt sind.[2])

---

3) Schranken und Geländer sollen steif sein, also nicht aus Seilen oder Ketten bestehen. Die Höhe der Zwischenwände richtet sich nach der Aufstellung der zu bedienenden Apparate und der gefährlichen Teile in ihrer Nähe.

4) Die Räume sollen dauernd abgeschlossen und Schlüssel nur den berufenen Personen zur Verfügung oder erreichbar sein. Vgl. S. 16 unter [8]) und § 5d der Betriebsvorschriften. Die Schlüssel sollen Bartschlüssel sein; nicht lediglich drei- oder vierkantige Drücker, die leicht nachzuahmen sind.

5) Transformatoren dürfen mit offen sichtbarem Eisengestell und offenen Wicklungen in den abgeschlossenen Betriebsräumen aufgestellt sein, nur ihr Gestell muß an Erde liegen und der Schutz gegen zufälliges Berühren spannungführender Teile muß durchgeführt sein. Ist der Körper nicht geerdet, so muß § 3b erfüllt werden.

§ 30. **1)** Vgl. § 2f) S. 15.

2) Der durch § 21 a) bis d) geregelte Schutz der Leitungen gegen Beschädigungen kann zwar in elektrischen Betriebsräumen nach § 28g) zum Teil der sachverständigen Behandlung durch das unterwiesene Betriebspersonal anvertraut werden, in Betriebsstätten dagegen, wo die elektrischen Einrichtungen nicht als Hauptsache, sondern nur als Hilfsmittel zu anderen Zwecken durch unkundige Personen benutzt werden, und wo vielfach kräftige oder sperrige Werkzeuge oder Werkstücke hantiert werden, ist dem Schutz der Leitungen gegen Beschädigung besondere Aufmerksamkeit zu widmen. Besondere Schutzwehren sind jedoch an einzelnen Stellen schwierig anzubringen und werden zweckmäßig durch eine solche Anordnung der Leitungen ersetzt, die in sich der Beschädigung vorbeugt. So werden oft die Zuleitungen zu Maschinen, die auf Spannschlitten stehen, zum Nachspannen der Maschinen mit sogenannten Locken versehen, und es würden Schutzverschläge über diesen Leitungsteil, wenn er z. B. vom Fußboden zu den Klemmschrauben läuft, den Verkehr behindern oder sogar Anlaß zum Straucheln der Vorbeigehenden oder Arbeitenden geben. Man tut hier gut, die Leitungen in einspringenden Ecken oder

b) Bei Hochspannung müssen ausgedehnte Verteilungsleitungen während des Betriebes für Notfälle ganz oder streckenweise spannungslos gemacht werden können.[3])

§ 31.

Feuchte, durchtränkte und ähnliche Räume.[1])

a) Die nicht geerdeten nach diesen Räumen führenden Leitungen müssen allpolig abschaltbar sein.[2])

---

zwischen Wand und Maschine emporzuführen, oder sie von oben an die Klemmen heranzuleiten und durch passende Gruppierung, oder Umzäunung der Maschinen derartige Verhältnisse zu schaffen, daß Beschädigungen hintangehalten werden.

3) Wie im § 11 e) verlangt ist, daß Stromverbraucher, die mit Ausschalter versehen sind, beim Öffnen desselben völlig spannungslos werden und nach § 22 l) bei Freileitungen mit Hochspannung in Ortschaften oder ausgedehnten gewerblichen Anlagen usw. ein streckenweises Ausschalten möglich sein muß, so ist es auch für ausgedehnte Verteilungsleitungen, die nicht Freileitungen sind, also in Werkstätten, Hallen, an Außenwänden entlang, oder über Höfe usw. mit kleinem Abstand der Befestigungspunkte verlaufen, nötig, daß man sie in angemessener Zeit und ohne Schwierigkeit ganz oder in Abteilen ausschalten kann, um etwa Personen, die durch Berührung mit den Leitungen verunglückt sind, zu Hilfe zu kommen, oder auch um Reparaturen an Maschinen, Transmissionen oder Gebäudeteilen gefahrlos vornehmen, oder um bei Schadenfeuern mit den Löschgeräten ungefährdet arbeiten zu können. Über die Lage der Ausschalter und die von ihnen abhängigen Leitungsteile müssen geeignete Personen (Werkmeister, Betriebsleiter, Aufsichtsbeamte) unterrichtet sein.

§ 31. 1) Welche Räume im einzelnen dem § 31 unterliegen, muß von Fall zu Fall entschieden werden. Gemäß § 2g ist das Merkmal maßgebend, daß entweder die Isolation der elektrischen Einrichtungen oder der elektrische Widerstand des Körpers der beschäftigten Personen durch die in dem Raume wirksamen Einflüsse erfahrungsgemäß erheblich verschlechtert wird. Oft treten beide Wirkungen gemeinsam auf. Dabei kommt es nicht sowohl auf die Ursache (Feuchtigkeit, Durchtränkung mit chemisch wirksamen Stoffen) als auf die erwähnten Wirkungen an; daher kommen auch „ähnliche" Räume in Betracht; z. B. sehr heiße Räume, wenn die in ihnen Beschäftigten regelmäßig starker Schweißbildung unterliegen, zumal wenn dabei etwa durch gut leitenden Fußboden die Gefahr noch weiter erhöht ist (Kesselräume u. dergl.). Es gibt Räume, die dem Wortlaut des § 2g nicht entsprechen, da sie, wie z. B. Hausküchen, private Badezimmer usw., nicht als gewerbliche Betriebs- und Lagerräume zu bezeichnen sind, in denen es aber trotzdem zweckmäßig oder geboten ist, einzelne oder alle Sonderbestimmungen des § 31 einzuhalten. Die Entscheidung kann dem Sachverständigen bei Kenntnis der Benützungsweise des Raumes nicht schwer fallen. Nach § 5[2] werden von den in feuchten Räumen verlegten Teilen der Installation nicht dieselben Isolationsgrößen gegen Erde verlangt, wie sie sonst allgemein gefordert werden. Bei sorgfältiger Ausführung sind sie indessen auch hier erreichbar, wenn sie auch nicht jederzeit aufrecht erhalten werden können. Es empfiehlt

(2) Siehe nächste Seite.)

b) Für Spannungen über 1000 V sind nur Kabel zulässig.[3])

---

sich, den häufig als Begleiter der Feuchtigkeit auftretenden Schmutz möglichst zu bekämpfen, indem z. B. in bestimmten Zeiträumen die Isolierglocken, die Sockel der Apparate, sowie Lampenfassungen und Beleuchtungskörper abgewischt oder abgewaschen werden. Noch besser ist es, die Gefahren dadurch zu vermindern, daß man ihre Ursache bekämpft, indem für Ableitung der ätzenden Stoffe, Ablauf des Wassers, Durchlüftung des Raumes, trockene Standorte der Beschäftigten gesorgt wird. Mit solchen Mitteln kann auch die Widerstandsfähigkeit der beschäftigten Personen erhöht werden, indem sich z. B. die Schweißbildung vermindert oder die Notwendigkeit, Hände, Füße oder andere Körperteile mit ätzenden Stoffen zu durchtränken, wegfällt. Daher können auch passende Werkzeuge, gute Fußbekleidung nützliche Dienste leisten; ihr Gebrauch kann durch Betriebsvorschriften erzwungen werden.

Die Bestimmungen über feuchte Räume können auch als Anhaltspunkte für die Anbringung von Lampen und Apparaten im Freien gelten, soweit hierfür nicht im § 23 besondere Bestimmungen getroffen sind. Vgl. S. 105 unter [3]) sowie ETZ 1904, S. 362 N. 80; 1905, S. 474 N. 159.

2) Leitungen, die den Raum lediglich durchqueren, brauchen nicht abschaltbar zu sein. Um die Isolationsgröße nach § 5 in den übrigen Teilen der Anlage richtig zu messen, ist das Abschalten nötig. Es ist ferner zu beachten, daß in den feuchten Räumen häufiger Schäden an der elektrischen Einrichtung eintreten werden, als in den übrigen Teilen der Anlage. Die Behebung solcher Schäden wird erleichtert, wenn die Leitungen leicht abtrennbar sind. Die bei Berührung spannungführender Teile gegebene Gefahr ist in feuchten Räumen erhöht. Die Abschaltbarkeit vermindert die Versuchung, Reparaturen während des Betriebes vorzunehmen und erleichtert die Hilfeleistung bei Unfällen. Die Bestimmung des § 11e) ist in feuchten Räumen besonders wichtig. Vgl S. 55 unter [7]) und ETZ 1909, S. 497, N. 206.

Die schlechtere Isolation in den feuchten Räumen kann einen merklichen Stromverlust zur Folge haben; dieser wird vermindert, wenn die Räume nur so lange angeschaltet sind, als wirklich Strom gebraucht wird. Es ist nicht ausgeschlossen, daß auf diese Weise auch die elektrolytische Zerstörung einzelner Installationsmittel merklich verzögert wird. Die Abschaltbarkeit braucht nicht notwendig durch „Schalter", sie kann auch durch Sicherungen oder andere Trennstücke ermöglicht sein.

3) Ganz allgemein ist auf Verwendung sehr gut isolierter Leitungen und auf ihre Instandhaltung sorgfältig zu achten. Manche chemische Stoffe greifen die Gummihüllen der Drähte an; in diesem Falle ist richtig gewählter Anstrich oder anderweiter Schutz nötig; oft sind blanke Leitungen im Sinne des § 24a Abs. 2 am Platze.

Nach § 24 b) sind bei Hochspannung blanke Leitungen nur soweit zulässig, als sie entweder betriebsmäßig geerdet sind, oder als Kontaktleitungen dienen, oder in Betriebs- und Akkumulatorenräumen liegen. In feuchten Räumen sind diese Beschränkungen ganz besonders zu beachten. Mit Spannungen von mehr als 1000 Volt wird man feuchte Räume in der Regel überhaupt nicht installieren. Sind Leitungen durch feuchte Räume durchzuführen, so empfiehlt es sich, stets Kabel zu verwenden, wie dies oberhalb 1000 Volt vorgeschrieben ist.

⚒ In B. u. T. sind in Räumen, in denen Tropfwasser auftritt, für Niederspannung nur Kabel und in Rohren nach § 26b verlegte Gummiader-Leitungen zulässig.

Für Hochspannung sind nur Kabel gestattet.

c) Festverlegte Mehrfachleitungen sind nicht zulässig.[4])

d) Ortsveränderliche Leitungen müssen durch eine schmiegsame Umhüllung gegen Beschädigung besonders geschützt sein.[5])

1. Bei offen verlegten Leitungen ist der Schutz gegen Berührung (siehe § 3) besonders zu beachten.[6])

---

4) Sowohl verdrillte Drähte als Mehrfachschnüre unterliegen der Gefahr, daß Feuchtigkeit zwischen den beiden Leitungen haftet und eine Schädigung oder Zerstörung der Isolierhülle herbeiführt. Wie nach § 23 b) im Freien ist die Benutzung dieser Leitungsart auch in feuchten Räumen untersagt. Bei ortsveränderlichen Leitungen ist sie nicht zu entbehren, muß aber nach § 31 d) (siehe unter [5]) besonders sorgfältig geschützt werden. Mehrfach**kabel** sind zulässig, da sie ein höheres Maß von gegenseitiger Isolierung ihrer Adern, von Unveränderlichkeit und von Schutz gegen Feuchtigkeit aufweisen.

5) Außer Umhüllungen aus Leder, Segeltuch u. dgl. sind namentlich Gummischläuche mit oder ohne Einlage aus Hanf oder Metall zum Schutze der Leitungsschnüre und anderer Mehrfachleitungen zu empfehlen. Gegen Eindringen der Feuchtigkeit sind namentlich die Enden dieser Hüllen möglichst dicht zu schließen. Metallschläuche und Metallspiralen, die als Schutz dienen, sind von den spannungführenden Teilen sorgfältig zu isolieren und mittels geeigneter Steckvorrichtung zu erden (§ 3[2]).

6) In feuchten Räumen ist die Gefahr, daß Menschen durch den Strom verletzt oder getötet werden, weit höher als in trockenen, da der Widerstand der Personen gegen Erde hier in der Regel durch die Feuchtigkeit der Haut, namentlich an den Händen, (Benetzung beim Arbeiten oder Schweißbildung) sowie durch den feuchten Fußboden merklich vermindert ist und außerdem ein Pol der Leitungsanlage häufig weniger gut gegen Erde isoliert ist. Berührt also ein Mensch den andern Pol, so wird sein Körper von mehr oder weniger starken Strömen durchflossen.

Besonders ratsam ist es, an denjenigen Stellen, wo betriebsmäßig eine Handhabung der elektrischen Einrichtung geschieht, also wo Ausschalter oder Motoren, Lampen etc. zu bedienen sind, für einen trockenen und isolierten Standpunkt der bedienenden Person zu sorgen. Sei es, daß man vollständige Bedienungsgänge oder Bedienungsstände herstellt, die auf Porzellanglocken oder Glasfüßen, Glasprismen usw. ruhen, oder daß man sich mit Gummimatten oder einigen trocken gehaltenen Brettern begnügt.

In feuchten Räumen ist peinlichst genau dafür zu sorgen, daß die Leitungen durch Schutzverkleidung gegen jede unmittelbare Berührung geschützt sind. Rohre sind hinreichend kräftig und von solcher Beschaffenheit zu wählen, die der Feuchtigkeit widersteht. Sind die Schutzverkleidungen von Metall oder mit Metall überzogen, so ist gemäß §§ 3 c) und 3[2] sorgfältig auf leitenden Zusammenhang dieser Metallteil und gute Verbindung mit Erde zu achten. Die Stoßstellen der Rohre sind leitend zu

2. Offen verlegte ungeerdete blanke Leitungen sollen in einem Abstand von mindestens 5 cm voneinander und 5 cm von der Wand auf zuverlässigen Isolierkörpern verlegt werden (siehe § 21[4]).[7]) Sie können mit einem der Natur des Raumes entsprechenden haltbaren Anstrich versehen sein.[8])

Schutzrohre sollen gegen mechanische und chemische Angriffe hinreichend widerstandsfähig sein.[9])

3. Motoren und Apparate sollen tunlichst nicht in solchen Räumen untergebracht werden; läßt sich dies nicht vermeiden, so soll für besonders gute Isolierung, guten Schutz gegen Berührung und gegen die obwaltenden schädlichen Einflüsse Sorge getragen werden; die nicht spannungführenden der Berührung zugänglichen Metallteile sollen gut geerdet werden.[10])

---

verbinden. Der gute Zustand dieser Verbindungen sowie der Erdungsleitungen ist sorgfältig zu prüfen, die Erdungsleitungen gegen Beschädigung zu schützen. Eine besondere Sicherheitsschaltung für feuchte Räume beschreibt Heinisch ETZ 1914, S. 32.

In Badezimmern, wo die Badenden durch das Wasser und die Wanne in außerordentlich gut leitende Verbindung mit der Erde gesetzt werden, empfiehlt es sich dringend, die Anordnungen so zu treffen, daß von der Badewanne aus keinerlei Schalter, Fassungen oder Leitungen erreichbar sind. Eventuell sind nichtmetallische Zugschnüre zur Bedienung der Schalter von der Wanne aus angezeigt.

7) Der kleinste Abstand von der Wand ist auch für normal beschaffene Räume in § 21[4] für blanke Leitungen auf 5 cm festgesetzt.

Der kleinste Abstand der Drähte voneinander, der für normale Räume nach § 21[4] bei blanken Leitungen 10 cm betragen soll, darf naturgemäß in feuchten Räumen nicht kleiner sein; für isolierte Leitungen ist auch in normalen Räumen kein Mindestabstand bestimmt. Es ist besonders wichtig, hinreichend große und sachgemäß gestaltete Glocken oder Rollen-Isolatoren anzuwenden.

8) Der Schutz gegen Berührung (§ 3a) und gegen Beschädigung (§ 21a) ist bei blanken Leitungen in feuchten Räumen besonders wichtig. In manchen Fällen sind Leitungen von Eisendraht oder verbleitem oder verzinntem Eisendraht zu empfehlen.

Als Anstrich ist Ölfarbe, Asphaltlack, Emaillack üblich. Unter Umständen ist Bleiüberzug der Kupferleitungen vorteilhaft. Über sogen. Hackethaldraht siehe ETZ 1903, S. 172.

9) Die dünnen Messingmäntel der üblichen Papierrohre sind im allgemeinen für feuchte Räume unzureichend. Dies gilt auch für Leitungen im Freien. Mindestens ist ein guter und in Stand gehaltener Anstrich nötig.

10) Vgl. § 10 S. 51 unter [5]). Es gibt jetzt für die meisten der gebräuchlichen Apparate Ausführungsformen, die den Verhältnissen feuchter Räume Rechnung tragen. So z. B. Schalter, deren Unterlagen als Isolierglocken ausgebildet sind, Lampenfassungen ähnlicher Art. Für Glühlampen sind Überglocken nicht vorgeschrieben. Wo sie verwendet werden, müssen sie die Fassungen einschließen. Vielfach werden sogenannte Kellerfassungen den Überglocken vorgezogen.

e) Stromverbraucher müssen so eingerichtet sein, daß sie zum Zweck der Bedienung spannungslos gemacht werden können.[11])

f) Für Beleuchtung ist nur Niederspannung zulässig. Fassungen müssen aus Isolierstoff bestehen. Schaltfassungen sind verboten.[12])

4. Für Handlampen empfiehlt sich die Verwendung möglichst niedriger Spannung.[13])

§ 32.

Akkumulatorenräume (siehe auch § 8).

a) Akkumulatorenräume gelten als abgeschlossene elektrische Betriebsräume.[1])

b) Zur Beleuchtung dürfen nur elektrische Lampen verwendet werden, deren Leuchtkörper luftdicht abgeschlossen ist.[2])

c) Für geeignete Lüftung ist zu sorgen.[3])

---

11) Vgl. § 11e). Glühlampen können, da sie eine regelmäßige Bedienung im Betrieb nicht erfordern, durch die im § 31a) verlangte Abschaltung der Leitungen spannungslos gemacht werden. Besondere Schalter sind erforderlich für Bogenlampen und Motoren, die regelmäßig bedient werden.

12) Schaltfassungen sind der Zerstörung an ihren wirksamen Teilen in höherem Maße unterworfen als Fassungen ohne Schalter.

13) Wechselstrom kann durch Transformatoren auf eine unbedingt gefahrlose Spannung herabgesetzt werden; mit Selbstunterbrechern ist dies auch bei Gleichstrom möglich. Unter sehr schwierigen Verhältnissen sollte dieser Ausweg häufiger als bisher benützt werden.

§ 32. **1)** Vgl § 2e).

2) Glühlampen, die wie die Nernstlampen oder die meisten Bogenlampen nicht gegen die Umgebung abgeschlossen sind, würden keine Sicherheit gegen die Entzündung brennbarer Gase bieten.

Überglocken über den Glühlampen sind nicht vorgeschrieben. Die Hauptsache ist, daß die Metallteile der Fassungen gegen den zerstörenden Einfluß der Säure geschützt sind. Fassungen, die aus Isolierstoff hergestellt oder damit überzogen sind, haben auch den Vorteil, daß sie nicht Kurzschluß verursachen können, wenn sie zwischen Elektroden oder Zuleitungen geraten, zwischen denen Spannungen herrschen.

Während der Überladung, z. B. während der fortgesetzten Formierungsladungen dürfen offene Flammen und glühende Körper nicht geduldet werden. Dies ist durch § 10c der Betriebsvorschriften festgelegt und dort näher ausgeführt.

3) Die Gefahr, daß das bei der Ladung entwickelte Gas zu einer Explosion Anlaß gebe, ist nicht so groß, wie sie häufig dargestellt wird. Indessen sind vereinzelte Fälle von Entzündung dieser Gase festgestellt. Größere Mengen entwickeln sich in der Regel nur bei den ersten Ladungen neu aufgestellter Batterien oder dann, wenn infolge eingetretener Störungen ein Nachformieren nötig wird. In diesen Fällen ist auf sehr gute Lüftung besonders zu achten. Für die gewöhnlichen, betriebsmäßigen Ladungen genügt es in der Regel, wenn während derselben eine Reihe von Fenstern geöffnet ist, oder wenn gegenüberliegende

§ 33.

Betriebsstätten und Lagerräume mit ätzenden Dünsten.[1])

a) Alle Teile der elektrischen Einrichtungen müssen je nach Art der auftretenden Dünste gegen chemische Beschädigungen tunlichst geschützt sein.[2])

b) Fassungen müssen aus Isolierstoff bestehen. Schaltfassungen sind verboten.

Für Handlampen sind nur Leitungen mit besonderer gegen die chemischen Einflüsse schützender Hülle gestattet.[3])

c) Die Verwendung von Spannungen über 1000 V ist für Licht- und Motorenbetrieb unzulässig.[4])

1. Entgegen der Regel § 12[1] ist Holz auch bei Steuerschaltern nicht zulässig.[5])

Fenster oder andere Abzugsöffnungen so bedient werden, daß Zug entsteht. Die Entwicklung von Schwefelsäurebläschen, welche die Atmungsorgane reizen, während der Ladung ist nicht zu vermeiden. Doch muß die Lüftung derart sein, daß in angemessener Zeit nach der Ladung ein längeres Verweilen im Batterieraum möglich ist.

§ 33. **1)** Räume mit ätzenden Dünsten werden zunächst in chemischen Fabriken anzutreffen sein, Metallbeizereien, oft auch Stallungen fallen unter diese Klasse. Zementfabriken, Gerbereien und andere Betriebe werden zwar nicht gerade ätzende Dämpfe, aber ätzenden Staub oder ätzende Flüssigkeiten enthalten. Sie sind sinngemäß ebenso wie die genannten Räume zu behandeln.

Da die ätzenden Stoffe geeignet sind, manche Teile der elektrischen Einrichtung zu zerstören, so ist häufige Kontrolle derselben sehr wichtig.

2) Welche Schutzmittel anzuwenden sind, hängt von der Art der ätzenden Stoffe ab. In manchen Fällen sind gerade blanke Kupferdrähte am besten haltbar, in anderen Fällen empfiehlt sich blanker oder verzinnter Eisendraht oder verbleiter Kupferdraht oder Hackethaldraht Kalk und kalkhaltige Laugen greifen das Gummi der Isolierung scharf an; ebenso das Blei der Kabel. Auch organische Fettsäuren, ferner Essigsäure und andere organische Stoffe sind dem Blei gefährlich.

3) Die im § 18 e) und f) für Handlampen festgesetzten allgemeinen Vorschriften sind hier nochmals verschärft.

4) Da die ätzenden Stoffe nicht nur die Leitungen, sondern ebenso die Schalter, Fassungen und dgl. angreifen, so empfiehlt es sich, höhere Spannungen, die bei Beschädigung der Isolation den Menschen gefährlich werden können, in solchen Räumen tunlichst zu vermeiden. Das Verbot der Spannungen über 1000 Volt ist auf Licht- und Motorenbetrieb beschränkt, weil unter Umständen diejenigen chemischen Verfahren, die die ätzenden Stoffe bedingen oder erzeugen, an die Anwendung höherer Spannungen gebunden sind. Dies trifft z. B. bei Ozonerzeugung, bei einigen Verfahren zur Herstellung von Stickstoffverbindungen zu. Oft ist es möglich, das Auftreten der ätzenden Dünste auf das Innere der Apparate so zuverlässig zu beschränken, daß in den Räumen, die die Apparate umgeben, die Durchführung der Sondervorschriften des § 33 unnötig ist.

5) Vgl. § 12[1]. Sind die ätzenden Stoffe solcher Art, daß sie das Holz nicht angreifen, so ist die Regel natürlich gegenstandslos.

§ 34.

Feuergefährliche Betriebsstätten und Lagerräume.[1])

a) Die Umgebung von elektrischen Maschinen, Transformatoren, Widerständen usw. muß von entzündlichen Stoffen freigehalten werden können.[2])

b) Sicherungen, Schalter und ähnliche Apparate, in denen betriebsmäßig Stromunterbrechung stattfindet, sind in feuersicher abschließenden Schutzverkleidungen unterzubringen.[3])

c) Blanke Leitungen sind nicht zulässig.[4])

---

§ 34. 1) Unter feuergefährlichen Betriebsstätten und Lagerräumen sind namentlich Werkstätten verstanden, in denen leicht entzündliche Stoffe verarbeitet werden oder lagern. Hierher gehören z. B. Tischlerwerkstätten, Baumwollspinnereien, Sägewerke und ähnliche Räumlichkeiten, soweit sie nicht mit wirksamen Vorkehrungen ausgestattet sind, die die entzündlichen Stoffe absaugen oder sonstwie unschädlich machen. Vgl. § 2 h) S. 17 unter [12]).

2) Stets wird man darnach trachten, die Maschinen, Motoren usw. überhaupt nicht in denselben Räumen aufzustellen, welche die leicht entzündlichen Stoffe enthalten. Ist dies unvermeidlich, so werden Motoren, Transformatoren, Widerstände am besten, ebenso wie nach § 35, in feuersichere Hüllen eingeschlossen. Natürlich leidet darunter ihre Ventilation. Die Motoren, Transformatoren usw. mit besonderen Ventilationsröhren auszurüsten, die von staubfreier Luft durchströmt werden, wird meistens nicht möglich sein. Man muß daher dafür sorgen, daß die Motoren usw. so groß gewählt werden, daß die im Betrieb vorkommenden Belastungen keine gefährliche Erwärmung hervorbringen können. Sind Staub oder Fasern nicht zu befürchten, so kann auch eine offene Aufstellung der Motoren usw. gewählt werden, doch sind Schranken und dgl. vorzusehen, die verhindern, daß brennbare Stoffe mit den elektrischen Betriebsmitteln in Berührung kommen. Vgl. § 6 a) S. 35 und über Widerstände § 12[2] S. 59.

3) In Betriebsstätten ist besonders darauf zu achten, daß die Gehäuse der Schalter nicht durch die im Betrieb nötigen Hantierungen schwerer Werkstücke und Werkzeuge zerbrochen werden. Hier werden daher vielfach Gehäuse aus Metall am Platze sein, die aber im Sinne des § 11 c) mit isolierendem Überzug oder isolierender Einlage versehen sein müssen. Steckvorrichtungen werden in Scheunen usw. zweckmäßig derart mit Schaltern zusammengebaut, daß sie nur stromlos gezogen werden können.

Bogenlampen sind in feuergefährlichen Räumen nicht verboten, da es viele Bauarten gibt, die gegen Staub und Fasern vollkommen sicher abgeschlossen sind.

4) Blanke Leitungen sind verboten, weil an ihnen bei Berührung mit metallischen Werkzeugen oder bei ihrer Beschädigung Funken auftreten können. Auch in geerdeten Leitungen treten Spannungsgefälle auf, die unter ungünstigen Umständen zu Funken Anlaß geben können.

⚒ In B. u. T. sind isolierte Leitungen nur in Rohren nach § 26b gestattet.

1. Auf Schutz gegen mechanische Beschädigung ist besonders zu achten.

⚒ d) *In B. u. T. ist nur Gleichstrom bis 500 V* und Niederspannungs-Wechselstrom zulässig.

§ 35.

Explosionsgefährliche Betriebsstätten und Lagerräume.[1])

a) Elektrische Maschinen, Transformatoren und Widerstände, desgleichen Ausschalter, Sicherungen, Steckvorrichtungen und ähnliche Apparate, in denen betriebsmäßig Stromunterbrechung stattfindet, dürfen nur insoweit verwendet werden, als für die besonderen Verhältnisse explosionssichere Bauarten bestehen.[2])

---

§ 35. 1) Was als explosionsgefährlicher Raum zu betrachten ist, muß von Fall zu Fall je nach Art des Betriebes und der vorkommenden Stoffe entschieden werden. ETZ 1902, S. 940 N. 18; 1904, S. 425 N. 105. Derartige Räume kommen vor in Sprengstoffabriken, in chemischen Fabriken, die mit explosiblen Stoffen wie Pikrinsäure arbeiten oder sie herstellen, in Fabriken zur Herstellung von Munition und von Feuerwerkskörpern und in Lagerhäusern, die derartige Stoffe enthalten. Vgl. § 2i) unter [13]), S. 17.

Die für Schlagwettergruben und schlagwettergefährlichen Teile von Bergwerken gültigen Vorschriften sind aus den Sondervorschriften für Bergwerke unter Tage (§ 41) zu entnehmen.

2) Im allgemeinen wird man danach streben, die Maschinen und Apparate, an denen betriebsmäßig Funken auftreten, nicht in solchen Räumen unterzubringen, die einer Explosionsgefahr unterliegen, insbesondere nicht in Räumen, in denen sich infolge der Betriebsverhältnisse explosible Gase oder Luftmischungen verbreiten. Wo es sich nur um feste Explosivstoffe handelt, wird ein dichter Abschluß der Apparate und Maschinen oder ein Abschluß derjenigen Vorrichtungen, in denen die explosiblen Stoffe verarbeitet werden, geeignet sein, die Gefahr zu beseitigen. Solche Abschlüsse der elektrischen Maschinen schützen jedoch im allgemeinen nicht gegen das Eindringen von Gasen. Explosionssichere Bauarten von Maschinen, die gegen Schlagwetter sicher sind, hat man in neuerer Zeit gefunden. Sie beruhen auf dem Prinzip, daß die durch das Funken der Maschinen ausgelösten Explosionen auf kleine Quantitäten des explosiblen Gases beschränkt bleiben, indem man die Maschinen usw. oder ihre funkenden Teile mit einer Hülle umgibt, die entweder dem Überdruck der Explosion Stand hält oder aber dem explodierenden Gas freie Expansion gestattet und dabei mittels geeignet angeordneter Metallflächen eine Abkühlung bewirkt, welche die Fortpflanzung der Explosion verhindert. Vgl. Goetze, ETZ 1906, S. 4, 65, 197. Es ist aber zu beachten, daß die Explosionserscheinungen bei den verschiedenen Arten explosibler Stoffe verschieden verlaufen, so daß Bauarten, die in Schlagwettern sicher sind, in Leuchtgasgemischen oder Gemischen von Luft und Benzindämpfen nicht ohne weiteres als sicher gelten können. Vielmehr ist für jede Bauart eine Erprobung gegenüber dem fraglichen Explosivgas nötig. Vgl. § 41. Ganz allgemein sind verschiedene Arten von explosionsgefähr-

b) Festverlegte Leitungen sind nur in geschlossenen Rohren oder als Kabel zulässig.[3])

c) Zur Beleuchtung sind nur Glühlampen zulässig, deren Leuchtkörper luftdicht abgeschlossen ist. Sie müssen mit starken Überglocken, die auch die Fassung dicht einschließen, versehen sein.[4])

d) Behördliche Vorschriften über explosionsgefährliche Betriebe bleiben durch vorstehende Bestimmungen unberührt.[5])

§ 36.

Schaufenster, Warenhäuser und ähnliche Räume, wenn darin leicht entzündliche Stoffe aufgestapelt sind.[1])

a) Festverlegte Leitungen müssen bis in die Lampenträger oder in die Anschlußdosen vollständig durch Rohre geschützt oder als Rohrdraht ausgeführt sein.[2])

---

lichen Räumen hinsichtlich ihrer elektrischen Einrichtungen verschieden zu behandeln je nach den verarbeiteten Stoffen und der Betriebsweise.

3) Als geschlossene Rohre gelten auch gut gefalzte Rohrdrähte, soweit sie der zu erwartenden mechanischen Beanspruchung genügend Widerstand bieten. Der Metallmantel darf nicht als Rückleiter dienen. Offen verlegte Schlitzrohre sind unzulässig.

4) Nernstlampen, die ihrer Natur nach freien Luftzutritt erfordern, sind in explosiblen Räumen unzulässig. Auch Bogenlampen sind verboten, da bewährte explosionssichere Bauarten von solchen vorläufig nicht bekannt sind. Bogenlampen, die im Betrieb keine Gase von außen eindringen lassen, unterliegen gleichwohl der Gefahr, daß diese während des Erkaltens der Lampen eintreten und beim darauffolgenden Entzünden der Lampe explodieren. Derselbe Vorgang ist auch bei Überglocken möglich; zumal da Gummidichtungen für manche Gase durchlässig sind. Die Überglocken dienen in erster Linie als mechanischer Schutz. Gegen Explosion schützt am besten eine Bauart wie unter [2]) erläutert. Quecksilberdampflampen sind wegen ihrer Zerbrechlichkeit bedenklich, einem Schutz durch Doppelglocken steht die notwendige Luftkühlung entgegen.

5) Solche Vorschriften bestehen z. B. hinsichtlich der Gebäudeblitzableiter für Sprengstoffabriken, Pulvermagazine u. dgl. Vgl. ETZ 1904, S. 985; 1906, S. 575.

§ 36. **1)** Alle Bestimmungen des § 36 beziehen sich nur auf solche Schaufenster, Warenhäuser usw., die leicht entzündliche Stoffe in größeren Mengen enthalten. Sie gelten also z. B. nicht für Kaufläden mit Porzellan- oder Eisenwaren oder für die nur als Bureauräume benutzbaren Teile von Warenhäusern. Anderseits umfaßt § 36 auch Kaufhäuser, die nicht als „Warenhaus" bezeichnet werden, wenn sie sich als „ähnliche Räume" kennzeichnen. Maßgebend ist, daß leicht entzündliche Gegenstände aufgehäuft sind und daß eine größere Menschenmenge in Räumen verkehrt, die nicht unmittelbar von der Straße aus zugänglich sind. Soweit beim Erbauen von Läden und Warenhäusern deren besondere Verwendungsart nicht vorhergesehen werden kann, wird man gut tun, die Installation so einzurichten, daß dem § 36 nachträglich genügt werden kann. ETZ 1902, S. 1133, N. 25.

2) Der besonders vollständige Schutz der Leitungen rechtfertigt sich durch die Erfahrung, daß die Leitungen durch das

b) Auf den Schutz entzündlicher Gegenstände gegen die Berührung mit Lampen ist im Sinne des § 16d besonderer Wert zu legen.

c) Beleuchtungskörper und andere Stromverbraucher, die ihren Standort wechseln, sind nur mittels biegsamer Leitungen anzuschließen, die zum Schutz gegen mechanische Beschädigung mit einem Überzug aus widerstandsfähigem Stoff (z. B. Segeltuch, Leder, Hanfschnurumklöppelung) versehen sind.[3])

d) Alle Schalter, Anschlußdosen und Sicherungen müssen mit widerstandsfähigen Schutzkästen umgeben und an Plätzen fest angebracht sein, wo eine Berührung mit leicht entzündlichen Stoffen ausgeschlossen ist.[4]) [5])

e) Die Verwendung von Stromverbrauchern für Hochspannung ist in Räumen, in denen leicht entzündliche Stoffe aufgestapelt sind, nicht zulässig.[6])

Aufstapeln der Waren, durch das Ansetzen von Leitern und dgl. der Verletzung besonders ausgesetzt sind. Die Erfahrung lehrt auch, daß die Leitungen an keiner Stelle der Berührung mit den Waren völlig entrückt sind, denn letztere häufen sich zeitweise bis an die Decke.

3) Die beweglichen Beleuchtungskörper und ihre Zuleitungen sind stärkerer Abnützung ausgesetzt und unterliegen auch schwereren Mißbräuchen als feste. Sie sind daher besonders strengen Vorschriften unterworfen. Außerdem sind die für sie gültigen allgemeinen Vorschriften genau zu beachten. Vgl. § 21c), § 21l) und namentlich § 21m).

Die Schutzhülle kann auch aus Metall bestehen; doch besteht gegen schwache Metallhüllen das Bedenken, daß sie im Gebrauche schadhaft werden und Spannung annehmen. Unmetallische Schutzhüllen sind daher vorzuziehen.

Ein besonders bei Schaufensterdekorationen häufig geübter Mißbrauch ist der, daß die beweglichen Leitungen mit Stecknadeln durchstochen werden, um sie in gewissen Lagen festzuhalten, wodurch häufig Kurzschluß entsteht. Solche Sorten von Schutzhüllen, welche Stecknadeln eindringen lassen, sind daher nicht empfehlenswert.

4) Auch gegen diese Bestimmung wird häufig verstoßen, indem Schalter oder Sicherungen, oft sogar kleinere Schalttafeln beim Aufstapeln der Waren mit letzteren bedeckt werden. Am besten ist es, diese Apparate auf Verteilungsschalttafeln zu konzentrieren und diese etwa noch mit Glaskasten vor der Berührung mit brennbaren Stoffen zu schützen.

5) In einzelnen Städten sind durch die Ortsbehörden noch weitere als die hier gegebenen Vorschriften erlassen worden. So wurde z. B. verlangt, daß Bogenlampen zur Beleuchtung von Schaufenstern entweder außerhalb der Fenster auf der Straße angebracht oder von den Auslagen durch Glasplatten, Glaswände oder dgl. völlig getrennt werden. Die an anderen Orten gemachten Erfahrungen lassen diese Bestimmung als übertrieben streng erscheinen. Wenn auch Bogenlampen häufig durch herausfallende glühende Kohlen oder Kohlenteilchen infolge unachtsamer Bedienung oder fehlerhafter Bauart gefährlich geworden sind, so genügen doch die im § 17 a) hiergegen vorgeschriebenen Maßnahmen, wenn diese sachgemäß und pünktlich durchgeführt werden.

6) Nur die Verwendung solcher Stromverbraucher ist

J. Provisorische Einrichtungen. Prüffelder und Laboratorien.[1])

§ 37.

a) Für fest verlegte Leitungen sind Abweichungen von den Bestimmungen über Stützpunkte der Leitungen und dergleichen zulässig, doch ist dafür zu sorgen, daß die Vorschriften hinsichtlich mechanischer Festigkeit, zufälliger gefahrbringender Berührung, Feuersicherheit und Erdung für den ordnungsmäßigen Gebrauch erfüllt sind.[2])

---

verboten. Zulässig ist es, Leitungen für Hochspannung durch solche Räume durchzuführen, natürlich unter Beachtung der zutreffenden allgemeinen Vorschriften.

§ 37. 1) Zwischen provisorischen Einrichtungen einerseits und Prüffeldern und Laboratorien anderseits bestehen wesentliche Unterschiede sowohl in der Art der elektrischen Einrichtungen als hinsichtlich des Personenkreises, der sie gebraucht. § 37a) gilt für beide Arten von elektrischen Anlagen.

Provisorische Einrichtungen, d. h. solche, die nur für kurze Dauer bestimmt sind, kommen in erster Linie auf Bauplätzen und hier hauptsächlich im Freien vor, sie werden ferner zum Beleuchten bei Festen, Schaustellungen und Versammlungen verwendet. Innerhalb von Gebäuden sind sie unter Umständen nötig, etwa um das Aufstellen von Maschinen durch besondere Beleuchtung des Arbeitsplatzes zu erleichtern. Einrichtungen in Schaubuden, Zirkuszelten, Bauhütten können ebenfalls unter Umständen als provisorische gelten. Durch rasche Herstellung einer Beleuchtung oder eines elektrischen Antriebs an solchen Orten können oft die mit dem Bau, mit einer Menschenansammlung, mit unvorhergesehenen Arbeiten an bedrohten Stellen, etwa bei Überschwemmungen, verbundenen Gefahren erheblich vermindert werden. Es wäre daher unbillig, von solchen Einrichtungen alle Anforderungen zu verlangen, die an dauernde Anlagen gestellt werden und nur mit größerem Zeitaufwand erfüllbar sind. Anderseits muß man sich davor hüten, die in vielen Fällen gerechtfertigten Erleichterungen in allzuweitem Umfange auszunutzen. Eine scharfe Grenze zwischen provisorischen und dauernden Einrichtungen gibt es nicht, und in vielen Fällen ist es möglich, auch solche Einrichtungen, die nur vorübergehend an einem Orte bleiben, so zu gestalten, daß sie allen Anforderungen an dauernde genügen. Dies wird z. B. bei manchen Schaubuden zutreffen, die der Reihe nach an verschiedenen Orten, aber stets in derselben Weise aufgebaut werden und die Teile ihrer elektrischen Ausrüstung mit sich führen. Wo die Sicherheit größerer Menschenmengen in Frage steht, wie bei Schaustellungen in geschlossenen Räumen, sind die Einrichtungen anders zu beurteilen als dort, wo es sich nur um wenige mit den auszuführenden Arbeiten vertraute oder etwa selbst sachkundige Personen handelt. Einrichtungen für wenige Stunden unterliegen anderen Anforderungen als solche für einige Wochen. In durchtränkten feuer- oder explosionsgefährlichen Betriebsstätten sollten provisorische Einrichtungen niemals angebracht werden. Prüffelder und Laboratorien kommen hauptsächlich in elektrischen Fabriken vor.

2) Neben der Entfernung der Befestigungspunkte sind es namentlich die Abstände der Leitungen voneinander und von

b) Provisorische Einrichtungen sind durch Warnungstafeln zu kennzeichnen und durch Schutzgeländer, Schutzverschläge oder dergleichen gegen den Zutritt Unberufener abzugrenzen. *Bei Hochspannung sind sie nötigenfalls unter Verschluß zu halten.* Den örtlichen Verhältnissen ist dabei Rechnung zu tragen.[3])

Die beweglichen und ortsveränderlichen Einrichtungen sowie die Beleuchtungskörper, Apparate, Meßinstrumente usw. müssen den allgemeinen Vorschriften genügen.[4])

Bei Schalt- und Verteilungstafeln ist Holz als Baustoff, nicht aber als Isolierstoff zulässig.

c) Ständige Prüffelder und Laboratorien sind mit festen Abgrenzungen und entsprechenden Warnungstafeln zu versehen. Fliegende Prüfstände sind durch eine auffallende Absperrung (Schranken, Seile oder dergleichen) kenntlich zu machen. Unbefugten ist das Betreten der Prüffelder und Prüfstände streng zu verbieten.[5])

1. In ständigen Prüffeldern und Laboratorien für Hochspannung über 1000 V sollen die Stände, in denen unter Spannung gearbeitet wird, gegen die Nachbarschaft abgegrenzt werden, wenn dort gleichzeitig Aufstellungs-, Vorbereitungsarbeiten und dergleichen vorgenommen werden.[6])

Wänden, Laufgängen, Baugerüsten usw., die oft nicht den allgemeinen Vorschriften entsprechend eingehalten werden können.

3) Aus dem Gesagten ergibt sich, daß die Schutzmaßnahmen den Verhältnissen anzupassen sind. An Baugerüsten sind Leitungen und Apparate zunächst dem etwa vorüberkommenden Publikum unzugänglich anzuordnen, die Arbeitenden müssen an den von ihnen regelmäßig zu benutzenden Wegen vor zufälliger Berührung gefährlicher Teile bewahrt werden. Ein völliger Abschluß aller Teile gegenüber den Arbeitenden ist meist nicht möglich. Hier müssen Warnungszeichen oder Aufschriften unterstützend eingreifen.

4) Da die Zugänglichkeit der Leitungen, Stromverbraucher und Apparate für die Beschäftigten nicht immer in demselben Maße ausgeschlossen werden kann, wie bei festen Anlagen in und an fertigen Räumen, so ist um so mehr darauf zu sehen, daß die unter b) Abs. 2 genannten Dinge selbst von ordnungsmäßiger Beschaffenheit sind. Zwar werden sich die für provisorische Zwecke benutzten Hilfsmittel besonders rasch abnutzen, doch kann damit nicht der Gebrauch schadhafter Leitungen, Fassungen, Schalter oder anderer Geräte gerechtfertigt werden. Solche sind am allerbedenklichsten. Man benütze daher festgebautes, widerstandsfähiges Material. Was aber schadhaft geworden, ist sofort auszumustern.

5) In den Prüffeldern und Laboratorien kann damit gerechnet werden, daß die Beschäftigten entweder allgemein fachmännisch ausgebildet oder besonders unterwiesen sind. Es muß daher dafür gesorgt werden, daß solche Personen, auf die dies nicht zutrifft, fern gehalten werden.

6) Auch Regel 1 soll dahin wirken, daß die mit den besonderen Einrichtungen und Arbeiten des Prüffeldes weniger vertrauten Leute von den Gefahrstellen abgehalten und alle Personen vor unbeabsichtigter oder fahrlässiger Annäherung an die gefährlichen Teile behütet werden.

2. Ständige Prüffelder und Laboratorien für sehr hohe Spannungen sollen in abgeschlossenen Räumen untergebracht werden, deren unbefugtes Betreten durch geeignete Einrichtungen verhindert oder ungefährlich gemacht wird.[7])

3. Wenn in Prüffeldern, Laboratorien und dergleichen an den provisorischen Leitungen, an den Apparaten usw. der Schutz gegen zufällige Berührung Hochspannung führender Teile sich nicht durchführen läßt, sollen die Gänge hinreichend breit und der Bedienungsraum genügend groß sein.

d) Versuchsschaltungen in Prüffeldern und Laboratorien, die während des Gebrauches unter sachkundiger Leitung stehen, unterliegen den allgemeinen Vorschriften nicht.[8])

K. Theater und diesen gleichzustellende Versammlungsräume.[1])

Für diese Räume gelten außer den allgemeinen Vorschriften noch die folgenden Sonderbestimmungen[2]):

§ 38.

Allgemeine Bestimmungen.

a) Für Theaterinstallationen darf Hochspannung nicht verwendet werden.[3])

---

7) Als sehr hohe Spannungen gelten solche von etwa 40000 Volt und darüber. Ungefährlich machen kann man das Betreten der Räume z. B. dadurch, daß der Prüfraum beim Öffnen des Zugangs selbsttätig spannungsfrei wird.

8) Die Bestimmung gilt nur für die Schaltungen, nicht für andere Einrichtungen.

§ 38. 1) Besondere Vorschriften für Theater sind zuerst in der ETZ 1900 S. 665 veröffentlicht worden. Ebenso wie Theater sind der Regel nach auch Zirkusgebäude, Konzertsäle, Ballsäle, Räume für Varietées, Lichtspiele u. dergl. zu behandeln. Eine Abgrenzung ist nur unter Würdigung der Betriebsart von Fall zu Fall möglich. ETZ 1910, S. 197 N. 222.

Für Theater wird von den meisten Behörden keine andere als elektrische Beleuchtung zugelassen. Es ist zweifellos, daß diese allen anderen Beleuchtungsarten in der Feuersicherheit weit überlegen ist, vorausgesetzt, daß sie sachgemäß ausgeführt ist und ebenso gehandhabt wird.*)

2) Sonderbestimmungen für Theater sind aus zwei Gründen notwendig. Zunächst, weil es sich um große Menschenmengen handelt, für die nicht nur die unmittelbare Brandgefahr, sondern auch die aus einer Panik entstehenden Folgen zu fürchten sind. Zum andern, weil in den Theatern, besonders im Bühnenraum, verhältnismäßig große Lichtmengen auf engem Raum zusammengedrängt gebraucht werden und dieser Gebrauch behufs Erzielung der Bühnenwirkungen ein eigenartiger ist, der die elektrische Einrichtung in besonders hohem Maße beansprucht; namentlich sind mechanische Beschädigungen durch die Bewegung der Beleuchtungskörper selbst, sowie durch die Bewegung der Bühnenrequisiten und der Personen zu fürchten.

3) Es ist nicht verboten, die Umformung von Hochspannung auf Niederspannung im Theatergebäude selbst vorzunehmen;

---

*) Eine Preuß. Polizeiverordnung über bauliche Anlagen usw. von Theatern u. dgl. vom 10. 12. 1909 siehe ETZ 1910, S. 269.

b) Die elektrischen Leitungsanlagen sind von der Hauptschalttafel ab in Gruppen zu unterteilen.[4] Dreileiteranlagen sind, soweit tunlich, von den Hauptverteilungsstellen ab in Zweileiterzweige, bestehend aus Mittel- und Außenleiter, zu unterteilen.[5])

c) In Räumen, die mehr als drei Lampen enthalten, sowie in allen Fluren, Treppenhäusern und Ausgängen sind die Lampen an mindestens zwei getrennt gesicherte Zweigleitungen anzuschließen.[6]) Von dieser Bestimmung kann abgesehen werden, wenn die Notlampen eine genügende Allgemeinbeleuchtung gewähren.[7])

---

doch müssen die Transformatoren, Umformer oder dgl. in besonderen abgeschlossenen und nicht zum Theaterbetrieb mitbenutzten Räumen untergebracht sein, die nur unterwiesenem Personal zugänglich sind.

4) Die Unterteilung soll es unmöglich machen, daß durch eine im Verbrauchsgebiet vor sich gehende Störung, z. B. Kurzschluß und Abschmelzen einer größeren Sicherung, die ganze Anlage außer Betrieb gesetzt wird, so daß allgemeine Dunkelheit eintreten würde. Aus demselben Grunde werden häufig dort, wo das Theater aus einem Elektrizitätswerke gespeist wird, zwei getrennte von verschiedenen Speiseleitungen versorgte Hausanschlüsse angeordnet.

5) Die Ausführung der Abzweige in Gestalt von Zweileiteranlagen bewirkt, daß die beiden Zweige weniger voneinander abhängig sind, als wenn sie sich eines gemeinsamen Mittelleiters bedienen. Eine Unterbrechung dieses Mittelleiters könnte im letzteren Falle sehr gefährliche Folgen haben. Vergl. S. 57 unter [12]) und S. 70 unter [20]). Der Mittelleiter wird in der Regel geerdet. ETZ 1904, S. 361 N. 74.

Außerdem macht es die Trennung möglich, daß man die beiden Hauptzweige auf verschiedenen Wegen den Verbrauchsgebieten zuführt. Man wird z. B. die eine Hauptleitung auf der rechten, die andere auf der linken Seite des Hauses führen, damit ein örtlich begrenzter Unfall (Brand, Wasser, Zerstörung durch Gewalt) nur e i n e n Hauptleiter treffen kann. Im Verbrauchsgebiet werden die letzten Ausläufer beider Zweige so geführt, daß beim Unterbrechen eines Hauptzweiges niemals irgend ein Raum völlig dunkel werden kann, jedoch sind unmittelbare Kreuzungen der beiden Hälften, sowie die Berührung von Beleuchtungskörpern, die an zwei verschiedenen Hälften liegen, mindestens im Bühnenhaus zu vermeiden; auch im Logenhaus ist es nicht empfehlenswert, beide Hälften des Dreileiternetzes in einen Beleuchtungskörper einzuführen, man soll vielmehr die leichtere Isolation und größere Sicherheit, die die Trennung der Hälften ergibt, voll ausnützen.

Die Teilung in Zweileiterzweige ist auch vor der Anschlußstelle des B ü h n e n r e g u l a t o r s vorzunehmen, dessen Regelungswiderstände nach § 39 a Abs. 3 in die Außenleiter zu legen sind.

6) In T r e p p e n h ä u s e r n legt man zweckmäßig eine Steigleitung an die Außenwand (Fensterseite), die andere, dem zweiten Zweig des Dreileiternetzes angehörige, an die Innenwand. Es werden dann die aufeinander folgenden Lampen abwechselnd an die eine und an die andere Leitung angeschlossen.

7) Als genügende Allgemeinbeleuchtung durch die Not-

d) Falls eine elektrische Notbeleuchtung eingerichtet wird, müssen ihre Lampen an eine oder mehrere räumlich und elektrisch von der Hauptanlage unabhängige Stromquellen angeschlossen werden.[8])

e) Die Schalter und Sicherungen sind tunlichst gruppenweise zu vereinigen und dürfen dem Publikum nicht zugänglich sein.[9]) [10]

§ 39.

Bestimmungen für das Bühnenhaus.

Für Installationen des Bühnenhauses (Bühne, Untermaschinerien, Arbeitsgalerien und Schnürboden,

---

lampen wird eine solche gelten, die nicht nur die Ausgänge selbst, sondern auch die Wege zu ihnen umfaßt. Sie wird nur dadurch zu erzielen sein, daß man die Notbeleuchtung durch ein zweites unabhängiges elektrisches Leitungsnetz mit unabhängiger Stromquelle bewirkt, wie es unter 8) erwähnt ist.

8) Als Stromquelle für die Notbeleuchtung darf nicht eine zu der Hauptbeleuchtung gehörige Akkumulatorenbatterie dienen, d. h. es dürfen nicht Hauptbeleuchtung und Notbeleuchtung von derselben Batterie gespeist werden; auch darf nicht während der Notbeleuchtung die Batterie mit der Lademaschine verbunden sein, wenn die letztere für die Hauptbeleuchtung tätig ist. Doch ist es von einzelnen Behörden als genügend sicher anerkannt, wenn eine besondere für alle Notlampen gemeinsame Akkumulatorenbatterie außerhalb der Betriebszeit des Theaters von der Hauptstromquelle geladen und während der Vorstellungen ausschließlich auf die Notbeleuchtung entladen wird; vorausgesetzt ist dabei, daß die Batterie örtlich genügend getrennt von der Stromquelle für die Hauptbeleuchtung aufgestellt ist. Derartige zentralisierte Stromquellen für die Notbeleuchtung finden sich in Theatern zu Dresden, Hamburg, Karlsruhe. Andere Aufsichtsstellen verlangen größere Unabhängigkeit der einzelnen Lampen; z. B. in der Weise, daß jede Lampe eine besondere, mit ihr örtlich vereinigte kleine Akkumulatorenbatterie besitzt. Die einzelnen Batterien können etwa zur Ladung hintereinander geschaltet sein. Während des Betriebs der Notbeleuchtung sind sie jedoch einzeln von dieser Verbindungsleitung abzuschalten, damit sie nicht durch einen Kurzschluß in dieser Leitung entladen werden können. Diese Abschaltung kann zwangläufig mit dem Einschalten der Lampen verbunden werden. Vgl. ETZ 1904, S. 426, 563 u. 606. Für größere Theater hat sich jedoch das System der Einzelakkumulatoren weder in der Gestalt, daß diese völlig voneinander getrennt sind, noch in Hintereinanderschaltung bewährt, da es in beiden Gestalten zuviel Bedienung erfordert.

9) Die Zentralisierung ermöglicht rasches Auffinden und vereinfacht die Bedienung, sie erhöht so die Sicherheit. Es empfiehlt sich, nicht nur die Schalttafeln durch Türen (Glastüren) und dgl. vor dem Publikum abzuschließen, sondern sie womöglich an solchen Orten aufzustellen, zu denen das Publikum überhaupt nicht Zutritt hat, damit die Bedienung auch während eines Gedränges des Publikums ungehindert bleibt. Für das Aufsichtspersonal und die Feuerwehr sollen dagegen diese Orte leicht zugänglich sein.

10) Im übrigen wird das Logenhaus (Zuschauerraum) nach den Vorschriften für Niederspannungsanlagen installiert.

auch Ankleide- und andere Nebenräume im Bühnenhause) gelten außer den vorerwähnten allgemeinen, noch die folgenden Zusatzbestimmungen[1]):

a) Schalttafeln und Bühnenregulatoren sind so anzuordnen, daß eine unbeabsichtigte Berührung durch Unbefugte ausgeschlossen ist.[2])

Auf die Endausschalter an Bühnenregulatoren findet die Vorschrift des § 11e keine Anwendung, wenn die vom Regulator bedienten Stromkreise an zentraler Stelle allpolig ausgeschaltet werden können.[3])

Die Widerstände von Bühnenregulatoren sind bei Dreileiteranlagen in die Außenleiter zu legen.

b) Bei Beleuchtungskörpern mit Farbenwechsel muß der Querschnitt der gemeinschaftlichen Rückleitung unter der Annahme bemessen werden, daß alle Lampen aller Farben mit voller Lichtstärke gleichzeitig brennen.[4])

---

§ 39. 1) Unter Ankleideräumen sind hier die für das Bühnenpersonal bestimmten zu verstehen, sofern sie mit der Bühne auf derselben Seite der Proszeniumswand liegen; sind sie brandsicher von der Bühne getrennt, so gelten sie nicht als zum Bühnenhaus gehörig. Die Garderoben für das Publikum gehören zum Logenhaus.

2) Dem Publikum ist das Bühnenhaus der Regel nach unzugänglich. Aber auch das Bühnenpersonal scheidet sich in Befugte und Unbefugte. Eine vollständige Abschließung der Schalter und Regler, wie sie unter § 38e) gegenüber dem Publikum gefordert wird, ist auf der Bühne nicht durchführbar, weil während des Betriebes eine fortdauernde Bedienung der Schalter stattfindet. Dagegen müssen Vorkehrungen getroffen sein, um unbeabsichtigte Berührung zu vermeiden. Namentlich müssen die Schalter und Regler auch gegen Berührung und Beschädigung geschützt sein, die beim Hin- und Hertragen der Kulissen und Requisiten möglich sind. Größere Regler und Schalter werden gewöhnlich in besonderen, nur für sie bestimmten Örtlichkeiten aufgestellt, alsdann genügt es, wenn das Betreten dieses Raumes den Unbefugten verboten ist. In dieser Hinsicht müssen hier Betriebsvorschriften ergänzend eingreifen.

3) Vgl. § 38 unter [5]) Abs. 3. Wird die Dreileiteranlage vor dem Bühnenregulator in einzelne Zweileiterzweige aufgelöst, wie § 38 unter [5]) Abs. 3 angegeben, so fällt der Grund für die Vorschriften § 11e weg, da alsdann eine Verbindung zwischen den beiden Hälften des Dreileiternetzes nicht mehr vorhanden ist, wenn die Ausschalter des Bühnenregulators geöffnet sind, also das sonst zu fürchtende Auftreten der Gesamtspannung in dem einen Zweig bei ordnungsmäßigem Zustande der Anlage nicht eintreten kann. Gegen die weitere Gefahr, daß bei geöffneten Schaltern der Regulator, die Widerstände usw. fälschlich für spannungslos gehalten werden und so Anlaß zu Unfällen gegeben sein kann, sollen die hier geforderten allpoligen Ausschalter an zentraler Stelle schützen. Es ist nicht nötig, daß ein Schalter sämtliche Regulatorstromkreise bedient, es muß nur jeder dieser Stromkreise abschaltbar sein. Die Schalter sitzen gewöhnlich in der Nähe des Regulators und werden nach jeder Vorstellung geöffnet.

4) Die in der früheren Fassung der Vorschriften zugelassene Wahl eines kleineren Querschnitts für die gemeinsame Rückleitung war auf die Annahme gegründet, daß niemals mehrere

c) Betriebsmäßig stromführende blanke Leitungen sind in den Untermaschinerien, auf der Bühne, den Arbeitsgalerien und dem Schnürboden nicht zulässig.[5]) Flugdrähte und dergleichen dürfen weder zur Stromführung noch als Erdungsleitung benutzt werden.[6])

d) Feste Leitungen müssen in der Weise verlegt werden, daß sie in erster Linie gegen die zu erwartenden mechanischen Beschädigungen geschützt sind.[7])

e) Mehrfachleitungen zum Anschluß beweglicher Bühnenbeleuchtungskörper müssen biegsame Kupferseelen[8]) haben und durch starke schmiegsame nicht-

---

Farben gleichzeitig in voller Lichtstärke benutzt werden. Die Erfahrung hat diese Annahme als irrig erwiesen; es sind Überlastungen der Rückleitungen aufgetreten.

5) Es dürfen also auch die an den geerdeten Mittelleiter angeschlossenen Rückleitungen im Bühnenhaus nicht blank verlegt werden, während dies im Logenhaus nicht verboten ist. Eine Ausnahme bildet in gewissem Sinne die Bestimmung unter k Abs. 3. Sinngemäß dürfen auch ungeschützte Metallrohre nicht als Rückleitungen verwendet werden. Dagegen dürfen Erdungsleitungen (Schutzerdungen) blank sein, weil sie betriebsmäßig nicht Strom führen, aber auch sie müssen nach d) gegen Beschädigung geschützt sein. Die Schutzhüllen biegsamer Leitungen dürfen jedoch nach e) nicht metallisch sein, d. h. sie dürfen keine metallische Oberfläche besitzen (siehe unter [9]).

6) Neben Flugdrähten kommen hier hauptsächlich auch gespannte oder hängende Aufhängedrähte für Requisiten in Betracht. Natürlich dürfen auch umgekehrt Leitungsdrähte nicht zum Aufhängen von Gegenständen benützt werden; einerlei ob die Leitungsdrähte blank oder isoliert sind. Selbstverständlich ist es nicht verboten, Flugdrähte usw. für sich zu erden und es kann das unter Umständen angezeigt sein; es können aber die Verhältnisse auch so liegen, daß es sich empfiehlt, derartige Drähte, obwohl sie mit der elektrischen Einrichtung nicht unmittelbar zu tun haben, zu isolieren.

7) Die fest verlegten Leitungen stehen hier nicht nur im Gegensatz zu den biegsamen Leitungen zum Anschluß beweglicher Apparate, sondern auch zu den unter f) erwähnten vorübergehend gebrauchten Szenerie-Installationen.

Der im § 21 a) allgemein geforderte Schutz der festverlegten Leitungen gegen Beschädigung wird im Bühnenhaus in verschärftem Maße verlangt. Prinzipiell darf dort also keine dauernd verlegte Leitung ungeschützt sein. Die Art des Schutzes richtet sich nach der Lage der Leitungen und nach den sonstigen Verhältnissen. Ungepanzerte Papierrohre werden nur in kräftiger Ausführung zulässig sein. Ungeschützte Gummirohre und nicht armierte Bleikabel werden im allgemeinen nicht genügen. Dagegen ist an einzelnen Stellen auch offene Verlegung nicht ausgeschlossen, sofern sie in abgedeckten Kanälen oder dgl. erfolgt. Panzeradern sind nur dort möglich, wo sie dauernd trocken bleiben. Es ist auf etwa vorhandene Regenvorrichtungen und ihren Wirkungsbereich Rücksicht zu nehmen.

8) Bewegliche Bühnenbeleuchtungskörper sind sowohl die mit begrenzter Ortsveränderung (Kulissen, Oberlichter) als die mit unbegrenzter (Versatz u. dergl.). Über die Beschaffenheit der Gummiaderlitze siehe Regel 1. Bei der starken Benützung dieser Mehrfachleitungen ist auf besondere Biegsamkeit der

metallische Schutzhüllen gegen mechanische Beschädigung geschützt sein.[9])

1. Die Kupferseele der Gummiaderlitzen soll aus einzelnen Drähten von nicht über 0,2 mm Durchmesser bestehen.

2. Die Befestigung der biegsamen Leitungen soll so sein, daß auch bei rauher Behandlung an der Anschlußstelle ein Bruch nicht zu befürchten ist.[10])

3. Die Anschlußstücke sind mit der Schutzumhüllung so zu verbinden, daß die Kupferseelen an der Anschlußstelle von Zug entlastet sind.[11]) Steckkontakte müssen innerhalb widerstandsfähiger, nicht stromführender Hüllen liegen und so angeordnet sein, daß zufällige Berührung der stromführenden Teile, wenn sie nicht geerdet sind, verhindert wird.[12])

Seele zu geben, damit nicht durch Bruch der Einzeldrähte Erhitzung oder Funkenbildung eintritt.

9) Fast alle Kulissen, Soffitten, Oberlichter, Versatzstücke und dgl. werden in Theatern beweglich sein, sind daher mittels biegsamer Mehrfachleitung anzuschließen. Die Benützung metallischer Schlauchumhüllungen als geerdete Rückleiter ist bei biegsamen Leitungen bedenklich, weil die Rückleiter, selbst wenn sie als Mittelleiter angeordnet sein sollten, bei den vielfachen Regulierungen der Lichtstärken oft erhebliche Ströme führen, so daß in ihnen beträchtliche Spannungsdifferenzen auftreten, die z. B. bei einer Schleifenbildung des Schlauches oder bei Berührung seiner Metallhülle mit eisernen Konstruktionsteilen (Träger, Fahrschienen für Kulissen) Funkenbildung und Erhitzung bewirken können. Aber auch gegen geerdete und ungeerdete Metallhüllen, die nicht betriebsmäßig zur Stromführung dienen, sofern ihre Oberfläche blank ist, bestehen Bedenken, weil derartige biegsame Stränge in und außer Betrieb viel umhergeworfen werden und so mit spannungführenden Teilen, die durch Zerstörung oder Unachtsamkeit blank an der Oberfläche liegen, in Berührung kommen können. Die in dieser Bestimmung zum Ausdruck gebrachte besondere Vorsicht ist durch die Erfahrung gerechtfertigt.

Die transportablen Mehrfachleitungen unterliegen außerdem der Vorschrift des § 21 m).

10) Die richtige Ausführung dieser Vorschrift erfordert besondere Erfahrung. Es ist nötig, daß die Biegsamkeit der Leitung gegen das Kontaktstück hin ganz allmählich geringer wird, so daß das letzte Stück der Leitung mit dem Kontaktstück selbst vollkommen steif zusammenhängt. Praktisch wird dies z. B. durch Umwickeln mit Bindfaden in geeigneter Weise erzielt.

11) Nach § 21 l) der allgemeinen Vorschriften dürfen biegsame Leitungen an festverlegte nur mittels lösbarer Kontakte angeschlossen werden. In Theatern werden für solche Körper, die stets dieselben Bewegungen ausführen (auf Schienen laufende Kulissen) oft statt der Steckkontakte Verschraubungen benützt. Die Entlastung der Anschlußstellen ist für ortsveränderliche und für bewegliche Leitungen im § 13a Abs. 3 vorgeschrieben. Im Bühnenhaus ist die Forderung dadurch begründet, daß sie bei der Größe der bewegten Massen ganz besonders wichtig ist. Bei Kulissen und dgl. ist häufig die Bewegung durch ein besonderes Seil begrenzt und dadurch bereits eine Entlastung des Anschlußleiters herbeigeführt.

12) Es genügt, wenn die Hülle etwa in Gestalt einer Manschette

f) Für vorübergehend gebrauchte Szenerie-Installationen kann von der Erfüllung der allgemeinen Vorschriften für die Verlegung von Leitungen ausnahmsweise abgesehen[13]) werden, wenn isolierte Leitungen verwendet werden, die Verlegungsart jegliche Verletzung der Isolierung ausschließt und diese Installation während des Gebrauches unter besonderer Aufsicht steht. In diesem Falle sind Drahtschellen für Einzelleitungen zulässig und Durchführungstüllen entbehrlich.[14])

g) Die Sicherungen der Anschlußleitungen für Bühnenbeleuchtungskörper (Oberlichter, Kulissen, Rampen, Versatz- und Effektbeleuchtung) sind im fest verlegten Teil der Leitung anzubringen[15]); in diesem Falle genügt für jeden Körper je eine Sicherung für alle Lampen einer Farbe. Der Querschnitt ortsveränderlicher Leitungen und die Sicherungen sind derjenigen Betriebsstromstärke anzupassen, für welche der Stecker bestimmt ist. In den Beleuchtungskörpern selbst sind Sicherungen nicht zulässig.[16])[17])

---

hinreichend weit über die stromführenden Teile vorsteht. Die Hülle kann aus Metall bestehen.

13) Nur ausnahmsweise kann abgesehen werden. Durch diese, dem Bühnenmeister zugestandene Erleichterung wird er indessen nicht von der Verantwortung für seine Anordnungen entbunden. Bei allen elektrischen Installationen, die auf der Bühne für Sonderzwecke gemacht werden, sollte sachverständiger Rat eingeholt und zuverlässige besondere Fachaufsicht geübt werden.

14) Drahtschellen sind den Krampen ähnlich, jedoch so geformt, daß eine Verletzung des Drahtes beim Befestigen der Schelle nicht möglich ist. Sie sollten indes auch bei der hier zugestandenen ausnahmsweisen Verwendung stets mit einer weichen isolierenden Einlage benützt werden.

15) Dieselbe Bestimmung gilt allgemein gemäß § 13b) (S. 61). Sie wird in den Theatern auch auf jene beweglichen Beleuchtungskörper ausgedehnt, die nicht mit Steckkontakten angeschlossen sind.

16) Es dürfen also innerhalb der einzelnen Beleuchtungskörper Querschnittsänderungen vorkommen, ohne daß eine Sicherung angebracht ist. Kulissen, Oberlichter und dergl., die oft eine sehr große Zahl von Lampen tragen, sind so unzugänglich, daß das Auswechseln einer Sicherung an dem Beleuchtungskörper sehr erschwert ist; außerdem würden Sicherungen innerhalb der Beleuchtungskörper der Gefahr ausgesetzt sein, durch die häufigen Bewegungen locker zu werden, sich zu erhitzen, herauszufallen, oder beschädigt zu werden, anderseits sollen die Sicherungen möglichst weit von dem Personal, das sich auf der Bühne bewegt, (oft in brennbarer Kleidung), entfernt sein, damit beim Funktionieren der Sicherung jede Gefahr ausgeschlossen ist. Die Bemessung der Sicherung kann bei Steckern nicht nach dem Strombedarf der wechselnden angeschlossenen Versatzstücke u. dgl. geschehen, sondern sie richtet sich nach der Stromstärke, für die der Stecker gebaut ist.

17) Weicht die Stromstärke der gerade benützten Versatzbeleuchtung sehr erheblich von derjenigen der fest eingebauten Sicherung ab, oder erscheint es nötig, im Be-

h) Bei Regulierwiderständen, die an besonderen, nur dem Bedienungspersonal zugänglichen feuersicheren Stellen angebracht sind, ist eine Schutzverkleidung aus feuersicherem Stoff entbehrlich.[18])

4. Die Stufenschalter für den Bühnenregulator sollen unmittelbar bei den Regulierwiderständen selbst angebracht sein, können aber durch Übertragung betätigt werden.[19])

i) Die fest angebrachten Glühlampen auf der Bühne, sowie alle Glühlampen in Arbeitsräumen, Werkstätten, Garderoben, Treppen und Korridoren müssen mit Schutzkörben oder Schutzgläsern versehen sein, die nicht an der Fassung, sondern an den Lampenträgern befestigt sind.[20])

k) Für Bühnenbeleuchtungskörper und deren Anschlüsse (Oberlichter, Kulissen, Rampen, Effekt- und Versatzbeleuchtungen) gelten folgende Bestimmungen:

Die Beleuchtungskörper sind mit einem Schutzgitter für die Glühlampen zu versehen.[21])

---

leuchtungskörper mehrere Stromkreise zu bilden und jeden besonders zu sichern, so kann dies mit Verteilungssteckern geschehen.

18) Hier ist also eine Ausnahme von der unter § 12[2] gegebenen Regel zugelassen. Es empfiehlt sich, von dieser Ausnahme nur in dringenden Fällen und mit Vorsicht Gebrauch zu machen; denn die Möglichkeiten, durch die ein Widerstand beträchtliche Erwärmung erfahren kann, sind ebenso vielgestaltig wie die, daß irgend ein brennbarer Dekorationsgegenstand oder dgl. durch Umfallen oder andere unbeabsichtigte Bewegungen mit einem solchen Widerstand in Berührung kommt. Meistens wird auch die nötige Ventilation trotz der feuersicheren Schutzhülle erreichbar sein.

19) Die Hauptteile des Bühnenregulators sind: die Handhebel, die Stufenschalterkontakte und die Widerstände. Bei kleinen Regulatoren sind alle diese Teile an einem gemeinsamen Gestell vereinigt; dabei ist die hier gegebene Regel gewöhnlich erfüllt. Werden die Teile getrennt, so dürfen die Handhebel in größerer Entfernung von den anderen Teilen, nicht aber die Widerstände entfernt von den Stufenschaltern angeordnet werden, weil im letzteren Falle eine große Zahl von Leitungen nötig sein würde, die dem Durchhang unterliegen und infolgedessen zu falschen Berührungen, zu Störungen und unzulässigen Erwärmungen Anlaß geben. Die Einstellungen der Handhebel werden nach den Stufenschaltern durch Seile, Ketten oder auch auf elektrischem Wege übertragen.

20) Schutzgläser und Schutzkörbe können durch geschickte Bauart ohne Beeinträchtigung ihres Zweckes dekoriert oder dekorativ ausgestaltet sein. Hiervon kann mit Vorteil z. B. in Künstlergarderoben Gebrauch gemacht werden. Über Künstlergarderoben, die nicht im Bühnenhause selbst untergebracht sind, vgl. unter [1]). Die zum Arbeiten dienenden transportablen Handlampen unterliegen dem § 18 e). Sie sollen außerdem ebenfalls Schutzkörbe haben. Die zur Szenerieausstattung gehörigen Beleuchtungskörper sollen, soweit dies mit ihrem Zweck vereinbar ist, mit Schirmen, Tulpen u. dgl. versehen sein und vor Berührung mit entzündlichen Stoffen bewahrt werden.

21) Die Schutzgitter müssen gut und sicher befestigt sein, da

Innerhalb der Beleuchtungskörper sind blanke Leiter dann zulässig, wenn sie gegen zufällige Berührung geschützt sind.[22])

Hängende Beleuchtungskörper sind, auch wenn sie geerdet werden, gegen ihre Tragseile zu isolieren.[23])

Bühnenscheinwerfer, Projektionsapparate, Blitzlampen und dergleichen sind mit einer Vorrichtung zu versehen, welche das Herausfallen glühender Kohlenteilchen oder dergleichen verhindert.[24])

5. Die Spannung zwischen irgend zwei Leitern eines Beleuchtungskörpers soll 250 V nicht überschreiten.[25])

---

sie sonst bei bewegten Beleuchtungskörpern leicht Kurzschluß hervorrufen können. Vgl. auch die folgende Bestimmung. Die Schutzgitter müssen Lampen und Drähte schützen und zwar wirksam. Sie müssen z. B. so stark sein, daß sie nicht durch Anstoßen anderer Körper, Requisiten und dgl. wie dies auch im ordnungsmäßigen Bühnenbetrieb unvermeidlich ist, eingedrückt und so nutzlos werden.

22) Da die Lampen meist sehr nahe aneinander sitzen, so läßt sich mit blanken Drähten oder Schienen in der Regel eine solidere Bauart durchführen, als mit isolierten. Diese Drähte müssen hinreichend kräftig gewählt und so befestigt sein, daß sie mit den Metallteilen des Beleuchtungskörpers (Blechschirm und Schutzgitter) nicht in Berührung kommen. Durch die Bauart des Körpers oder durch das Schutzgitter muß zufällige Berührung ausgeschlossen sein. Die blanken Drähte sind nur für das Innere der gemäß der vorhergehenden Vorschrift abgeschlossenen B ü h n e n beleuchtungskörper zugelassen; nicht für andere oder an anderen Orten angebrachte Beleuchtungskörper.

23) Da die Galerien und andere Gebäudeteile oft aus Eisen bestehen, so könnten die Drahtseile, die die Oberlichter tragen, zu Kurzschlüssen Anlaß geben, wenn sie nicht vom Beleuchtungskörper isoliert sind. Für die isolierte Aufhängung gibt es jetzt zahlreiche Hilfsmittel, wie sie als Abspannisolatoren und dergl. im elektrischen Straßenbahnwesen gebräuchlich sind.

Die Vorschrift soll nicht verbieten, den Beleuchtungskörper zu erden, doch soll hierzu nicht das Tragseil benutzt werden. Vgl. die Bestimmung über Bogenlampen § 17b).

24) Dieselbe Bestimmung gilt allgemein für Bogenlampen, an Örtlichkeiten, wo Zündung oder Verletzung von Personen zu befürchten ist (§ 17a); auf der Bühne betrifft sie besonders auch sogenannte Blitzlampen. Obwohl durch die bessere Qualität der heutigen Kohlenstifte die Gefahr des Herabfallens glühender Teilchen vermindert ist, empfiehlt es sich doch, sehr vorsichtig zu sein. Wenn irgend möglich, sind die Scheinwerfer durch Glasfenster abzuschließen.

25) Für Bühnenbeleuchtungskörper ist eine engere Spannungsgrenze gesetzt, als für die übrige Beleuchtung (in Garderoben, Gängen, Zuschauerraum usw.). Bei einer Dreileiteranlage von mehr als 2×125 Volt sollen z. B. nicht beide Zweige in ein und denselben Beleuchtungskörper eingeführt werden. Die Beschränkung rechtfertigt sich durch die Rücksicht sowohl auf die mechanische Beanspruchung der Bühnenkörper, als auf die Eindrücke, denen das Publikum z. B. beim Durchschmelzen einer Sicherung auf der Bühne, bei entstehendem Kurzschluß usw. ausgesetzt werden kann. Auch bei einer Gesamtspannung von weniger als 250 Volt soll man es vermeiden, beide Hälften eines Dreileitersystems in einen Beleuchtungskörper einzuführen.

6. Holz soll nur bei vorübergehend gebrauchten Bühnenbeleuchtungskörpern und nur als Baustoff zulässig sein.[26])

L. Weitere Vorschriften für Bergwerke unter Tage.

⚒ Außer den in §§ 1, 2, 3, 5, 9, 11, 16, 17, 18, 19, 20, 21, 25, 26, 27, 28, 29, 31 und 34 gegebenen Zusätzen gilt für B. u. T. noch nachfolgendes:

§ 40.

Verlegung in Schächten.

a) In Schächten und einfallenden Strecken von mehr als 45° Neigung dürfen nur armierte Kabel, bei denen die Armatur aus verzinkten oder verbleiten Eisen- oder Stahldrähten besteht, oder die auf andere Weise von Zug entlastet sind, verwendet werden. In trockenen, feuersicheren Nebenschächten sind auch isolierte Leitungen bei Niederspannung zulässig.[1])

1. Der Abstand der Befestigungsstellen der Kabel soll in der Regel nicht mehr als 6 m betragen.

2. Die Befestigung der Kabel soll mit breiten Schellen erfolgen, die so beschaffen sind, daß sie die Kabel weder mechanisch noch chemisch gefährden. Werden eiserne Schellen benutzt, so sollen die Kabel an der Schellstelle mit Asphaltpappe oder dergleichen umwickelt werden.[2])

---

oder Beleuchtungskörper, die an zwei verschiedenen Außenleitern liegen, miteinander in Berührung zu bringen, weil dadurch Fassungen, Sicherungen u. dgl. unter ungünstigen Umständen der Gesamtspannung ausgesetzt werden, während sie nur für die halbe Spannung gebaut sind. Es empfiehlt sich, die Lampen in den Sofitten nicht stehend, sondern nach unten gerichtet einzubauen, damit ein etwa gebrochener Glühfaden nicht Kurzschluß innerhalb der Lampe erzeugt.

26) Die auf kleinen Bühnen viel benutzten aus Holzlatten roh zusammengestellten Beleuchtungskörper sind nach jeder Richtung hin unzulässig. Holz widersteht dem Feuer ebenso schlecht wie in elektrischer Hinsicht dem Wasser. Seine leichte Bearbeitbarkeit begünstigt außerdem unsachgemäße Arbeit Unberufener. Wenn die Feuersicherheit erreicht werden soll, die der elektrischen Beleuchtung ihrer Natur nach zukommt, so muß verlangt werden, daß die elektrischen Einrichtungen auch mit demselben Maß von Arbeits- und Geldaufwand bedacht werden, das man jeder anderen Beleuchtungsart ohne Einwand zukommen lassen würde.

§ 40. 1) Neben armierten Bleikabeln werden auch besondere Schachtkabel verwendet, bei denen der Bleimantel durch eine innere Schutzhülle aus Gummi oder einen zuverlässigen Gummiersatzstoff ersetzt ist; sie haben geringeres Gewicht als Bleikabel. Andere Leitungssorten als Kabel sind wegen ihrer geringeren Widerstandsfähigkeit gegen mechanische Beschädigungen nur ausnahmsweise gestattet.

2) Neben eisernen Schellen, die das Erden der Kabel er-

⚒ b) Ist die Leitung chemischen Einflüssen durch Tropfwasser, Grubenwetter oder dergleichen ausgesetzt, so muß sie mit einem Bleimantel oder einem anderen Schutzmittel z. B. Anstrich, versehen sein.[3])

§ 41.

Schlagwettergefährliche Grubenräume.[1])

a) Die nach schlagwettergefährlichen Grubenräumen führenden Leitungen müssen von schlagwetternichtgefährlichen Räumen oder von über Tage aus allpolig abschaltbar sein.

Die Regel 12a des § 21 ist in schlagwettergefährlichen Grubenräumen stets zu befolgen.

b) In schlagwettergefährlichen Grubenräumen dürfen nur schlagwettersichere Maschinen, Transformatoren und Apparate verwendet werden.[2]) Sie gelten als schlagwettersicher, wenn sie den diesbezüglichen Leitsätzen des V. D. E. entsprechen.

c) Es sind nur Glühlampen zulässig, deren Leuchtkörper luftdicht abgeschlossen ist.

1. Glühlampen sollen eine starke Überglocke und einen Schutzkorb aus starkem Drahtgeflecht besitzen.

d) Blanke Leitungen sind nur als Erdungsleitungen zulässig.[3])

e) Isolierte Leitungen dürfen nur als Kabel

---

leichtern, sind breite Schellen aus imprägniertem Holz üblich, die das Kabel weniger leicht beschädigen.

3) Chemische Beschädigung ist insbesondere in Gestalt elektrolytischer Zerstörungen dort zu befürchten, wo die Kabel mit fremden Metallen in Berührung kommen.

§ 41. 1) Vgl. § 2k. S. 18 unter [14]).

2) Vgl. „Leitsätze für die Ausführung von Schlagwetter-Schutzvorrichtungen an elektrischen Maschinen, Transformatoren und Apparaten" am Schlusse des Buches sowie ETZ 1906, S. 4, 65, 197. Ob eine bestimmte Bauart einer Maschine oder eines Transformators usw. als schlagwettersicher gelten kann, ist von Fall zu Fall besonders zu beurteilen. Bei größeren Maschinen werden häufig nur die betriebsmäßig auftretenden Funkenbildungen durch Kapselung, Plattenschutz u. dergl. unschädlich gemacht, während das Auftreten abnormer Feuererscheinungen, wie sie z. B. durch Drahtbruch oder dergl. entstehen, durch besonderen mechanischen Schutz, verstärkte Isolierfestigkeit und verminderte Strombelastung bekämpft wird. Kleine Maschinen, in denen nur begrenzte Energiemengen auftreten, können in höherem Maße gesichert werden. Neben der Bauart der Maschinen usw. ist auch eine zweckmäßige Wahl ihres Aufstellungsortes und ihre richtige Bedienung von Wichtigkeit. Vgl. S. 140 unter [2]).

3) Blanke unter Spannung stehende Leitungen können bei Berührung mit Werkzeugen oder andern Metallteilen zu Funkenbildung Anlaß geben; dieselbe Gefahr liegt bei isolierten Leitungen vor (§ 41e), wenn sie zerrissen werden.

⚒ oder in widerstandsfähigen geerdeten Eisen- und Stahlröhren fest verlegt werden.

f) Biegsame Leitungen zum Anschluß ortsbeweglicher Stromverbraucher sind nur mit besonders starker Schutzhülle zulässig.[4])

§ 42.

Fahrdrähte und Zubehör elektrischer Grubenbahnen.

a) Bei Grubenbahnen mit Niederspannung müssen die Fahrdrähte an allen Stellen, die von der Belegschaft betreten werden, während die Anlage unter Spannung steht, entweder in angemessener Höhe über Schienenoberkante liegen, oder es müssen Schutzvorkehrungen getroffen werden, die verhindern, daß jemand von der Belegschaft mit dem Kopf zufällig den Fahrdraht berühren kann.[1])

1. Als angemessene Höhe gilt 1,8 m. Eine geringere Höhe der Fahrdrähte ohne Schutzvorrichtung ist zulässig in Strecken, deren Befahrung der Belegschaft verboten ist, solange der Fahrdraht unter Spannung steht.

b) *Die Verwendung von Hochspannung ist im allgemeinen nur in Strecken zulässig, in denen der Fahrdraht durch seine Höhenlage oder durch Schutzvorkehrungen der zufälligen Berührung entzogen ist, oder wenn der Belegschaft die Befahrung der mit Fahrdrähten ausgerüsteten Bahnstrecke verboten ist.*

2. *Als Mindesthöhe gilt 2,3 m.*

c) Bei Fahrdrahtanlagen sind Vorrichtungen zum Abschalten oder Signalanlagen zum Wärter der Einschaltestelle vorzusehen. Beide Arten von Einrichtungen müssen den örtlichen Verhältnissen entsprechend in geeigneten Abständen betätigt werden können.[2])

d) An Rangier-, Kreuzungs- und Zugangsstellen sind Warnungstafeln anzubringen, welche auf die mit Berührung des Fahrdrahtes verbundene Gefahr hinweisen. Diese Warnungstafeln sind zu beleuchten.

---

4) Für die zum Anschluß nötigen Steckvorrichtungen gilt § 41b.

§ 42. 1) Gemäß § 2a ist auch hier die effektive Gebrauchsspannung maßgebend. Zur Belegschaft zählen nicht die Aufsichtspersonen und die mit der Wartung der Grubenbahn betrauten Personen. Auf ausreichende Schutzvorkehrungen ist besonders an den Einsteig- und Aussteigeplätzen zu achten.

2) Als Vorrichtungen zum Abschalten können z. B. auch solche dienen, die einen Kurzschluß der Arbeitsleitung und dadurch ihre selbsttätige Abschaltung mittels Schmelzsicherung oder mittels elektromagnetischen Schalters bewirken.

⚒ e) Fahrleitungen, die nicht auf Porzellan- oder gleichwertigen Isolatoren verlegt sind, müssen gegen Erde doppelt isoliert sein.

f) Querdrähte jeder Art (Trag- und Zugdrähte), die im Handbereich liegen, müssen gegen spannungsführende Leitungen doppelt isoliert sein.

g) Speiseleitungen, die Betriebsspannung gegen Erde führen, müssen von der Stromquelle und an den Speisepunkten von den Fahrleitungen abschaltbar sein. Wenn durch Streckenunterbrecher dafür gesorgt ist, daß mit der Speiseleitung gleichzeitig der zugehörige Teil der Fahrleitung spannungsfrei wird, ist die Abschaltbarkeit am Speisepunkt nicht erforderlich.

3. Wenn die Gleise als Rückleitung dienen, sollen die Stöße aller Schienen gut leitend verbunden und in angemessenen Abständen Querverbindungen zwischen den Schienen eingebaut werden.[3])

h) Bei Bahnanlagen müssen die in den Bahnstrecken liegenden Rohre, Kabelarmaturen und Signalleitungen an allen Abzweigungen zu Seitenstrecken und an den Endpunkten der Bahnstrecken, mindestens aber alle 250 m, mit den Schienen gut leitend verbunden werden, wenn nicht in anderer Weise die schädigenden Wirkungen einer Stromüberleitung aus dem Fahrdraht in diese Teile verhindert werden.[4])

§ 43.

Fahrzeuge elektrischer Grubenbahnen.[1])

a) Bei Fahrschaltern und Stromabnehmern ist Holz als Isolierstoff zulässig.[2])

b) Zwischen den Stromabnehmern und den übrigen elektrischen Einrichtungen des Fahrzeuges ist entweder eine sichtbare Trennstelle derart anzuordnen, daß sie die Beleuchtung nicht unterbricht, oder es müssen die Stromab-

---

3) Die Stoßverbindungen sind stets an beiden Schienensträngen zu fordern, auch wenn diese in üblicher Weise unter sich leitend verbunden sind.

4) Bei druckhaftem Gebirge kann die Fahrleitung mit den Rohren usw. in Berührung geraten und ihnen gefährliche Spannung mitteilen; auch böswillige Verbindungen dieser Art sollen vorkommen. Die Erdung ist nach § 3 auszuführen.

§ 43. 1) Die Fahrzeuge elektrischer Grubenbahnen sind als Maschinen anzusehen, deren innerer Aufbau im wesentlichen durch die Betriebssicherheit bedingt ist und im einzelnen nicht durch allgemeine Vorschriften geregelt werden kann. Die hier gegebenen Vorschriften betreffen nur jene Punkte, die hinsichtlich einer Feuers- oder Lebensgefahr von besonderer Wichtigkeit sind.

2) Vgl. § 12¹, S. 59 unter ³).

⚒ nehmer eine Vorrichtung haben, die sie im abgezogenen Zustand festhalten kann.[3])

c) Jedes Fahrzeug muß eine Hauptabschmelzsicherung oder einen selbsttätigen Ausschalter für die Elektromotoren haben.

1. Jedes Fahrzeug soll mit einem Kurzschließer ausgerüstet werden, durch den der Fahrdraht spannungslos gemacht werden kann.

d) Akkumulatorenzellen elektrischer Fahrzeuge können auf Holz aufgestellt werden, wobei einmalige Isolierung durch feuchtigkeitssichere Zwischenlagen ausreicht.[4])

e) Der Querschnitt aller Fahrstromleitungen ist nach der Nennstromstärke der vorgeschalteten Sicherung oder stärker zu bemessen.[5])

Drähte für Bremsstrom sind mindestens von gleicher Stärke wie die Fahrstromleitungen zu wählen.

Der Querschnitt aller übrigen Leitungen ist nach § 20 zu bemessen.

1. Für Fahrstromleitungen aus Leitungskupfer gilt folgende Tabelle:

Querschnitt in qmm	Nennstromstärke der Sicherung in A
4	25
6	35
10	60
16	80
25	100
35	125
50	160
70	200
95	225
120	260

3. Isolierte Leitungen in Fahrzeugen sollen so geführt werden, daß ihre Isolierung nicht durch die Wärme benachbarter Widerstände gefährdet werden kann.[6])

4. Nebeneinanderverlaufende isolierte Fahrstromleitungen sollen entweder zu Mehrfachleitungen mit einer gemeinsamen wasserdichten Schutzhülle zusammengefaßt werden, derart, daß ein Verschieben und Reiben der Einzelleitungen vermieden wird, oder sie sind getrennt zu verlegen und dort, wo sie Wände durchsetzen, durch Isoliermittel so zu schützen, daß sie sich an diesen Stellen nicht durchscheuern können.[7])

---

3) Die vorgeschriebene Anordnung soll es ermöglichen, die motorische Einrichtung der Fahrzeuge spannungsfrei zu machen, um ungehindert Störungen beseitigen zu können.

4) Vgl. Bahnvorschriften § 35.

5) Vgl. Bahnvorschriften § 36 a).

6) Vgl. Bahnvorschriften § 36 c).

7) Vgl. Bahnvorschriften § 36 f).

⚒ f) Die Kurbeln der Fahrschalter sind in der Weise abnehmbar anzubringen, daß das Abnehmen nur erfolgen kann, wenn der Fahrstrom ausgeschaltet ist.[8])

5. Erdleitungen und vom Fahrstrom unabhängige Bremsstromleitungen in Fahrzeugen sollen keine Sicherungen enthalten und sollen nur im Fahrschalter abschaltbar sein.[9])

6. Die unter Spannung stehenden Teile von Fassungen, Schaltern, Sicherungen und dergleichen sollen mit einer Schutzverkleidung aus Isolierstoff versehen sein. Pappe gilt nicht als Isolierstoff. (Siehe § 3.)

§ 44.

Abteufbetrieb.[1])

a) Für den Abteufbetrieb sind nur Leitungen zulässig, die den „Normalien für isolierte Leitungen in Starkstromanlagen“ (Abteufleitungen) entsprechen. Die Metallbewehrung ist zu erden.[2])

1. Beim Abteufbetrieb sollen alle nicht unter Spannung stehenden Metallteile elektrischer Maschinen und Apparate geerdet sein.

2. Vor jeder Abteufleitung und vor jedem Haspel sollen allpolig entweder Schalter und Sicherungen oder einstellbare selbsttätige Schalter eingebaut werden.

b) Steckvorrichtungen sind nur mit von Hand lösbarer Sperrung zu verwenden.

§ 45.

Schießbetrieb (im Anschluß an Starkstromanlagen).

a) Der Anschluß eines Zünders an die Schießleitung kann bis auf eine Entfernung von 50 m aus Gummiader ohne besonderen Schutz oder gleichwertiger Leitung bestehen.

---

8) Vgl. Bahnvorschriften § 38 c). Derselbe Zweck kann auch durch einen mit abnehmbarem Schlüssel verriegelten Schalter erreicht werden.

9) Vgl. Bahnvorschriften § 39 b).

§ 44. 1) Im Abteufbetriebe ist die Gefahr, daß Personen mit spannungführenden Teilen in Berührung kommen, wegen der engen Zusammendrängung von Arbeitenden, Bauteilen, Maschinen und Leitungen noch größer als im sonstigen Bergwerksbetriebe. Oft ist auch mit starker Feuchtigkeit zu rechnen. Wegen des steten Fortschreitens der Arbeit können Maschinen und Leitungen meistens nicht dauernd befestigt werden; sie müssen zum Teil freihängend benützt werden, daher ist auch der Vermeidung der Bruchgefahr besondere Aufmerksamkeit zu widmen.

2) Abteufleitungen sind besonders biegsam gebaute Leitungen mit einer Bewehrung, die bei Spannungen über 250 Volt aus Metall bestehen und zur Erdung brauchbar sein muß; ihr Bleimantel kann zur Verminderung des Gewichts durch eine besondere Gummihülle ersetzt sein. Siehe Normalien für isolierte Leitungen A II 3 e).

⚒ b) Beim Abteufbetrieb müssen entweder das Schießkabel oder alle übrigen Kabel bewehrt sein. Die Bewehrung muß geerdet sein.

c) Schießleitungen dürfen nicht für andere Zwecke verwendet und nicht mit anderen Leitungen in einem Kabel vereinigt werden.

d) Der Anschluß einer Schießleitung an eine Starkstromleitung darf nur mittels eines allpoligen unter Verschluß befindlichen Schalters erfolgen. Zur Erhöhung der Sicherheit ist stets noch eine zweite ebenfalls unter Verschluß befindliche Unterbrechungsstelle zwischen Schalter und Schießleitung anzuordnen; entweder der Schalter oder die Unterbrechungsstelle müssen so eingerichtet sein, daß ein Verharren im eingeschalteten Zustand ausgeschlossen ist. In der Schießleitung ist eine Vorrichtung anzubringen, die das Vorhandensein von Spannung erkennen läßt. Für die erwähnten Apparate ist die Verwendung von nicht feuchtigkeitssicherem Baustoff, wie Marmor, Schiefer und dergleichen, als Isolierstoff unzulässig.[1])

§ 46.

Betriebe im Abbau.

a) Auf ausreichenden Schutz ortsveränderlicher Leitungen gegen Beschädigung ist ganz besonders zu achten.[1])

1. Tragbare Elektromotoren, die eine ständige Handhabung unter Spannung erfordern, wie Bohr- und Schrämmaschinen, sollen nur bei Niederspannung verwendet werden. *In trocknen Räumen ist auch Gleichstrom bis 500 V zulässig.*[2])

2. Im Abbau sollen alle nicht unter Spannung gegen Erde stehenden Metallteile elektrischer Maschinen und Apparate nach Möglichkeit geerdet sein.

---

§ 45. 1) Die Vorschriften des § 45 beziehen sich nur auf den Fall, daß die Zündung der Schüsse mittels Stromes aus einer Starkstromanlage erfolgt. Sie sollen verhindern, daß durch Zufall, wie Berührung zweier Leitungen, ungewollte Spannungserhöhungen, mangelhafte Isolation, Strom in die Zündleitung gelangt. Das Vorhandensein von Spannung in der Schießleitung kann an einer eingeschalteten Glühlampe, einem Galvanoskop oder dergl. erkannt werden. Bei Zündung mittels besonderer Vorrichtungen (Minenzündmaschinen) müssen diese in sich so eingerichtet sein, daß unbeabsichtigte Zündung ausgeschlossen ist.

§ 46. 1) Vergl. § 21c S. 93.

2) Tragbare Elektromotoren sind hier nicht nur im Gegensatz zu ortsfesten, sondern auch im Unterschiede gegenüber sonstigen „ortsveränderlichen“ Elektromotoren genannt, um diejenigen Motoren zu bezeichnen, die ihren kleineren Abmessungen und geringerem Gewicht entsprechend häufiger

M. Inkrafttreten der Errichtungsvorschriften.

§ 47.

Diese Vorschriften gelten für Anlagen und Erweiterungen, soweit ihre Ausführung nach dem 1. Juli 1915 beginnt.[1])

Der Verband Deutscher Elektrotechniker behält sich vor, sie den Fortschritten und Bedürfnissen der Technik entsprechend abzuändern.[2])

---

bewegt, manchmal unmittelbar mit der Hand gesteuert oder geschwenkt werden und so zu häufiger enger Berührung mit dem Körper der Arbeitenden Anlaß geben, auch der Gefahr, beschädigt zu werden und einen Stromübergang auf ihre äußeren Teile zu erleiden, in höherem Maße ausgesetzt sind als größere, z. B. fahrbare Elektromotoren.

§ 47. 1) Die im Vorhergehenden behandelte Fassung der Vorschriften ist durch Beschluß der 22. Jahresversammlung des Verbandes deutscher Elektrotechniker zu Magdeburg am 26. Mai 1914 mit dem 1. Juli 1915 als Einführungstermin in dem ausgedrückten Sinne für gültig erklärt worden. ETZ 1914, S. 660 und 835.

Daß die Vorschriften keine rückwirkende Kraft haben sollen, ist früher ausdrücklich ausgesprochen worden. Soweit sie vertragsmäßigen Ausführungen elektrischer Anlagen zugrunde gelegt werden, ist daher die neue Fassung nur für solche Anlagen maßgebend, deren Ausführung nach dem 1. Juli 1915 beginnt; es sei denn, daß etwas anderes ausdrücklich vereinbart ist. Soweit es sich um behördliche Überwachung handelt, werden Abweichungen von den Vorschriften bei älteren Anlagen im Sinne des § 120 d) der Gewerbeordnung zu beurteilen sein, wie zu § 1 unter [8]), S. 12 auseinandergesetzt ist. Vgl. auch Betriebsvorschriften § 2a. Anlagen, die vor dem 1. Juli 1915 begonnen werden, dürfen nach den neuen Vorschriften gebaut werden, wenn sie diese vollständig erfüllen. Siehe S. 8, Fußnote.

Besondere Veranlassung zur Verbesserung älterer Anlagen liegt namentlich dann vor, wenn sie mit höherer Spannung oder mit anderer Stromart als bisher betrieben werden sollen, ETZ 1904, S. 475 N. 161; S. 364 N. 96; S. 1114 N. 115. 1903, S. 295 N. 35.

2) Auch soweit es sich um die behördliche Überwachung der Anlagen handelt, ist von seiten des Vertreters der preußischen Regierung die Zusicherung gegeben worden, daß die Weiterbildung der Vorschriften dem Verband deutscher Elektrotechniker überlassen bleiben und daß hierzu auch den übrigen Bundesregierungen Anregung gegeben werden soll.

II. Betriebsvorschriften.*) [1]

§ 1.

Erklärungen.

a) Niederspannungsanlagen sind solche Starkstromanlagen, bei welchen die effektive Gebrauchsspannung zwischen irgend einer Leitung und Erde 250 V nicht überschreiten kann; bei Akkumulatoren ist die Entladespannung maßgebend.

Alle übrigen Starkstromanlagen gelten als Hochspannungsanlagen.

1. Im Gegensatz zu den mit Buchstaben bezeichneten Absätzen, die grundsätzliche **Vorschriften** darstellen, enthalten die mit Ziffern versehenen Absätze **Ausführungsregeln.** Letztere geben an, wie die Vorschriften mit den üblichen Mitteln im allgemeinen zur Ausführung gebracht werden sollen, wenn nicht im Einzelfall besondere Gründe eine Abweichung rechtfertigen.

2. Weitere Erklärungen siehe unter § 2 der Errichtungsvorschriften.

---

1) Betriebsvorschriften sind zum ersten Male im Jahre 1903 vom V. D. E. gemeinsam mit der Vereinigung der Elektrizitätswerke aufgestellt worden. Ihr im Jahre 1907 mit der damaligen Neuordnung der Errichtungsvorschriften in Einklang gebrachter Wortlaut wurde 1909 einer Umarbeitung unterzogen, um neben den Bedürfnissen der Elektrizitätswerke namentlich auch den Verhältnissen Rechnung zu tragen, wie sie in industriellen Betrieben bestehen, sei es, daß diese den Strom selbst erzeugen oder von außen beziehen. Die jetzige Fassung wurde im Jahre 1914 zugleich mit den Errichtungsvorschriften beschlossen.

Die „Betriebsvorschriften" des V. D. E. beschränken sich auf die zum Schutze der Beschäftigten und des Publikums nötigen Anordnungen; dem Schutze der Beschäftigten dienen auch die Unfallverhütungs-Vorschriften der Berufsgenossenschaften. Beide haben wesentlich anderen Zweck und Inhalt als die Betriebsordnungen oder Betriebsanweisungen, die den Beschäftigten ihre Obliegenheiten zuweisen, das Zusammenwirken aller Teile der Anlage und eine möglichst gute Ausbeute bei tunlichst kleinem Aufwande sichern sollen. Vorschriften oder Anweisungen der letzteren Art bestehen neben

---

*) Diese Betriebsvorschriften sind auch bei der Errichtung und Veränderung von elektrischen Starkstromanlagen zu beachten, soweit dabei die Anlagen oder einzelne Teile unter Spannung stehen.

§ 2.
Zustand der Anlagen.

a) Die elektrischen Anlagen sind den „Errichtungsvorschriften" entsprechend in ordnungsmäßigem Zustande zu erhalten. Hervortretende Mängel sind in angemessener Frist zu beseitigen. In Anlagen, die vor dem 1. Juli 1915 errichtet sind, müssen erhebliche Mißstände, die das Leben oder die Gesundheit von Personen gefährden, beseitigt werden. Jede Änderung einer solchen Anlage ist, soweit es die technischen und Betriebsverhältnisse gestatten, den geltenden Vorschriften gemäß auszuführen.[1])

b) Leicht entzündliche Gegenstände dürfen nicht in gefährlicher Nähe ungekapselter elektrischer Maschinen und Apparate sowie offen verlegter spannungführender Leitungen gelagert werden.

c) Schutzvorrichtungen und Schutzmittel jeder Art müssen in brauchbarem Zustand erhalten werden.

1. Als Schutzmittel gelten gegen die herrschende Spannung isolierende, einen sicheren Stand bietende Unterlagen, Gummihandschuhe, Gummischuhe, Schutzbrillen, Werkzeuge mit Schutzisolierung, Abdeckungen, zuverlässige Erdungen und ähnliche Hilfsmittel.[2])

2. Der Zugang zu Maschinen, Schalt- und Verteilungsanlagen soll soweit freigehalten werden, als es ihre Bedienung erfordert.[3])

---

den hier gegebenen, doch können sie nicht in allgemeiner Form aufgestellt werden, sie berühren auch nicht allgemeine oder öffentliche Interessen.

§ 2. **1)** Der dritte Satz des Abs. a) ist dem § 120d Abs. 3 der Gewerbeordnung nachgebildet, um unnötige Härten bei der Anwendung der Vorschriften zu verhüten. Da die Vorschriften für die Errichtung elektrischer Starkstromanlagen keine rückwirkende Kraft haben, so wäre es unbillig, in den Betriebsvorschriften einen anderen Standpunkt einzunehmen. Aus diesem Grunde ist der ordnungsmäßige Zustand einer elektrischen Anlage im allgemeinen nicht zu verneinen, sofern er den bei Errichtung der betreffenden Anlage gültig gewesenen Vorschriften entspricht, es sei denn, daß sich inzwischen früher zulässige Installationsmethoden oder Apparate als direkt unbrauchbar oder als sehr gefährlich erwiesen hätten (z. B. Holzleisten in feuchten Räumen usw.), oder der Betrieb größere Gefahren bedingt. Alle Erneuerungen bestehender elektrischer Anlagen oder ihrer Teile, sowie Erweiterungen sollen jedoch tunlichst gemäß den neuesten Errichtungsvorschriften zur Ausführung gebracht werden.

2) Auch durch sachgemäße Gestaltung der Werkzeuge sind die bei ihrem Gebrauch möglichen Gefahren zu bekämpfen; so gibt es z. B. Schraubenzieher und Schraubschlüssel, die beim Gebrauche nicht abrutschen (Wilke & Co., Dortmund, Böhme, Düsseldorf, Betz, Fraulautern).

3) Insbesondere dürfen nicht Werkzeuge, Baustoffe, Waren, Kleidungsstücke und dergl. derart gelagert oder vorhanden sein, daß sie die ordnungsmäßige Bedienung erschweren oder die Wirkung von Schutzvorrichtungen wie Schranken, Geländer usw. beeinträchtigen.

3. Maschinen und Apparate sollen in gutem Zustand erhalten und in angemessenen Zwischenräumen gereinigt werden.[4])[5])

§ 3.

Warnungstafeln, Vorschriften und schematische Darstellungen.

a) In Hochspannungsbetrieben müssen Tafeln, die vor unnötiger Berührung von Teilen der elektrischen Anlage warnen, an geeigneten Stellen, insbesondere bei elektrischen Betriebsräumen und abgeschlossenen elektrischen Betriebsräumen an den Zugängen angebracht sein.[1]) *Warnungstafeln für Hochspannung sind mit Blitzpfeil zu versehen.*[2]) Bei Niederspannung sind Warnungstafeln nur an gefährlichen Stellen erforderlich.[3])

b) In jedem elektrischen Betriebe[4]) sind diese Be-

---

4) Daß die Maschinen usw. „rein erhalten" werden, wird nicht gefordert, weil dies in staubigen oder rußigen Betrieben meistens undurchführbar ist. Das Reinigen in angemessenen Zeiträumen muß der Art der Maschinen und den herrschenden Verhältnissen angepaßt werden. Diesen und den Betriebsbedingungen muß auch der Bau der Maschinen und Apparate entsprechen.

5) Zur Erhaltung des guten Zustandes der Anlage sind von seiten der Betriebsleitung regelmäßige, sowie nach Erfordern besondere Revisionen vorzunehmen. Namentlich sind solche beim Inbetriebsetzen der Anlage und nach erheblichen Erweiterungen geboten. Die Zeiträume, in denen die Revisionen zu wiederholen sind, ihre Ausführung und ihr Umfang richten sich nach der Beschaffenheit der Anlage und nach den Verhältnissen, unter denen sie betrieben wird. Es ist nicht möglich, hierüber allgemein gültige Vorschriften aufzustellen, doch muß sich jeder einzelne Betriebsleiter über das für seinen Betrieb Erforderliche Rechenschaft geben und soll einen bestimmten Revisionsplan aufstellen und durchführen. Die Revisionen sollen sich auch auf die Schutzmittel (Regel 1) erstrecken.

§ 3. 1) Es genügt, wenn die Warnungstafel für diejenigen Personen sichtbar ist, welche im Begriffe sind, sich den Zugang zu den gefährlichen Teilen zu verschaffen. So wird bei Transformatorsäulen, wie sie auf öffentlichen Straßen derart aufgestellt sind, daß die gefährlichen Teile dauernd und sicher gegen das Publikum abgeschlossen sind, die Warnungstafel nur innen so anzubringen sein, daß sie beim Öffnen der Türe sofort in die Augen fällt. Wird Hochspannung in einem Betriebe an mehreren Stellen verwendet, sind z. B. mehrere Hochspannungsmotore vorhanden, so ist es nicht nötig, jede dieser Stellen mit einer Warnungstafel zu versehen.*)

2) Im allgemeinen soll der Blitzpfeil nicht unnötig verwendet werden um nicht seine Wirkung abzuschwächen. Bei Niederspannung soll der Blitzpfeil nicht angebracht werden.

3) Bei Niederspannung sind Warnungstafeln in den Errichtungsvorschriften § 37b, c für provisorische Einrichtungen und für Prüffelder, § 42d für Fahrdrähte von Grubenbahnen vorgeschrieben. Sie können aber auch an andern Orten, z. B. gemäß §§ 22a, 31, angezeigt sein.

4) Als elektrischer Betrieb im Sinne der §§ 3b und c sind einfache Hausinstallationen nicht anzusehen, auch nicht,

---

*) Normalien für häufig gebrauchte Warnungstafeln s. ETZ 1910, S. 414.

triebsvorschriften und die „Anleitung zur ersten Hilfeleistung bei Unfällen im elektrischen Betriebe“ anzubringen. Für einzelne Teilbetriebe genügen gegebenenfalls zweckentsprechende Auszüge aus den Betriebsvorschriften.

c) In jedem elektrischen Betriebe muß eine schematische Darstellung der elektrischen Anlage, entsprechend dem Anhang zu den Errichtungs- und Betriebsvorschriften, vorhanden sein.

1. Es empfiehlt sich, an wichtigen Schaltstellen und in Transformatorenstationen, *insbesondere bei Hochspannung*, ein Teilschema, aus dem die Abschaltbarkeit hervorgeht, anzubringen.

2. Das kleinste Format für Warnungstafeln soll 15×10 cm sein.

3. Warnungstafeln, Betriebsvorschriften und schematische Darstellungen sollen in leserlichem Zustand erhalten werden.

4. Wesentliche Änderungen und Erweiterungen der Anlage sollen in der schematischen Darstellung nachgetragen werden unter Berücksichtigung der Regel 2 des Anhanges.

§ 4.

Allgemeine Pflichten der im Betriebe Beschäftigten.

Jeder im Betriebe Beschäftigte hat:

a) von den durch Anschlag bekannt gegebenen, sowie von den zur Einsichtnahme bereitliegenden, ihn betreffenden Betriebsvorschriften Kenntnis zu nehmen und ihnen nachzukommen;[1])

b) bei Vorkommnissen, die eine Gefahr für Personen oder für die Anlagen zur Folge haben können, geeignete Maßnahmen zu treffen, um die Gefahr einzuschränken oder zu beseitigen. Dem Vorgesetzten ist baldmöglichst Anzeige zu erstatten.

1. Arbeiten im Hochspannungsbetriebe sollen nur mit besonderer Vorsicht unter sorgfältiger Beachtung der Betriebsvorschriften und unter Benutzung der gebotenen Schutz-

---

wenn sie mit einigen kleineren Motoren ausgerüstet sind. Dagegen gelten die Forderungen zweifellos für alle selbständigen Stromerzeugungsanlagen und für Verbrauchsanlagen, die als selbständige Arbeitsstätten anzusprechen sind. Eine scharfe Grenze kann allgemein nicht angegeben werden

§ 4. 1) Eine sorgfältige Auswahl der Personen, die in elektrischen Betrieben beschäftigt werden, ist äußerst wichtig. Die den einzelnen zugeteilten Obliegenheiten sollen ihren Eigenschaften und Fähigkeiten angepaßt sein. Auf eine sachgemäße Unterweisung der Beschäftigten in den Sonderheiten ihres Dienstes ist die größte Sorgfalt zu verwenden.

2) Auf die etwa möglichen gefahrbringenden Vorkommnisse ist bei den unter 1) erwähnten Maßnahmen besonders zu achten. Das Personal soll je nach der Dienstleistung, zu der es bestimmt ist, und unter Berücksichtigung der Auffassungsgabe des einzelnen über die „geeigneten Maßnahmen“ unterrichtet

mittel ausgeführt werden. Die mit den Arbeiten Betrauten sollen sorgfältig unterwiesen werden, insbesondere dahin, daß sie nichts unternehmen oder berühren dürfen, ohne sich über die dabei vorhandene Gefahr Rechenschaft zu geben und die gebotenen Gegenmaßregeln anzuwenden.[3])

2. Bei Unfällen von Personen ist nach der „Anleitung zur ersten Hilfeleistung bei Unfällen im elektrischen Betriebe" zu verfahren.[4])

3. Bei Brandgefahr sind nach Möglichkeit die Leitsätze: „Empfehlenswerte Maßnahmen bei Bränden" zu befolgen.[5])

§ 5.

Bedienung elektrischer Anlagen.

a) Jede unnötige Berührung von Leitungen, sowie ungeschützter Teile von Maschinen, Apparaten und Lampen ist verboten.[1])

b) Die Bedienung von Schaltern, das Auswechseln von Sicherungen und die betriebsmäßige Bedienung von Maschinen, Akkumulatoren, Apparaten, Lampen ist nur den damit beauftragten Personen gestattet, wo erforderlich, unter Benutzung von Schutzmitteln.[2])[3])

1. *Sicherungen und Unterbrechungsstücke bei Hochspannung sollen, wenn die Apparate nicht so gebaut oder an-*

---

werden. Bestimmte Maßnahmen werden einzelnen unmittelbar vorzuschreiben, andre anderen unbedingt zu verbieten sein. Vorschriften und Verbote müssen möglichst einfach sein.

Im allgemeinen wird jeder Beschäftigte von allen Wahrnehmungen, die den Betrieb betreffen, insbesondere von beobachteten Mängeln wie schadhaften Leitungen, zerstörten Isolatoren, gelockerten Verbindungen, zerstörten Blitzsicherungen, unregelmäßigen Funkenbildungen, Anzeige zu machen haben und nur dann selbst eingreifen, wenn dies zu seinen Obliegenheiten gehört oder wenn Gefahr im Verzug ist und er sich darüber klar ist, was geschehen kann. Unbefugtes oder gegen die erhaltenen Weisungen verstoßendes Eingreifen hat oft einen Unfall herbeigeführt oder seine Folgen verschlimmert.

3) Auf die Gefahren der Hochspannung sind die Beschäftigten wiederholt hinzuweisen. Es empfiehlt sich, in regelmäßigen Zwischenräumen unterweisende Besprechungen, in denen die einzelnen Teile des Betriebs oder die vorkommenden Arbeiten der Reihe nach unter dem Gesichtspunkt der Vermeidung von Gefahren erörtert werden, abzuhalten. Dazu gehören auch Unterweisungen in der ersten Hilfeleistung bei Unfällen, besonders praktische Übungen über künstliche Atmung.

4) Siehe am Schlusse dieses Buches.

5) Siehe am Schlusse dieses Buches.

§ 5. 1) Diese Vorschrift trifft neben dem Betriebspersonal ganz besonders auch die Benutzer elektrischer Anlagen und ihr Personal. In Werkstätten, Läden usw. ist es unter Umständen geboten, hierauf in passender Form hinzuweisen.

2) Schutzmittel siehe § 2l der Betriebs-Vorschriften.

3) Es ist zu unterscheiden zwischen der betriebsmäßigen Bedienung der Schalter, Maschinen usw., die ordnungsmäßig unter Spannung erfolgt (§ 5b), und den Arbeiten, die nach § 5c, wenn irgend möglich, nur in spannungsfreiem Zustand, vorgenommen werden.

geordnet sind, daß man sie ohne weiteres gefahrlos handhaben kann, nur unter Benutzung isolierender oder anderer geeigneter Schutzmittel, betätigt werden.

c) Reinigungs-, Wartungs- und Instandsetzungsarbeiten dürfen nur durch damit beauftragte und mit den Arbeiten vertraute Personen oder unter deren Aufsicht durch Hilfsarbeiter ausgeführt werden. Die Arbeiten sind, wenn möglich, in spannungsfreiem Zustande, das heißt nach allpoliger Abschaltung der Stromzuführungen, unter Berücksichtigung der in §§ 6 und 7, wenn unter Spannung gearbeitet werden muß, unter Berücksichtigung der in §§ 8 und 9 gegebenen Sonderbestimmungen vorzunehmen.

d) Die Schlüssel zu den abgeschlossenen elektrischen Betriebsräumen sind von den dazu Berufenen unter sicherer Verwahrung zu halten.[4])

e) Abgeschlossene elektrische Betriebsräume, die den Anforderungen des § 29 der Errichtungsvorschriften nicht entsprechen, dürfen nur betreten werden, nachdem alle Teile spannungslos gemacht sind.[5])

2. Es ist besonders darauf zu achten, daß der spannungsfreie Zustand nicht immer durch Herausnahme von Schaltern und dergleichen allein gewährleistet ist, da noch Verbindungen durch Meßschaltungen, Ring- und Doppelleitungen usw. bestehen können, oder eine Rücktransformierung, Induktion, Kapazität usw. vorhanden sein kann.[6])

§ 6.

Maßnahmen zur Herstellung und Sicherung des spannungsfreien Zustandes.

a) Ist die Abschaltung desjenigen Teiles der Anlage, an dem gearbeitet werden soll, und der in unmittelbarer Nähe der Arbeitsstelle befindlichen Teile nicht unbedingt sichergestellt, so muß an der Arbeitsstelle mit den erforderlichen Vorsichtsmaßregeln eine Erdung und Kurzschließung vorgenommen werden.[1])

---

4) Unzulässig ist es, den Schlüssel dauernd im Schloß stecken zu lassen oder etwa neben der Türe frei aufzuhängen. Dagegen kann es sich empfehlen, außer dem vom Wärter verwahrten Schlüssel einen zweiten plombiert oder hinter einer Glasscheibe so sichtbar anzubringen, daß er im Notfall auch ohne Mithilfe des Wärters erreichbar ist.

5) In einzelnen älteren Anlagen, die wiederholt vergrößert wurden, besteht in den abgeschlossenen Betriebsräumen ein solcher Raummangel, daß die Vorschriften des § 29 der Err.-Vorschr. nicht durchführbar sind. Solange ein Umbau nicht erfolgen kann, bleibt nur übrig, die Bedienung unter Spannung von außen her auszuführen.

6) Ölschalter gewährleisten in geöffnetem Zustand nicht immer den spannungsfreien Zustand; daher sind die vor ihnen liegenden Trennschalter in allen Phasen zu öffnen.

§ 6. **1)** Die Kurzschließung und Erdung bezwecken, dem Personal ein Berühren der betreffenden Leiterteile ohne Gefährdung zu ermöglichen. Die Kurzschließung soll unter

Bei Hochspannung muß zwischen Arbeits- und Trennstelle Erdung und Kurzschließung vorgenommen werden, nachdem sich der Arbeitende überzeugt hat, daß dies ohne Gefahr geschehen kann.[2])

Für die Dauer der Arbeit ist an der Schaltstelle ein Schild oder dergleichen anzubringen mit dem Hinweise, daß an dem zugehörigen Teil der elektrischen Anlage gearbeitet wird.

1. Auch bei Niederspannung empfiehlt es sich, bei Schaltern, Trennstücken und dergleichen, die einen Arbeitspunkt spannungsfrei machen sollen, für die Dauer der Arbeit ein Schild oder dergleichen anzubringen mit dem Hinweise, daß an dem zugehörigen Teil der elektrischen Anlage gearbeitet wird.

2. Zur provisorischen Erdung und Kurzschließung sollen Leitungen unter 10 qmm nicht verwendet werden.

3. Erdungen und Kurzschließungen sollen auch bei Niederspannung erst vorgenommen werden, wenn es ohne Gefahr geschehen kann.[3])

4. Zum Nachweise, daß die Arbeitsstelle spannungsfrei ist, können dienen: Spannungsprüfungen, Kennzeichnung der beiderseitigen Leitungsenden, Einsicht in schematische Übersichts- oder Leitungsnetzpläne mit oder ohne Angabe der erforderlichen Reihenfolge der Schaltungen, die entweder an den Schaltstellen vorhanden sein oder dem Schaltenden mitgegeben werden können, wenn er nicht durch mündliche Anweisung oder in anderer Weise über die Anlage genau unterrichtet ist.

---

anderem bewirken, daß bei irrtümlichem Einschalten derjenigen Leiterteile, an welchen gearbeitet wird, die zugehörigen Sicherungen die Leitung automatisch abschalten. Da hierbei jedoch eine Leitung (ein Pol) unversehrt bleiben und letztere somit die Hochspannung gegen Erde behalten kann, so ist die betreffende Leitung außerdem noch zu erden. Durch diese Erdverbindung kann unter Umständen ein derartig starker Strom fließen, daß auch die letzte Sicherung der geerdeten Leitung funktioniert. Deshalb ist die Erdungsverbindung so herzustellen, daß sie genügende Leitungsfähigkeit besitzt. Vgl. Regel 2.

2) Bei Hochspannung muß das Erden und Kurzschließen stets erfolgen, bei Niederspannung ist es nur für den Fall vorgeschrieben, daß über die Abschaltung der Teile Unsicherheit besteht. Läßt sich nicht mit Bestimmtheit entscheiden, ob das Erden und Kurzschließen gefahrlos möglich ist, so ist nach § 8c zu verfahren.

3) Im allgemeinen muß das zum Erden und Kurzschließen benutzte Hilfsmittel (Draht, Bügel, Klemme oder dergl.) zuerst mit der Erde verbunden werden, dann erst darf die Verbindung mit den zu erdenden oder kurzzuschließenden Teilen der Anlage erfolgen. Bei Aufhebung des Kurzschlußes ist in umgekehrter Reihenfolge zu verfahren, also die Verbindung mit der Erde zuletzt zu beseitigen (§ 7[2]); umgekehrt wird ein zum Verbinden von Fahrleitungen mit dem Gleis gebauter Apparat bedient, der mit Isolierstange gehandhabt wird. Bei blanken Leitungen kann das Kurzschließen durch Auflegen eines passend geformten Drahtbügels oder biegsamen Drahtseils oder einer Kette erfolgen, die vorher mit einem Erdungsdraht zu versehen und zu erden sind.

§ 7.

Maßnahmen bei Unterspannungsetzung der Anlage.

a) Waren zur Vornahme von Arbeiten Betriebsmittel spannungsfrei, so darf die Einschaltung erst dann erfolgen, wenn das Personal von der beabsichtigten Einschaltung verständigt worden ist.

b) Vor der Einschaltung sind alle Schaltungen und Verbindungen ordnungsgemäß herzustellen und keine Verbindungen zu belassen, durch die ein Übertreten der Spannung in außer Betrieb befindliche Teile herbeigeführt werden kann.

1. Die Verständigung mit der Arbeitsstelle durch Fernsprecher ist zulässig, jedoch nur mit Rückmeldung durch den mit der Leitung der Arbeiten Beauftragten.
2. Die Vereinbarung eines Zeitpunktes, bis zu dem eine Anlage wieder unter Spannung gesetzt werden soll, genügt nicht, es sei denn, daß es sich um die Beendigung regelmäßig eingehaltener Betriebspausen handelt.
3. Bei Aufhebung von Kurzschließungen soll die Erdverbindung zuletzt beseitigt werden.[1])

§ 8.

Arbeiten unter Spannung.[1])

a) Arbeiten unter Spannung sind nur durch besonders damit beauftragte und mit der Gefahr vertraute Personen auszuführen. Zweckentsprechende Schutzmittel sind bereitzustellen und zu benutzen; sie sind vor Gebrauch nachzusehen (siehe §§ 2c und 2¹).

b) Arbeiten unter Spannung sind nur gestattet, wenn es aus Betriebsrücksichten nicht zulässig ist, die Teile der Anlage, an denen selbst oder in deren unmittelbarer Nähe gearbeitet werden soll, spannungsfrei zu machen oder wenn die geforderte Erdung und Kurzschließung an der Arbeitsstelle nicht vorgenommen werden kann.

c) Arbeiten müssen unter den für Arbeiten unter Spannung vorgeschriebenen Vorsichtsmaßregeln auch dann ausgeführt werden, wenn zwar ein Abschalten, Erden und Kurzschließen erfolgt ist, aber noch Unsicherheit darüber besteht, ob die Teile, an denen gearbeitet werden soll, wirklich mit den abgeschalteten oder geerdeten und kurzgeschlossenen Teilen übereinstimmen.

d) Bei Hochspannung dürfen Arbeiten unter Spannung nur in Notfällen und nur in Gegenwart einer geeigneten

---

§ 7. 1) Vgl. jedoch das im § 6 unter [3]) erwähnte Sondergerät.

§ 8. 1) Hierunter sind die an den Spannung führenden Teilen selbst oder in ihren Gefahrbereich (Reichnähe) auszuführenden Arbeiten zu verstehen. Vergl. § 9.

und unterwiesenen Person, sowie unter Beachtung geeigneter Vorsichtsmaßnahmen ausgeführt werden (Ausnahmen siehe §§ 10 a, 11 a und 14 c).[2])

§ 9.

Arbeiten in der Nähe von Hochspannung führenden Teilen.

a) Bei allen Arbeiten in der Nähe von Hochspannung führenden Teilen hat der Arbeitende darauf zu achten, daß er keinen Körperteil oder Gegenstand mit der Hochspannung in Berührung bringt. Da bei Arbeiten in Reichnähe von Hochspannung führenden Teilen die Aufmerksamkeit des Arbeitenden von der gefährlichen Stelle abgelenkt wird, so ist die Gefahrzone durch Schranken abzusperren oder es sind die gefährlichen Teile durch Isolierstoffe der zufälligen Berührung zu entziehen.

Bei allen Arbeiten in der Nähe von Hochspannung ist für einen festen Standpunkt Sorge zu tragen.

§ 10.

Zusatzbestimmungen für Akkumulatorenräume.[1])

a) Bei Akkumulatoren sind entgegen § 8 d Arbeiten unter Spannung bei Beobachtung der geeigneten Vorsichtsmaßnahmen gestattet. Eine Aufsichtsperson ist nur bei Spannungen über 750 V erforderlich.

b) Akkumulatorenräume müssen während der Ladung gelüftet werden.[2])

---

2) Die Aufsichtsperson kann auch dem Arbeiterstand angehören, nur muß sie den Bedingungen unter a) entsprechen und in der Lage sein, die richtigen Maßnahmen je nach der Art der Arbeit treffen zu können.

Für solche Bedienungs-, Wartungs- und Reinigungsarbeiten, die wie das Einsetzen von gefahrlos hantierbaren Sicherungen, das Ölen der Maschine usw. zum regelmäßigen Betriebe gehören und die durch den Bau der Maschinen und Apparate bei vorschriftsmäßiger Ausführung gefahrlos gemacht sind, gilt § 5; sie fallen nicht unter die Vorschrift des § 8d. Vielmehr bezieht sich diese Vorschrift auf solche Arbeiten, bei denen ein Eingriff in die vorhandene Anlage erfolgt, wo z. B. Schraubverbindungen gelöst, vorhandene Schutzvorkehrungen entfernt werden müssen.

§ 10. 1) In Akkumulatorenräumen, in denen sich Bleisalze und Schwefelsäure befinden und woselbst zu Ende der Ladung Knallgasentwicklung auftritt, sollen die Vorsichtsmaßregeln sich richten: einmal auf die Verhütung von Explosionen infolge Entzündung des Knallgases (Lüftung und Vermeidung offener Flammen), ferner auf dauernden Schutz der Gebäudeteile vor der zerstörenden Einwirkung der Säure und schließlich auf Bewahrung des Personals vor gesundheitsschädlichen Einflüssen der Säure und Bleisalze.

2) Die Explosionsgefahr ist erfahrungsgemäß gering, da das erzeugte Gas, welches nur während des letzten Teiles der Ladeperiode sich bildet, sehr leicht ist und daher aus offenen Fenstern und Abzugskanälen, wie Schornsteinen, schnell ab-

c) Offene Flammen und glühende Körper dürfen während der Überladung nicht benutzt werden.

1. Die Gebäudeteile und Betriebsmittel einschließlich der Leitungen sowie die isolierenden Bedienungsgänge sollen vor schädlicher Einwirkung der Säure nach Möglichkeit geschützt werden.[3][4])

2. Die Akkumulatorenwärter sollen zur Reinlichkeit angehalten und auf die Gefahren, die Säure und Bleisalze mit sich bringen können, aufmerksam gemacht werden. Für ausreichende Wascheinrichtungen und Waschmittel soll Sorge getragen werden.[5])

3. Essen, Trinken und Rauchen ist in Akkumulatorenräumen zu vermeiden.[6])

---

zieht. Eine intensive künstliche Lüftung hat den Nachteil daß die mit Säure geschwängerte Luft in die weitere Nachbarschaft getrieben wird und hier durch Ablagerung der Säure zerstörende Wirkungen und Belästigungen ausübt.

Bei Ausführung von Lötarbeiten in Akkumulatorenräumen während der Ladung haben die Akkumulatorenfabriken bisher lediglich für mäßigen Durchzug durch Öffnen von Türen und Fenstern Sorge getragen, was vollkommen genügt hat, um Explosionen auszuschließen.

3) Von den Gebäudeteilen sind namentlich die Fußböden der schädlichen Einwirkung der Säure ausgesetzt, da die beim Laden mitgerissenen Säureteilchen sich an den Elementen, Leitungen und Gehängen niederschlagen und herabtropfen. Die Säure zerstört alsdann bei längerer Einwirkung sowohl gewöhnlichen Asphalt als auch Zement, Stein und Eisen.

Solche Stellen sind tunlichst bald gründlichst auszubessern, damit eine bedenkliche Verringerung der Tragfähigkeit vermieden wird.

Als bester Schutz des Fußbodens haben sich säurefeste Fließen bewährt. Zum Schutze der Wände, Decken, Gehänge und Leitungen wählt man vorwiegend säurebeständige Anstriche, die jedoch nur beschränkte Haltbarkeit besitzen und daher rechtzeitig zu erneuern sind. Kupferleitungen werden auch durch Einfetten mit dickflüssigem säurefreiem Öl oder Vaseline geschützt.

4) Beim Nachfüllen der Elemente oder beim Transport verschüttete Säuren sollen baldmöglichst unschädlich gemacht werden, z. B. durch Aufsaugen mit Sägespänen, Sand, oder durch Fortspülen, oder durch Neutralisieren.

5) Obgleich im allgemeinen die Akkumulatorenwärter bei Ausübung ihres Dienstes mit Blei nicht in unmittelbare Berührung kommen sollen und daher auch diese Räume in gesundheitlicher Beziehung nicht gefährlicher erscheinen als die anderen Betriebsräume, so ist es doch angezeigt, die Wärter auf die Gefahr, die das Hantieren mit Blei mit sich bringt, aufmerksam zu machen und Vorbeugungsmittel zur Verhütung der Bleikrankheiten bereit zu halten. Die Hauptsorge erstreckt sich darauf, zu verhindern, daß Blei oder Bleisalze in den Körper eindringen, sei es nun durch die Poren der Haut oder durch Mund und Nase. Gründliches Reinhalten der Haut durch Waschen (allenfalls unter Zusatz von etwas Schwefelleber zum Waschwasser, die das an der Haut haftende Blei in eine unlösliche Form überführt, ist oberstes Gesetz für Akkumulatorenwärter. Gegen die Einwirkung der Säure sind als Schutzmittel zu nennen: Wollkleider und Respiratoren.

6) Hierdurch soll ausgeschlossen werden, daß Blei in den Magen gelangt und Kolik verursacht.

§ 11.

Zusatzbestimmungen für Arbeiten in explosionsgefährlichen, durchtränkten und ähnlichen Räumen.

a) In explosionsgefährlichen, durchtränkten und ähnlichen Räumen sind Arbeiten unter Spannung (siehe § 8) verboten.

§ 12.

Zusatzbestimmungen für Arbeiten an Kabeln.

a) Arbeiten an Hochspannungskabeln, bei denen spannungführende Teile freigelegt oder berührt werden können, dürfen im allgemeinen nur im spannungsfreien Zustande vorgenommen werden. Solange der spannungsfreie Zustand nicht einwandfrei festgestellt und gesichert ist, sind diejenigen Schutzmaßregeln zu treffen, unter welchen diese Arbeiten gefahrlos ausgeführt werden können.

1. Bei Arbeiten an Kabeln und Garniturteilen, insbesondere beim Schneiden von Kabeln und Öffnen von Kabelmuffen sollen sich die Arbeitenden über die Lage der einzelnen Kabel zunächst vergewissern und alsdann geeignete Schutzvorrichtungen anwenden.[1])

Hochspannungskabel sollen vor Beginn der Arbeiten entladen werden.[2])

§ 13.

Zusatzbestimmungen für Arbeiten an Freileitungen.[1])

a) Arbeiten an Freileitungen einschließlich Bedienung von Sicherungen und Trennstücken sollen möglichst,

---

§ 12. 1) Sollen Kabel geschnitten oder Muffen geöffnet werden, so müssen sie der Vorschrift entsprechend stromlos, kurzgeschlossen und geerdet sein. Da die zu schneidenden Kabel in demselben Graben mit Hochspannungskabeln liegen können und eine Verwechslung möglich ist, so gibt in solchen Fällen folgendes Verfahren eine sichere Ausführungsmöglichkeit:

Ist nicht jeder Zweifel ausgeschlossen, daß das freigelegte Kabel das zu schneidende und stromlos gemachte ist, so hat der Kabellöter mit Gummihandschuhen und Schutzbrille zu arbeiten. Zu seiner ferneren Sicherheit hat er beispielsweise einen Dorn, wie er zum Gasbohren verwendet wird, in das zu schneidende Kabel zu treiben, der mittels Klemme und Kupferseil sicher geerdet ist, oder er hat das Kabel mit einer Säge oder starken Schere, die ebenfalls mittels Klemme und Seil sicher geerdet ist und isolierten Griff trägt, zu durchschneiden. Es zeigt sich bei diesem Verfahren sofort, ob man es mit einem stromführenden Kabel zu tun hatte, in welchem Falle aber der Irrtum ohne Folgen für den Arbeiter sein wird. Das Schneiden von Kabeln kann auch mit breitem, mit langem Holzstiel versehenem, möglichst geerdetem Schrottmeißel und Vorschlaghammer erfolgen und zwar derart, daß mindestens zwei der Adern getroffen werden.

Über das Erden und Kurzschließen vgl. auch § 6 unter [3]).

2) Das Entladen ist auch bei Kondensatoren nötig, die an Kabel oder Freileitungen angeschlossen sind.

§ 13. 1) Es ist zu unterscheiden zwischen der Freileitungs-

besonders bei Hochspannung, nur in spannungsfreiem Zustande geschehen unter Berücksichtigung der in §§ 6 und 7, und, wenn unter Spannung gearbeitet werden muß, unter Berücksichtigung der in §§ 8 und 9 gegebenen Bestimmungen.

b) Arbeiten an den Hochspannung führenden Leitungen selbst sind verboten.[2] *Bei Arbeiten an spannungsfreien Hochspannungsleitungen sind die Leitungen an der Arbeitsstelle kurzzuschließen und nach Möglichkeit zu erden.*[3]

c) Arbeiten an Niederspannungs- und Schwachstromleitungen in gefährlicher Nähe von Hochspannungsleitungen sind nur gestattet, wenn die Hochspannungsleitungen geerdet und kurzgeschlossen oder sonstige ausreichende Schutzmaßregeln getroffen sind.[4]

1. Die Bedienung von Sicherungen und Trennstücken in nicht spannungsfreien Freileitungen soll, wenn erforderlich, durch isolierende Werkzeuge oder Schaltstangen erfolgen.[5]

2. Arbeiten auf Masten, Dächern usw. sollen nur durch schwindelfreie Personen, die mit festsitzendem Schuhwerk und mit Sicherheitsgürtel ausgerüstet sind, vorgenommen werden.

§ 14.

Zusatzbestimmungen für Arbeiten in Prüffeldern und Laboratorien.

a) Ständige Prüffelder und fliegende Prüfstände sind abzugrenzen, ihr Betreten durch Unbefugte ist zu verbieten.

b) Mit Hochspannungsarbeiten in solchen Räumen dürfen nur Personen betraut werden, die ausreichendes Verständnis für die bei den vorzunehmenden Arbeiten

---

strecke, d. h. dem Gestänge, der Verankerung, den Trägern, Isolatoren und Leitungen nebst den innerhalb der Strecke angeordneten Apparaten, und den Leitungen selbst, d. h. den stromführenden Drähten usw. Arbeiten an ersterem sind unter a), die an letzteren unter b) und c) behandelt.

2) Zu den Leitungen selbst gehören auch die in sie eingeschalteten Trennschalter und Sicherungen, soweit sie auf Masten in die Fernleitung eingebaut sind. Es ist auch nicht erlaubt, Isolatoren der Hochspannung führenden Freileitung unter Spannung auszuwechseln.

3) Vgl. § 6a unter [1]) sowie § 5 Regel 2. Das Kurzschließen und Erden ist unerläßlich, weil auch in den abgetrennten Leitungen durch Induktion, durch fehlerhafte Isolatoren oder anderweiten Stromübergang Hochspannung auftreten kann.

4) Bei solchen Arbeiten ist größte Vorsicht geboten, weil durch lose, oft unerwartet zerrissene und abgesprungene Drähte eine Berührung mit den benachbarten Hochspannungsleitungen eintreten kann.

5) Kann diese Bedienung nicht vom Erdboden aus erfolgen, so ist ein sicherer und hinreichend großer Arbeitsstand mit Schutzgeländer erforderlich.

auftretenden Gefahren besitzen und sich ihrer Verantwortung bewußt sind.

c) Die Bestimmungen des § 8d finden auf Arbeiten in Prüffeldern und Laboratorien keine Anwendung.

§ 15.

Inkrafttreten der Betriebsvorschriften.

Diese Vorschriften gelten vom 1. Juli 1915 ab.

Der Verband Deutscher Elektrotechniker behält sich vor, sie den Fortschritten und Bedürfnissen der Technik entsprechend abzuändern.

Anhang

zu den Vorschriften für die Errichtung und den Betrieb elektrischer Starkstromanlagen nebst Ausführungsregeln.[1])

Schematische Darstellungen.

a) Für jede Starkstromanlage muß bei Fertigstellung eine schematische Darstellung angefertigt werden; sie kann aus mehreren Teilen bestehen.

b) Die Darstellungen müssen enthalten:

I. Stromarten und Spannungen,

II. Anzahl, Art und Stromstärke der Stromerzeuger, Transformatoren und Akkumulatoren,

III. Art der Abschaltung und Sicherung der einzelnen Teile der Anlage,

IV. Angabe der Leitungsquerschnitte.

V. Die notwendigen Angaben über Stromverbraucher.

1. Für die schematischen Darstellungen und etwa anzufertigenden Pläne[2]) sollen die im folgenden festgelegten Grundzeichen verwendet werden. Es ist zulässig, entsprechend nachstehenden Beispielen, die

---

1) Die Bestimmungen über zeichnerische Darstellungen der Anlagen sind in den Anhang verwiesen worden, weil offenbar die Güte und Sicherheit einer Anlage nur von ihrer wirklichen Ausführung, nicht aber davon abhängt, daß ein Plan oder Schema von ihr vorhanden und vollständig ist.

Für die Durchführung der Vorschriften und für die Überwachung der Anlagen dagegen ist allerdings das Vorhandensein einer zeichnerischen Darstellung von Bedeutung. Diese Darstellungen erleichtern auch die Instandhaltung und geben Anlaß zur sorgfältigen Prüfung und Durchsicht der Anlage durch den Besitzer oder die mit dem Betrieb Betrauten. So wird durch die Forderung der Zeichnungen mittelbar auch auf den ordnungsmäßigen Zustand der Anlagen eingewirkt.

2) Im Unterschied zu den unter a) und b) geforderten Darstellungen werden Pläne der Anlagen nicht mehr verlangt. Es ist also nicht nötig, daß der Verlauf der Leitungen geometrisch mit der Wirklichkeit übereinstimmt und daß von den Räumen, auf die sich die Anlage erstreckt, eine maßstäblich richtige Wiedergabe gemacht wird. In einzelnen Fällen mögen solche Pläne zweckmäßig erscheinen, doch liegt der Entscheid darüber außerhalb des Rahmens dieser Vorschriften.

Empfehlenswert ist es oft, ein Verzeichnis der installierten Räume mit Angabe der in jedem enthaltenen Zahl und Art von Stromverbrauchern dem Schema beizugeben.

Grundzeichen zum Zwecke größerer Übersichtlichkeit im Einzelfalle weiter auszubilden.

2. In den schematischen Darstellungen sollen die Angaben über Stromverbriaucher insoweit eingetragen werden, als sie zur sicherheitstechnischen Beurteilung der einzelnen Teile der Anlage erforderlich sind. Es wird im allgemeinen genügen, wenn die schematischen Darstellungen bis zu den letzten Verteilungssicherungen durchgeführt und die Querschnitte der einzelnen Abzweigleitungen, sowie Zahl und Art der an diese angeschlossenen Stromverbraucher angegeben werden; bei Glülichtstromkreisen genügt im allgemeinen die angenäherte Angabe der Lampenzahl.

3. Mehrpolige Leitungen und Apparate können einpolig gezeichnet werden, in diesem Falle ist die Pol- oder Phasenzahl kenntlich zu machen, beispielsweise durch eine entsprechende Zahl von Querstrichen, die an geeigneten Stellen angebracht werden.

4. Im übrigen werden folgende Zeichen empfohlen:

Grundzeichen.	Beispiele abgeleiteter Bezeichnungen.

Zu § 3.[1])
Schutz gegen Berührung.

Grundzeichen.	Beispiele abgeleiteter Bezeichnungen.
Blitzpfeil.	
Erdung.	
(e) Schutz durch Erdung	
(m) Schutz durch metallisch leitende Verkleidung.	
(i) Schutz durch isolierende Verkleidung.	

Zu § 4.
Übertritt von Hochspannung.

Grundzeichen.	Beispiele abgeleiteter Bezeichnungen.
Spannungssicherung jeder Art, auch Blitzschutzvorrichtung.	
Durchschlagssicherung.	

Zu § 6.
Elektrische Maschinen.

Grundzeichen.	Beispiele abgeleiteter Bezeichnungen.
Elektrische Maschine (Dynamo oder Motor)	Gleichstrommaschine; Wechselstrommaschine; Drehstrommaschine — mit Erregerwicklung.

1) Die Ziffern bedeuten die §§ der Errichtungsvorschriften

Zu § 7.

Transformatoren.

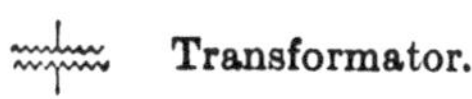
Transformator.

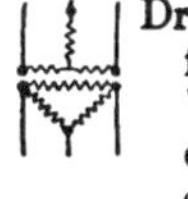
Drehstrom-Transformator. (Eine Wicklung Stern-, die andere Dreieck-Schaltung.)

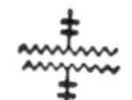
Einphasen-Transformator.

Zu § 8.

Akkumulatoren.

Akkumulatoren.

Akkumulatoren mit Doppel-Zellenschalter.

Zu § 10

Apparate. Allgemeines.

Kondensator

Drosselspule, Relais, Auslösemagnet.

Zu § 11.

Ausschalter, Umschalter.

Dosenschalter mit Angabe der darauf bezeichneten Stromstärke.

Hebelausschalter mit Angabe der darauf bezeichneten Stromstärke.

Grundzeichen für Maximalauslösung.

Grundzeichen für Minimalauslösung.

Zweipoliger Dosenausschalter für 6 A.

Einpoliger Dosenumschalter für 10 A.

Dreipoliger Hebelschalter mit isolierendem Schutzkasten.

Zweipoliger offener Hebelumschalter mit Unterbrechung.

Zweipoliger Hebelumschalter ohne Unterbrechung.

Einpoliger Maximalschalter.

Zweipoliger Minimalschalter.

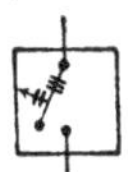
Dreipoliger Ölschalter mit zweipoliger Maximalauslösung.

Trennschalter,

Dreipoliger Ölschalter mit zweipoliger Maximalauslösung und mit durch Spannungswandler gespeister Minimal-Auslösespule.

Zu § 12.

Anlasser und Widerstände.

Nicht regulierbarer Widerstand, z. B. Bogenlampen-Widerstand.

Regulierbarer Widerstand.

Regulierbarer Widerstand mit Kurzschlußkontakt.

Sonderbezeichnung für Flüssigkeitswiderstände.

Zu § 13.

Steckvorrichtungen.

Steckdose.

Zu § 14.

Schmelzsicherungen und Selbstschalter.

Sicherung.

Dreipolige Sicherung.

Zu § 15.

Andere Apparate.

Meßinstrument.

(A) Strommesser.

(V) Spannungsmesser.

(W) Leistungsmesser.

(Z) Zähler.

(P) Phasenmesser.

(J) Isolationsprüfer.

Stromrichtungsanzeiger.

Zu §§ 16, 17 und 18.

Fassungen, Glühlampen und Bogenlampen.

× Feste Lampe.

Bewegliche Lampe.

Lampenträger mit Lampenzahl.

Bogenlampe oder ähnliche stärkere Lichtquelle mit Angabe d. Stromstärke.

Zu § 19 und folgende.

Leitungen.

—— Leitung.

BC Blanker Kupferdraht.

BE Blanker Eisendraht.

GA Gummiaderleitung.

SGA/3000 Spezialgummiaderleitung mit Angabe der Spannung.

RA Rohrdrähte.

PA Panzerader.

FA Fassungsader.

PL Pendelschnur.

SA Gummiaderschnur.

WK Werkstattschnur.

SGK, SK Spezialschnur.

HK Hochspannungsschnur.

LT Leitungstrosse.

Drei Leitungen.

Sammelschienen, zweipolig mit zwei Abzweigen.

Mehrfachleitung.

Bewegliche Leitung.

Leitungsanschluß.

Leitungskreuzung.

Schleifleitung.

Von oben kommende Leitung.

Von unten kommende Leitung.

Nach oben führende Leitung.

Nach unten führende Leitung.

Zu § 22.

Freileitungen.

o Mast.

(n) Schutznetz.

Holzmast.

● Eisenmast.

■ Eisenbetonmast.

Zu § 25.

Isolier- und Befestigungskörper.

(g) Verlegung auf Isolierglocken.

(r) Verlegung auf Rollen.

(k) Verlegung auf Klemmen.

Zu § 26.

Rohre.

(o) Verlegung in Rohren.

Zu § 27.

Kabel.

Kabelendverschluß.

KB Blanke Kabel.

KA Asphaltierte Kabel.

KE Bewehrte asphaltierte Kabel.

Zu § 42.

Fahrdrähte.

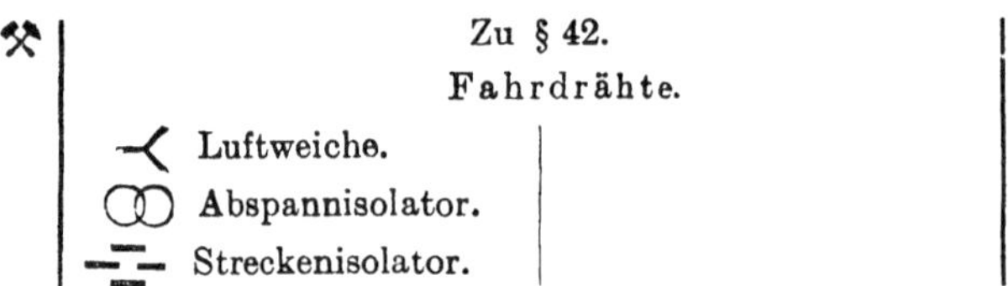

5. Wenn in den schematischen Darstellungen oder Plänen auf die Eigenart einzelner Räume hingewiesen werden soll, genügt die Eintragung der Nummer des für die Räume maßgebenden Paragraphen der Errichtungsvorschriften, z. B.: „§ 35“ bedeutet: „Explosionsgefährlicher Raum“.

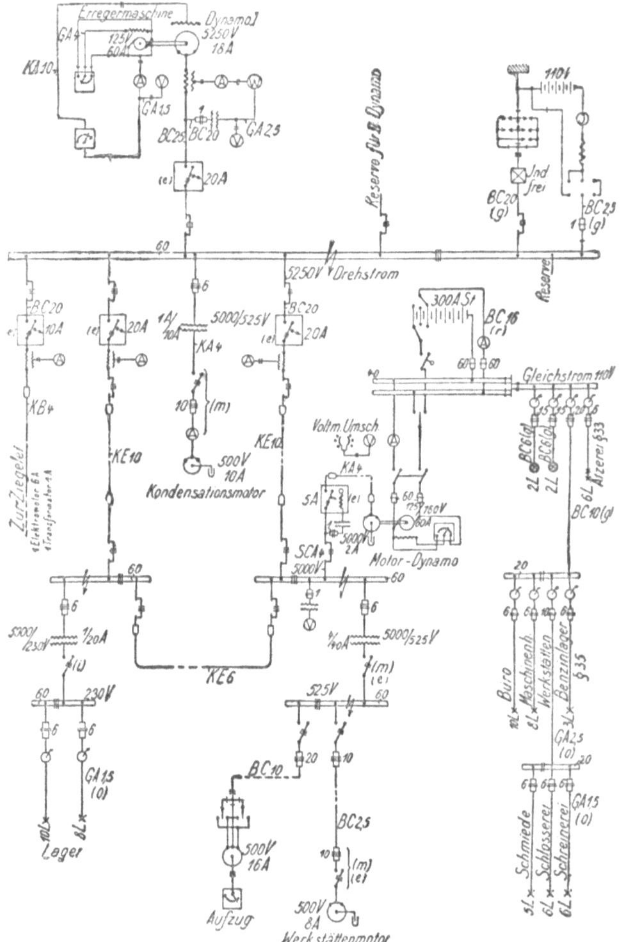

Beispiel eines nach Ausführungsregel 3 teilweise einpolig durchgeführten Schaltungsschemas.

Sicherheitsvorschriften für elektrische Straßenbahnen und straßenbahnähnliche Kleinbahnen.

Die nachstehenden Vorschriften[1]) gelten für die Kraftwerke[2]), Hilfswerke, Leitungsanlagen, Fahrzeuge

---

1) Vorschriften für elektrische Bahnanlagen sind vom Verbande deutscher Elektrotechniker zum ersten Male im Jahre 1900 als vorläufige Regeln, 1901 als Vorschriften aufgestellt worden. ETZ 1900, S. 653; 1901, S. 762. Als im Jahre 1905 das preußische Ministerium der öffentlichen Arbeiten daran ging, für die seiner Aufsicht unterstellten Straßenbahnen und straßenbahnähnlichen Kleinbahnen neue Bau- und Betriebsvorschriften zu erlassen, erklärte sich diese Behörde auf Ansuchen des Verbandes deutscher Straßen- und Kleinbahnverwaltungen und des Verbandes deutscher Elektrotechniker bereit, in die zu erlassende Verordnung keine besonderen Einzelheiten über die elektrischen Einrichtungen der Bahnen aufzunehmen, sondern nur auf die Vorschriften des Verbandes deutscher Elektrotechniker als Norm zu verweisen, die als Anlage der betr. Verordnung beigegeben werden sollte. Dem Verbande deutscher Elektrotechniker sollte auch die Aufgabe zugewiesen werden, seine Vorschriften mit den Fortschritten der Technik im Einklang zu halten; die Regierung stellte in Aussicht, die in bestimmten Zeiträumen vorzuschlagenden Änderungen jeweils gutzuheißen. Als eine wesentliche Bedingung hierfür wurde aber verlangt, daß die Vorschriften für Bahnen, die bis dahin nur in Form einer Ergänzung zu den allgemeinen Sicherheitsvorschriften bestanden hatten, zu einem in sich abgeschlossenen, von anderen Bestimmungen unabhängigen Werk ausgestaltet würden. ETZ 1906, S. 596 u. 664.

Diese Arbeit wurde im Juli 1906 fertiggestellt und von der Jahresversammlung des Verbandes deutscher Elektrotechniker genehmigt. Inzwischen sind die „Vorschriften für die Errichtung und den Betrieb elektrischer Starkstromanlagen" im Jahre 1907 erheblich geändert worden und haben 1914 abermals eine Neufassung erfahren. Doch war es bisher nicht möglich, die Bahnvorschriften diesen Änderungen anzupassen. So kommt es, daß die Bahnvorschriften in ihrem Aufbau sowie auch in einigen Einzelheiten von den erwähnten Vorschriften für Errichtung elektrischer Starkstromanlagen abweichen. Die grundlegenden Anschauungen, auf denen sie sich aufbauen, sind jedoch für beide Vorschriften dieselben.

2) Für diejenigen bahneigenen Elektrizitätswerke von Kleinbahnen, die außer dem Bahnstrom auch Strom für andere

und sonstigen Betriebsmittel von Straßenbahnen in Ortschaften und von straßenbahnähnlichen Kleinbahnen, deren Spannung 1000 Volt gegen Erde[3]) nicht übersteigt.

Erster Abschnitt.

Bauvorschriften.

A. Allgemeines.

§ 1.

Pläne.

Für Pläne sind folgende Bezeichnungen anzuwenden:

× = Feste Glühlampe.

∿∿× = Bewegliche Glühlampe.

⊗5 = Fester Lampenträger mit Lampenzahl (5).

∿∿⊗3 = Beweglicher Lampenträger mit Lampenzahl (3).

Obige Zeichen gelten für Glühlampen jeder Kerzenstärke sowie für Fassungen mit und ohne Hahn.

◎6 = Bogenlampe mit Angabe der Stromstärke (6 Ampere).

○ = Generatoren oder Elektromotoren mit Angabe der Stromart, der höchstzulässigen Leistung in Kilowatt und der Spannung.

(z. B. Drehstrom 100 Kw. 800 Volt).

⊣|||⊢ = Akkumulatoren.

= Einpoliger bzw. zweipoliger bzw. dreipoliger Ausschalter mit Angabe der höchstzulässigen Stromstärke (6 Ampere).

Zwecke an Dritte abgeben, sind in Preußen besondere Bestimmungen darüber getroffen, wie weit ihre Überwachung den Gewerbeaufsichtsbeamten zusteht. Z. d. Ver. D. Eisenb.-Verw. 1907, S. 1121. ETZ 1907, S. 1044.

3) Für Betriebsspannungen mit mehr als 1000 Volt, die bei Hauptbahnen und Schnellbahnen mit Wechselstrombetrieb überwiegen, sind bis jetzt Vorschriften nicht aufgestellt, da abgeschlossene Erfahrungen noch nicht vorliegen und während der lebhaften Entwicklung dieses Gebiets eine gewisse Bewegungsfreiheit nötig ist. Die Grundlagen für Sicherheitsmaßnahmen können indessen den Errichtungs-Vorschriften entnommen werden; ihre Anwendung hat gegebenenfalls nicht wörtlich, sondern sinngemäß, d. h. unter Berücksichtigung der durch den Bahnbetrieb bedingten Sonderverhältnisse zu erfolgen.

Die Spannung von 1000 Volt ist gegen Erde festgelegt. Es umfaßt diese Grenze daher z. B. ein Dreileitersystem mit geerdetem Mittelleiter, wenn die Außenleiter etwa +1000 Volt und —1000 Volt gegen Erde führen.

3 = Umschalter dgl. (3 Ampere).

10 = Sicherung mit Angabe der Normalstromstärke (10 Ampere).

10 = Widerstand, Heizapparate und dgl. mit Angabe der höchstzulässigen Stromstärke (10 Ampere).

10 = Dgl. abnehmbar angeschlossen.

7,5 · 5000/550 = Transformator mit Angabe der Leistung in Kilowatt und der beiden Spannungen (7,5 Kw 5000/550 Volt).

= Drosselspulen.

= Blitzschutzvorrichtung und Überspannungsvorrichtungen.

= Spannungssicherung.

= Erdung.

= Blitzpfeil.

5 20 = Zweileiter- bzw. Dreileiter- oder Drehstromzähler mit Angabe des Meßbereichs (5 bezw. 20 Kw.).

= Zweileiterschalttafel.

= Dreileiterschalttafel oder Schalttafel für mehrphasigen Wechselstrom.

= Fahrleitung.

1×6 qmm = Einzelleitung von 6 qmm.

2×6 qmm = Hin-u. Rückleitung von 6 qmm.

3×6 qmm = Drehstromleitung von 6 qmm.

2×10 qmm + 1×6 qmm = Dreileitersystem.

Bei Verwendung von Mehrfachleitungen ist die Linie zu strichpunktieren.

= Nach oben führende Steigleitung.

= Nach unten führende Steigleitung.

= Steckvorrichtung.

= Holzmast.

= Eisenmast.

= Speisepunkt.

= Luftweiche.

= Abspannisolator.

= Streckenisolator.

= Blanke Sammelschiene.

BC = Blanker Kupferdraht.

BE = Blanker Eisendraht.

BG = Gummibandleitung (höchstens bis 250 Volt).

GA = Gummiaderleitung.

MA = Mehrfachgummiaderleitung.

PA = Panzerader.

FA = Fassungsader.
SA = Gummiaderschnur.
PL = Pendelschnur.
KB = Blanke Bleikabel.
KA = Asphaltierte Kabel.
KE = Armierte asphaltierte Kabel.
(n) = Schutznetz.
(e) = Schutz durch Erdung.
(h) = Schutz des Fahrdrahtes durch Holzleisten.
(d) = Schutzdraht.

§ 2.

Erklärungen.

a) Erdung. Einen Gegenstand erden heißt, ihn mit der Erde derart leitend verbinden, daß er eine für unisoliert stehende Personen gefährliche Spannung nicht annehmen kann.[1] (Erdung von Fahrzeugen siehe § 33.)

b) Feuersichere Gegenstände. Als feuersicher gilt ein Gegenstand, der nicht entzündet werden kann, oder der nach Entzündung nicht von selbst weiterbrennt.[2]

c) Freileitungen. Als Freileitungen gelten alle oberirdischen Drahtleitungen außerhalb von Gebäuden, die weder metallische Umhüllung noch Schutzverkleidung haben. Schutznetze, Schutzleisten und Schutzdrähte gelten nicht als Verkleidung.[3]

d) Elektrische Betriebsräume. Als solche gelten außer den Kraft- und Hilfswerken auch abgeschlossene Betriebsstände in Fahrzeugen, die Prüffelder sowie die Räume, in denen Fahrzeuge oder Apparate mit der Betriebsspannung untersucht werden, soweit diese Räume im regelmäßigen Betriebe nur unterwiesenem Personal zugänglich sind.[4]

---

§ 2. 1) Die im § 3[a] der Vorschriften für die Errichtung elektrischer Starkstromanlagen gegebene Erklärung der Erdung, siehe S. 22, weist unmittelbar auf die Maßnahmen hin, mittels deren die hier aufgestellte Forderung zu erfüllen ist.

2) Übereinstimmend mit § 2 b) der Vorschriften für die Errichtung elektrischer Starkstromanlagen.

3) Nach dieser Erklärung gelten in den Bahnvorschriften (vgl. auch § 27) die Fahrleitungen als Freileitungen, während die neue Fassung der Errichtungsvorschriften (§ 2c) die Fahrleitungen ausdrücklich aus den Freileitungen ausscheidet.

4) Vgl. § 2 d) der Vorschriften für die Errichtung elektrischer Starkstromanlagen, S. 15. In elektrischen Betriebsräumen sind mehrfach Ausnahmen von einzelnen Bestimmungen zulässig. Dies rechtfertigt sich durch die Rücksicht auf die größere Sachkenntnis des unterwiesenen Personals und ist nötig, weil den verschiedenartigen Hantierungen, die der Zweck der Betriebsräume erfordert, vielfach durch einheitliche Vorkehrungen nicht Rechnung getragen werden kann. Die Gefahren lassen sich dort zum Teil nur durch sachgemäßes Verhalten vermeiden.

B. Beschaffenheit und Verlegung des zu verwendenden Materials.

§ 3.

Erdung.[1])

a) Der Querschnitt der Erdungsleitungen ist mit Rücksicht auf die zu erwartenden Erdschlußstromstärken zu bemessen. Die Erdungsleitungen müssen gegen mechanische und chemische Beschädigungen geschützt werden.[2])

b) Es ist für möglichst geringen Erdungswiderstand Sorge zu tragen.[3])

Zum Einlegen in die Erde dienen Platten, Drahtnetze, Gitterwerk u. dgl.[4])

Für Blitzableiter, Schutznetze und Schutzdrähte dürfen die Geleise zur Erdung benutzt werden.[5])

c) Die in einem Gebäude befindlichen Erdungs-

---

§ 3. 1) Der Erdung kommt im Gebiet der elektrischen Bahnen eine noch größere Bedeutung zu als im Beleuchtungs- und anderen Kraftbetrieben, weil die Mehrzahl der Bahnen mit einem betriebsmäßig geerdeten Pol arbeiten.

2) Vgl. § 3 a der Vorschriften für die Errichtung elektrischer Starkstromanlagen. Erdungsleitungen sind nicht immer dasselbe wie geerdete Leitungen. Man hat zwischen geerdeten Betriebsleitungen und denjenigen Leitungen zu unterscheiden, die bei diesen Betriebsleitungen die Verbindung mit der Erde herstellen oder auch an Metallteilen, die nicht betriebsmäßig Strom führen, eine Schutzerdung vermitteln. Zur letzteren Art gehören auch die Erdleitungen von Blitzsicherungen und Überspannungssicherungen. Gerade bei Schutzerdungen wird der notwendige Querschnitt oft unterschätzt. Vgl. S. 22 unter [11]).

Über den Schutz gegen Beschädigung siehe § 3 c und § 21 d) der Vorschriften für die Errichtung elektrischer Starkstromanlagen, S. 26 unter [15]) und S. 93 unter [9]).

3) Die Größe des Übergangswiderstandes an den Erdplatten ist von deren Größe und von der Beschaffenheit und Feuchtigkeit des Erdbodens abhängig. ETZ 1904, S. 1115 N. 119. Er wechselt u. a. mit der Witterung. Häufig wird dieser Übergangswiderstand zu klein geschätzt. In größeren Elektrizitätswerken beträgt er z. B. an jeder Erdungsstelle des geerdeten Mittelleiters etwa 5—10 Ohm. Oft empfiehlt es sich, die einzelnen Erdungsstellen, z. B. von Masten, unter sich durch eine in der Erde verlegte Drahtleitung zu verbinden. Wird diese bis zur Stromerzeugerstelle zurückgeführt, so wirkt sie im Falle der Gefahr nicht nur als Erdleitung, sondern gleichzeitig zur Herbeiführung eines vollständigen Kurzschlusses.

4) Vorschriften für die Errichtung elektrischer Starkstromanlagen § 3 d, S. 23 unter [13]).

5) Schienen, die auf Holzschwellen liegen, sind gegenüber atmosphärischen Entladungen als Erde wirksam, sofern sie sich auf große Ausdehnung erstrecken. Doch empfiehlt es sich stets, einzelne Stellen der Schienen unmittelbar an Erde zu legen, namentlich auch, weil die Blitzsicherungen durch Fremdkörper oder durch Zusammenschmelzen überbrückt werden und so die Betriebsspannung auf die Schienen übertragen können.

leitungen müssen sämtlich unter sich gut leitend verbunden sein.[6])

d) Es ist unzulässig, Teile einer geerdeten Betriebsleitung durch Erde allein zu ersetzen.[7])

e) Betreffend Erdung von Fahrzeugen siehe § 33. Betreffend Schienenrückleitung siehe § 31.

§ 4.
Übertritt von höherer Spannung.

Um den Übertritt von höherer Spannung in Stromkreise für niedrigere Spannung sowie das Entstehen von höherer Spannung im letzteren zu verhindern bzw. ungefährlich zu machen, sind geeignete Vorrichtungen, z. B. erdende oder kurzschließende oder abtrennende Sicherungen vorzusehen, oder es sind geeignete Punkte zu erden.[1])

Isolier- und Befestigungskörper.

§ 5.
Isolierstoffe.

a) Die Isolierstoffe sollen in solcher Stärke verwendet werden, daß sie bei der im Betrieb vorkommenden Erwärmung von einer Spannung, welche die Betriebsspannung um 1000 Volt überschreitet, nicht durchschlagen werden. Außerdem müssen die Isoliermittel derartig gestaltet und bemessen sein, daß ein merklicher Stromübergang über die Oberfläche (Oberflächenleitung) unter gewöhnlichen Betriebsverhältnissen nicht eintreten kann.[2])

b) Wo Holz als Isolierstoff zulässig ist, muß es isolierend getränkt sein.

§ 6.
Holzleisten und Krampen.[3])

a) Holzleisten sind zur Verlegung von Leitungen unzulässig. Ausnahme siehe § 36 g.

---

6) Die leitende Verbindung soll die unter Vermittlung von feuchten Erd- und Mauerschichten zustande kommenden Stromübergänge zwischen den einzelnen Erdungsleitungen möglichst einschränken, weil diese elektrolytische Zerstörungen der Leitungen und etwa mitbenutzter Bauteile, Rohre oder dgl. bewirken können.

7) Vgl. § 21[2].

§ 4. 1) Ähnlich § 4 der Vorschriften für die Errichtung elektrischer Starkstromanlagen, S. 26.

§ 5. 2) Ob ein Stoff zum Isolieren tauglich ist, hängt von den Umständen ab, unter denen er benutzt wird. Viele Stoffe von geringem Isoliervermögen können bei passend gestalteter Oberfläche für niedrige Spannungen gute Dienste leisten. Andere an sich gut isolierende verlieren diese Wirkung durch die an der Oberfläche haftende oder von ihnen aufgesaugte Feuchtigkeit oder durch die Wärme. Siehe hierüber S. 34 unter [11]) bis [14]).

§ 6. 3) Übereinstimmend § 25 a) und b) der Vorschriften für die Errichtung elektrischer Starkstromanlagen, S. 119, 120.

b) Krampen sind nur zur Befestigung von betriebsmäßig geerdeten Leitungen zulässig, sofern dafür gesorgt wird, daß der Leiter durch die Art der Befestigung weder mechanisch noch chemisch beschädigt wird.

§ 7.

Isolierglocken, -Rollen und -Ringe.

a) Isolierglocken, -Rollen und -Ringe müssen aus Porzellan oder gleichwertigem Stoff bestehen. Ringe sind nur gestattet, wenn sie durch Form und Größe eine sichere Isolation verbürgen.[4])

b) Die Glocken, Rollen und Ringe müssen so geformt sein, daß die an ihnen zu befestigenden Leitungen in genügendem Abstand von den Befestigungsflächen und voneinander gehalten werden können.[5]) (Vgl. § 24a u. c.)

In jede Rille darf nur ein Draht gelegt werden.[6])

§ 8.

Befestigungsklemmen.

a) Befestigungsklemmen müssen, soweit sie nicht für Bleikabel, Fahrleitungen und Telephonschutz bestimmt sind, aus hartem Isolierstoff oder isoliertem Metall bestehen.

b) Sie müssen so geformt sein, daß die an ihnen zu befestigenden Leitungen in genügendem Abstand von den Befestigungsflächen und voneinander gehalten werden können (vgl. § 24a u. c) und daß die Isolierung nicht verletzt wird.

c) Sie müssen so ausgebildet oder angebracht sein, daß merkliche Oberflächenleitung ausgeschlossen ist.[1])

§ 9.

Fahrdrahtisolatoren.

Fahrdrahtisolatoren müssen so gebaut sein, daß sie den Draht sicher in seiner Lage halten.[2])

---

§ 7. **4)** Ähnlich § 25 c) der Vorschriften für die Errichtung elektrischer Starkstromanlagen, S. 121.

5) Vgl. § 25 d) der Vorschriften für die Errichtung elektrischer Starkstromanlagen, S. 121.

6) Vgl. § 25 2 der Vorschriften für die Errichtung elektrischer Starkstromanlagen, S. 121.

§ 8. **1)** Auf die Oberflächenleitung ist nur bei Isolierklemmen Rücksicht zu nehmen. Metallklemmen für geerdete Leitungen sind darauf zu prüfen, daß sie die Leitung nicht beschädigen. Bei Bleikabeln ist hierauf besonders zu achten.

§ 9. **2)** Die eigenartige Beanspruchung der Fahrdrähte durch die von der Aufhängung bedingten Zugkräfte in der Seiten- und Längsrichtung und durch die von den Stromabnehmern bewirkten Biegungen erfordert besondere Bauarten der Fahrdrahtisolatoren und besonders sorgsame Befestigung der Fahrdrähte an ihnen. Namentlich an den Kurven kommt durch den Zug der Spanndrähte leicht eine schiefe Lage des Fahrdrahts zustande, wenn nicht der Isolator eine geeignete Gestalt hat.

§ 10.

Rohre.

a) Bei Metall- und Isolierrohren, in denen Leitungen verlegt werden sollen, muß die lichte Weite, sowie die Anzahl und der Halbmesser der Krümmungen so gewählt sein, daß man die Drähte leicht einziehen kann.[3])

b) Rohre, die für mehr als einen Draht bestimmt sind, müssen mindestens 11 mm lichte Weite haben.[4])

c) Verbindungsdosen müssen genügend weit und so eingerichtet sein, daß jeder unzulässige Spannungs- oder Stromübergang ausgeschlossen ist.[5])

d) Rohre dienen wesentlich als mechanischer Schutz; sie müssen dementsprechend aus widerstandsfähigem Stoff von genügender Stärke bestehen. (Vgl. § 24h.)

Leitungen.

§ 11.

Beschaffenheit und Belastung der Leiter.

a) Isolierte Kupferleitungen und nicht unterirdisch verlegte Kabel aus Leitungskupfer dürfen im allgemeinen mit den in nachstehender Tabelle verzeichneten Stromstärken dauernd belastet werden[1]):

Querschnitt in Quadratmillimetern	Stromstärke in Ampere	Querschnitt in Quadratmillimetern	Stromstärke in Ampere
0,75	4	95	165
1	6	120	200
1,5	10	150	235
2,5	15	185	275
4	20	240	330
6	30	310	400
10	40	400	500
16	60	500	600
25	80	625	700
35	90	800	850
50	100	1000	1000
70	130		

§ 10. 3) Vgl. § 26$\frac{1}{-}$ der Vorschriften für die Errichtung elektrischer Starkstromanlagen, S. 124.

4) Vgl. § 26$\frac{2}{-}$ der Vorschriften für die Errichtung elektrischer Starkstromanlagen, S. 125.

5) „Unzulässiger" Spannungs- und Stromübergang kann sowohl zwischen den beiden Polen der Leitung, als auch zwischen einer der Leitungen und dem Metallmantel der Dose oder des Schutzrohres vorkommen. Es kann auch ein ungehöriger Stromübergang zwischen zwei Strecken derselben Polarität vorkommen; z. B. wenn von einer Dose aus die Leitung einer Polarität nach einem Schalter abgezweigt ist. Alsdann ist jener Stromübergang in dieser Leitung, der nicht durch den Schalter geht,

Blanke Kupferleitungen bis zu 50 qmm unterliegen gleichfalls den Vorschriften der vorstehenden Tabelle, blanke Kupferleitungen über 50 qmm und unter 1000 qmm Querschnitt können mit 2 Ampere für das Quadratmillimeter belastet werden.

Bei Freileitungen, Fahrstromleitungen und anderen intermittierenden Betrieben ist eine Erhöhung der Belastung über die Tabellenwerte zulässig, sofern dadurch keine Beeinträchtigung der Festigkeit oder gefährliche Erwärmung entsteht.

Beim Anschluß von Bogenlampen, Motoren und ähnlichen Stromverbrauchern mit wechselndem Stromverbrauch genügt es, sofern keine zuverlässigen Anhaltspunkte für die kurzzeitigen Stromstöße vorliegen, das $1^1/_2$fache der Normalstromstärke der Bemessung des Leitungsquerschnittes zugrunde zu legen.[2])

b) Der geringste zulässige Querschnitt für isolierte Kupferleitung ist 1 qmm, an und in Beleuchtungskörpern 0,75 qmm. Der geringste zulässige Querschnitt von offen verlegten blanken Kupferleitungen in Gebäuden ist 4 qmm, bei Freileitungen 10 qmm.[3])

c) Bei Verwendung von Leitern aus minderwertigem Kupfer oder anderen Metallen müssen die Querschnitte so gewählt werden, daß die Erwärmung durch den Strom nicht größer wird, als bei Leitern aus Leitungskupfer, welche nach der obigen Tabelle bemessen sind.

§ 12.

Isolierte Leitungen.[1])

a) Alle Drähte, die als isoliert gelten sollen, müssen nach 24-stündigem Liegen in Wasser von höchstens

---

ungehörig. Dagegen ist z. B. ein Stromübergang ein erlaubter wenn er sich vollzieht zwischen einer Leitung, die an Erde gelegt ist, und dem Metallrohr, das gleichfalls geerdet ist. Vgl. § 26^2 der Errichtungsvorschriften.

Eine Befestigungsschraube, welche die Dosenwand durchsetzt, kann leicht deren isolierende Wirkung hinfällig machen. Vgl. hierüber: Voigt. ETZ 1902, S. 939.

§ 11. **1)** Die im § 20 der Vorschriften für die Errichtung elektrischer Starkstromanlagen (siehe S. 88) vorgeschriebene Belastungstabelle ist neueren Datums als die hier gegebene und läßt auf Grund weiterer Versuche zum Teil etwas stärkere Belastungen zu.

2) Vgl. § 20^2 der Vorschriften für die Errichtung elektrischer Starkstromanlagen, S. 89 unter [9]).

3) Im § 20^3 der Errichtungsvorschriften wird an und in Beleuchtungskörpern auch 0,5 qmm zugelassen. Der Mindestquerschnitt von 10 qmm bei Freileitungen gilt auch für Meßleitungen, sofern nicht nach Absatz c) dieses Paragraphen ein Material von höherer Festigkeit in Verbindung mit geringer Strombelastung verwendet wird. Vgl. hierzu § 20^4 der Vorschriften für die Errichtung elektrischer Starkstromanlagen.

§ 12. **1)** Die Beschaffenheit der einzelnen Sorten isolierte Leitungen ist vom V. D. E. durch „**Normalien für iso-**

25° C eine Durchschlagsprobe mit der doppelten Betriebsspannung eine Stunde lang aushalten.

Sie sind mit eindrähtigen Leitern in Querschnitten von 0,75 bis 16 qmm, mit mehrdrähtigen Leitern in Querschnitten der Gesamtseele von 0,75 bis 1000 qmm zulässig. Insbesondere kommen hierfür in Betracht Gummiaderleitungen (Bez. G. A.).

Ihre Kupferseele ist feuerverzinnt und mit einer wasserdichten vulkanisierten Gummihülle umgeben. Jede Leitung muß über dem Gummi von einer Hülle gummierten Bandes umgeben sein. Als Einzelleitung verwendet, muß sie außerdem eine mit Isoliermasse getränkte Umklöppelung erhalten. Bei Mehrfachleitungen kann die Umklöppelung gemeinsam sein.[2])

b) Gepanzerte Leitungen (Bez. P. A.) bestehen aus einer oder mehreren nach vorstehender Vorschrift isolierten Seelen, die mit einer gemeinsamen Hülle und darüber mit einer dichten Metallumklöppelung versehen sind. (Vgl. § 14d.)

Gepanzerte Leitungen dürfen nicht unmittelbar in die Erde und auch nicht in Räumen verlegt werden, wo sie chemischen Beschädigungen ausgesetzt sind.[3])

§ 13.

Leitungen im allgemeinen.

a) Alle Leitungen müssen so verlegt werden, daß sie nach Bedarf geprüft werden können.[1])

---

lierte Leitungen in Starkstromanlagen" geregelt. Um aber die Bahnvorschriften in sich vollständig und unabhängig zu gestalten, sind hier die wichtigsten Festsetzungen aus diesen Normalien, soweit sie für Bahnanlagen in Betracht kommen (in der Fassung v. 1906), wiedergegeben. Inzwischen sind die Normalien mehrfach geändert worden, so daß nicht mehr überall Übereinstimmung besteht.

2) Die einzelnen hier gestellten Forderungen sind in den jetzt gültigen Leitungsnormalien (siehe am Schlusse dieses Buches) erheblich verschärft.

3) Gepanzerte Leitungen sind etwas anderes als armierte Kabel. Letztere sind durch eine starke Bewehrung von Draht oder Blech geschützt, während die Panzerader nur mit dünnen Drähten umklöppelt ist, die dem Verrosten verhältnismäßig leicht unterliegen. Die Verwendung von Panzeradern ist daher im Freien nicht zu empfehlen.

§ 13. 1) In den Vorschriften für die Errichtung elektrischer Starkstromanlagen wird im § 21$^{\underline{a}}$ die Regel aufgestellt, daß die Leitungen ausgewechselt werden können. Dies bezieht sich namentlich auf in Rohren verlegte Hausinstallationen. Doch ist bereits im § 26$^{\underline{k}}$ für offen und zugänglich verlegte Leitungen eine Ausnahme zugelassen. Auch für Kabel wird die Auswechselbarkeit nicht gefordert. Die Gründe, welche dafür sprechen, dünne Leitungen in Rohren so zu verlegen, daß sie herausgezogen werden können, sind S. 124 unter [7]) erörtert. In Fahrzeugen ist man durch die Rücksichten auf Raumersparnis und elegantes Aussehen oft gezwungen, dünnere Rohre zu verwenden und so scharfe Biegungen zuzulassen, daß

b) Transportable Leitungen dürfen an festverlegte Leitungen nur mittels lösbarer Anschlußvorrichtungen angeschlossen werden.[2])

c) Soweit bewegliche Leitungen roher Behandlung ausgesetzt sind, müssen sie gegen mechanische Beschädigungen besonders geschützt sein.[3])

d) Die Verbindung von Leitungen untereinander, sowie die Abzweigung von Leitungen geschieht mittels Lötung, Verschraubung oder gleichwertiger Verbindung.[4])

Abzweigungen von festverlegten Mehrfachleitungen müssen mit Abzweigklemmen auf isolierender Unterlage ausgeführt werden. Ausgenommen hiervon sind Leitungen in Fahrzeugen. An und in Beleuchtungskörpern sind Lötungen zulässig.[5])

e) Zum Löten dürfen keine Lötmittel verwendet werden, die das Metall angreifen.[6])

f) Bei Verbindungen oder Abzweigungen von isolierten Leitungen ist die Verbindungsstelle in einer der sonstigen Isolierung möglichst gleichwertigen Weise zu isolieren. Die Anschluß- und Abzweigstellen müssen von Zug entlastet sein.[7])

g) Kreuzungen von stromführenden Leitungen unter sich und mit sonstigen Metallteilen sind so auszuführen, daß unbeabsichtigte gegenseitige leitende Berührung ausgeschlossen ist.[8])

h) Bei Einrichtungen, bei denen ein Zusammenlegen von mehr als 3 Leitungen unvermeidlich ist, dürfen Gummiaderleitungen so verlegt werden, daß sie sich

---

ein Auswechseln unmöglich wird. Die Forderung konnte hier um so mehr fallen gelassen werden, als die Bahnbetriebe, insbesondere die Fahrzeuge einer regelmäßigeren Überwachung unterliegen als viele Hausinstallationen.

2) Gleichlautend § 21 l) der Vorschriften für die Errichtung elektrischer Starkstromanlagen, S. 103 unter [29]).

3) Dasselbe sagt § 21 c) der Vorschriften für die Errichtung elektrischer Starkstromanlagen, S. 93 unter [8]).

4) Gleichlautend § 21 i) der Vorschriften für die Errichtung elektrischer Starkstromanlagen, S. 100 unter [23]).

5) Ähnlich § 21$\frac{1}{4}$ der Vorschriften für die Errichtung elektrischer Starkstromanlagen, S. 102 unter [27]). In Fahrzeugen kommen die Rücksichten auf Raumersparnis, Ausstattung und regelmäßige Überwachung in Betracht. Auch sind dort blanke stromführende Teile, wie die Klemmschrauben oft unerwünscht, weil die darüber nötigen Schutzkappen infolge der Erschütterungen leicht abfallen. Manchmal fürchtet man auch Eingriffe Unbefugter.

6) Diese Bestimmung ist in den Vorschriften für die Errichtung elektrischer Starkstromanlagen nicht mehr enthalten. Über ihre Bedeutung siehe S. 101 unter [23]) Abs. 4).

7) Gleichsinnig § 21 k) und § 24 c) der Vorschriften für die Errichtung elektrischer Starkstromanlagen, S. 102 unter [28]) und S. 117 unter [3]).

8) Ähnlich § 21 n) der Vorschriften für die Errichtung elektrischer Starkstromanlagen, S. 104 unter [31]).

berühren, wenn eine Lagenveränderung ausgeschlossen ist (Fahrzeuge siehe § 36f.).[9])

i) Alle Leitungen außerhalb von Betriebsräumen, die mehr als 250 Volt gegen Erde führen, mit Ausnahme von Kabeln und Panzerleitungen, müssen entweder durch ihre Lage und Anordnung oder durch Schutzverkleidung gegen zufällige Berührung und Beschädigung geschützt sein. Diese Schutzverkleidung muß, sofern es sich nicht um Fahrzeuge handelt, die in § 24a und c vorgeschriebenen Abstände haben und, soweit sie der Berührung durch Personen zugänglich ist, aus feuchtigkeitsbeständigem Isolierstoff (mit Isoliermasse getränktes Holz ist zulässig) oder aus geerdetem Metall bestehen. Netze dürfen in diesem Falle höchstens 5 cm Maschenweite und müssen wenigstens 1,5 mm Drahtdicke haben.[10])

k) Wenn eine Drahtleitung an der Außenseite eines Gebäudes geführt ist, so darf, einerlei ob sie blank oder isoliert ist, ihr Abstand von der äußeren Gebäudewand oder der Schutzverkleidung an keiner Stelle weniger als 10 cm betragen.[11])

l) Die Verbindung der Leitungen mit Apparaten ist durch Schrauben oder gleichwertige Mittel auszuführen.

Schnüre oder Drahtseile bis zu 6 qmm und Einzeldrähte bis zu 25 qmm Kupferquerschnitt können mit angebogenen Ösen an die Apparate befestigt werden.

Drahtseile über 6 qmm, sowie Drähte über 25 qmm Kupferquerschnitt müssen mit Kabelschuhen oder gleichwertigen Verbindungsmitteln versehen sein.

Schnüre und Drahtseile von weniger als 6 qmm Querschnitt müssen, wenn sie nicht gleichfalls Kabelschuhe oder gleichwertige Verbindungsmittel erhalten, an den Enden verlötet sein.[12])

§ 14.

Kabel.

a) Blanke Bleikabel (Bez. K. B.) bestehen aus einer oder mehreren Kupferseelen, Isolierschichten und einem wasserdichten einfachen oder mehrfachen Bleimantel. Sie sind nur zu verwenden, wenn sie gegen mechanische und gegen chemische Beschädigungen geschützt verlegt werden.[1])

---

9) Gleichlautend § 21$\frac{11}{}$ der Vorschriften für die Errichtung elektrischer Starkstromanlagen, S. 99 unter [19]).

10) Die gegen Berührung der Leitungen und zu ihrem Schutz gegen Beschädigung erforderlichen Maßnahmen sind hier zusammengefaßt, während sie in den Vorschriften für die Errichtung elektrischer Starkstromanlagen der besseren Systematik zuliebe in den § 3, S. 18, § 21 a), S. 91 und bezüglich der Betriebsräume in § 8 und § 28 behandelt sind.

11) Gleichsinnig § 21$\frac{7}{}$ der Vorschriften für die Errichtung elektrischer Starkstromanlagen, S. 96 unter [15]).

12) Gleichsinnig § 21$\frac{13}{}$ der Vorschriften für die Errichtung elektrischer Starkstromanlagen S. 101 unter [25]).

§ 14. 1) Auch für den Aufbau der Kabel enthalten die „Normalien für isolierte Leitungen in Starkstromanlagen“ nähere

b) Asphaltierte Bleikabel (Bez. K. A.) wie die vorigen, aber mit asphaltiertem Faserstoff umwickelt; sie müssen gegen mechanische Beschädigungen geschützt verlegt werden.

c) Armierte asphaltierte Bleikabel (Bez. K. E.) wie die vorigen und mit Eisenband oder -Draht armiert.

d) Bei eisenarmierten Kabeln für einfachen Wechselstrom und Mehrphasenstrom müssen sämtliche zu einem Stromkreis gehörigen Leitungen in einem Kabel enthalten sein, sofern nicht dafür gesorgt ist, daß keine bedenkliche Erwärmung des Eisenmantels eintritt. Entsprechendes gilt für Panzerleitungen.[2])

e) Bleikabel jeder Art dürfen nur mit Endverschlüssen, Muffen oder gleichwertigen Vorkehrungen, die das Eindringen von Feuchtigkeit verhindern und gleichzeitig einen guten elektrischen Anschluß getatten, verwendet werden.[3])

f) An den Befestigungsstellen ist darauf zu achten, daß der Bleimantel nicht eingedrückt oder verletzt wird; Rohrhaken sind daher nur bei armierten Kabeln als Befestigungsmittel zulässig.[4])

g) Prüfdrähte sind sicherheitstechnisch wie die zugehörigen Kabeladern zu behandeln.[5])

Apparate.

§ 15.

Vorschriften für alle Apparate.

a) Die stromführenden Teile sämtlicher Apparate müssen aus feuersicheren, und soweit sie nicht betriebsmäßig geerdet sind, auf Unterlagen befestigt sein, die in dem Verwendungsraum isolieren.[1])

Einzelheiten, doch stimmt deren Einteilung nicht mehr mit der hier gegebenen überein. Blanke unbewehrte Kabel sind gegen mechanische Einflüsse sehr empfindlich. Sie dürfen daher nicht mittels Rohrhaken befestigt werden, die selbst armierten Kabeln schwächeren Querschnitts gefährlich sind. Auch die Gefahr chemischer Zerstörung wird oft nicht genügend gewürdigt. Blei wird von Kalksalzen sowie von organischen Säuren, die sich im Erdreich an einzelnen Stellen vorfinden, stark angegriffen.

2) Gleichsinnig § 21 h) der Vorschriften für die Errichtung elektrischer Starkstromanlagen, S. 99 unter [22]).

3) Gleichlautend § 27 i der Vorschriften für die Errichtung elektrischer Starkstromanlagen, S. 126 unter [2]).

4) Ähnlich § 27 b) der Vorschriften für die Errichtung elektrischer Starkstromanlagen, S. 127 unter [3]). Dort sind Rohrhaken überhaupt verboten, weil sie oft auch bei armierten Kabeln ohne die nötige Vorsicht gebraucht worden sind so daß dünnere Kabel verletzt wurden.

5) Vgl. § 27 c) der Vorschriften für die Errichtung elektrischer Starkstromanlagen, S. 127 unter [4]) und [5]).

§ 15. 1) Wie die Absätze 2 und 3 des § 15 a) erkennen lassen, ist der im Absatz 1 ausgesprochene Grundsatz nicht völlig durchführbar. Er ist daher auch in den Vorschriften für

Wo dies aus technischen Gründen nicht möglich ist (z. B. bei Meßinstrumenten usw.), bezieht sich diese Vorschrift nur auf die äußeren stromführenden Teile.

Bei Fahrschaltern, bei Bürstenjochen für Motoren und bei Stromabnehmern ist Holz als Isolierstoff zulässig.

Isolierstoffe, welche in der Wärme eine erhebliche Formveränderung erleiden können, dürfen für wärmeentwickelnde oder höheren Temperaturen ausgesetzte Apparate als Träger stromführender Teile nicht verwendet werden.

b) Die spannungführenden Teile aller Apparate, die nicht in elektrischen Betriebsräumen, unter Verschluß oder unzugänglich für nicht unterwiesene Personen angebracht sind, sowie alle Teile im Handbereich, die Spannung annehmen können, müssen durch Gehäuse der zufälligen Berührung entzogen sein.[2]

---

die Errichtung elektrischer Starkstromanlagen (siehe dort § 10a). S. 48 unter [1]) durch einen etwas anderen Wortlaut wiedergegeben. Die Gefahr, daß die Unterlagen stromführender Teile Feuer fangen, ist besonders groß, wo Lichtbogen auftreten, also an Schaltern, Sicherungen oder Trennstücken; ferner dort, wo sich die stromführenden Teile infolge vermehrten Widerstandes unzulässig erhitzen; daher sind an Schraubverbindungen, die sich durch Erschütterung lockern können, brennbare Unterlagen tunlichst zu vermeiden. Des weiteren ist die Gefahr zu beachten, die durch auffallende Metallteile entsteht, die Kurzschluß erzeugen können. Anderseits ist es in vielen Fällen wünschenswert, von der mechanischen Festigkeit, Zähigkeit und Leichtigkeit Nutzen zu ziehen, die das Holz in höherem Maße besitzt, als die meisten feuersicheren Isolierstoffe.

Daß die Isolierfähigkeit der Unterlagen auch von den im Verwendungsraum herrschenden Temperaturen, Feuchtigkeitsgraden und etwa verbreitetem Staub, Ruß, Metallpulvern u. dgl. abhängt, ist ohne weiteres klar. Man muß daher die Auswahl der Stoffe, sowie ihre Gestaltung und Bemessung den Verhältnissen anpassen. Vgl. S. 34 unter [11]) bis [14]).

2) In elektrischen Betriebsräumen ist die Sicherheit gegen Körperverletzungen durch den Strom weit mehr durch das sachgemäße Verhalten des unterwiesenen Personals als durch Schutzvorkehrungen bedingt. Vgl. § 28 der Vorschriften für die Errichtung elektrischer Starkstromanlagen, S. 128 unter [2]), [3]), [4]) und [8]).

Außerhalb elektrischer Betriebsräume müssen die spannungführenden Teile der Berührung Unbefugter entzogen, also entweder entsprechend unzugänglich angebracht, oder unter Verschluß angeordnet oder mit Gehäusen soweit versehen sein, daß zufällige Berührung nicht eintreten kann. Gegen absichtliche Berührung können in der Regel selbst Gehäuse keinen Schutz bieten, da man es kaum verhindern kann, wenn irgendwer darauf ausgeht, sie abzunehmen oder trotz der Gehäuse irgend einen Teil zu berühren. Daher ist es auch nicht nötig, daß die Gehäuse völlig geschlossen sind. Vielfach sind vielmehr Durchbrechungen behufs Ventilation oder zur Besichtigung der wirksamen Teile geboten.

Im Handbereich sind außerhalb der elektrischen Betriebsräume usw. auch die Teile zu schützen, die zwar normaler-

Nicht geerdete Gehäuse, soweit sie der Berührung zugänglich sind, sowie ungeerdete Griffe müssen aus nichtleitenden Stoffen bestehen oder mit einer haltbaren Isolierschicht ausgekleidet oder überzogen sein.[3])

Zugängliche Metallgehäuse müssen geerdet sein.

Aus- und Umschalter, Anlasser u. dgl., die für elektrische Betriebsräume bestimmt sind, bedürfen keiner Gehäuse, müssen aber so gebaut bzw. angebracht sein, daß bei der Bedienung mittels der Handgriffe eine zufällige Berührung spannungführender Teile ausgeschlossen ist.[4])

Für Griffe und Kuppelstangen ist Holz zulässig, wenn es mit Isoliermasse getränkt ist.[5])

c) Die Einführungsstellen für Leitungen sind so einzurichten, daß sie die Leitungen gegen leitende Gehäuse oder Unterlagen isolieren und daß die Isolierhüllen der Leitungen nicht verletzt werden.[6])

Bei Apparaten im Freien, in welche kein Wasser eindringen darf, müssen die Einführungsstellen entsprechend geschützt sein.

Die Einführungsstellen müssen einer Prüfung nach § 5 genügen.

d) Die stromführenden Teile sämtlicher Apparate sind derart zu bemessen, daß sie durch den stärksten regelrecht vorkommenden Betriebsstrom keine für den Betrieb oder die Umgebung bedenkliche Erwärmung annehmen können.[7])

e) Alle Apparate müssen derart gebaut und angebracht sein, daß eine Verletzung von Personen durch Splitter, Funken und geschmolzenes Material ausgeschlossen ist.

Diejenigen Apparate, die zur Stromunterbrechung

---

weise nicht unter Spannung stehen, aber Spannung annehmen können, sei es durch Influenz oder durch Oberflächenleitung, Lichtbogen oder Funken. Solche Teile sind z. B. Befestigungsschrauben, Metallumrahmungen, Metallgriffe, Metallgehäuse, Zeiger usw. So ist es bei Meßgeräten oft nötig, ihr Metallgehäuse mit einem weiteren Schutzgehäuse zu umgeben, weil es nicht genügend sicher gegen Übertritt der Spannung gebaut ist oder gebaut werden kann.

3) Ähnlich § 11 c) der Vorschriften für die Errichtung elektrischer Starkstromanlagen, S. 54 unter [5]).

4) Auch in Betriebsräumen ist ein Schutz notwendig. Doch sind hier nicht mehr oder weniger geschlossene Gehäuse verlangt, sondern es genügt eine derartige Bauart, daß der unterwiesene Bedienungsmann bei ordnungsmäßiger Handhabung der Schalter usw. nicht gefährdet ist. Die Griffe müssen also genügend lang oder mit richtig bemessenen Handtellern versehen sein, sie dürfen nicht die Hand des Bedienenden in die Nähe spannungführender Teile bringen.

5) Über Holzgriffe vgl. S. 51 unter [7]).

6) Ähnlich § 10 d) der Vorschriften für die Errichtung elektrischer Starkstromanlagen, S. 51 unter [5]).

7) Ähnlich § 10 b) der Vorschriften für die Errichtung elektrischer Starkstromanlagen, S. 50 unter [2]).

dienen, sind derart anzuordnen oder einzubauen, daß die bei ihrer regelrechten Wirkung etwa auftretenden Feuererscheinungen weder Personen gefährden noch zündend auf die Nachbarschaft wirken oder unbeabsichtigte Kurz- oder Erdschlüsse herbeiführen können.[8])

f) Alle Apparate, die zur Stromunterbrechung dienen, müssen derart gebaut sein, daß beim vollen Öffnen unter der auf dem Apparat vermerkten Spannung und Höchststromstärke kein dauernder Lichtbogen bestehen bleibt.[9])

§ 16.

Sicherungen.

a) Die Abschmelzstromstärke eines Sicherungseinsatzes soll das Doppelte der auf ihr verzeichneten Stromstärke (Normalstromstärke) sein. Sicherungen bis einschließlich 50 Ampere Normalstromstärke müssen den $1^1/_4$fachen Normalstrom dauernd tragen können. Vom kalten Zustande aus plötzlich mit der doppelten Normalstromstärke belastet, müssen sie in längstens 2 Minuten abschmelzen.[1])

b) Die Sicherungen müssen einzeln, auch bei der um 10% erhöhten Betriebsspannung, sicher wirken.

Zur Sicherheit der Wirkung gehört, daß sie abschmelzen, ohne einen dauernden Lichtbogen zu erzeugen, und daß die etwaigen Explosionserscheinungen ungefährlich verlaufen.

c) Bei Sicherungen dürfen weiche Metalle und Legierungen nicht unmittelbar die Berührung vermitteln, sondern die Schmelzdrähte oder Schmelzstreifen müssen in Anschlußstücke aus Kupfer oder gleichgeeignetem Metall fest eingefügt sein.[2])

---

8) Vgl. § 10 c) der Vorschriften für die Errichtung elektrischer Starkstromanlagen S. 50 unter [3]). Beabsichtigte Kurz- oder Erdschlüsse entstehen der Regel nach beim ordnungsmäßigen Arbeiten von Spannungssicherungen oder Blitzsicherungen. Unbeabsichtigte können durch den Lichtbogen an Schaltern, Sicherungen oder andern Stromunterbrechern vorkommen, wenn sie unrichtig bemessen sind oder der nötigen Vorkehrungen zum raschen Funkenlöschen ermangeln, oder wenn sie zu nahe an anderen Vorrichtungen oder Bauteilen angebracht sind.

9) Beim „vollen Öffnen" darf der Lichtbogen nicht stehen bleiben es wird also sachgemäße Handhabung vorausgesetzt. Unvollständiges Öffnen kann zwar bei Schaltern für kleine Energiebeträge durch die Bauart als Momentschalter vermieden werden; doch sind auch diese nicht gegen absichtlich herbeigeführte Zwischenstellungen zu sichern. Größere Schalter können nicht durchweg als Momentschalter gebaut werden.

§ 16. 1) Die Bestimmung unter a) ist in die zurzeit geltende Fassung der Errichtungsvorschriften nicht aufgenommen, sondern in die „Vorschriften für die Konstruktion und Prüfung von Installationsmaterial" verwiesen worden, wo sie in den §§ 31 bis 33 eine genauere Abstufung und Bemessung der einzelnen Zahlen erfahren hat.

2) Ähnlich § 14, Regel 2 der Vorschriften für die Errichtung elektrischer Starkstromanlagen S. 64 unter [5]).

d) Nichtausschaltbare Sicherungen müssen derart gebaut oder angeordnet sein, daß ihre Einsätze auch unter Spannung mittels geeigneter Werkzeuge gefahrlos ausgewechselt werden können.[3])

e) Die Normalstromstärke und die Höchstspannung sind auf dem Einsatz der Sicherung zu verzeichnen.[4])

f) Alle betriebsmäßig geerdeten Leitungen dürfen keine Sicherungen enthalten; dagegen sind alle übrigen Leitungen, die von der Schalttafel oder den Sammelschienen nach den Verbrauchsstellen führen, durch Abschmelzsicherungen oder andere selbsttätige Stromunterbrecher zu schützen, ebenso müssen die Leitungen, welche von den Stromquellen zu den Sammelschienen führen, selbsttätige Stromunterbrecher enthalten.[5])

g) Mit einziger Ausnahme des Falles h) sind Sicherungen in Gebäuden an allen Stellen anzubringen, wo sich der Querschnitt der Leitungen in der Richtung nach der Verbrauchsstelle hin vermindert.[6])

h) Bei Querschnittsverkleinerungen sind in den Fällen, wo die vorhergehende Sicherung den schwächeren Querschnitt schützt, weitere Sicherungen nicht mehr erforderlich.[7])

i) Wo eine Verjüngung eintritt, muß die Sicherung unmittelbar an der Verjüngungsstelle liegen; bei Abzweigungen muß das Anschlußleitungsstück bis zur Sicherung hin den Querschnitt der Hauptleitung haben.[8])

Diese Vorschrift bezieht sich nicht auf Schalttafelleitungen und die Verbindungsleitungen von der Maschine zur Schalttafel.[9])

---

3) Gleichsinnig § 14 Regel 3 der Vorschriften für die Errichtung elektrischer Starkstromanlagen, S. 65 unter [6]).

4) Gleichlautend § 14 c) der Vorschriften für die Errichtung elektrischer Starkstromanlagen, S. 66 unter [10]).

5) Vgl. § 14 f) und § 14 Regel 8 sowie § 14 g) der Vorschriften für die Errichtung elektrischer Starkstromanlagen, S. 70 unter [18]) [19]) [20]) [21]). Dort ist die Vorschrift wesentlich allgemeiner gefaßt als hier. Denn Vorschriften für Errichtung elektrischer Starkstromanlagen müssen den verschiedenartigsten Betrieben, sowohl einfachen Beleuchtungsanlagen als Fahrstuhl-, Walzwerksbetrieben u.s.w. angepaßt sein. Mit Recht ist es in jenen allgemeineren Vorschriften dem sachverständigen Ermessen überlassen ob z. B. zwischen den Stromquellen und den Sammelschienen selbsttätige Stromunterbrecher angeordnet werden oder nicht. Bei elektrischen Bahnen haben sich die sogenannten Automaten als dem Bedürfnis entsprechend bewährt, sie schützen die Stromquellen und dienen damit der Sicherheit des Betriebes.

6) Ähnlich § 14 e) der Vorschriften für die Errichtung elektrischer Starkstromanlagen, S. 67 unter [13]) und [15]).

7) Vgl. § 14 e der Errichtungsvorschriften.

8) Die entsprechende Regel 6 des § 14 der Vorschriften für die Errichtung elektrischer Starkstromanlagen, S. 69 unter [16]) läßt noch eine Abweichung von der streng richtigen Anordnung zu, die bei den Bahnvorschriften weggefallen ist, weil bei ihnen einfachere Verhältnisse vorliegen.

9) Zu beachten ist, daß die bei Schalttafelleitungen und Ver-

k) Die Stärke der zu verwendenden Sicherung ist der Betriebsstromstärke der zu schützenden Leitungen und Stromverbraucher tunlichst anzupassen. Sie darf jedoch nicht größer sein, als nach der Belastungstabelle und den übrigen Bestimmungen des § 11 für die betreffende Leitung zulässig ist.[10])

§ 17.

Ausschalter, Umschalter, Anlasser und dergl.

a) Die Betriebsstromstärke und -Spannung, für die ein Schalter gebaut ist, sowie die Höchststromstärke, bei der er unter der Betriebsspannung ausgeschaltet werden darf, sind auf dem festen Teil zu vermerken.[1])

b) Nulleiter und betriebsmäßig geerdete Leitungen dürfen außerhalb elektrischer Betriebsräume entweder gar nicht oder nur zwangläufig zusammen mit den übrigen zugehörigen Leitern ausschaltbar sein.[2])

c) Ausschalter für Stromverbraucher mit Ausnahme einzelner Glühlampenstromkreise unter 250 Volt müssen, wenn sie geöffnet werden, ihren Stromkreis spannungslos machen.[3])

d) Ausschalter dürfen nur an den Verbrauchsapparaten selbst oder in festverlegten Leitungen angebracht werden.[4])

---

bindungsleitungen zwischen Maschine und Schalttafel zugelassene Ausnahme nur von den Vorschriften unter i) entbindet, während der § 14 g) der Vorschriften für die Errichtung elektrischer Starkstromanlangen, S. 71, 72 unter [21]) für sämtliche Sicherungsvorschriften Ausnahmen gestattet, wenn die durch die Sicherung bewirkte Stromunterbrechung Gefahren im Gefolge haben kann. Es sei jedoch bemerkt, daß im § 39 b) der Bahnvorschriften ebenfalls Leitungen erwähnt sind (Bremsleitungen), die keine Sicherungen enthalten dürfen.

10) Dasselbe sagt § 14 Rege 1 der Vorschriften für die Errichtung der Starkstromanlagen, S. 64 unter [4]). Daß die Belastungstabelle des § 11 der Bahnvorschriften von der im § 20 der Vorschriften für die Errichtung elektrischer Starkstromanlagen gegebenen teilweise abweicht, ist S. 189 unter [1]) erwähnt.

§ 17. **1)** Vgl. § 11 b) der Vorschriften für die Errichtung elektrischer Starkstromanlagen, S. 54 unter [4]). Manche Schalter in Betriebsräumen, sogenannte Trennschalter sind nur bestimmt, im stromlosen Zustande der Sammelschienen oder Maschinen deren Trennung oder Verbindung zu bewirken, oder aber nur zum Einschalten, nicht zum Unterbrechen unter Strom zu dienen. Sie brauchen daher nicht mit Rücksicht auf den Lichtbogen gebaut zu sein.

2) Gleichlautend § 11 g) der Vorschriften für die Errichtung elektrischer Starkstromanlagen, S. 57 unter [12]). Siehe auch § 28 e) der Vorschriften für die Errichtung elektrischer Starkstromanlagen, S. 130 unter [7]).

3) Dasselbe sagt § 11 e) und § 11 Regel 3 der Vorschriften für die Errichtung elektrischer Starkstromanlagen S. 55 unter [7]), [8]) und [9]).

4) Gleichlautend § 11, Regel 2, der Vorschriften für die Errichtung elektrischer Starkstromanlagen, S. 53 unter [3]).

§ 18.

Steckvorrichtungen und dergl.

a) Stecker und verwandte Vorrichtungen zum Anschluß abnehmbarer Leitungen müssen so gebaut sein, daß sie nicht in Anschlußstücke für höhere Stromstärken passen.[1])

b) Die Betriebsstromstärke und Spannung, für welche der Apparat gebaut ist, sind auf dem festen Teil und auf dem Stecker sichtbar zu vermerken.[2])

c) Steckvorrichtungen zum Anschluß transportabler Leitungen von mehr als 250 Volt müssen mittels besonderer Ausschalter abschaltbar sein. Ausgenommen hiervon sind Glühlampen, die zwischen zwei Punkte eines Serienkreises eingeschaltet werden.[3])

d) Sicherungen siehe § 16g.

§ 19.

Schalt- und Verteilungstafeln.

a) Schalt- und Verteilungstafeln müssen im allgemeinen aus feuersicherem Stoff bestehen. Holz ist außerhalb von Fahrzeugen nur als Umrahmung zulässig.[1])

b) Die Kreuzung stromführender Teile an Schalt- und Verteilungstafeln ist möglichst zu vermeiden.

Ist dies nicht erreichbar, so sind die stromführenden Teile durch Isolierkörper voneinander zu trennen, oder derart in genügendem Abstand voneinander zu befestigen, daß gegenseitige Berührung ausgeschlossen ist.[2])

c) Verteilungstafeln, die nicht von der Rückseite zugänglich sind, müssen so gebaut werden, daß die Leitungen nach Befestigung der Tafel angeschlossen und die Anschlüsse jederzeit von vorn untersucht und gelöst werden können.[3])

---

§ 18. **1)** Ähnlich § 13 a) Abs. 2 der Vorschriften für die Errichtung elektrischer Starkstromanlagen, S. 61 unter [2]).

2) Gleichsinnig § 13 a), Abs. 1, der Vorschriften für die Errichtung elektrischer Starkstromanlagen.

3) Die entsprechende Bestimmung des § 13 d) der Vorschriften für die Errichtung elektrischer Starkstromanlagen Seite 62 unter [7]) stellt die etwas weitergehende Forderung einer zwangläufigen Abhängigkeit zwischen Schalter und Stecker. Hier ist nur verlangt, daß Abschalter vorhanden sind, die es gestatten, den Strom zu unterbrechen, ehe der Stecker gehandhabt wird. Die richtige Reihenfolge der Handhabung ist gegebenenfalls durch Betriebsanweisung vorzuschreiben.

§ 19. **1)** Ähnlich lautet § 9 a) der Vorschriften für die Errichtung elektrischer Starkstromanlagen, S. 43 unter [1]).

2) Diese Bestimmung ist in die jetzige Fassung der Vorschriften für die Errichtung elektrischer Starkstromanlagen nicht mehr aufgenommen, weil sie durch die allgemeinere Bestimmung des § 21 n) der Vorschriften für die Errichtung elektrischer Starkstromanlagen, S. 104 unter [31]), zum Ausdruck gebracht ist.

3) Dasselbe sagen § 9 c) und § 9 Regel 2 der Vorschriften für die Errichtung elektrischer Starkstromanlagen, S. 46, 47 unter

d) Die Sicherungen und Ausschalter auf den Verteilungstafeln sind mit Bezeichnungen zu versehen, aus denen hervorgeht, zu welchen Räumen bzw. Gruppen von Stromverbrauchern sie gehören.[4])

e) Leitungsschienen von verschiedener Polarität oder Phase, die hinter der Schalttafel liegen, müssen durch verschiedenfarbigen Anstrich kenntlich gemacht werden.[5])

f) Schalttafeln für eine Betriebsspannung von mehr als 250 Volt müssen entweder mit einem isolierenden Bedienungsgang umgeben sein, oder es müssen sämtliche stromführenden Teile, soweit sie nicht geerdet sind, der Berührung unzugänglich angeordnet sein, und in diesem Falle müssen die zugänglichen, nicht stromführenden Metallteile dieser Apparate und des Schalttafelgerüstes geerdet und, soweit der Fußboden in der Nähe des Gerüstes leitet, mit diesem leitend verbunden sein.[6])

g) Bei Schalttafeln, die betriebsmäßig auf der Rückseite zugänglich sind, darf die Entfernung zwischen ungeschützten stromführenden Teilen der Schalttafel und der gegenüberliegenden Wand nicht weniger als 1 m betragen. Sind auf der letzteren ungeschützte stromführende Teile in erreichbarer Höhe vorhanden, so muß die wagerechte Entfernung bis zu denselben 2 m betragen und der Zwischenraum durch Geländer geteilt sein. In dem so geschaffenen Gange dürfen bsi zur Höhe von 2 m über dem Fußboden weder stromführende Teile noch sonstige die freie Bewegung störende Gegenstände vorhanden sein.[7])

§ 20.

Bogenlampen.

a) Bogenlampen müssen Vorrichtungen haben, die ein Herausfallen glühender Kohleteilchen verhindern.[1])

---

[8]) und [9]), zu beachten ist auch § 9 Regel 3 der Vorschriften für die Errichtung elektrischer Starkstromanlagen, S. 47 unter [10]).

4) Ebenso § 9 d) der Vorschriften für die Errichtung von elektrischen Starkstromanlagen, S. 47 unter [11]).

5) Ähnlich § 9 Regel 5 der Vorschriften für die Errichtung elektrischer Starkstromanlagen, S. 48 unter [12]).

6) Der Inhalt dieser Bestimmung ist in den Errichtungsvorschriften im § 3c) enthalten.

7) Die entsprechenden Bestimmungen § 9 b) und § 9, Regel 1 der Vorschriften für die Errichtung elektrischer Starkstromanlagen, S. 45 unter [3]) und [4]), enthalten die Verschärfung, daß bei Hochspannung die Entfernung bis zur gegenüberliegenden Wand zu 1,5 m angegeben ist. Dagegen ist dort das Geländer nicht mehr gefordert. Es ist dort dem freien Ermessen überlassen, ein Geländer anzuordnen oder nicht.

§ 20. 1) Der entsprechende § 17 a) der Vorschriften für die Errichtung elektrischer Starkstromanlagen, S. 77 unter [1]), beschränkt die Forderung auf diejenigen Örtlichkeiten, wo herabfallende glühende Kohlenteilchen gefahrbringend wirken

b) Die Bogenlampen sind isoliert in die Laternen (Gehänge) einzusetzen.[2])

c) Die Laternen (Gehänge) von Bogenlampen sind, sofern sie aufgehängt sind, von Erde zu isolieren.[3])

d) Die Zuleitungsdrähte dürfen bei Spannungen von mehr als 250 Volt nicht als Aufhängevorrichtung dienen.

e) Die Lampen müssen entweder gegen das Aufzugsseil, und wenn Metallmasten benutzt sind, auch gegen den Mast doppelt isoliert sein, oder Seil und Mast sind zu erden. Stromführende Teile von Bogenlampenkuppelungen müssen gegen den Mast doppelt isoliert und gegen Regen geschützt sein.[4])

f) Soweit die Zuleitungsdrähte in der Gebrauchslage der Lampe im Handbereich liegen, müssen sie isoliert und mit einer Schutzhülle aus geerdetem Metall oder aus feuchtigkeitsbeständigem Isolierstoff versehen sein.[5])

g) Bogenlampen in Stromkreisen mit einer Betriebsspannung von mehr als 250 Volt müssen während des Betriebes unzugänglich und von Abschaltvorrichtungen abhängig sein, die gestatten, sie für den Zweck der Bedienung spannungslos zu machen.[6])

§ 21

Beleuchtungskörper.

a) Fassungen für Spannungen über 250 Volt dürfen keine Ausschalter enthalten.[1])

b) Bei Handlampen, die außerhalb von Fahrzeugen und Betriebsräumen nur bis 250 Volt zulässig sind, müssen die Griffe, sofern sie nicht zuverlässig geerdet sind, aus Isolierstoff bestehen. Der Schutzkorb muß unmittelbar auf dem isolierenden bzw. zuverlässig geerdeten Griff sitzen und die Leitungseinführung mit

---

können. Dort ist es also gestattet, unter bestimmten Verhältnissen, etwa auf Bauplätzen oder bei Beleuchtung von Hüttenräumen, in denen glühende Eisenteile regelmäßig umherspritzen, auch ganz offene Bogenlampen zu benutzen.

2) 3) Vgl. § 17 b) der Vorschriften für die Errichtung elektrischer Starkstromanlagen, S. 78 unter [2]).

4) Im entsprechenden § 17 d) der Vorschriften für die Errichtung elektrischer Starkstromanlagen, S. 79 unter [5]) und [6]), ist zum Ausdruck gebracht, daß ebenso wie die Metallmaste auch andere metallische Lampenträger z. B. Wandarme zu behandeln sind.

5) Eine entsprechende Bestimmung ist in den Vorschriften für die Errichtung elektrischer Starkstromanlagen nicht mehr enthalten, da sie dort bereits durch die allgemeine Vorschrift des § 3 a) über den Schutz aller stromführenden Teile gegen Berührung zum Ausdruck gebracht ist.

6) Dasselbe sagt § 17 e) der Vorschriften für die Errichtung elektrischer Starkstromanlagen, S. 79 unter [6]).

§ 21. 1) Ähnlich § 16 b) der Vorschriften für die Errichtung elektrischer Starkstromanlagen, S. 75 unter [4]).

Isoliermitteln ausgekleidet sein. Hahnfassungen an Handlampen sind unzulässig.[2])

c) Die zur Aufnahme von Drähten bestimmten Hohlräume von Beleuchtungskörpern müssen im Lichten so weit bemessen und von Grat frei sein, daß die einzuführenden Drähte sicher ohne Verletzung der Isolierung durchgezogen werden können.[3])

d) In und an Beleuchtungskörpern muß mindestens Gummiaderleitung, verwendet werden.[4])

e) Bei zugänglichen Beleuchtungskörpern über 250 Volt dürfen die Leitungen nur innen geführt werden.[5])

f) Beleuchtungskörper müssen so angebracht werden, daß die Zuführungsdrähte nicht durch Drehen des Körpers verletzt werden.[6])

C. Kraftwerke und diesen gleichgestellte Betriebsräume.

§ 22.

Aufstellung von Generatoren, Elektromotoren und Umformern.

a) Generatoren, Elektromotoren, Umformer usw. sind so aufzustellen, daß etwaige im Betriebe der elektrischen Einrichtung auftretende Feuererscheinungen keine Entzündung von brennbaren Stoffen hervorrufen können.[1])

b) Generatoren und Elektromotoren müssen ent-

---

2) Vgl. § 18 e) und § 18 f) der Vorschriften für die Errichtung elektrischer Starkstromanlagen, S. 82 unter [10]). Wie die allgemeinen Vorschriften Handlampen für Hochspannung im allgemeinen verbieten und sie nur in beschränktem Maße in Betriebsräumen ausnahmsweise erlauben, so ist ihre Verwendung auch bei Bahnen auf Betriebsräume und Fahrzeuge beschränkt, wo sie behufs Untersuchung schwer zugänglicher Teile nicht entbehrlich sind und vielfach eine geringere Spannung nicht zur Verfügung steht. Ist letzteres der Fall, so empfiehlt es sich, die Handlampen mit Niederspannung zu speisen. Hat man in Reihe geschaltete Glühlampen, deren einer Pol an Erde liegt, so ist es natürlich dringend wichtig, die Handlampe als letzte, unmittelbar zum Erdpol führende Lampe einzuschalten, nicht etwa eine der anderen Lampen der Reihe durch Einschrauben einer abnehmbaren Leitung in ihre Fassung durch eine Handlampe zu ersetzen.

3) Gleichlautend § 18, Regel 1 der Vorschriften für die Errichtung elektrischer Starkstromanlagen, S. 80 unter [4]).

4) Ähnlich § 18 a) der Vorschriften für die Errichtung elektrischer Starkstromanlagen, S. 79 unter [1]).

5) Siehe den Schlußsatz des § 18 a) der Vorschriften für die Errichtung elektrischer Starkstromanlagen, S. 80 unter [3]).

6) Die entsprechende Regel 4 des § 18 der Vorschriften für die Errichtung elektrischer Starkstromanlagen, S. 81 unter [7]) weist ferner noch darauf hin, daß auch der zuverlässigen Befestigung der Fassungen an den Beleuchtungskörpern gehörige Sorgfalt zu widmen ist.

§ 22. 1) Ähnlich § 6 a) der Vorschriften für die Errichtung elektrischer Starkstromanlagen, S. 35 unter [1]).

weder gut isoliert und in diesem Falle mit einem gut isolierenden Bedienungsgange umgeben sein, oder sie sollen geerdet und, soweit der Fußboden in ihrer Nähe leitend ist, mit demselben leitend verbunden sein.[2]) Zur Erdung und zur Verbindung mit dem Fußboden sollen Kupferdrähte von mindestens 25 qmm Querschnitt benutzt werden, die gegen schädliche mechanische oder chemische Einwirkungen geschützt sind.[3])

c) Transformatoren, die weder in besonderen Kammern untergebracht noch in anderer Weise der zufälligen Berührung entzogen sind, müssen allseitig in geerdete Metallgehäuse eingeschlossen sein.[4])

d) An jedem isoliert aufgestellten Transformator, mit Ausnahme von solchen für Meßzwecke, sollen Vorrichtungen angebracht sein, welche gestatten, das Gestell desselben gefahrlos zu erden.[5])

§ 23.
Akkumulatorenräume.

a) In Akkumulatorenräumen ist für Lüftung zu sorgen.[1])

b) Die einzelnen Zellen sind gegen das Gestell und letzteres ist gegen Erde durch Glas, Porzellan oder ähnliche nicht Feuchtigkeit anziehende Unterlagen zu isolieren.[2])

Es müssen Vorkehrungen getroffen werden, um beim Auslaufen von Säure eine Gefährdung des Gebäudes zu vermeiden.[3])

c) Zur Beleuchtung von Akkumulatorenräumen dürfen nur elektrische Lampen verwendet werden, welche im luftleeren Raume brennen.[4])

---

2) Gleichsinnig § 6 b) der Vorschriften für die Errichtung elektrischer Starkstromanlagen, S. 36 unter [2]), [3]) und [4]).

3) Die entsprechenden Regeln 5 und 6 des § 3 der Vorschriften für die Errichtung elektrischer Starkstromanlagen, S. 24 unter [14]) und [15]), gestatten unter Umständen 16 qmm als Mindestquerschnitt. Bei Bahnen kommen so kleine Maschinenanlagen, wie sie von der allgemeinen Vorschrift mit umfaßt werden, kaum vor; anderseits bildet bei Bahnen der betriebsmäßig geerdete eine Pol der Anlage die Regel, so daß Stromkreise, die sich unter Vermittlung der Erde ausbilden, meistens kleinere Widerstände enthalten als bei Anlagen mit zwei isolierten Polen. Daher ist auch die Schutzerdung tunlichst widerstandsfrei zu gestalten.

4) Dasselbe sagt § 7 a) der Vorschriften für die Errichtung elektrischer Starkstromanlagen, S. 39 unter [1]).

5) Ebenso § 7 b) der Vorschriften für die Errichtung elektrischer Starkstromanlagen, S. 40 unter [2]).

§ 23. 1) Ebenso § 32 c) der Vorschriften für die Errichtung elektrischer Starkstromanlagen, S. 137 unter [3]).

2) Dasselbe sagt § 8 a) der Vorschriften für die Errichtung elektrischer Starkstromanlagen, S. 41 unter [2]).

3) Vergl. S. 41 unter [2]) am Schluß.

4) Ähnlich § 32 b) der Vorschriften für die Errichtung elektrischer Starkstromanlagen, S. 137.

d) Die Zellen müssen derart angeordnet werden, daß bei der Bedienung eine zufällige gleichzeitige Berührung von Punkten, zwischen denen eine Spannung von mehr als 250 Volt herrscht, nicht erfolgen kann.[5])

§ 24.

Leitungen in Gebäuden.

a) Blanke Leitungen dürfen nur auf Isolierglocken oder gleichwertigen Vorrichtungen verlegt werden und müssen, soweit sie nicht unausschaltbare Parallelzweige sind, voneinander, von der Wand oder anderen Gebäudeteilen und von der eigenen Schutzverkleidung mindestens 10 cm entfernt sein. Die Spannweite der Leitungen soll, wo nicht besondere Verhältnisse eine Abweichung bedingen, nicht mehr als 4 m betragen.[1])

Bei Verbindungsleitungen zwischen Akkumulatoren, Maschinen und Schalttafeln, bei Zellenschalterleitungen und bei Speise-, Steig- und Verteilungsleitungen können starke Kupferschienen, sowie starke Kupferdrähte in kleineren Abständen voneinander verlegt werden.[2])

b) Betriebsmäßig geerdete blanke Leitungen unterliegen den vorstehenden Bestimmungen nicht, müssen aber gegen die bei regelrechter Benutzung des betreffenden Raumes vorauszusetzenden Beschädigungen geschützt sein.[3])

c) Glocken, Rollen usw., die zur Verlegung von isolierten Leitungen dienen, müssen so angebracht werden, daß sie die Leitungen mindestens 1 cm, über 250 Volt mindestens 2 cm von der Wand entfernt halten. Isolierende Schutzverkleidungen müssen von den isolierten Leitungen mindestens 5 cm abstehen.[4])

d) Bei Führung isolierter Leitungen auf gewöhnlichen Rollen längs der Wand muß auf höchstens 80 cm eine Befestigungsstelle kommen. Bei Führung an der

---

5) Ebenso § 8 c) der Vorschriften für die Errichtung elektrischer Starkstromanlagen, S. 42 unter [5]).

§ 24. 1) Vergl. § 21 f) und § 21 Regel 4 der Vorschriften für die Errichtung elektrischer Starkstromanlagen, S. 95 unter [12]). Bei Bahnen kommen an Gebäuden der Hauptsache nach die Maschinenräume, Wagenschuppen und Reparaturwerkstätten in Betracht. Da es sich dort meistens um größere Spannweiten handelt, so ist der Mindestabstand von der Wand auf 10 cm festgesetzt, während in den allgemeinen Vorschriften, wo allen denkbaren Verhältnissen Rechnung zu tragen war, auch Wandabstände bis herunter zu 5 cm zugelassen sind.

2) Ähnlich § 21, Regel 5 der Vorschriften für die Errichtung elektrischer Starkstromanlagen, S. 95 unter [13]).

3) Ähnlich § 21 d) der Vorschriften für die Errichtung elektrischer Starkstromanlagen, S. 93 unter [9]).

4) Vgl. § 21 Regel 9 und Regel 12 der Vorschriften für die Errichtung elektrischer Starkstromanlagen, S. 98 unter [18]) und S. 99 unter [21]).

Decke können den örtlichen Verhältnissen entsprechend ausnahmsweise größere Abstände gewählt werden.[5])

e) Mehrfachleitungen dürfen nicht so befestigt werden, daß ihre Einzelleiter aufeinander gepreßt werden. Metallene Bindedrähte sind bei Mehrfachleitungen unzulässig. Für Führung von Mehrfachleitungen auf Rollen gilt die unter c) gegebene Abstandsvorschrift.[6])

f) Mehrfachleitungen dürfen bei mehr als 250 Volt nur dann zur Aufhängung von Bogenlampen und Glühlampen benutzt werden, wenn sie eine besondere Tragschnur enthalten.

Wenn sie bei weniger als 250 Volt als Tragschnur benutzt werden, so dürfen die Anschlußstellen der Drähte nicht durch Zug beansprucht und die Drähte nicht verdrillt werden.

g) Papierrohre dürfen nur für Spannungen bis 250 Volt gegen Erde unter Putz verlegt werden. Sie sollen einen metallenen Körper oder Überzug haben, der so stark ist, daß er den nach Ortsverhältnissen zu erwartenden mechanischen Angriffen sicher widersteht.

h) Drahtverbindungen innerhalb der Rohre sind nicht statthaft.[7])

i) Leitungen, die Wechsel- und Mehrphasenstrom führen, müssen so zusammengelegt werden, daß die Summe der durch das Rohr gehenden Ströme Null ist.[8])

k) Jede Leitung, die in ein Rohr eingezogen werden soll, muß für sich die der Spannung entsprechende Isolierung haben.[9])

l) Die Rohre sind so herzurichten, daß die Isolierung der Leitungen durch vorstehende Teile und scharfe Kanten nicht verletzt werden kann.

m) Die Rohre sind so zu verlegen, daß sich an keiner Stelle Wasser ansammeln kann.[10])

n) Die Stoßstellen metallischer Rohre sind bei Spannungen von mehr als 250 Volt metallisch zu verbinden und die Rohre selbst zu erden.[11])

---

5) Ähnlich § 25 Regel 1 der Vorschriften für die Errichtung elektrischer Starkstromanlagen, S. 121 unter [5]).

6) Ähnlich § 25 Regel 2 der Vorschriften für die Errichtung elektrischer Starkstromanlagen, S. 121 unter [6]).

7) Gleichsinnig § 26 d) der Vorschriften für die Errichtung elektrischer Starkstromanlagen, S. 124 unter [5]).

8) In dem entsprechenden § 21 h) der Vorschriften für die Errichtung elektrischer Starkstromanlagen, S. 99 unter [22]), ist berücksichtigt, daß erhebliche Erwärmungen nur bei Eisenmänteln auftreten.

9) Welchen Anforderungen die Isolation entsprechen muß, ist im § 12 angegeben.

10) Vergl. § 26 Regel 3 der Vorschriften für die Errichtung elektrischer Starkstromanlagen, S. 124 unter [6]).

11) Vgl. § 26 b) Abs. 2 der Vorschriften für die Errichtung elektrischer Starkstromanlagen, S. 123 unter [3]).

§ 25.

Wand- und Deckendurchführungen.

a) Durch Wände und Decken sind die Leitungen entweder der in den betreffenden Räumen gewählten Verlegungsart entsprechend hindurchzuführen, oder es sind geeignete Rohre zu verwenden, und zwar für jede einzeln verlegte Leitung und für jede Mehrfachleitung je ein Rohr.

Diese Durchführungsrohre mussen an den Enden mit Tüllen aus feuersicherem Isolierstoff versehen und so weit sein, daß die Drähte leicht darin bewegt werden können.

In feuchten Räumen sind entweder Porzellan- oder gleichwertige Rohre zu verwenden, deren Gestalt keine merkliche Oberflächenleitung zuläßt, oder die Leitungen sind frei durch genügend weite Kanäle zu führen.

Über Fußböden müssen die Rohre mindestens 10 cm, über Decken und Wandflächen mindestens 2 cm vorstehen und müssen gegen mechanische Beschädigungen sorgfältig geschützt sein.[1])

b) Armierte Bleikabel und betriebsmäßig geerdete Leitungen fallen nicht unter vorstehende Bestimmungen, sind aber gegen die Einflüsse der Mauerfeuchtigkeit zu schützen.

§ 26.

Einführung von Freileitungen in Gebäude.

Bei Einführung von Freileitungen in Gebäude sind entweder die Drähte frei und straff durchzuspannen, oder es muß für jede Leitung ein geeignetes Einführungsrohr verwendet werden, dessen Gestaltung keine merkliche Oberflächenleitung zuläßt.[1])

D. Vorschriften für die Strecke.

§ 27.

Freileitungen.

a) Für Bahnen sind außer blanken auch wetterbeständig isolierte Freileitungen von wenigstens 10 qmm Querschnitt zulässig.[1])

---

§ 25. 1) Dasselbe sagt § 24, Regel 1 der Vorschriften für die Errichtung elektrischer Starkstromanlagen, S. 118 unter [4]), [5]), [6]), [7]).

§ 26. 1) Bei hohen Spannungen hat sich bewährt, die fensterartigen Öffnungen, durch die die Drähte frei durchgespannt sind, mittels Glasscheiben zu schließen, die Durchbohrungen für die Drähte besitzen. ETZ 1906, S. 56 Sp. l. Eine Dacheinführung mittels Hochspannungsisolators ist ETZ 1907, S. 865 beschrieben.

§ 27. 1) Nach § 22 e) der Vorschriften für die Errichtung elektrischer Starkstromanlagen, S. 108 unter [11]), sind isolierte Freileitungen nur bis zu Spannungen von 250 Volt gegen Erde zulässig. Bei Bahnen fällt diese Einschränkung im Bereiche

b) Fahrleitungen und an Fahrleitungsmasten angebrachte Speiseleitungen, die nicht auf Porzellandoppelglocken verlegt sind, müssen gegen Erde doppelt isoliert sein. Holz ist als zweite Isolierung zulässig, doch gilt der Holzmast nicht als Isolierung.[2])

c) Die Höhe der Fahrleitung und der an den Fahrdrahtmasten geführten Freileitungen über öffentlichen Straßen darf auf offener Strecke nicht unter 5 m betragen.[3]) Eine geringere Höhe ist bei Unterführungen zulässig, wenn geeignete Vorsichtsmaßregeln getroffen werden (z. B. Warnungstafeln).[4])

---

dieser Vorschriften (bis 1000 Volt) weg. Neuerdings hat sich gezeigt, daß Drähte, die mit gutem Gummi und sachgemäßer Schutzschicht umhüllt waren, nach 3- bis 5jährigem Gebrauch im Freien noch brauchbar waren. Die isolierende Schutzleiste über dem Fahrdraht elektrischer Bahnen hat sich eingebürgert und ist mit Rücksicht auf die regelmäßige Überwachung, der diese Leitungen unterliegen, als sachgemäßer Schutz anzusehen.

2) Das Wort „Fahrleitungen" umfaßt sowohl die über dem Geleise frei aufgehängten „Fahrdrähte" als die „dritte Schiene". Die ersteren werden in der Regel dadurch „doppelt" isoliert, daß der Fahrdraht gegen den Spanndraht und der Spanndraht gegen Erde (Konsol, Mast) durch Befestigungsstücke aus Isolierstoff und von geeigneter Form isoliert wird. Der Holzmast selbst kann hierbei nicht eine der Isolierungen ersetzen. ETZ 1903, S. 434 N. 51. Dagegen ist Holz als zweite Isolierung oft verwendet bei der dritten Schiene.

Hier hat das Publikum nicht Zutritt zum Geleise und zur Fahrschiene. Vollständige Porzellanisolation hat sich dabei nicht bewährt, da eine gewisse Nachgiebigkeit der isolierenden Befestigung nötig ist.

3) Nicht die Befestigungspunkte, sondern die durchhängenden Leitungen selbst müssen 5 m über der Straße sein. Als Straße gilt das begangene Niveau, soweit es unterhalb oder seitlich, aber nahe der Fahrleitung liegt. Bestehen bei einem seitlich vom Fahrdraht befindlichen erhöhten Gangsteig oder dgl. Zweifel, so ist Absatz q) zu berücksichtigen und zu erwägen, daß es durch die geforderte Höhe von 5 m unmöglich gemacht werden soll, daß eine Person vermittels eines von ihr getragenen Werkzeuges (Sense, Peitsche) oder bei erhöhtem Sitz (auf Wagen) mit dem Draht in Berührung kommen kann.

Bergwerksbahnen, bei denen kleinere Höhen unvermeidlich sind, fallen nicht unter diese Vorschriften.

4) Bei Unterführungen heißt sowohl innerhalb als in der Nähe der Unterführung. Es muß eine geeignet verlaufende Senkung von der freien Strecke nach der Unterführung hin möglich sein; ebenso ist zwischen zwei kurz aufeinanderfolgenden Unterführungen die geringere Höhe zulässig.

Als geeignete Vorsichtsmaßregel dient vielfach der Einbau des Arbeitsdrahtes zwischen zwei senkrechte Holzbretter, die den Draht auch an der Stelle seines tiefsten Durchganges noch zwischen sich fassen müssen. Bei Unterführungen eiserner Brücken u. dgl. verhindert dieser Einbau, daß die etwa entgleiste Rolle des Stromabnehmers Erdschluß zwischen dem Fahrdraht und den Eisenteilen herstellt. Erfolgt die Stromabnahme nicht durch Rollen, sondern durch Bügel, so sind andere Maßnahmen nötig. Unter Umständen muß man sich mit einer Warnungstafel gegen das Berühren des Drahtes begnügen.

d) Wenn Fahrleitungen unter oder neben Eisenbauten verlegt sind, müssen Einrichtungen dagegen getroffen sein, daß ein entgleister Stromabnehmer Erdschluß zwischen Fahrleitung und Eisenbau herstellt.

e) Bei elektrischen Bahnen auf besonderem Bahnkörper, soweit dieser dem öffentlichen Verkehr nicht freigegeben ist, können die Leitungen (Drähte, Schienen usw.) in beliebiger Höhe verlegt werden, wenn bei der gewählten Verlegungsart die Strecke von unterwiesenem Personal ohne Gefahr begangen werden kann.[5]) An Haltestellen und Übergängen sind die Leitungen gegen zufällige Berührung durch das Publikum zu schützen und Warnungstafeln anzubringen.[6])

f) Die Fahrdrähte sind möglichst gut gespannt zu halten; hierbei ist die Aufhängung so zu gestalten, daß schädliche Biegungsbeanspruchungen vermieden werden.[7])

g) Durchhang und Spannweite der Fahrdrähte müssen so bemessen werden, daß diese bei —15° C. noch dreifache Sicherheit gegen Zerreißen bieten. Fahrdrahtmaste aus Holz müssen mindestens 7fache, solche aus Eisen 4fache Sicherheit bieten. (Winddruck siehe t.)[8])

h) Die Fahrleitungen sind mittels Streckenisolatoren in einzelne durch Ausschalter abschaltbare Abschnitte zu teilen, deren Länge in dicht bebauten Straßen in der Regel nicht über 1 km, in wenig bebauten Straßen nicht über 2 km betragen soll. Auf eigenem Bahnkörper und auf offenen Landstraßen können die Ausschalter entbehrt werden.[9])

---

5) Auf der Strecke ist der Schutz nur so weit nötig, daß unterwiesenes Personal vor zufälliger Berührung bewahrt ist. Sollte das Publikum bei einer Betriebsstörung genötigt sein, die Strecke zu begehen, so geschieht dies unter Führung durch instruiertes Personal, dessen Weisungen vom Publikum zu befolgen sind.

6) Auch hier hat sich der Schutz nur auf zufällige Berührung zu erstrecken. Gegen absichtliche Berührung und gegen das Betreten der Strecke können nur Warnungen schützen.

7) Das Brechen der Fahrdrähte ist in der Regel nicht sowohl eine Folge des Zuges, sondern wird zum großen Teil dadurch veranlaßt, daß der Stromabnehmer den Fahrdraht beim jedesmaligen Vorübergang an der Befestigungsstelle stark abbiegt. Daher hat man eine möglichst biegsame Befestigung an mehreren Stellen für jeden Aufhängepunkt eingeführt und muß größeren Durchhang, der ein erhebliches Anheben der Leitung durch den Stromabnehmer bedingt, vermeiden, indem man den Durchhang häufig kontrolliert und den Draht nachspannt.

8) Für die Bemessung der Leitungen und Gestänge sind vom Verband Deutscher Elektrotechniker neuerdings Normalien aufgestellt, die am Schluß dieses Buches wiedergegeben sind. Ihre Begründung siehe dort und ETZ 1907, S. 811. Vgl. auch Vorchriften für die Errichtung elektrischer Starkstromanlagen, S. 107 unter [8]).

9) Die Teilung in isolierte Abschnitte im Zusammenhang mit den unter n) vorgeschriebenen Ausschaltern für die Speiseleitungen ist nötig, damit bei Kurzschluß an einer bestimmten Stelle nicht das ganze Netz in Mitleidenschaft gezogen wird, ferner zur Kontrolle des Zustandes der Leitungen, zur gefahrlosen Be-

i) Die Streckenausschalter müssen, soweit sie ohne besondere Hilfsmittel erreichbar sind, mit verschlossen zu haltenden Schutzkästen versehen sein.

k) Die Lage der Ausschalter muß leicht kenntlich gemacht werden.

l) Bei Fahrleitungen ist in jeder ausschaltbaren Strecke eine Blitzschutzvorrichtung anzubringen, die auch bei wiederholten atmosphärischen Entladungen wirksam bleibt.[10])

Es ist dabei auf eine gute Erdleitung Bedacht zu nehmen, Fahrschienen können als Erdleitung benutzt werden.[11])

Gegen Berührung nicht geschützte Blitzableiter dürfen nur an Masten und nicht unter 5 m Höhe befestigt werden.

m) Maste, von denen aus blanke stromführende Teile von mehr als 250 Volt Spannung gegen Erde, z. B. auch Blitzableiter, mit der Hand erreichbar sind, müssen durch einen Blitzpfeil gekennzeichnet werden.[12])

n) Speiseleitungen, welche Betriebsspannung gegen Erde führen, müssen im Kraftwerke von der Stromquelle und an den Speisepunkten von den Fahrleitungen abschaltbar sein. Die Schalter an den Speisepunkten müssen den Bedingungen i) und k) genügen.[13])

o) Auf Zug beanspruchte Verbindungen zwischen Leitungen müssen so ausgeführt werden, daß die Verbindungsstellen wenigstens die gleiche Zugfestigkeit besitzen, wie die Leitungen selbst.[14])

p) Querdrähte jeder Art (Trag- und Zugdrähte),

---

hebung von Störungen bei Mast- und Drahtbrüchen, desgleichen um die Leitungen spannungslos zu machen, wenn bei Schadenfeuern oder dgl. eine Berührung unvermeidlich ist. Vgl. S. 114 unter [19]).

10) Über Blitzschutz von Leitungen siehe Seite 107 unter [10]); daß gegen unmittelbar einschlagende Blitze ein wirksamer Schutz nicht möglich ist, wird als bekannt vorausgesetzt. Die Art der Schutzvorrichtung ist nicht vorgeschrieben; auch nicht ihre örtliche Lage (vgl. indes § 41 Fahrzeuge).

Es bleibt ferner freigestellt, ob das Kabelnetz noch durch besondere Sicherungen geschützt oder ob die Blitzschutzapparate durch Schalter von der Leitung abtrennbar gemacht werden, was manchmal zur Erleichterung der Kontrolle beliebt wird.

11) Schienen, die auf Holzschwellen liegen, sind gegenüber atmosphärischen Entladungen als Erde wirksam, sofern sie große Erstreckung haben. Auf alle Fälle empfiehlt es sich, die Schienen an einzelnen Stellen unmittelbar an Erde zu legen; namentlich auch deswegen, weil die Blitzschutzvorrichtungen durch Fremdkörper oder durch Zusammenschmelzen überbrückt werden und so die Betriebsspannung auf die Schienen übertragen können.

12) Bei den meist üblichen Ausführungen sind von der Mehrzahl der Maste aus nur Spanndrähte mit der Hand erreichbar. Diese brauchen also keinen Blitzpfeil.

13) Vgl. Absatz h) unter [9]).

14) Zu beachten ist, daß die meist verwendeten hartgezogenen Kupferdrähte durch das Löten erweicht werden können.

die im Handbereich liegen, müssen gegen spannungführende Leitungen doppelt isoliert sein.[15])

q) Leitungen und Apparate sind so anzubringen, daß sie ohne besondere Hilfsmittel nicht zugänglich sind.[16])

r) Freileitungen, die nicht wie Fahrdrähte isoliert sind, dürfen nur auf Porzellanglocken, Rillenisolatoren oder gleichwertigen Isoliervorrichtungen verlegt werden, wobei die Glocken in aufrechter Stellung zu befestigen sind.[17])

Es ist darauf zu achten, daß die Leitungsdrähte an den Isolatoren sicher und unverrückbar befestigt werden, und daß die Befestigungsstücke keine scheuernde oder schneidende Wirkung auf sie ausüben.[18])

Für Freileitungen, die nicht an den Fahrdrahtmasten geführt sind, gelten noch die Vorschriften s) bis aa).

s) Freileitungen müssen mit ihren tiefsten Punkten mindestens 6 m, bei Wegeübergängen mindestens 7 m von der Erde entfernt sein. Eine geringere Höhe ist bei Unterführungen zulässig, wenn geeignete Vorsichtsmaßregeln getroffen werden.[19])

---

15) Im allgemeinen werden die Spanndrähte usw. einerseits gegen den Fahrdraht, andererseits gegen ihren Aufhängepunkt isoliert (siehe b). Ist jedoch der Querdraht etwa von einem Fenster (Altane usw.) aus mit der Hand erreichbar, so ist das im Handbereich liegende Stück gegen den Fahrdraht hin nochmals durch einen zweiten Isolierkörper gegen den Übertritt der Spannung zu schützen. Man wird also in diesem Falle den nach b) erforderlichen zweiten Isolierkörper nicht an das Konsol, sondern innerhalb des Querdrahtes in entsprechender Entfernung vom Fenster usw. anbringen.

16) Die Anordnung mit dritter Schiene unterliegt dieser Bestimmung nicht, vielmehr gilt für sie die Sondervorschrift unter e).

Das wichtigste Mittel, um Leitungen und Apparate unzugänglich zu machen, ist die Anordnung in geeigneter Höhe (siehe unter c). Auch bei Benützung von Decksitzwagen darf der Fahrdraht nicht ohne weiteres von den auf Deck sitzenden Personen erfaßt werden können. Als Verwendung eines besonderen Hilfsmittels würde es jedoch anzusehen sein, wenn ein Fahrgast sich auf die Sitzbank stellt, um den Draht zu erreichen. Übrigens ist eine Berührung des Fahrdrahtes, wie sie auf diese Weise etwa durch das Betriebspersonal zufällig erfolgen kann, insoweit ungefährlich, als die Decksitze eine isolierte Unterlage nach Art der Turmwagen bilden.

Auch Speiseleitungen müssen unzugänglich sein, insbesondere dürfen sie ebenso wie Fahrdrähte nicht von Fenstern, Altanen, Brücken ohne besondere Hilfsmittel erreichbar sein. (Vgl. § 22b) der Vorschriften für die Errichtung elektrischer Starkstromanlagen S. 105 unter [3]).

17) Vgl. § 22 a) der Vorschriften für die Errichtung elektrischer Starkstromanlagen, S. 105 unter [2]).

18) Wie für die Verbindung der Leitungen unter sich sind auch für deren Befestigung an den Glocken neben dem altbewährten Drahtbund zahlreiche neuere Vorschläge und besonders ausgebildete Vorrichtungen aufgetaucht, über welche jedoch ausführliche Erfahrungstatsachen nicht bekannt geworden sind.

19) Als Freileitungen, die nicht an Fahrdrahtmasten geführt sind, kommen Speiseleitungen und Meßleitungen in Be-

t) Spannweite und Durchhang müssen derart bemessen werden, daß Gestänge aus Holz eine siebenfache und aus Eisen eine vierfache Sicherheit, Leitungen bei —15° C. eine fünffache Sicherheit (bei Leitungen aus hartgezogenem Metall eine dreifache Sicherheit) dauernd bieten. Dabei ist der Winddruck mit 125 kg für 1 qm senkrecht getroffener Drahtfläche in Rechnung zu bringen.[20])

u) Bei hölzernen Masten, die für dauernde Aufstellung bestimmt sind, ist die Jahreszahl ihrer Aufstellung und die laufende Nummer deutlich und dauerhaft anzubringen.

v) Freileitungen in Ortschaften müssen während des Betriebes streckenweise ausschaltbar sein. Die Ausschalter müssen, soweit sie nicht in die Leitungen selbst eingebaut sind, verschließbare Schutzkästen haben und ihre Lage muß sich leicht erkennen lassen.[21])

w) Den örtlichen Verhältnissen entsprechend sind Freileitungen durch Blitzschutzvorrichtungen zu sichern.

Insbesondere sind Blitzschutzvorrichtungen da anzubringen, wo ober- und unterirdische Leitungen zusammentreffen und beim Eintritt von Freileitungen in Kraft- und Hilfswerke.[22])

x) Wenn Leitungen über Ortschaften und bewohnte Grundstücke geführt werden, oder wenn sie sich einer Fahrstraße soweit nähern, daß Vorüberkommende durch Drahtbrüche gefährdet werden können, müssen die Leitungsdrähte entweder so hoch angebracht werden, daß im Falle eines Drahtbruches die herabhängenden Enden mindestens 3 m vom Erdboden entfernt sind, oder es müssen Vorrichtungen angebracht werden, welche das Herabfallen der Leitungen verhindern, oder solche, welche die herabgefallenen Teile spannungslos machen.[23])

---

tracht. Sie unterliegen im allgemeinen strengeren Bedingungen als die Fahrdrähte weil sie weniger ins Auge fallen als jene, die schon durch das unter ihnen hin laufende Gleis die Aufmerksamkeit erregen. Das Publikum ist daher eher geneigt, gegenüber den Fahrdrähten auch seinerseits eine gewisse angebrachte Vorsicht im Benehmen walten zu lassen, als gegenüber dem über freies Feld oder gleisloser Straße entlang laufenden Speisedraht. Vgl. § 22 Regel 1 der Vorschriften für die Errichtung elektrischer Starkstromanlagen, S. 106 unter [5]).

20) Bei der Bemessung von Spannweite, Durchhang und Gestänge ist je nach den klimatischen Verhältnissen auch der Belastung durch Schneedruck und Eis (Rauhreif) Rechnung zu tragen. Über die Einzelheiten vgl. ETZ 1902, S. 593, 1903, S. 37. Z. f. Elektrot. (Wien) 1899, S. 199 sowie die vom Verbande Deutscher Elektrotechniker aufgestellten Normalien für Freileitungen am Schluß dieses Buches und deren Erläuterung sowie Absatz q) dieses Paragraphen.

21) Vgl. unter [9]).

22) Vgl. unter [10]).

23) Dasselbe sagt § 22 k) der Vorschriften für die Errichtung elektrischer Starkstromanlagen, S. 112 unter [16]).

Wo Bahnen überschritten werden, muß dafür gesorgt sein, daß bei etwaigen Drahtbrüchen die herabhängenden Enden die Betriebsmittel nicht streifen können.[24])

y) Schutznetze müssen durch ihre Form und Lage den Leitungsdrähten gegenüber dahin wirken, daß erstens eine zufällige Berührung zwischen dem Netz und den unversehrten Leitungsdrähten verhindert wird, und daß zweitens ein gebrochener Draht auch bei starkem Winde sicher aufgefangen oder spannungslos gemacht wird.[25])

z) Bei Winkelpunkten sind Fangbügel anzubringen, die beim Bruch von Isolatoren das Herabfallen der Leitungen verhindern. Hiervon kann bei Verwendung zuverlässiger selbsttätiger Leitungskupplungen abgesehen werden.

aa) Wenn Freileitungen parallel mit anderen Leitungen verlaufen, ist die Führung der Drähte so einzurichten, oder es sind solche Vorkehrungen zu treffen, daß eine Berührung der beiden Arten von Leitungen miteinander verhütet oder ungefährlich gemacht wird.

Bei Kreuzungen mit anderen Leitungen sind Schutznetze oder Schutzdrähte zu verwenden, sofern nicht durch besondere Hilfsmittel eine gegenseitige Berührung, auch im Falle eines Drahtbruches, verhindert oder ungefährlich gemacht wird.[26])

bb) Wenn Fernsprechleitungen an einem Freileitungsgestänge für Starkstrom von mehr als 250 Volt geführt sind, so müssen die Fernsprechstellen so eingerichtet sein, daß auch bei etwaiger Berührung zwischen den beiderseitigen Leitungen eine Gefahr für die Sprechenden ausgeschlossen ist.[27])

cc) Bezüglich der Sicherung vorhandener Reichs-Fernsprech- und Telegraphenleitungen wird auf das Telegraphengesetz vom 6. April 1892 und auf das Telegraphenwegegesetz vom 18. Dezember 1899 verwiesen.[28])

---

24) Für die Ausführung der Kreuzungen von Starkstromleitungen mit Bahnen sowie für ihre Kreuzung mit Telegraphen- und Fernsprechleitungen sind mit den beteiligten Behörden besondere Vorschriften vereinbart, vgl. die Anhänge 5—8 am Schluß dieses Buches.

25) Dasselbe sagt § 22, Regel 5 der Vorschriften für die Errichtung elektrischer Starkstromanlagen, S. 113 unter [17]).

26) Wie zu dem entsprechenden § 22 h) der Vorschriften für die Errichtung elektrischer Starkstromanlagen, S. 111 unter [14]) erläutert ist, werden in vielen Fällen besondere Vorkehrungen entbehrlich, so ferne die Leitungen und Gestänge mit entsprechend erhöhter Festigkeit ausgeführt werden, so daß die Gefahr eines Bruches bei jeder von beiden Arten von Leitungen, oder bei derjenigen Leitung, die die andere gefährden kann, auch unter erschwerten Verhältnissen ausgeschlossen ist. Vgl. auch S. 113 unter [16]) Abs. 3.

27) Dasselbe sagt § 22 i) der Vorschriften für die Errichtung elektrischer Starkstromanlagen, S. 111 unter [15]).

28) Gleichlautend § 21 Regel 15 der Vorschriften für die Errichtung elektrischer Starkstromanlagen, S. 104 unter [33]).

§ 28.

Luftweichen und Fahrdrahtkreuzungen.

a) Luftweichen müssen so eingerichtet sein, daß sich ein Stromabnehmer auch nach dem Entgleisen nicht festklemmen kann.[1])

b) Luftweichen sind zu verankern. Es ist statthaft, Luftweichen gegeneinander zu verankern.

c) Fahrdrahtkreuzungen oder Kreuzungen der Stromleiter in Schlitzkanälen sind, falls die kreuzenden Stromleiter nicht in leitende Verbindung miteinander treten dürfen, so auszuführen, daß der Stromabnehmer im regelrechten Betrieb den kreuzenden Leiter nicht berührt.[2])

§ 29.

Turmwagen und Gerüstleitern.

a) Turmwagen und Gerüstleitern müssen so eingerichtet sein, daß die Arbeiter während ihrer Beschäftigung an den Fahrdrähten von der Erde isoliert stehen.[1])

b) Jeder Turmwagen muß mit einer Bremse versehen sein.

c) Die höchstzulässige Anzahl von Personen und das Gewicht, mit dem die Brücke des Turmwagens belastet werden darf, müssen angeschrieben sein.

---

§ 28. **1)** Diese Vorschrift dient der Sicherheit, indem sie ungebührliche Beanspruchung der Spanndrähte und damit den Bruch der Leitung verhindern soll. Sie kann sowohl durch entsprechenden Bau der Luftweiche selbst, wie auch durch geeignete Hilfsvorrichtungen erfüllt werden. Bei der Gestaltung und Anordnung der Rolle ist ebenfalls darauf Rücksicht zu nehmen, daß das Festklemmen vermieden wird.

2) Hierauf ist besonders bei Bügelabnehmern zu achten. Bei Kreuzungen können unter Umständen verschieden hohe Arbeitsspannungen in Frage kommen; namentlich wenn die sich kreuzenden Strecken verschiedenen Bahnnetzen zugehören.

§ 29. **1)** Der Arbeitsstand des **Turmwagens** soll ein isolierender Bedienungsstand sein, wie er im § 6 b) der Vorschriften für die Errichtung elektrischer Starkstromanlagen an Maschinen bedingungsweise gefordert ist. Der Isolierstand ist ein wesentliches Schutzmittel gegen die mit der Berührung spannungführender Teile verbundenen Gefahren. Bei Fahrleitungen elektrischer Bahnen ist er besonders bedeutungsvoll, weil diese durch die Abspanndrähte von Erde doppelt isoliert sind, so daß meistens besonders günstige Verhältnisse vorliegen, indem es nicht möglich ist, vom Turmwagen aus gleichzeitig den spannungführenden Draht und einen auf wesentlich anderem Potential befindlichen Metallteil zu berühren. Soll der Turmwagen diesen Dienst leisten, so muß natürlich bei seiner Bauart alles vermieden werden, was den Arbeitsstand in leitende Verbindung mit der Erde bringen kann. Aber auch die Art der Benutzung muß diesem Zweck entsprechen. Es dürfen nicht herabhängende Drahtenden geduldet werden. Die Arbeitenden müssen die Berührung mit geerdeten Gegenständen (Masten, Eisenteile von Überführungen, geerdete oder unvollkommen isolierte Schutzdrähte usw.) oder mit Leitungen anderen Potentials sorgfältig vermeiden. Letzteres ist namentlich bei Bahnen, die nach dem Dreileitersystem arbeiten, zu beachten.

d) Die Stehbühnen der Turmwagen sind mit Schutzvorrichtungen gegen Herabfallen der Arbeitenden zu versehen, soweit die Art der Arbeit dieses zuläßt.

e) Das Untergestell der Turmwagen muß so schwer oder derart belastet sein, daß ein Umkippen bei Arbeiten auf dem Ausleger sowie beim Spannen von Leitungen nicht eintreten kann, oder es muß die Sicherheit gegen Umkippen durch besondere Hilfsmittel erreicht werden.

§ 30.

Kabel.

Kabel sind unter Geleisen von Haupt- und Nebenbahnen in widerstandsfähigen Rohren oder Kanälen zu verlegen.

§ 31.

Schienenrückleitung.

a) Sofern die Schienen zur Rückleitung des Betriebsstromes dienen, müssen die Stöße gutleitend verbunden sein.

b) Bei Bahnen nach dem Gleichstromzweileitersystem, deren Schienen als Rückleitungen dienen, ist, sofern kein täglicher Polaritätswechsel stattfindet, der negative Pol der Stromquelle mit der Gleisanlage zu verbinden.[1])

§ 32.

Unterirdische Fahrleitungen.

a) Die Schlitzkanäle für unterirdische Fahrleitungen sind gut zu entwässern.

b) Die Fahrleitungen sind so hoch über der Kanalsohle anzubringen, daß sie unter gewöhnlichen Verhältnissen von angesammeltem Wasser nicht berührt werden.

c) Wenn nicht besondere Arbeitsöffnungen für die Untersuchung und Auswechslung der Isolatoren und für die Auswechslung der Leitungsschienen vorgesehen sind, müssen die Schlitzkanäle nach oben freigelegt werden können.

E. Fahrzeuge.

§ 33.

Erdung.

Als genügende Erdung für Fahrzeuge gilt die leitende Verbindung mit den Radreifen durch das Untergestell.[2])

§ 31. 1) Regelmäßiger Polaritätswechsel wird angewendet, um die zerstörenden Wirkungen vagabundierender Ströme zu vermindern. Vergl. ETZ 1902, S. 285. Eine Bahn mit Dreileitersystem besteht in Nürnberg. ETZ 1905, S. 483.*)

§ 33. 2) Diese Erdung ist nicht absolut zuverlässig. Wenn z. B. bei trockenem Wetter Sand auf den Schienen liegt, so kann das Untergestell unter Umständen volle Betriebsspannung gegen Erde aufweisen. Auch trockener Schnee kann die leitende

*) Vorschriften zum Schutze der Gas- und Wasserröhren gegen schädliche Einwirkungen der Ströme elektrischer Gleichstrombahnen, die die Schienen als Rückleiter benutzen, siehe ETZ. 1910, S. 491; erläutert ETZ. 1911, S. 511.

§ 34.
Elektromotoren und Umformer.

Die Gestelle von zugänglich aufgestellten Elektromotoren, Transformatoren und Umformern müssen dauernd geerdet oder sie müssen gut isoliert und mit einem isolierenden Bedienungsgang umgeben sein. Durch die Art der Aufstellung muß dafür gesorgt sein, daß Personen auch bei Schleudern des Wagens nicht in Berührung mit blanken spannungführenden oder sich bewegenden Teilen gelangen können. Die Aufstellung ist derart auszuführen, daß etwaige im Betriebe auftretende Feuererscheinungen keine Entzündung von brennbaren Stoffen hervorrufen können.[1])

§ 35.
Akkumulatoren.

a) Akkumulatorenzellen elektrischer Fahrzeuge können auf Holz aufgestellt werden, wobei eine einmalige Isolierung durch nicht Feuchtigkeit anziehende Zwischenlagen ausreicht. Soweit nur unterwiesenes Personal in Betracht kommt, braucht die Möglichkeit, daß eine Person Teile verschiedener Spannung gleichzeitig berührt, nicht ausgeschlossen zu sein. Die Akkumulatoren dürfen den Fahrgästen nicht zugänglich sein. Es ist für ausreichende Lüftung zu sorgen.[2])

b) Zelluloid ist zur Verwendung als Kästen und außerhalb des Elektrolyten unzulässig.[3])

§ 36.
Leitungen.

a) Der Querschnitt aller Fahrstromleitungen ist nach der Normalstromstärke der vorgeschalteten Sicherung laut folgender Tabelle oder stärker zu bemessen.[4])

Verbindung zwischen Radreifen und Schienen aufheben. Es ist jedoch kein anderes betriebsmäßig brauchbares Mittel bekannt, um die Erdung in höherem Maße sicher zu stellen.

§ 34. **1)** Im allgemeinen gelten für die Maschinen u. dgl. in Fahrzeugen dieselben Vorschriften, wie sie im § 22 für Maschinen in Kraftwerken aufgestellt sind. Da der Raum beschränkt ist und heftige Bewegungen vorkommen, so sind unter Umständen Geländer, Schranken oder Verkleidungen nötig, um gefahrbringende Berührungen zu verhüten.

§ 35. **2)** Von der Erfüllung der nach § 22 für stationäre Akkumulatoren gültigen Vorschriften kann in den Fahrzeugen teilweise abgesehen werden, weil Fehlerstellen, die sich in einem Fahrzeug ausbilden, nicht in demselben Maße auf das ganze Netz und die Sicherheit des ganzen Betriebes von Einfluß sind, wie in den Kraftwerken. Ein Wagen läßt sich leicht und rasch abschalten und außer Betrieb stellen. Die doppelte Isolierung der einzelnen Zellen ist bei der räumlichen Beschränkung nicht durchführbar. Bei der regelmäßigen Untersuchung der Fahrzeuge sind verschüttete Flüssigkeiten sorgfältig zu entfernen.

3) Vgl. § 8 d) der Vorschriften für die Errichtung elektrischer Starkstromanlagen, S. 43 unter [7]).

§ 36. **4)** Die Unterscheidung zwischen „Fahrstromleitungen“

Querschnitt in qmm	Normalstromstärke der Sicherung
4	30 A
6	40 „
10	60 „
16	80 „
25	100 „
35	130 „
50	165 „
70	200 „
95	235 „
120	275 „

Drähte für Bremsstrom sind mindestens von gleicher Stärke wie die Fahrstromleitungen zu wählen.[2])

Der Querschnitt aller übrigen Leitungen ist nach der Tabelle in § 11 zu bemessen.

b) Blanke Leitungen sind zulässig, wenn sie sicher isoliert verlegt und gegen Berührung geschützt sind.[3])

c) Isolierte Leitungen in Fahrzeugen müssen so geführt werden, daß ihre Isolierung nicht durch die Wärme benachbarter Widerstände oder Heizvorrichtungen gefährdet werden kann.[4])

---

und „den übrigen Leitungen" ist zu beachten. Zu den Fahrstromleitungen zählen alle, welche unmittelbar mit den Motoren und ihrem Zubehör zusammenhängen. Die übrigen Leitungen sind hauptsächlich die zur Beleuchtung, Heizung, Signalgebung dienenden. Ihre Bemessung regelt sich nach § 11.

Für die Fahrstromleitungen dagegen ist eine stärkere Belastung oder, nach dem gewählten Wortlaut, eine höhere Normalstromstärke der vorgeschalteten Sicherung zulässig; da nämlich beim Betrieb von Fahrzeugen, besonders von Straßenbahnen, nicht mit dauernd gleichmäßigen Strombelastungen, sondern mit einer kurzen Aufeinanderfolge von hohen und niederen Belastungen mit zwischenliegenden stromlosen Pausen zu rechnen ist, so wird die Erwärmung der Drähte stets geringer sein, als der Dauerbelastung mit der Normalstromstärke entspricht.

Wegen dieser Verhältnisse ist es auch nicht möglich, bei der Bemessung des Leitungsquerschnittes von der „Normalstromstärke" als solcher auszugehen, da diese nicht ermittelbar ist; sondern es ist von der Stärke der Sicherung auszugehen, die ihrerseits sich nach der Belastungsfähigkeit des Motors und damit nach den Betriebsverhältnissen richtet.

2) Vom richtigen Arbeiten der Bremsen hängt die Sicherheit des Fahrzeuges ab. Der Leitungsquerschnitt darf daher hier keine Rolle spielen; selbst wenn, etwa bei Solenoidbremsen, nicht der volle Arbeitsstrom wirkt.

3) An bestimmten Stellen, z. B. unterhalb der Sitzbänke ist eine gesicherte Verlegung blanker Leitungen möglich.

Am Untergestell des Wagens werden sie in der Regel dem Bespritzen durch Wasser sowie der Berührung mit fremden Metallteilen nicht entzogen werden können; da hierdurch Lichtbogenbildung veranlaßt werden kann, so wird man an dieser Stelle blanke Leitungen nur soweit verwenden, als durch die Rücksicht auf Kühlung (Widerstände) oder auf gefährliche Erwärmung oder chemische Angriffe isolierte Leitungen ausgeschlossen sind.

4) Es ist auch auf abtropfendes Öl Rücksicht zu nehmen, das Gummileitungen angreift. Nicht nur elektrische Heizungen, sondern auch Öfen und Dampfheizkörper kommen vor.

d) Alle festverlegten Leitungen sind derart anzubringen, daß sie nur unterwiesenem Personal zugänglich sind.

e) Die Verbindung der Fahr- und Bremsstromleitungen mit den Apparaten ist mittels gesicherter Schrauben oder durch Lötung auszuführen.[5])

f) Nebeneinander verlaufende isolierte Fahrstromleitungen müssen entweder zu Mehrfachleitungen mit einer gemeinsamen wasserdichten Schutzhülle zusammengefaßt werden, derart, daß ein Verschieben und Reiben der Einzelleitungen vermieden wird; dabei ist die Isolierhülle an den Austrittstellen von Leitungen gegen Wasser abzudichten; oder die Leitungen sind getrennt zu verlegen und, wo sie Wände oder Fußböden durchsetzen, durch Isoliermittel so zu schützen, daß sie sich an diesen Stellen nicht durchscheuern können.

g) Bei Bahnen, bei denen die Fahrgäste auf der Strecke gefahrlos ins Freie gelangen können, dürfen in den Wagen isolierte Leitungen unmittelbar auf Holz verlegt und Holzleisten zur Verkleidung derselben benutzt werden.[6])

h) Verbindungsleitungen zwischen Motorwagen und Anhängewagen sollen so ausgerüstet sein, daß Personen auch bei zufälliger Berührung keine Beschädigung erleiden können.[7])

Bewegliche Kuppelungsstücke sind so anzuordnen, daß sie beim Herausfallen stromlos werden, oder sie müssen so mit Isoliermaterial bekleidet sein, daß auch die ausgelösten Stecker beim etwaigen Niederfallen keine Beschädigung von Personen herbeiführen können.[8])

i) Leitungen, die einer Verbiegung oder Verdrehung ausgesetzt sind, müssen aus leicht biegsamen Seilen hergestellt und, soweit sie isoliert sind, wetterbeständig hergerichtet sein.

---

5) Die Erschütterungen des Wagens machen Schraubensicherungen nötig. Leitungen, die sich aus den Verbindungen gelöst haben, sind gelegentlich die Ursache gewesen, daß das Fahrzeug die Betriebsspannung angenommen hat und Unfälle entstanden sind.

6) Mit Recht ist die hier zugestandene Abweichung von den bei stationären Anlagen zulässigen Verlegungsarten auf solche Wagen beschränkt, die bei Brandgefahr leicht verlassen werden können. Bei Wagen für elektrische Hauptbahnen und Hochbahnen werden nur die in den Vorschriften für die Errichtung elektrischer Starkstromanlagen allgemein zulässigen Verlegungsarten benutzt.

7) Es kommen hier hauptsächlich die Anschlüsse für Beleuchtungsstrom und Bremsstrom in Betracht. Die oberhalb des Wagendaches angeordneten Verbindungsleitungen können in vielen Fällen durch entsprechende Ausladung des vorderen und hinteren Wagendaches der zufälligen Berührung entzogen werden. Ist dies nicht möglich, so ist sorgfältige Umhüllung der Leitung (Gummischlauch, Lederhülle) nötig.

8) Die Kontaktstücke sind durch überragende Schutzhüllen oder durch Schutzkappen der zufälligen Berührung zu entziehen.

k) In der Nachbarschaft von Metallteilen sind die Leitungen über der Isolierung noch besonders mit einer feuchtigkeitsbeständigen Hülle zu überziehen.[9])

l) Rohre können zur Verlegung isolierter Leitungen in und auf Wänden, Decken und Fußböden verwendet werden, sofern sie die Leitungen gegen die Wirkungen von Feuchtigkeit und vor mechanischer Beschädigung schützen

Sie können aus Metall oder feuchtigkeitsbeständigem Isolierstoff oder aus Metall mit isolierender Auskleidung bestehen.

m) Die Vorschriften in § 10 b—d sowie § 24 i—o gelten auch hier.

§ 37.

Schalttafeln.

Schalttafeln in oder an Fahrzeugen dürfen Holz nur als Konstruktionsmaterial enthalten.

§ 38.

Fahrschalter.

a) Auf jedem Führerstand ist ein Fahrschalter oder eine Einrichtung anzubringen, womit der Strom ein- und ausgeschaltet und die Geschwindigkeit geregelt werden kann.

b) Die Achsen und die metallischen Gehäuse, sowie die der Berührung ausgesetzten Teile der Fahrschalter müssen geerdet sein, sofern nicht die Plattformen vom Untergestell isoliert sind.[1])

c) Die Kurbeln der Fahrschalter sind in der Weise abnehmbar anzubringen, daß das Abnehmen derselben nur in der Haltstellung erfolgen kann, also nur, wenn der Fahrstrom ausgeschaltet ist. Bei Fahrschaltern mit Kurzschlußbremse darf die Fahrschaltkurbel, wenn sie nicht gleichzeitig Umschaltkurbel ist, auch in der letzten Kurzschlußbremsstellung abnehmbar sein. In diesem Falle muß jedoch die Umschaltkurbel so eingeschaltet

---

9) Die Bestimmungen unter i) und k) haben hauptsächlich die zahlreichen und verwickelten Leitungen im Untergestell der Wagen im Auge. Dort ist der Raum beschränkt, gleichzeitig sind Lagenänderungen dieser Leitungen, auch Beschädigungen derselben durch Abscheuern oder durch angeschleuderte Steine, Metallteile und dgl. nicht ausgeschlossen. Dadurch sind wiederholt Lichtbogen zwischen den Leitungen und benachbarten Metallteilen entstanden.

§ 38. 1) Der Fahrer bedient häufig mit einer Hand den Fahrschalter, mit der andern die Bremse. Da letztere durch die Radkränze geerdet ist, so würde der Fahrer elektrischen Schlägen ausgesetzt sein, sobald der Bedienungsgriff oder das Gehäuse des Fahrschalters höhere Spannung annimmt.

Sind die Plattformen vom Untergestell isoliert und die Erdung der Schaltergriffe unterlassen, so ist auch der Griff der Bremse gegen deren Gestänge gut zu isolieren.

bleiben, daß die Kurzschlußbremse bei der möglichen Bewegung des Fahrzeuges wirksam wird.[2])

§ 39.

Sicherungen.

a) Jeder Motorwagen muß eine Hauptabschmelzsicherung oder einen selbsttätigen Ausschalter für die Elektromotoren haben. Akkumulatorenleitungen und jede andere Leitung, die keinen Fahrstrom führt, müssen besonders gesichert sein.[3])

b) Erdleitungen und vom Fahrstrom unabhängige Bremsleitungen dürfen keine Sicherungen enthalten.[4])

§ 40.

Ausschalter.

a) Es muß ein von jeder Plattform aus bedienbarer Haupt- (Not-) Ausschalter vorhanden sein, der das Ausschalten des Fahrstromkreises unabhängig vom Fahrschalter gestattet. Der Notausschalter kann mit dem Höchststromausschalter verbunden sein.

b) Erdleitungen sowie vom Fahrstrom unabhängige Bremsstromkreise dürfen nur im Fahrschalter abschaltbar sein.[1])

§ 41.

Blitzschutzvorrichtungen.

Die Motorwagen für Oberleitungsbetrieb sind mit Blitzschutzvorrichtungen zu versehen, die auch bei wiederholten atmosphärischen Entladungen wirksam bleiben und so einzurichten und anzubringen sind, daß sie weder Personen gefährden noch eine Feuersgefahr herbeiführen.[2])

---

2) Es ist vorgekommen, daß Wagen durch Unberufene in Gang gesetzt wurden und alsdann nicht mehr gebremst werden konnten. Zweckmäßig wird die Einrichtung so getroffen, daß bei abgenommenem Griff nicht nur der Fahrstrom ausgeschaltet, sondern außerdem die Bremsschaltung hergestellt ist, damit auch auf Neigungen eine unbeabsichtigte Bewegung nicht eintreten kann.

§ 39. **3)** Eine Hauptsicherung ist auch dann nötig, wenn bei mehreren parallel geschalteten Motoren jeder mit einer Teilsicherung ausgerüstet ist.

4) Die Kurzschlußbremse dient oft als Notbremse. Ein allzuhohes Ansteigen des Stromes wird dabei durch das Schleifen der Räder verhindert.

§ 40. **1)** Jede unbeabsichtigte Unterbrechung der Erdleitungen oder der Bremsstromkreise soll verhindert werden. Umschalter können im Bremsstromkreis vorhanden sein, z. B. solche, die den Bremsstrom im Winter auf Heizkörper, im Sommer auf andere Widerstände leiten; sie sind aber so einzurichten, daß das Umschalten ohne Unterbrechung erfolgt.

Bei Anhängewagen sind in der Regel selbsttätige Einrichtungen vorgesehen, die den Bremsstromkreis auch dann geschlossen halten, wenn der Anhängewagen abgekuppelt ist.

§ 41. **2)** Obwohl nach § 27 1) der Bahnvorschriften auch die Fahrleitung mit Blitzschützern auszurüsten ist, wurde es doch für

Die Erdleitung der Blitzableiter ist auf dem kürzesten Wege mit dem Untergestell zu verbinden.

§ 42.

Lampen.

Die unter Spannung stehenden Teile von Lampen nebst Zubehör müssen, soweit sie ohne besondere Hilfsmittel erreichbar sind, mit einer Schutzhülle aus Isoliermaterial versehen sein.[1])

ZWEITER ABSCHNITT.

Betriebsvorschriften.

§ 43.

Isolationsprüfungen.

Vor der Inbetriebsetzung jeder einzelnen Anlage sowie der Fahrzeuge ist die Isolation zu untersuchen; etwaige Fehler sind auszumerzen. Das Gleiche gilt für jede Erweiterung einer Anlage.[2])

§ 44.

Regelmäßige Untersuchungen.

Zur dauernden Erhaltung des betriebssicheren Zustandes sind die Kraft- und Hilfswerke mindestens alljährlich, die Leitungsanlagen mindestens halbjährlich, die Motorwagen mindestens alle 2 und die Anhängewagen mindestens alle 3 Jahre einer Hauptuntersuchung zu unterwerfen. Über diese Hauptuntersuchungen ist Buch zu führen.[3])

---

nötig erachtet, auch noch für jeden Motorwagen einen solchen zu fordern. Es ist nicht verboten, die Blitzschützer zeitweilig z. B. im Winter, abzuschalten.

§ 42. 1) Vergl. § 16c der Vorschriften für die Errichtung elektrischer Starkstromanlagen, S. 76 unter [6]). Die Lampen in den Wagen sind meist in Hintereinanderschaltung und mit höherer Spannung betrieben als in Hausanlagen üblich ist. Das Berühren der unter Spannung stehenden Teile muß daher besonders sorgfältig verhindert werden.

43. 2) Bestimmte Werte der Isolation sind nicht vorgeschrieben. Anhaltspunkte über die Ausführung der Messungen und für die Würdigung ihrer Ergebnisse finden sich im § 5 der Vorschriften für die Errichtung elektrischer Starkstromanlagen und den Erläuterungen dazu, S. 28.

§ 44. 3) In jedem sachgemäß betriebenen Bahnunternehmen werden die wesentlichen Teile in kleineren Zwischenräumen gesonderten Teiluntersuchungen unterzogen, die in erster Linie den Interessen des Betriebes dienen. In den vorliegenden Vorschriften ist von diesen Untersuchungen nicht die Rede, vielmehr bleibt es jedem Betriebsleiter überlassen, sie in dem Umfange und in solchen Perioden anzuordnen, wie es den Verhältnissen entspricht. Dagegen dienen die im § 44 vorgesehenen Haupt-

§ 45.

Arbeiten im Betriebe.[1])

a) Arbeiten im Betriebe dürfen nur durch unterwiesenes Personal und nur bei ausreichender Beleuchtung der Arbeitsstelle vorgenommen werden.

b) Bei Spannungen von mehr als 250 Volt darf an elektrischen Maschinen, an Apparaten und an Teilen des Leitungsnetzes mit Ausnahme der Fahrleitung im allgemeinen nur nach vorheriger Ausschaltung und einer unmittelbar an der Arbeitsstelle vorgenommenen Erdung und Kurzschließung der zur Stromleitung dienenden Teile gearbeitet werden. Zur Erdung und Kurzschließung dürfen Leitungen unter 10 qmm Querschnitt nicht verwendet werden.[2])

c) Um die erforderlichen Abschaltungen mit Sicherheit vornehmen zu können, ist in jedem Kraftwerk und Hilfswerk ein schematischer Übersichtsplan niederzulegen, in welchem die vorzunehmenden Ausschaltungen, sowie erforderlichenfalls deren Reihenfolge bezeichnet sind.

d) Ist aus dringenden Betriebsrücksichten oder aus technischen Gründen eine Abschaltung desjenigen Teiles der Anlage, an welchem selbst oder in dessen unmittelbarer Nähe gearbeitet werden soll, nicht möglich, so sind folgende Vorsichtsmaßregeln zu erfüllen[3]):

1. Es soll niemals ein Arbeiter allein derartige Arbeiten ausführen, sondern es soll immer mindestens eine andere Person zum Zwecke etwaiger Hilfeleistung dabei gegenwärtig sein.
2. Für die Arbeiter sollen isolierende Unterlagen vorhanden sein.
3. Soweit es sich um Schalttafeln, Apparate usw. handelt, sollen nach Möglichkeit die ungeschützten unter Spannung stehenden Teile soweit abgedeckt werden, daß die zufällige gleichzeitige Berührung von Teilen verschiedener Polarität oder Phase für den Arbeitenden ausgeschlossen ist.

---

untersuchungen der Überwachung des ganzen Unternehmens. § 44 setzt fest, wie viele derartige Untersuchungen der Regel nach am Platze sind.

§ 45. 1) Vgl. die „Vorschriften für den Betrieb elektrischer Starkstromanlagen“.*)

2) An Fahrdrähten kann wegen der isolierten Arbeitsbühne des Turmwagens auch ohne Ausschaltung gearbeitet werden. Soweit es der Betrieb erlaubt und bei größeren Arbeiten, z. B. beim Anbringen neuer Spanndrähte, wird man jedoch die Streckenunterbrecher öffnen und zur Sicherheit die Erdung vornehmen, die sich mittels der Schienen leicht ausführen läßt. Besonders zu beachten ist auch die Gefahr, die mit der Berührung von Fernsprechdrähten oft verbunden ist, wenn sie am gleichen Gestänge mit Hochspannungsleitungen laufen.

3) Vgl. § 8 der Vorschriften für den Betrieb elektrischer Starkstromanlagen, S. 169.

---

* Im Folgenden bezeichnet: V. f. Betr.

e) In explosionsgefährlichen oder durchtränkten Räumen dürfen Arbeiten an Spannung führenden Teilen unter keinen Umständen ausgeführt werden.

f) Die Vorschrift d) 1. gilt auch für Arbeiten an Fahrdrähten.[4])

g) Der Austausch durchgebrannter Sicherungen darf nur durch unterwiesenes Personal vorgenommen werden.

§ 46.

Löschmittel.

Zum Löschen eines etwa entstehenden Brandes sind in Kraft- und Hilfswerken geeignete Löschmittel, wie z. B. trockener Sand, an passenden Stellen bereit zu halten. Das Anspritzen von unter Spannung stehenden Teilen ist zu vermeiden.[1])

§ 47.

Inkrafttreten der Vorschriften.

a) Die vorstehenden Bestimmungen gelten auf Grund des Beschlusses der Jahresversammlung zu Stuttgart vom 1. Oktober 1906 ab als Verbandsvorschriften.

b) Der Verband Deutscher Elektrotechniker e. V. behält sich vor, dieselben den Fortschritten und Bedürfnissen der Technik entsprechend abzuändern.[2])

---

4) Bei Arbeiten mittels des Turmwagens kann der Kutscher als zweite Person dienen, wenn ihm entsprechende Verhaltungsregeln gegeben sind.

§ 46. 1) Außer trockenem Sand kann auch Kohlensäure, die in den bekannten Eisenflaschen bereit gehalten wird, als Löschmittel dienen. Das Bespritzen brennender Teile mit Wasser kann Kurzschluß bewirken und so den Brand verstärken, außerdem verdirbt es Leitungen und Apparate. Vgl. Vorschriften für den Betrieb elektrischer Starkstromanlagen, § 4, Regel 3, sowie die Leitsätze „Empfehlenswerte Maßnahmen bei Bränden“ am Schlusse dieses Buches.

§ 47. 2) Vgl. S. 161 u. 174.

Anhänge.[1]

I. Kupfernormalien.[2]

Gültig ab 1. Juli 1914.

§ 1. Leitungskupfer darf für 1 km Länge und 1 qmm Querschnitt bei 20° C keinen höheren Widerstand haben als 17,84 Ohm.

Der Widerstand eines Leiters von 1 km Länge und 1 qmm Querschnitt wächst um 0,068 Ohm für 1° C Temperaturzunahme.

§ 2. Kupferleitungen müssen aus Leitungskupfer hergestellt sein. Die wirksamen Querschnitte von Kupferleitungen sind grundsätzlich aus Widerstandsmessungen zu ermitteln, wobei für 1 qmm ein kilometrischer Widerstand von 17,84 Ohm (vgl. § 1) einzusetzen und für Litzen und Mehrfachleiter die Länge des fertigen Kabels, also ohne Zuschlag für Drall, zu nehmen ist.[3])

§ 3. Bei der Untersuchung, ob eine Kupferleitung aus Leitungskupfer hergestellt ist, bzw. ob diese den Bedingungen des § 1 entspricht, ist der Querschnitt durch Gewichts- und Längenbestimmung eines einfachen gerade gerichteten Leiterstückes zu ermitteln, wobei, falls eine besondere Ermittelung des spezifischen Ge-

---

1) In den Anhängen ist eine Auswahl der wichtigsten Normalien und verwandter Bestimmungen gegeben. Vollständig sind sie zu finden in Dettmar, Normalien, Vorschriften und Leitsätze des V. d. E.

2) Die Kupfernormalien sind im Jahre 1898 (ETZ 1898, S. 393) aufgestellt worden, in erster Linie um für Lieferungsbedingungen eine einheitliche Grundlage zu schaffen und die Wiederholung aller einzelnen Bedingungen in den Lieferungsverträgen zu vermeiden. Ihre jetzige Fassung erhielten sie 1914 auf Grund internationaler Vereinbarungen ETZ 1914, S. 366.

Neben der Leitfähigkeit kommt gemäß § 20 Regel 4 der Errichtungsvorschriften S. 90 namentlich auch die Festigkeit der Kupferdrähte und der etwa als Ersatz des Kupfers benutzten anderen Metalle in Betracht. Die für Kupfer, Aluminium und andere Metalle zulässigen Beanspruchungen sind in den „Normalien für Freileitungen", vgl. Anhang 4, S. 247, genau festgesetzt.

3) Die unmittelbare Ausmessung des Querschnittes ist, namentlich bei Seilen, die aus einer großen Zahl von Einzeldrähten bestehen, nicht möglich; auch die Querschnittsermittelung durch Wägung stößt auf Schwierigkeiten, wenn die Drähte einzeln verzinnt oder mit Gummi umgeben sind. (ETZ 1904, S. 660 Sp 2.)

wichtes nicht vorgenommen wird, für dieses der Wert 8,89 einzusetzen ist.

International ist folgendes vereinbart:

I. Bei der Temperatur von 20° C. beträgt der Widerstand eines Drahtes aus mustergültigem, geglühtem Kupfer von einem Meter Länge und einem gleichmäßigen Querschnitt von einem Quadratmillimeter $^1/_{58}$ Ohm = 0,017241 . . Ohm.

2. Bei der Temperatur von 20° C beträgt die Dichte des mustergültigen geglühten Kupfers 8,89 g für das Kubikzentimeter.

3. Bei der Temperatur von 20° C beträgt der Temperaturkoeffizient für den Widerstand, der zwischen zwei fest an dem Draht angebrachten, zur Spannungsmessung bestimmten Ableitungen ermittelt wird, 0,00393 oder 1/254,45 ... für einen Grad Celsius (bei gleichbleibender Masse).

4. Es folgt daher aus 1. und 2., daß bei der Temperatur von 20° C der Widerstand eines Drahtes aus mustergültigem, geglühtem Kupfer von gleichmäßigem Querschnitt, von einem Meter Länge und einer Masse von einem Gramm $1/58 \times 8,89 = 0,15328 \ldots$ Ohm beträgt.

2. Leitsätze für Schutzerdungen.

Gültig ab 1. Juli 1914.

I. Allgemeines.

A. Zweck der Erdung.

Die Leitsätze für Schutzerdungen bezwecken die in §§ 3 und 4 der Errichtungsvorschriften enthaltenen allgemeinen Vorschriften über die Schutzerdung (im Gegensatz zu Betriebserdungen) in Anlagen **mit mehr als 250 Volt Spannung** gegen Erde für alle gewöhnlich vorkommenden Fälle zu ergänzen und Normen für die Ausführung zu schaffen*).

Zweck der Schutzerdung ist, zu verhindern, daß Teile einer elektrischen Starkstromanlage, die in normalem Zustande spannungslos sind oder Niederspannung führen, durch Zufall gefährliche Spannungen annehmen.

Falls nicht besonders ungünstige Umstände vorliegen, wird im allgemeinen eine Spannung als ungefährlich angesehen, die an einem Widerstand von 1000 Ohm 125 Volt nicht überschreitet[1]).

B. Begriffserklärung:

Als Erdung im Sinne dieser Vorschriften ist anzusehen:

1. Der Anschluß an sogenannte natürliche Erden, wie ausgedehnte Eisenkonstruktionsteile, Rohrleitungen oder ähnliche Metallmassen, soweit sie mit dem Erdreich in dauernder guter[2]) Verbindung stehen und genügenden Querschnitt aufweisen;

Die Leitsätze fü Schutzerdungen sind 1913 durch eine besondere Kommission des V. D. E. aufgestellt worden, die auch die folgenden Erläuterungen verfaßt hat.

1) Siehe hierüber bei § 3, Seite 22, unter [11]), Abs. 2.

2) Gute Verbindung mit dem Erdreich gewährleisten

---

*) Auch in solchen Niederspannungsräumen, in denen besondere Gefahr besteht, wird empfohlen, nach gleichen Grundsätzen zu verfahren. Derartige Gefahren bestehen in feuchten und durchtränkten Räumen sowie in solchen Räumen, in denen die an und für sich mit Erde in leitender Verbindung stehenden Metallteile, z. B. eiserne Konstruktionsteile der Gebäude, Maschinen und Geräte aus Metall, Rohrleitungen für Wasser, Gas usw., eiserne Beläge der Fußböden und dergleichen mehr, in der Nähe der elektrischen Einrichtungen erreichbar sind. Beim gleichzeitigen Berühren der fehlerhaften nicht geerdeten elektrischen Apparate und der vorgenannten geerdeten Metallteile sind unter Umständen, namentlich bei Vorhandensein von Feuchtigkeit an Kleidung, Händen und Füßen, die Bedingungen für einen gefahrbringenden Stromübertritt gegeben.

2. der Anschluß an künstliche Erden, wie in das Erdreich verlegte Leiter[3]) in Form von Platten genügender Größe oder Leitungen genügender Länge oder in das Erdreich eingetriebene Eisenrohre.

II. Anwendung der Erdung.

Die Schutzerdung kommt in Betracht für:

1. Elektrische Betiebsräume, Betriebsstätten und dergleichen Verbrauchsanlagen.
2. Leitungen im Freien.

---

z. B. Hauptrohre der Wasserleitung, auch Eisenkonstruktionen, deren Verbindung mit Erde mindestens den unter [3]) angeführten künstlichen Erdungen gleichwertig ist.

3) Für künstliche Erdungen empfehlen sich die folgenden Ausführungen oder ähnliche Anordnungen, die mindestens gleiche Berührungsflächen mit gut leitenden Erdschichten aufweisen:

A) Erdplatten empfehlen sich dort, wo der Grundwasserstand nicht zu tief ist (nicht tiefer als 2—3 m) und keine zu großen Schwankungen aufweist. Die mindestens $^1/_2$ qm großen Platten sollen 1 m unter Grundwasserspiegel liegen und mit Rücksicht auf die Zerstörungen zwei mindestens 50 qmm starke Zuleitungen erhalten. Als Erdplatten kann man auch Altmaterial mit starkem Querschnitt und genügender Oberfläche, z. B. alte Kesselbleche, Eisenbahnschienen oder dergl. mehr verwenden, welches infolge der Stärke des Materials nicht so leicht durchrostet und auch ohne Kontrolle die Gewähr für einen lange dauernden guten Zustand bietet.

Bei Verwendung von Platten wird sich unter normalen Verhältnissen (Ackerboden) ein Widerstand von ungefähr 10 bis 30 Ohm pro Platte erzielen lassen.

B) Bänder und Drähte von mindestens 50 qmm Querschnitt und mit einer Mindestdicke von 3 mm sind etwa 30 cm in die Erdoberfläche zu verlegen. Eisen ist gut feuerverzinkt zu verwenden. Die Länge, die mindestens 10 bis 20 m betragen sollte, richtet sich nach der Bodenart, Bodenfeuchtigkeit und Zahl der Erdungen.

Als Anhaltspunkt für den Widerstand derartiger Oberflächenleitungen können die folgenden Werte bei Lehmboden (Ackerboden) dienen. Für Sandboden ist mit Werten zu rechnen, die mindestens doppelt so hoch sind.

Länge in m	10	20	30	50	100
Widerstand in Ohm . . .	25	10	7	5	3

Sollen bei ungünstigen Platzverhältnissen die Leitungen im Zickzack verlegt werden, so ist bei Mindestabstand der Windungen von ungefähr 0,5 m der Widerstand dem der ausgestreckten Leitungen ziemlich gleich.

C) Zu Rohrerden werden zweckmäßig ein- bis zweizöllige galvanisierte Rohrstücke von 2 bis 3 m Länge verwendet. Ihr Widerstand beträgt bei Lehmboden (Ackerboden) etwa 20 bis 50 Ohm. Bei schlechtem Boden (Sand und Kies) kann der Widerstand auf 200 Ohm steigen.

Es empfiehlt sich, mindestens 2 bis 3 Rohre zu verwenden in mindestens $1^1/_2$ bis 3 m Abstand voneinander. Können die Rohre bis zum Grundwasser eingetrieben werden, so sind weitere Maßnahmen nicht nötig. Andern-

1. Schutzerdung in elektrischen Betriebsräumen, Betriebsstätten und dergleichen Verbrauchsanlagen[4]).

Zu erden sind alle Metallteile, die den betriebsmäßig spannungführenden Teilen am nächsten liegen oder mit ihnen in Berührung kommen können; also die nicht stromführenden Metallteile von Maschinen, Transformatoren, Apparaten und die Gehäuse von Meßgeräten, sofern sie nicht isoliert montiert und durch besondere Maßregeln gegen zufällige Berührung geschützt sind; ferner die Niederspannungswicklungen [5]) aller Strom- und Spannungswandler [6]), weiter die Gerüste von Schaltanlagen [7]) sowie zugängliche Kabelarmaturteile, Flanschen von Durchführungen, Isolatorenträger

---

falls empfiehlt es sich, das die Rohre umliegende Erdreich dadurch leitend zu machen, daß man um die Rohre direkt unter der Erdoberfläche Salz einbettet. Hierdurch wird allerdings der Widerstand nur wenig verringert, aber die Spannungsverteilung und die Belastungsfähigkeit wesentlich verbessert.

D) Bei ungünstigen Bodenverhältnissen empfiehlt sich die Kombination mehrerer Erden, z. B. Ringleitungen um den zu schützenden Raum mit Ausläufern nach feuchten Stellen und dort angebrachten Rohrerdungen. Bei Wasserläufen ist die Verlegung langgestreckter Leitungen im feuchten Ufer der Verwendung von Erdungskörpern im Wasser vorzuziehen.

4) Die Erdung von Apparaten in Verbrauchsanlagen bietet oft Schwierigkeiten, insbesondere, wenn es sich um ortsveränderliche Apparate handelt. Es scheint deshalb untunlich, für solche Fälle besondere Vorschriften zu geben, weil die anzustrebende Sicherheit durch andere Mittel (Isolierung, isolierende Schutzabdeckungen, Absperrung u. dergl.) manchmal einfacher und zuverlässiger erreichbar ist.

5) Von der grundsätzlichen Forderung der Erdung der Niederspannungswicklungen von Starkstromtransformatoren mußte vorderhand abgesehen werden wegen der noch schwebenden Arbeiten der Reichspost und des Verbandes Deutscher Elektrotechniker.

6) Die Erdung der sekundären Wicklung von Strom- und Spannungswandlern wird gefordert, weil beim Durchschlagen der Isolation zwischen Hoch- und Niederspannungswicklung Hochspannung in die Meßstromkreise übertreten kann. Die an Meßwandlern mit geerdeter Niederspannungswicklung angeschlossenen Apparate brauchen nicht besonders geerdet zu werden.

7) Bei der Auswahl der Konstruktionsteile einer Schaltanlage, die durch unmittelbaren Anschluß an die Erdleitung zu erden sind, soll als Regel dienen: Alle die in der nächsten Nähe einer Hochspannung führenden Maschine, Apparat usw. montierten Teile sind direkt zu erden. Also zunächst die Isolatorenträger, ferner die Träger für die Befestigung der Ölschalter, der Strom- und Spannungswandler, wenn diese nicht schon geerdet sind. Sind mehrere Isolatorenträger an eine gemeinsame Eisenschiene angeschlossen, so ist diese Schiene zu erden, denn erst über diese Schiene kann der Erd-

usw., alle Betätigungsteile, Handräder, Hebel, Kurbeln von Schaltern [8]), Anlassern, Regulatoren [9]) usw.

Durchführungen ohne geerdete Metallflanschen und Einführungsfenster, ebenso Isolatoren ohne Metallstützen sollen von einem geerdeten Rahmen umgeben sein. Es genügt jedoch, wenn für mehrere zusammenliegende Durchführungsisolatoren ein gemeinsamer geerdeter Metallrahmen ausgeführt wird.

Rohrleitungen und Transportgleise innerhalb des Werkes sind nach Möglichkeit an die Erdung anzuschließen (siehe auch III., Absatz 5).

Die Wagen ausfahrbarer Schaltanlagen sind mit besonderen Erdkontakten zu versehen, die die Wagen bereits sicher erden, bevor sich die spannungführenden Kontakte berühren.

2. Schutzerdung für Leitungen im Freien.

Zu erden sind alle Eisenmaste, Eisenbetonmaste oder ihre Isolatorenträger und die Ankerdrähte. Ferner müssen bei der Führung von Leitungen an Wänden und solchen Holzmasten, die sich an verkehrsreichen [10]) Stellen befinden, Isolatorenstützen und Tragteile von Streckenschaltern, Kurzschließern usw. an die Erdleitung angeschlossen werden. Bei Holzmasten genügt in diesem Falle ein geerdeter Schutzring am Mast unterhalb der Leitungen.

In die Betätigungsgestänge von Schaltern an Holzmasten sind Isolatoren einzuschalten, wenn eine zuverlässige Erdung des Schalters nicht gewährleistet werden kann. In diesem Falle ist nicht das Gestell selbst,

---

strom auf das Mauerwerk, in dem die Eisen montiert sind, übertreten (vgl. auch 13 der Erläut.).

Wenn die eisernen Gestelle, auf denen Ölschalter und andere Apparate befestigt sind, an und für sich zuverlässig geerdet sind oder geerdet werden können, so sind in erster Linie diese zu erden. Sind mit ihnen dann die Gehäuse der Schalter und sonstigen Apparate gut leitend verbunden, so sind sie ohne weiteres mitgeerdet. Eine besondere Erdung der Apparate selbst wird nur notwendig, sofern die Erdung der Gestelle nicht zuverlässig ist. Der Vorzug der Erdung der Gestelle liegt darin, daß bei etwaigem Fortnehmen und Wiederaufsetzen oder Umsetzen oder Hinzufügen von Apparaten die Erdung dann durch das Aufsetzen schon von selbst mit erledigt ist.

8) Metallische Handgriffe brauchen nicht besonders geerdet zu werden, wenn sich zwischen Hochspannung und Handgriff bereits eine gute Erde befindet.

9) Die zufälliger Berührung zugänglichen Teile der Magnetregulatoren und Anlasser, die normal Niederspannung führen, aber durch Induktion oder Überschlag Hochspannung erhalten können, sollen geerdet werden.

10) Unter verkehrsreichen Stellen sind nicht solche Stellen zu verstehen, die zufällig, z. B. bei Feuersbrunst, bei Jahrmärkten usw., verkehrsreich werden, sondern solche, wo regelmäßig ein stärkerer Verkehr stattfindet.

sondern das Betätigungsgestänge unterhalb der Isolatoren zu erden [11]).

Ankerdrähte von Holzmasten sind zu erden oder mit zuverlässigen Abspannisolatoren über Reichhöhe zu versehen.

III. Ausführung der Erdung.

Erdleitungen sind für die zu erwartende Erdschlußstromstärke zu bemessen, mit der Maßgabe, daß Querschnitte über 50 qmm für Kupfer, über 100 qmm für verzinktes oder verbleites Eisen nicht verwendet zu werden brauchen, und mit der Maßgabe, daß in elektrischen Betriebsräumen Kupferquerschnitte unter 16 qmm nicht verwendet werden dürfen. Für Anschlußleitungen an die Haupterdungsleitung von weniger als 5 m Länge genügt in jedem Falle ein Kupferquerschnitt von 16 qmm. In anderen Räumen darf der Kupferquerschnitt 4 qmm nicht unterschreiten [12]).

Hintereinanderschaltung der zu erdenden Teile ist unzulässig; die Einzelerdleitungen sind parallel an eine oder mehrere parallel geschaltete Haupterdleitungen anzuschließen [13]). Der gute Kontakt der Erdleitungsanschlüsse soll dauernd gewährleistet sein [14]). Unter-

---

11) Kann eine dauernd gute Erdung bei Mastschaltern und Kurzschließern an Holzmasten nicht gewährleistet werden, so sind in die Betätigungsorgane (Gestänge, Seile) Isolatoren für die Betriebsspannung einzubauen. Die Schalter sowie die Betätigungsorgane bis zu den Isolatoren sind dann nicht zu erden, dagegen sollen die Betätigungsteile unterhalb der Isolatoren eine Erdverbindung erhalten, damit etwaige Kriechströme über den Isolator abgeleitet werden.

12) Mit welcher Sicherheit dabei gerechnet ist, zeigen folgende Zahlen für horizontal freigespannte Leitungen:

	Querschnitt für Kupfer:	Schmelzstrom nach 15 Min.:
Draht:	4 qmm	220 A
	6 „	300 „
	10 „	430 „
	16 „	610 „
Seil:	25 „	890 „
	35 „	1075 „
	50 „	1330 „

13) In größeren Anlagen sind mehrere parallel geschaltete Haupterdleitungen, welche an mehreren Elektrodengruppen anzuschließen sind, zweckmäßig, um bequem alle Einzelerdleitungen anschließen und den Widerstand möglichst niedrig halten zu können. (Vgl. jedoch auch Text II, 1, zweiter Absatz.)

Hintereinander geschaltete Konstruktionsteile dürfen nicht Teile der Erdleitungen bilden, denn eine solche Erdleitung hätte durch die vielen Verbindungsstellen zu großen Widerstand und wäre ferner nicht betriebssicher, weil die dahinter liegenden Teile durch Demontage eines Teiles nicht mehr geerdet sein würden.

14) Die Verbindung der einzelnen Erdleitungen mit der Haupterdungsleitung erfolgt am sichersten durch Verlötung, Verschweißung oder Vernietung. Auch Verschraubungen sind

brechungsstellen in Erdleitungen (z. B. Schalter, Sicherungen usw.) sind unzulässig. Die Erdleitungen sind möglichst sichtbar und geschützt gegen mechanische und chemische Zerstörungen zu verlegen. Ihre Anschlußstellen sollen der Kontrolle zugänglich sein.

Grundsätzlich sollen die Schutzerdungen so angelegt sein, daß durch Berührung des zu erdenden Teiles oder seiner Erdleitungen ein gefährliches Spannungsgefälle zwischen diesem Teil und einer noch besseren Erdung nicht überbrückt werden kann.

Befindet sich in erreichbarer Nähe der zu erdenden Teile eine gute natürliche Erdung, so soll die Erdleitung möglichst an diese angeschlossen werden.

Eisenkonstruktionsteile, Rohrleitungen [15]) und ähnliches dürfen zur Erdung nur dann allein verwendet werden, wenn sie eine zuverlässige Erdung dauernd gewährleisten; andernfalls sind noch besondere Erdelektroden zu verwenden, deren Zahl und Beschaffenheit sich nach den örtlichen Verhältnissen richten muß, und die mit den übrigen Erdungen zu verbinden sind [3]).

Erdelektroden und deren Zuleitungen dürfen für Hoch- und Niederspannung nur dann unmittelbar miteinander vereinigt werden, wenn die Erde durchaus zuverlässig ist.

Der Zustand der Erdungsanlage ist zeitweilig zu kontrollieren.

---

zulässig, wenn sie gegen Lösen durch Erschütterungen gesichert sind.

15) Gasleitungen können wegen ihrer im allgemeinen schlecht leitenden Rohrverbindungen keineswegs als schutzbietende Erdleitung angesehen werden.

3. Normen für isolierte Leitungen in Starkstromanlagen.

Gültig ab 1. Juli 1921.

Inhalt:

A. Gummiisolierte Leitungen.

I. Allgemeines.

1. Beschaffenheit der Kupferleiter.
2. Zusammensetzung der Gummihülle.
3. Verwendungsbereich.
4. Kennfäden.

II. Bauart und Prüfung der Leitungen.

1. Leitungen für feste Verlegung.
   a) Gummiaderleitungen . . . . (NGA)
   b) Spezialgummiaderleitungen . . (NSGA)
   c) Rohrdrähte . . . . (NRA)
   d) Panzeradern . . . . (NPA)
2. Leitungen für Beleuchtungskörper.
   a) Fassungsadern . . . . (NFA)
   b) Pendelschnüre . . . . (NPL)
3. Leitungen zum Anschluß ortsveränderlicher Stromverbraucher.
   a) Gummiaderschnüre . . . . . (NSA)
   b) Handlampenleitungen . . . . (NHH, NHK)
   c) Werkstattschnüre . . . . . . (NWK)
   d) Spezialschnüre . . . . (CNSGK, NSK)
   e) Hochspannungsschnüre . . . (NHSGK)
   f) Leitungstrossen . . . . (NLT)

B. Bleikabel.

I. Gummibleikabel.

II. Papier- oder Faserstoffbleikabel.

1. Einleiter-Gleichstrom-Bleikabel.
2. Konzentrische und verseilte Mehrleiter-Bleikabel.

C. Belastungstabellen für isolierte Leitungen.

I. Kupferleitungen.

1. Belastungstabelle für gummiisolierte Leitungen.
2. Belastungstabelle für Bleikabel.

II. Aluminiumleitungen.

1. Belastungstabelle für Einleiterkabel mit Aluminiumleiter.

A. Gummiisolierte Leitungen.

I. Allgemeines.

1. Beschaffenheit der Kupferleiter.

Die für isolierte Leitungen verwendeten Kupferdrähte müssen den Kupfernormalien des Verbandes Deutscher Elektrotechniker entsprechen und feuerverzinnt sein.

2. Zusammensetzung der Gummihülle.

Die Gummihülle des fertigen Fabrikates muß folgender Zusammensetzung entsprechen:

Mindestens 33,3 % Kautschuk, der nicht mehr als 6% Harz enthalten darf,

höchstens 66,7% Zusatzstoffe einschließlich Schwefel.

Von organischen Füllstoffen ist nur der Zusatz von Zeresin (Paraffinkohlenwasserstoffen) bis zu einer Höchstmenge von 3% gestattet. Das spezifische Gewicht des Adergummis soll mindestens 1,5 betragen.

3. Verwendungsbereich.

Der Verwendungsbereich ist für jede Leitungsart besonders festgelegt.

Ist hierfür eine Spannung angegeben, so bedeutet diese den höchsten Wert, den die Spannung zwischen zwei Leitern oder einem Leiter und Erde annehmen darf.

4. Kennfäden.

Leitungen, die den „Normen für isolierte Leitungen in Starkstromanlagen" entsprechen, müssen einen weißen Kennfaden besitzen. Außerdem muß durch einen zweiten Kennfaden ersichtlich gemacht werden, von welchem Werk die Leitungen hergestellt sind. Beide Kennfäden sind unmittelbar unter der (inneren) Umflechtung anzubringen.

II. Bauart und Prüfung der Leitungen.

1. Leitungen für feste Verlegung.

a) Gummiaderleitungen,
für Spannungen bis 750 V.
Bezeichnung: NGA.

Die Gummiaderleitungen sind mit massiven Leitern in Querschnitten von 1 bis 16 qmm, mit mehrdrähtigen Leitern in Querschnitten von 1 bis 1000 qmm zulässig.

Für die Bauart der Leitungen gilt folgende Tabelle:

Kupferquerschnitt in qmm	Mindestzahl der Drähte bei mehrdrähtigen Leitern	Stärke der Gummischicht mindestens mm
1,0	7	0,8
1,5	7	0,8
2,5	7	1,0
4,0	7	1,0
6,0	7	1,0
10,0	7	1,2
16,0	7	1,2
25,0	7	1,4
35,0	19	1,4
50,0	19	1,6
70,0	19	1,6
95,0	19	1,8
120,0	37	1,8
150,0	37	2,0
185,0	37	2,2
240,0	61	2,4
300,0	61	2,6
400,0	61	2,8
500,0	91	3,2
625,0	91	3,2
800,0	127	3,5
1000,0	127	3,5

Die Gummihülle ist mit gummiertem Band bewickelt. Hierüber befindet sich eine Beflechtung aus Baumwolle, Hanf oder gleichwertigem Stoff, die in geeigneter Weise getränkt ist. Bei Mehrfachleitungen kann die Beflechtung gemeinsam sein.

Die Leitungen müssen nach 24stündigem Liegen unter Wasser von nicht mehr als 25° C während einer halben Stunde einer Prüfspannung von 2000 V Wechselstrom oder 2800 V Gleichstrom widerstehen können. Für die Gleichstromprüfung muß eine Stromquelle von mindestens 2 kW benutzt werden.

b) Spezial-Gummiaderleitungen,

für Spannungen von 2000, 3000, 6000, 10000, 15000 und 25000 V.

Bezeichnung: NSGA,

der die Spannung beizufügen ist, z. B.

$$\frac{\text{NSGA}}{3000}\ 10.$$

Die Spezial-Gummiaderleitungen sind mit massiven Leitern in Querschnitten von 1 bis 16 qmm, mit mehrdrähtigen Leitern in Querschnitten von 1 bis 300 qmm zulässig.

Die Gummihülle muß bei diesen Leitungen aus mehreren Lagen Gummi hergestellt sein, die Mindestwandstärke muß nachstehender Tabelle entsprechen.

Kupfer-querschnitt mm²	2000 V mm	3000 V mm	6000 V mm	10000 V mm	15000 V mm	25000 V mm
1	1,5	1,7				
1,5	1,5	1,7				
2,5	1,5	1,8	3			
4	1,5	1,8	3			
6	1,5	1,8	3	4,7		
10	1,7	2	3,2	4,5	7	
16	1,7	2	3,2	4,3	6,5	8,5
25	2	2,2	3,2	4,3	6	8
35	2	2,2	3,2	4,3	6	7,5
50	2,3	2,4	3,4	4,3	6	7,5
70	2,3	2,4	3,4	4,3	6	7,5
95	2,6	2,6	3,4	4,3	6	7,5
120	2,6	2,6	3,4	4,3	6	7,5
150	2,8	2,8	3,6	4,3	6	7,5
185	3	3	3,6	4,3	6	7,5
240	3,2	3,2	3,8	4,3	6	7,5
300	3,4	3,4	3,8	4,3	6	7,5

Die Mindestzahl der Drähte bei mehrdrähtigen Leitern ist dieselbe wie die in der Tabelle für NGA-Leitungen angegebene.

Die Gummihülle ist mit gummiertem Band bewickelt. Hierüber befindet sich eine Beflechtung aus Baumwolle, Hanf oder gleichwertigem Stoff, die in geeigneter Weise getränkt ist. Bei Mehrfachleitungen kann die Beflechtung gemeinsam sein.

Die Leitungen müssen nach 24stündigem Liegen unter Wasser von nicht mehr als 25° C während einer halben Stunde einer Wechselstromprüfung gemäß nachstehender Tabelle widerstehen können.

Betriebsspannung	Prüfspannung
2000 V	4000 V
3000 „	6000 „
6000 „	10000 „
10000 „	15000 „
15000 „	23000 „
25000 „	35000 „

c) Rohrdrähte,

für Niederspannungsanlagen, zur erkennbaren Verlegung, die es ermöglicht, den Leitungsverlauf ohne Aufreißen der Wände zu verfolgen.

Bezeichnung: NRA.

Rohrdrähte sind Gummiaderleitungen mit gefalztem, eng anliegendem Metallmantel (nicht Bleimantel), die an Stelle der getränkten Beflechtung eine mechanisch gleichwertige, isolierende Hülle von mindestens 0,4 mm Wandstärke haben.

Rohrdrähte sind als Einfachleitungen in Querschnitten von 1 bis 16 qmm, als Mehrfachleitungen in Querschnitten von 1 bis 6 qmm zulässig. Die Wandstärke des Mantels soll mindestens 0,25 mm betragen. Für den äußeren Durchmesser der Rohrdrähte gilt folgende Tabelle:

Anzahl der Adern und Querschnitt in mm²	Außendurchmesser (über Falz gemessen) in mm nicht unter	nicht über
1	5,3	6
1,5	5,4	6,2
2,5	6,4	7,2
4	6,8	7,6
6	7,2	8
10	8,2	9,2
16	9,2	10,2
2 × 1	8,3	9,3
2 × 1.5	8,7	9,7
2 × 2,5	10	11
2 × 4	10,5	11,5
2 × 6	11,5	12,5
3 × 1	8,7	9,7
3 × 1,5	9,2	10,2
3 × 2,5	10,5	11,5
3 × 4	11,5	12,5
3 × 6	12,5	13,5
4 × 1	9,5	10,5
4 × 1,5	10	11
4 × 2,5	11,5	12,5

Die Rohrdrähte müssen einer halbstündigen Einwirkung eines Wechselstroms von 2000 V Spannung zwischen den Leitern und zwischen Leitung und Metallmantel in trockenem Zustand widerstehen können.

d) Panzeradern,
für Spannungen bis 1000 V.
Bezeichnung: NPA.

Panzeradern sind Spezialgummiaderleitungen mit einer Hülle von Metalldrähten (Beflechtung, Umwicklung) die gegen Rosten geschützt sind. Bei Mehrfachleitungen darf die Metallhülle gemeinsam sein.

Die getränkte Beflechtung der NSGA-Leitung darf durch eine andere gleichwertige Schutzhülle, die als Zwischenlage gegen das Durchstechen abgerissener Drähte Schutz bietet, ersetzt sein.

Die Prüfung der fertigen NPA hat mit 4000 V Wechselstrom zwischen Leiter und Schutzpanzer bei trockenem Zustand zu erfolgen.

2. Leitungen für Beleuchtungskörper.

a) Fassungsadern,
zur Installation nur in und an Beleuchtungskörpern[1])
in Niederspannungsanlagen.
Bezeichnung: NFA.

Die Fassungsader besteht aus einem massiven oder mehrdrähtigen Leiter von 0,5 qmm oder 0,75 qmm Kupferquerschnitt. Bei mehrdrähtigen Leitern darf der

1) Als Zuleitungen nicht zulässig. Siehe § 18 der Errichtungsvorschriften.

Durchmesser der einzelnen Drähte nicht mehr als 0,2 mm betragen.

Die Kupferseele ist mit einer vulkanisierten Gummihülle von 0,6 mm Wandstärke umgeben. Über dem Gummi befindet sich eine Beflechtung aus Baumwolle, Hanf, Seide oder ähnlichem Stoff, der auch in geeigneter Weise getränkt sein kann. Diese Adern können auch mehrfach verseilt werden.

Eine Fassung-Doppelader (Bezeichnung NFA 2) kann auch aus zwei nebeneinander liegenden nackten Fassungsadern, die gemeinsam wie oben angegeben beflochten sind, bestehen.

Die Fassungsadern müssen in trockenem Zustande einer halbstündigen Durchschlagsprobe mit 1000 V Wechselstrom widerstehen können. Bei Prüfung einfacher Fassungsadern sind zwei 5 m lange Stücke zusammenzudrehen.

b) Pendelschnüre,
zur Installation von Schnurzugpendeln in Niederspannungsanlagen.
Bezeichnung: NPL.

Die Pendelschnur hat einen Kupferquerschnitt von 0,75 qmm.

Die Kupferseele besteht aus Drähten von höchstens 0,2 mm Durchmesser, die zusammengedreht werden. Die Kupferseele ist mit Baumwolle umsponnen und darüber mit einer vulkanisierten Gummihülle von 0,6 mm Wandstärke umgeben. Zwei Adern sind mit einer Tragschnur oder einem Tragseilchen aus geeignetem Material zu verseilen und erhalten eine gemeinsame Beflechtung aus Baumwolle, Hanf, Seide oder ähnlichem Stoff. Die Tragschnur oder das Tragseilchen können auch doppelt zu beiden Seiten der Adern angeordnet werden. Wenn das Tragseilchen aus Metall hergestellt ist, muß es umsponnen oder beflochten sein. Die gemeinsame Beflechtung der Schnur kann wegfallen, doch müssen die Gummiadern dann einzeln umflochten werden.

Die Pendelschnüre müssen so biegsam sein, daß einfache Schnüre um Rollen von 25 mm Durchmesser und doppelte um Rollen von 35 mm Durchmesser ohne Nachteil geführt werden können.

Die Pendelschnüre müssen in trockenem Zustande einer halbstündigen Durchschlagsprobe mit 1000 V Wechselstrom widerstehen können.

3. Leitungen zum Anschluß ortsveränderlicher Stromverbraucher.

a) Gummiaderschnüre (Zimmerschnüre)
für geringe mechanische Beanspruchung in trockenen Wohnräumen in Niederspannungsanlagen.
Bezeichnung: NSA.

Die Gummiaderschnüre sind in Querschnitten von 1 bis 6 mm² zulässig. Für die Querschnitte 1 bis 2,5 mm² besteht die Kupferseele aus Drähten von höchstens 0,25 mm Durchmesser, die zusammengedreht werden. Sie ist mit Baumwolle umsponnen. Für die Querschnitte 4 bis 6 mm^2 wird die Kupferseele aus Drähten von höchstens 0,30 mm Durchmesser zusammengesetzt, die zweckentsprechend verseilt sind. Die Baumwollumspinnung kommt in Fortfall. Über der Kupferseele befindet sich die vulkanisierte Gummihülle in der Wandstärke der NGA-Leitungen.

Jede Ader muß über der Gummihülle einen Schutz aus Fasermaterial (Garn, Seide, Baumwolle oder ähnlichem) erhalten. Bei Einleiterschnüren oder verseilten Mehrfachschnüren muß dieser Schutz in einer Beflechtung bestehen.

Runde oder ovale Mehrfachschnüre müssen außerdem eine gemeinsame Beflechtung erhalten.

Für die Spannungsprüfung gelten die Bestimmungen über Gummiaderleitungen.

b) Handlampenleitungen

für leichte mechanische Beanspruchung in Werkstätten in Niederspannungsanlagen.

Bezeichnung: NHH (mit Baumwollbeflechtung).

Bezeichnung: NHK (mit Kordelbeflechtung).

Die Handlampenleitungen sind in Querschnitten bis 6 mm^2 zulässig. Die Bauart des Leiters, die Vorschriften über die Baumwollumspinnung und die Beschaffenheit der Isolierung sind die gleichen wie bei den Gummiaderschnüren.

Die Gummihülle jeder einzelnen Ader ist mit gummiertem Band bewickelt. Zwei oder mehr solcher Adern sind rund zu verseilen, mit getränktem Baumwollband zu bewickeln und mit einer dichten Beflechtung aus getränkter Baumwolle (NHH) oder mit einer Beflechtung aus geteerter Kordel (NHK) zu versehen.

Für die Spannungsprüfung gelten die Bestimmungen über Gummiaderleitungen.

c) Werkstattschnüre,

für mittlere mechanische Beanspruchung in Werkstätten und Wirtschaftsräumen in Niederspannungsanlagen.

Bezeichnung: NWK.

Die Werkstattschnüre sind in Querschnitten von 1 bis 35 qmm zulässig.

Die Bauart des Kupferleiters und die Vorschriften für die Baumwollbespinnung sind die gleichen wie bei den Gummiaderschnüren, jedoch ist bei Querschnitten über 6 qmm die Verwendung von Drähten bis zu 0,4 mm zulässig.

Die Gummihülle jeder einzelnen Ader ist mit gummiertem Band bewickelt; zwei oder mehr solcher Adern sind rund zu verseilen und mit einer dichten Beflechtung aus Faserstoff zu versehen. Darüber ist eine zweite Beflechtung aus besonders widerstandsfähigem Stoff (Hanfkordel oder dergl.) anzubringen.

Erdungsleiter müssen aus verzinnten Kupferdrähten bestehen und sind innerhalb der inneren Beflechtung anzuordnen.

Für Querschnitte bis 2,5 mm² darf der Durchmesser des Einzeldrahtes höchstens 0,25 mm, für 4 bis 6 mm² 0,3 mm und für 10 mm² 0,4 mm betragen..

Für die Abmessungen gilt folgende Tabelle:

Kupferquerschnitt in mm²	Stärke der Gummischicht mindestens mm	Querschnitt der Erdungsleiter in mm²
1,0	0,8	1,0
1,5	0,8	1,0
2,5	1,0	1,0
4,0	1,0	2,5
6,0	1,0	2,5
10,0	1,2	4,0
16,0	1,2	4,0
25,0	1,4	6,0
35,0	1,4	10,0

Für die Spannungsprüfung gelten die Bestimmungen über die Gummiaderleitungen.

d) Spezialschnüre,

für rauhe Betriebe in Gewerbe, Industrie und Landwirtschaft in Niederspannungsanlagen.

Bezeichnung: NSGK und NSK.

Die Spezialschnüre sind in Querschnitten von 1 bis 16 qmm zulässig. Die Bauart des Kupferleiters und die Vorschriften über die Baumwollbespinnung sind die gleichen wie bei den Werkstattschnüren.

Für die Wandstärke der Gummihülle gilt die entsprechende Tabelle über die Werkstattschnüre.

Die Gummihülle der einzelnen Adern ist mit gummiertem Band bewickelt; zwei oder mehr solcher Adern sind zu verseilen und mit Gummi so zu umpressen, daß alle Hohlräume ausgefüllt sind und die Gummiumpressung an der schwächsten Stelle mindestens dieselbe Wandstärke hat, wie die Gummihülle der einzelnen Adern. Die Zusammensetzung des Gummis dieser Umpressung muß den unter A, I, 2 gegebenen Bestimmungen entsprechen.

NSK: Die gemeinsame Gummiumpressung kann fortfallen, wenn die Gummihülle der einzelnen Adern mindestens die für Spezialaderleitungen vorgeschriebene Bauart und Dicke besitzt.

Über der gemeinsamen Gummipressung der NSGK-Ausführung bzw. über den rund verseilten Spezialgummiadern der NSK-Ausführung ist ein gummiertes Band und darüber eine Beflechtung aus Faserstoff anzubringen, hierüber eine zweite Beflechtung aus besonders widerstandsfähigem Stoff (Hanfkordel oder dergl.). Die zweite Beflechtung kann auch durch gut biegsame Metallbewehrung (nicht Drahtbeflechtung) ersetzt sein.

Für Bauart und Abmessungen der Erdungsleiter gelten die entsprechenden Bestimmungen über Werkstattschnüre. Die Erdungsleiter können auch in Form einer die Leitung umgebenden Beflechtung oder einer Bewicklung unmittelbar unter der inneren Faserstoffbeflechtung angebracht werden, jedoch muß hierbei die Biegsamkeit der Leitung gewahrt bleiben. Der Gesamtquerschnitt muß auch in diesem Falle mindestens die angegebenen Werte besitzen.

Für die Spannungsprüfung gelten die Bestimmungen über Gummiaderleitungen.

e) Hochspannungsschnüre,
für Spannungen bis 1000 V.
Bezeichnung: NHSGK.

Die Hochspannungsschnüre sind in Querschnitten von 1 bis 16 qmm zulässig. Die Bauart der Kupferleiter und die Vorschriften über die Baumwollbespinnung sind die gleichen wie bei den Gummiaderschnüren.

Die Gummihülle der einzelnen Adern entspricht in Bauart und Dicke mindestens der Gummihülle der Spezialgummiaderleitungen für 2000 V.

Die Gummihülle der einzelnen Adern ist mit gummiertem Band bewickelt. Zwei oder mehr solcher Adern sind su verseilen und mit Gummi so zu umpressen, daß alle Hohlräume ausgefüllt sind und die Gummiumpressung an der schwächsten Stelle mindestens dieselbe Wandstärke hat, wie die Gummihülle der einzelnen Adern. Die Zusammensetzung des Gummis dieser Umpressung muß den unter A, I, 2 gegebenen Bestimmungen entsprechen.

Für die Teile über der gemeinsamen Gummiumpressung gelten die entsprechenden Bestimmungen über Spezialschnüre.

Die Hochspannungsschnüre müssen nach 24stündigem Liegen unter Wasser von nicht mehr als 25° C während einer halben Stunde einer Prüfspannung von 4000 V Wechselstrom widerstehen können.

f) Leitungstrossen,
geeignet zur Führung über Leitrollen und Trommeln.
Bezeichnung: NLT.
(Kranleitungen, Abteufleitungen, Schießleitungen und dergl., ausgenommen Pflugleitungen.)

Leitungstrossen sind bewegliche Leitungen für solche Anwendungsgebiete, wo ein häufiges Auf- und Abwickeln der Leitungen betriebsmäßig stattfindet. Sie sind nur mit mehrdrähtigen Kupferleitern in den normalen Querschnitten von 2,5 qmm bis 150 qmm zulässig. Die Einzeldrähte dürfen bis zum Querschnitt von 50 qmm nicht über 0,8 mm Durchmesser, bei größeren Querschnitten nicht über 1,2 mm Durchmesser haben. Verbindungen müssen in der Weise hergestellt sein, daß die Drähte einzeln verlötet und die Lötstellen versetzt werden. Bei Querschnitten über 10 qmm muß der Leiter mehrlitzig sein. Der Drall darf bei einzelnen Litzen nicht mehr als das 12- bis 15fache des Litzendurchmessers betragen, bei mehrlitzigen Leitern nicht mehr als das 11fache des Gesamtdurchmessers.

Die Isolierung der Adern soll in Leitungstrossen für Spannungen bis 250 V mit der der NGA-Leitungen, in solchen für mehr als 250 V mit der der NSGA-Leitungen übereinstimmen.

Leitungstrossen dürfen keinen Bleimantel haben[1]); sie sind mit einer bei Mehrfachleitungen gemeinsamen Umhüllung oder Bewehrung zu versehen, die hinreichend biegsam und so widerstandsfähig ist, daß sie bei der vorgesehenen Beanspruchung keine mechanische Verletzung erleidet. Für Spannungen über 250 V ist nur zur Erdung geeignete Metallbewehrung zulässig. Eine Beflechtung mit Drähten von weniger als 0,5 mm Durchmesser gilt nicht als ausreichende Metallbewehrung. Bei Leitungstrossen, die sich selbst tragen müssen, sind entweder Drahtseile einzulegen, oder die Bewehrung kann als Träger verwendet werden. Die stromführenden Leiter selbst sind nicht als tragende Teile in Rechnung zu setzen[2]). Die Festigkeit der tragenden Teile ist hierbei so zu bemessen, daß das Gesamtgewicht der freihängenden Leitung und der daran hängenden Teile mit fünffacher Sicherheit getragen werden kann; die tragenden Teile sind so zu gestalten oder anzuordnen, daß die freihängende Trosse sich nicht durch Aufdrehen verändern kann. Zwischen Leitungsadern und Bewehrung muß außer der Beflechtung ein Schutzpolster aus feuchtigkeitsbeständigem Stoff angebracht werden, dessen Stärke einschließlich der Beflechtung der Isolationsdicke gleichkommt. Mit einer gleichstarken Hülle aus entsprechendem Stoff sind Tragseile zu umgeben. Tragseile müssen aus Einzeldrähten von höchstens 0,8 mm Durchmesser verseilt sein.

Erdungsleiter in beweglichen Leitungstrossen sollen aus Kupfer bestehen und einen Querschnitt von mindestens 4 qmm haben[3]).

Bei Spannungen von mehr als 250 Volt sind Prüf- und Hilfsdrähte unzulässig.

Für die Prüfung der Leitungstrossen gelten die Vorschriften für die Prüfung von NGA- und NSGA-Lei-

---

1) Für Abteufkabel, die über Leitrollen und Trommeln geführt und selten bewegt werden, sind bis auf weiteres Bleimäntel zulässig.

2) Bei Schießleitungen ist es zulässig, den Leiter als Tragorgan auszubilden.

3) Siehe auch die „Leitsätze für Schutzerdungen", Anhang 2 dieses Buches, S. 229, sowie „ETZ" 1913, S. 691 und 1914, S. 400 und 604.

tungen, wobei als Betriebsspannung stets die Spannung zwischen zwei Adern anzusehen ist.

Leitungstrossen in Betriebsstätten und Lagerräumen mit ätzenden Dünsten müssen gegen chemische Beschädigungen tunlichst geschützt sein.

B. Bleikabel.

I. Gummibleikabel.

Für Gummibleikabel sind je nach Spannung normale NGA-Leitungen oder NSGA-Leitungen zu verwenden. Mehrleiter-Gummibleibakel sind als verseilte-Kabel aus solchen Leitungen herzustellen. Bei Einfachkabeln kann die Umklöpplung der GA-Leitungen durch eine zweite Bandbewicklung ersetzt sein. Bei Mehrfachkabeln kann die Beklöpplung der einzelnen Adern fortfallen; die Adern müssen indes nach der Verseilung mit einem imprägnierten Bande umgeben werden. Bleimantel und Bewehrrung müssen bei Einleiterkabeln der Tabelle I, bei Mehrleiterkabeln der Tabelle III entsprechen. Bei mit Metall umklöppelten Gummibleikabeln werden Vorschriften, betreffend die Hülle über dem Bleimantel, nicht erlassen.

Adern und fertige Kabel sind nach den Bestimmungen für NGA-Leitungen und NSGA-Leitungen zu prüfen. Für die zulässige Belastung sind die Tabellen unter C maßgebend.

II. Papier- oder Faserstoff-Bleikabel

1. Einleiter-Gleichstrom-Bleikabel mit und ohne Prüfdraht bis 750 V.

Einfache Gleichstrom-Bleikabel müssen der Konstruktionstabelle I entsprechen, und zwar gelten für

α) blanke Bleikabel die Spalten 1 bis 5,

β) asphaltierte Bleikabel die Spalten 1 bis 6,

γ) armierte asphaltierte Bleikabel die Spalten 1 bis 9.

Die Prüfspannung beträgt für alle drei Arten 1200 V Wechselstrom. Die Kabel dürfen bei einhalbstündiger Prüfung in der Fabrik nicht durchschlagen.

Besteht der Leiter aus Aluminium anstatt aus Kupfer, so sind nur die normalen Querschnitte von 4 qmm an aufwärts zulässig; die Bauart der Kabel ist dieselbe.

2. Konzentrische und verseilte Mehrleiter-Bleikabel mit und ohne Prüfdraht.

Die Drähte der Außenleiter bei konzentrischen Mehrleiterkabeln sind derart zu wählen, daß dieselben einen möglichst geschlossenen Leiter bilden. Schwächer als 0,8 mmDurchmesser dürfen die Drähte jedoch nicht sein.

Konzentrische Mehrleiterkabel sind nur für Spannungen bis 3000 V zulässig.

Prüfdrähte sind nur in Kabeln für Spannungen bis 750 V zulässig.

Die Prüfspannungen der Kabel werden wie folgt festgesetzt:

Tabelle I. Konstruktionstabelle für Einleiter-Gleichstrom-Bleikabel mit und ohne Prüfdraht bis 750 V.

Kupferseele: Effektiver Kupferquerschnitt	Kupferseele: Zahl der Drähte, Kabel ohne Prüfdraht, Minimalzahl	Kupferseele: Zahl der Drähte, Kabel mit Prüfdraht, Minimalzahl	Prüfdraht: Querschnitt der Kupferseele qmm	Isolierhülle: Material	Isolierhülle: Minimaldicke	Bleimantel: einfacher Gesamtdicke	Bleimantel: doppelter Gesamtdicke	Bedeckung des Bleimantels: Material	Bedeckung des Bleimantels: Dicke mm	Bewehrung: Blechstärke mm	Bewehrung: Drahtstärke mm	Bedeckung der Bewehrung: Material	Bedeckung der Bewehrung: Dicke mm	Äußerer Durchmesser des fertigen Kabels ungefähr mm: ohne Prüfdraht	Äußerer Durchmesser des fertigen Kabels ungefähr mm: mit Prüfdraht
1	2		3	4		5		6		7		8		9	
1,0	1	—	—	Gut imprägnierte Papier- oder andere Faserstoffisolierung	1,75	1,2	—	Gut imprägniertes Papier oder anderer säurefreier imprägnierter Faserstoff	1,5	—	Verzinkter Eisendraht von 1,8 mm Durchmesser	Gut säurefrei imprägnierter Faserstoff	1,5	17	—
1,5	1	—	—		1,75	1,2	—		1,5	—			1,5	17	—
2,5	1	—	—		1,75	1,2	—		1,5	—			1,5	18	—
4,0	1	—	—		1,75	1,4	—		1,5	—			1,5	19	—
6,0	1	—	—		1,75	1,4	—		1,5	—			1,5	19	—
10,0	1	—	—		1,75	1,4	—		1,5	—			1,5	20	—
16,0	7	3	1		2,0	1,5	2 × 0,9		2,0	—			2,0	25	26
25	7	6			2,0	1,5	2 × 0,9		2,0	2 × 0,8	—		2,0	25	26
35	7	6			2,0	1,6	2 × 0,9		2,0	2 × 0,8	—		2,0	26	27
50	19	6			2,0	1,6	2 × 1,0		2,0	2 × 0,8	—		2,0	29	30
70	19	13			2,0	1,7	2 × 1,0		2,0	2 × 0,8	—		2,0	31	32
95	19	13			2,0	1,7	2 × 1,0		2,0	2 × 0,8	—		2,0	32	33
120	19	13			2,0	1,8	2 × 1,1		2,0	2 × 1,0	—		2,0	35	36
150	19	18			2,25	1,9	2 × 1,1		2,0	2 × 1,0	—		2,0	37	38
185	37	26			2,25	2,0	2 × 1,1		2,5	2 × 1,0	—		2,0	40	41
240	37	29			2,50	2,1	2 × 1,2		2,5	2 × 1,0	—		2,0	43	44
310	37	36			2,50	2,2	2 × 1,2		2,5	2 × 1,0	—		2,0	46	47
400	37	36			2,50	2,3	2 × 1,2		2,5	2 × 1,0	—		2,0	49	50
500	37	36			2,75	2,4	2 × 1,3		3,0	2 × 1,0	—		2,0	54	55
625	37	36			2,75	2,6	2 × 1,3		3,0	2 × 1,0	—		2,0	58	59
800	37	36			3,0	2,8	2 × 1,4		3,0	2 × 1,0	—		2,0	63	64
1000	37	36			3,0	3,0	2 × 1,5		3,0	2 × 1,0	—		2,0	67	68

Die Bespinnung über der Bewehrung muß derart ausgeführt werden, daß eine gute Deckung vorhanden ist.

Kupferquerschnitt der Einzelleiter qmm	Mindestzahl der Drähte: des Innenleiters bei konzentrischen Kabeln – Kabel ohne Prüfdrähte	Mindestzahl der Drähte: des Innenleiters bei konzentrischen Kabeln – Kabel mit Prüfdrähten	Mindestzahl der Drähte: in jedem kreisförmigen Leiter bei den verseilten Kabeln	Prüfdrähte: Querschnitt der Kupferseele qmm	Isolierhülle für Kabel bis 750 V: Material	Isolierhülle für Kabel bis 750 V: Mindeststärke zwischen den Leitern und zwischen Leiter und Blei
1	—	—	1		Gut imprägnierte Papier- oder andere Faserstoffisolierung	2,3
1,5	—	—	1			2,3
2,5	—	—	1			2,3
4	—	—	1			2,3
6	—	—	1			2,3
10	1	—	1			2,3
16	1	3	7	1 (für 16–400)		2,3
25	7	6	7			2,3
35	7	6	7			2,3
50	19	6	19			2,3
70	19	13	19			2,3
95	19	13	19			2,3
120	19	13	19			2,3
150	19	18	37			2,3
185	37	26	37			2,5
240	37	29	37			2,5
310	37	36	61			2,8
400	37	36	—			2,8

Tabelle III.

Durchmesser der Kabelseele unter dem Bleimantel mm	Bleimantel einfach mm	Bleimantel doppelt mm	Bespinnung des Bleimantels mm	Blechstärke der Bewehrung mm	Bedeckung der Bewehrung; Dicke in mm
bis 10	1,5	2 × 0,9	2	2 × 0,8	2
„ 12	1,6	2 × 0,9	2	2 × 0,8	2
„ 14	1,7	2 × 1,0	2	2 × 0,8	2
„ 16	1,7	2 × 1,1	2	2 × 0,8	2
„ 18	1,8	2 × 1,1	2	2 × 0,8	2
„ 20	1,9	2 × 1,1	2,5	2 × 1,0	2
„ 23	2,0	2 × 1,2	2,5	2 × 1,0	2
„ 26	2,1	2 × 1,2	2,5	2 × 1,0	2
„ 29	2,2	2 × 1,2	2,5	2 × 1,0	2
„ 32	2,3	2 × 1,3	2,5	2 × 1,0	2
„ 35	2,4	2 × 1,3	2,5	2 × 1,0	2
„ 38	2,6	2 × 1,3	3	2 × 1,0	2
„ 41	2,7	2 × 1,4	3	2 × 1,0	2
„ 44	2,8	2 × 1,4	3	2 × 1,0	2
„ 47	3,0	2 × 1,5	3	2 × 1,0	2
„ 50	3,2	2 × 1,6	3	2 × 1,0	2
„ 54	3,2	2 × 1,6	3	2 × 1,0	2
„ 58	3,4	2 × 1,7	3	2 × 1,0	2
„ 62	3,4	2 × 1,7	3	2 × 1,0	2
„ 66	3,6	2 × 1,8	3	2 × 1,0	2
„ 70	3,6	2 × 1,8	3	2 × 1,0	2

Die Spannung bei der Prüfung in der Fabrik soll das Doppelte, jene bei der Prüfung nach fertiger Verlegung das 1,25 fache der Betriebsspannung betragen.

Den Bedingungen ist genügt, wenn die Kabel in der Fabrik nach einhalbstündiger Prüfung und im fertig verlegten Netz nach einstündiger Prüfung mit den vorgeschriebenen Spannungen in Wechselstrom- bzw. bei den Dreifachkabeln in Drehstromschaltung nicht durchschlagen.

Für den Aufbau des Kupferleiters und der Isolierhülle von Kabeln für Spannungen bis 750 V gilt Tabelle II.

Die Stärken der Isolierschichten zwischen den Leitern unter sich und zwischen den Leitern und Blei werden bei den Kabeln höherer Spannungen, also über 750 V, dem Ermessen des Fabrikanten überlassen. Keinesfalls dürfen die Stärken geringer sein, als für die Kabel für 750 V festgelegt ist.

Für die Stärke der Bleimäntel und der Eisenbandbewehrung gilt Tabelle III.

Die Bespinnung über der Bewehrung muß derart ausgeführt werden, daß eine gute Deckung vorhanden ist.

Bestehen die Leiter aus Aluminium anstatt aus Kupfer, so sind nur die normalen Querschnitte von 4 qmm an aufwärts zulässig; die Bauart der Kabel ist dieselbe.

C. Belastungstabellen für isolierte Leitungen.

I. Kupferleitungen.

1. Belastungstabelle für gummiisolierte Leitungen.

Querschnitt in qmm	Höchste dauernd zulässige Stromstärke[1]) pro Leiter in A.
0,50	7,5
0,75	9
1	11
1,5	14
2,5	20
4	25
6	31
10	43
16	75
25	100
35	125
50	160
70	200
95	240
120	280
150	325
185	380
240	450
310	540
400	640
500	760
625	880
800	1050
1000	1250

1) Bei Auswahl der Sicherung ist § 20[1] der „Errichtungsvorschriften“ zu beachten.

Bei intermittierendem Betriebe ist die zeitweilige Erhöhung der Belastung über die Tabellenwerte zulässig, sofern dadurch keine größere Erwärmung als bei der der Tabelle entsprechenden Dauerbelastung entsteht.

2. Belastungstabelle für Bleikabel.

Querschnitt	Höchste dauernd zulässige Stromstärke in A.[1]) bei Verlegung im Erdboden								
	Einleiterkabel bis	Verseilte Zweileiterkabel bis		Verseilte Dreileiterkabel bis		Verseilte Vierleiterkabel bis		Konzentr. Zweileiterkabel bis	Konzentr. Dreileiterkabel bis
qmm	750 V	3000 V	10000 V	3000 V	10000 V	3000 V	10000 V	3000 V	3000 V
1	24	19	—	17	—	16	—	—	—
1,5	31	25	—	22	—	20	—	—	—
2,5	41	33	—	29	—	26	—	—	—
4	55	42	—	37	—	34	—	—	—
6	70	53	—	47	—	43	—	—	—
10	95	70	65	65	60	57	55	70	55
16	130	95	90	85	80	75	70	90	75
25	170	125	115	110	105	100	95	120	100
35	210	150	140	135	125	120	115	145	120
50	260	190	175	165	155	150	140	180	150
70	320	230	215	200	190	185	170	220	185
95	385	275	255	240	225	220	205	270	220
120	450	315	290	280	260	250	240	310	255
150	510	360	335	315	300	290	275	360	290
185	575	405	380	360	340	330	310	405	330
240	670	470	—	420	—	385	—	470	385
310	785	545	—	490	—	445	—	550	455
400	910	635	—	570	—	—	—	645	530
500	1035	—	—	—	—	—	—	—	—
625	1190	—	—	—	—	—	—	—	—
800	1380	—	—	—	—	—	—	—	—
1000	1585	—	—	—	—	—	—	—	—

Bei Verlegung von Kabeln in Luft oder bei Anordnung in Kanälen und dergleichen, Anhäufung von Kabeln im Erdboden oder ähnlichen ungünstigen Verhältnissen empfiehlt es sich, die Belastung auf ¾ der in der Tabelle angegebenen Werte zu ermäßigen[2]).

Der Tabelle ist eine Übertemperatur von 25° C bei Dauerbelastung und die übliche Verlegungstiefe von etwa 70 cm zugrunde gelegt.

---

1) Bei Auswahl der Sicherung ist § 20^1 der „Errichtungsvorschriften" zu beachten.

2) In Bergwerken unter Tage sind Kabel, die in der Sohle verlegt sind, zu behandeln wie im Erdboden verlegte Kabel.

Sie gilt, solange nicht mehr als zwei Kabel im gleichen Graben nebeneinander liegen. Gesondert verlegte Mittelleiter bleiben hierbei unberücksichtigt.

Bei intermittierendem Betriebe ist die zeitweilige Erhöhung der Belastung über die Tabellenwerte zulässig, sofern dadurch keine größere Erwärmung als bei der der Tabelle entsprechenden Dauerbelastung entsteht.

II. Aluminiumleitungen.

1. Belastungstabelle für im Erdboden verlegte Einleiterkabel mit Aluminiumleiter für Gleichstrom bis 750 V.

Querschnitt in qmm	Höchste dauernd zulässige Stromstärke[1]) in A.
4	42
6	55
10	75
16	100
25	130
35	160
50	200
70	245
95	295
120	345
150	390
185	440
240	515
310	600
400	695
500	795
625	910
800	1055
1000	1210

1) Vgl. die Anm. zu C. I, 1.

4. Normen für Starkstrom-Freileitungen.

Gültig ab 1. VII. 1921.

Angenommen auf der Jahresversammlung 1921.

I. Leitungen.

a) Geltungsbereich.

Von den folgenden Bestimmungen werden alle blanken und isolierten Freileitungen[1]) betroffen. Ausgenommen sind Fahr- und Schleifleitungen[2]) sowie Leitungen für Installationen im Freien, bei denen die Entfernung der Stützpunkte 20 m nicht überschreitet.

b) Normale Querschnitte.

Die Leitungen sollen nach folgenden Normen[3]) hergestellt werden:

Querschnitt[4]) Nennwert mm²	Querschnitt[4]) Istwert mm²	Drahtzahl Seilaufbau	Draht-durchmesser mm (Nennwert)	Seil-durchmesser mm (Nennwert d)
6	5,9	1 (eindrähtig)	2,75	—
10	9,9	1 „	3,55	—
10	10	7 (verseilt)	1,35	4,1
16	15,9	1 (eindrähtig)	4,5	—
16	15,9	7 (verseilt)	1,7	5,1
25	24,2	7 „	2,1	6,3
35	34	7 „	2,5	7,5
50	49	7 „	3,0	9,0
50	48	19 „	1,8	9,0
70	66	19 „	2,1	10,5
95	93	19 „	2,5	12,5
120	117	19 „	2,8	14,0
150	147	37 „	2,25	15,8
185	182	37 „	2,5	17,5
240	228	37 „	2,8	19,6
240	243	61 „	2,25	20,3
310	299	61 „	2,5	22,5

1) Auch Hausanschlußleitungen fallen unter die Normen für Starkstrom-Freileitungen.

2) Die grundsätzliche Verschiedenheit der Anwendungsart von Fahr- und Schleifleitungen gegenüber anderen Freileitungen (z. B. bezüglich der Drahtdurchmesser) macht es notwendig, die Baustoff- und Berechnungsvorschriften beider Gebiete völlig zu trennen.

3) Diese Normentafel gilt so lange, bis die beim Normenausschuß der Deutschen Industrie in Bearbeitung befindliche Normentafel fertiggestellt ist.

*) Für die Errichtung von Freileitungen gelten außerdem die Vorschriften für die Errichtung und den Betrieb elektrischer Starkstromanlagen sowie die Leitsätze für Schutzerdungen und die Leitsätze zum Schutze von Fernsprech-Doppelleitungen gegen die Beeinflussung durch Drehstromleitungen.

Eindrähtige Leitungen sind nur bis 80 m Spannweite zulässig, eindrähtige Eisen- oder Stahlleitungen nur für Niederspannung.

Für Fernmelde-Freileitungen an Hochspannungsgestängen wird Bronzedraht von 60 bis höchstens 70 kg/qmm Bruchfestigkeit bei Spannweiten bis zu 120 m zugelassen. Bei größeren Spannweiten dürfen auch Fernmelde-Freileitungen nur als Seil verlegt werden.

Die Schlaglänge soll das 11- bis 14-fache des jeweiligen Seilnenndurchmessers betragen.

Als kleinster Querschnitt ist für Kupfer 10 qmm, für Aluminium 25 qmm, für andere Metalle ein Querschnitt von 380 kg Tragfähigkeit (Zuglast, die beim Prüfen mindestens 1 min lang wirken soll, ohne zum Bruch zu führen) erlaubt. In Ortsnetzen und für Hausanschlüsse werden bei Niederspannung und kleineren Mastentfernungen bis zu 35 m Kupferleitungen von 6 qmm Querschnitt und Leitungen aus Aluminiumseil von 16 qmm Querschnitt zugelassen[5]).

c) Baustoffe.

1. Als normale[6]) Baustoffe gelten Kupfer und Aluminium, deren Beschaffenheit folgenden Bedingungen entspricht:

mm Durchmesser			Zuglast in kg, die mindestens 1 Minute lang wirken soll, ohne zum Bruch zu führen		Widerstand in Ω/km bei 20° C höchstens	
Nennwert	Grenzwerte					
	von	bis	Kupfer in kg[7])	Aluminium in kg[7])	Kupfer in kg[7])	Aluminium in kg[7])
1,35	1,3	1,4	60	—	12,7	—
1,7	1,65	1,75	90	—	8,0	—
1,8	1,75	1,85	100	45	7,15	12,5
2,1	1,05	2,15	140	65	5,25	9,0
2,25	2,2	2,3	160	75	4,6	7,9
2,5	2,45	2,55	200	90	3,7	6,4
2,75	2,7	2,8	240	110	3,1	5,3
2,8	2,75	2,85	250	115	3,0	5,0
3,0	2,95	3,05	270	135	2,6	4,4
3,55	3,5	3,6	380	—	1,85	—
4,5	4,45	4,55	600	—	1,15	—

4) Leitungen, die stark angreifenden Dämpfen ausgesetzt sind, können bei Verwendung feindrähtiger Litzen unter Umständen gefährdet sein. Daher empfiehlt es sich, für solche Leitungen Querschnitte unter 35 qmm nicht zu verwenden.

5) Eindrähtige Leitungen sind durch Baustoffehler stärker gefährdet als mehrdrähtige. Nur Metalle mit mehr als 7,5 spezifischem Gewicht, wie Kupfer, Bronzen, Eisen usw. dürfen unter den Regeln der Abschnitte b und c in Einzeldrähten aufgehängt werden. Aluminium ist eindrähtig nicht gestattet.

Die Zulassung von Querschnitten von 380 kg Tragfähigkeit

Außerdem sollen die Drähte bei dem Festigkeitsversuch in Form eines ausgeprägten Fließkegels zerreißen[8]).

Die auftretenden Höchstspannungen sollen bei normalem Baustoff, u. zw. bei eindrähtigen Kupferleitern nicht mehr als 12 kg/qmm, bei Kupferseilen nicht mehr als 19 kg/qmm, bei Aluminiumseilen nicht mehr als 9 kg/qmm betragen.

Bei Verwendung von Aluminium, dessen Festigkeit die Werte der Tafel bis zu 10% unterschreitet, darf eine Höchstspannung von 8 kg/qmm nicht überschritten werden. Bei noch geringerer Festigkeit treten die Bestimmungen unter 2. in Kraft.

2. Nichtnormale Baustoffe sind unter den Beschränkungen des Abschnittes b mit der Maßgabe zugelassen, daß im ungünstigsten Belastungsfalle folgende Sicherheit vorhanden ist:

für eindrähtige Starkstromleitungen mindestens eine 4-fache,

für eindrähtige Fernmeldefreileitungen, sofern sie aus Bronzedraht bestehen, der nachweislich eine Tragfähigkeit von wenigstens 380 kg aufweist, mindestens eine 2,5-fache,

für verseilte Leitungen mindestens eine 2,5-fache.

Außerdem sollen die Drähte bei dem Festigkeitsversuch in Form eines Fließkegels zerreißen[8]).

Leitungen aus Eisen oder Stahl müssen zuverlässig verzinkt sein[9]).

---

ermöglicht beispielsweise auch die Verwendung von Bronze, Eisen und Stahl mit Querschnitten unter 10 qmm für Fernmeldeleitungen auf Hochspannungsgestänge.

6) Als normale Baustoffe für Freileitungen sind diejenigen Metalle anzusehen, deren physikalische Beschaffenheit als völlig erforscht und nur in engen Grenzen als veränderlich gelten kann, wie Kupfer und Aluminium.

Bei gegebenem Drahtdurchmesser ist der Stoff durch den Leitungswiderstand, sein Bearbeitungszustand und sein im Betrieb nutzbares Tragvermögen durch die Bruchlast zur Genüge festgelegt. Um Zweifel über die Meßarbeit auszuschließen, wird bestimmt, daß die vorgeschriebene Mindestzuglast mindestens 1 min lang wirken muß, ehe sie zum Bruch führt. Die Sicherheit eindrähtiger Kupferleitungen ist absichtlich größer gewählt als die verseilter Drähte.

7) Diese Werte sind unter Zugrundelegung eines mittleren Wertes von 40 kg/qmm für Kupfer und 19 kg/qmm für Aluminium errechnet.

8) Das Vorhandensein des Fließkegels ist ein einfacheres Bewertungsmittel für die Zähigkeit des Baustoffes als die früher geforderte Dehnungsmessung. Als ausgeprägt soll ein Fließkegel gelten, wenn er mindestens 30% Querschnittsverjüngung enthält. Eine solche Querschnittsverjüngung prägt sich dem Auge nach kurzer Übung ein; es wird sich also sogar die Messung in der Mehrzahl der Fälle erübrigen, zumal die tatsächliche Querschnittsverjüngung der zähen Metalle 30% merklich zu übersteigen pflegt und somit zuverlässige Schätzungen ermöglicht.

9) Nichtnormale Leitungsbaustoffe, z. B. Eisen, Stahl so-

3. Bei zusammengesetzten Baustoffen, z. B. Stahl-Aluminium u. dgl., sind die vorstehenden Bestimmungen sinngemäß anzuwenden.

d) Durchhang.

Der Durchhangsberechnung[10]) sind zugrunde zu legen:

a) eine Temperatur von — 5° C und eine zusätzliche Belastung, hervorgerufen durch Wind bzw. Eis,

b) eine Temperatur von — 20° ohne zusätzliche Belastung.

Die zusätzliche Belastung ist in der Richtung der Schwerkraft wirkend anzusehen. Diese Zusatzlast ist mit $180\sqrt{d}$ in g für 1 m Leitungslänge einzusetzen[11]),

---

wie Legierungen, wie Bronzen, Bimetalle usw., sind zwar zugelassen und grundsätzlich denselben Festigkeitsrechnungen unterworfen wie Kupfer; in bezug auf Zähigkeit und chemische Beständigkeit ist jedoch Vorsicht geboten.

Bei Eisen oder Stahl muß der Zinküberzug eine glatte Oberfläche haben, den Draht überall zusammenhängend bedecken und so fest daran haften, daß der Draht in eng aneinanderliegenden Spiralwindungen um einen Zylinder von dem 10-fachen Durchmesser des Drahtes fest umgewickelt werden kann, ohne daß der Zinküberzug Risse bekommt oder abblättert.

Der Zinküberzug muß eine solche Dicke haben, daß Drähte über 2,5 mm Durchmesser 7 Eintauchungen von je 1 min Dauer, Drähte von 2,5 mm Durchmesser und darunter 6 Eintauchungen von je 1 min Dauer, in eine Lösung von 1 Gewichtsteil Kupfervitriol in 5 Gewichtsteilen Wasser vertragen, ohne sich mit einer zusammenhängenden Kupferhaut zu bedecken. Vor dem ersten sowie nach jedem weiteren Eintauchen muß hierbei der Draht mittels einer Bürste in klarem Wasser von anhaftendem Kupferschlamm befreit werden. (Diese Bestimmungen gelten so lange, bis die beim Normenausschuß der Deutschen Industrie bezüglich der Prüfungen von Zinküberzügen in Bearbeitung befindlichen Bestimmungen fertiggestellt sind.)

10) Werte für den Durchhang der Freileitungen bei verschiedenen Spannweiten, Temperaturen und Höchstspannungen sind in Jaegers Hilfstabellen für Freileitungen im Verlag M. Jaeger, Berlin, Ramlerstraße 38, enthalten. Diese Tabellen sind zwar nach den früheren Seiltabellen berechnet, sie dürfen aber, da die Abweichungen nur gering sind, doch noch benutzt werden.

11) Die nach den ersten Normen bis zum 1. I. 1914 gültige Berechnungsformel 0,015 q, die ein Vierfaches des Querschnittes als Zusatzlast bei — 5° C annahm, wurde verworfen, da sie zur Sicherung kleinerer Querschnitte nicht genügte, die großen Querschnitte jedoch zu ungünstig belastete. Darauf wurde 1914 die empirische Formel $190 + 50\,d$ eingeführt, welche die ungünstigsten Fälle für Eis und Wind einbegriff und bei 35 qmm Querschnitt, (wobei Drahtbrüche infolge Überlastung durch Eislast oder Winddruck nicht bekannt geworden waren), etwa die gleiche Zusatzlast wie nach $0{,}015\,q$ ergibt. Für die kleineren Querschnitte bietet sie eine größere Sicherheit, für stärkere Querschnitte ergibt sie eine geringere Zusatzlast. Nach dieser Formel wird für Kupferleitungen das Gewicht durch die Zusatzlast z. B. bei 95 qmm auf das Zweifache, bei 16 qmm auf das Vierfache, bei 10 qmm auf das Fünffache des Eigengewichtes vermehrt, während

wobei d den Leitungsdurchmesser, bei isolierten[12]) Leitungen den Außendurchmesser in mm bedeutet. In keinem Falle darf die Materialspannung der Leitung die unter c) festgesetzte Höchstspannung überschreiten.

Bei Ermittlung der größten Durchhänge sind sowohl — 5° C und zusätzliche Belastung als auch + 40° C ohne Zusatzlast zugrunde zu legen. (Bezüglich der Berechnung siehe auch „Bestimmungen für die bruchsichere Führung von Hochspannungsfreileitungen über Reichstelegraphen- und Fernsprechleitungen" S. 3 u. 36).

In Gegenden, in denen nachweislich außergewöhnlich große Zusatzlasten zu erwarten sind, muß die Sicherheit der Anlage durch zweckdienliche Maßnahmen erhöht werden. Als solche werden empfohlen: Verringerung des Mastabstandes, Vergrößerung des Durchhanges bei gleichzeitiger Vergrößerung der Leiterabstände und Vermeidung massiver Leiter[26]).

Werden Leitungen verschiedenen Querschnitts auf einem Gestänge verlegt, so sind sie nach dem Durchhang des schwächsten Querschnittes zu spannen, sobald die gegenseitige Lage der Drähte ein Zusammenschlagen möglich erscheinen läßt.

Liegen die Stützpunkte nicht auf gleicher Höhe, so wird unter Spannweite die Entfernung der Stütz-

---

diese Gewichtsvermehrung nach den ersten Normen bei allen Querschnitten dem 2,65-fachen Eigengewicht entsprach.

Auch diese Formel hat sich aus technischen und wirtschaftlichen Gründen als unzweckmäßig herausgestellt. Aus technischen, weil sie bei kleineren Querschnitten zwar eine größere mechanische Sicherheit ergibt, die elektrische Sicherheit aber vermindert, weil infolge der großen Durchhänge die Gefahr des Zusammenschlagens bedenklich erhöht ist; aus wirtschaftlichen Gründen, weil bei den gebräuchlichen großen Spannweiten sich zu hohe Maste ergeben. Deshalb wurde eine neue Formel für die Zusatzlast eingeführt, bei deren Verwendung sich kleinere Durchhänge errechnen, wodurch das Zusammenschlagen der Leitungen erschwert, gleichzeitig aber die mechanische Sicherheit der Leitungen nicht zu stark herabgesetzt wird. Es wurde die Formel $180\sqrt{d}$ g gewählt, die bei Querschnitten über 35 qmm einen Mittelwert der in der „ETZ" 1918, Heft 48, S. 475 für Berücksichtigung der Eislast aufgestellten Formeln $325 + 30{,}3\,d$ bzw. $416 + 16{,}2\,d$ (je nach Annahme des spezifischen Gewichts des Eises zu 0,9 bzw. 0,2) ergibt, bei Querschnitten unter 35 qmm eine nur wenig stärkere Beanspruchung gegenüber der bisherigen Formel $190 + 50\,d$ zuläßt. Es wurde ferner untersucht, ob die Windbelastung nicht eine höhere Zusatzlast erfordert. Unter Zugrundelegung eines Winddruckes von 125 kg/qm und eines Abrundungswertes von 0,5 ergibt sich, wenn man nach den Angaben meteorologischer Institute, (wonach in Deutschland im allgemeinen nur warme Stürme vorkommen) diese Windlast bei + 5° C wirken läßt, daß die Spannung der Seile bei + 5° C und dieser Windlast unter der Spannung bei — 5° C und der gleichzeitigen Eislast $180\sqrt{d}$ bleibt.

12) Bei Berechnung von Freileitungen mit Schutzhülle ist das Mehrgewicht entsprechend zu berücksichtigen.

punkte, wagerecht gemessen, und unter Durchhang der Abstand zwischen der Verbindungslinie der Stützpunkte und der dazu parallelen Tangente an die Durchhangslinie, senkrecht gemessen, verstanden[13]).

e) Leitungsverbindungen.

Mechanisch beanspruchte Leitungsverbindungen müssen mindestens 90% der Festigkeit (vgl. Erl. 7) der zu verbindenden Leitungen besitzen. Verbindungen mit kleinerer Festigkeit sowie Lötverbindungen müssen von Zug entlastet sein[14]). Abspannklemmen sind ebenso wie Leitungsverbindungen zu behandeln.

f) Fernmelde-Freileitungen.

Bezüglich Fernmelde-Freileitungen, die an einem Freileitungsgestänge für Hochspannung verlegt sind, siehe § 22 der Errichtungsvorschriften (insbesondere § 22 i und Regel 4 dieses Paragraphen).

Bezüglich des geringsten zulässigen Querschnittes der Fernmelde-Freileitungen siehe unter b) sowie § 20 Regel 4 der Errichtungsvorschriften.

II. Gestänge.

A. Allgemeines.

1. Die Gestänge sind für die höchsten, nach ihrem Verwendungszwecke gleichzeitig zu erwartenden äußeren Kräfte zu bemessen. Als solche kommen in Frage:

a) Eigengewicht der Gestänge mit Querträgern, Leitungen, Isolatoren und dergleichen, einschließlich der Eisbelastung.

b) Winddruck auf die vorgenannten Teile.

Dieser ist mit 125 kg auf 1 qm senkrecht getroffener Fläche ohne Eisbehang anzusetzen[15]). Bei Körpern mit Kreisquerschnitt bis höchstens

13) Spannweite x und Durchhang f bei Stützpunkten verschiedener Höhe ergeben sich aus der folgenden Abb. 1.

Die Leitungen sind so zu spannen, daß die Durchhänge nicht kleiner oder die Leitungszüge nicht größer werden als die in den Tafeln (s. Erl. 10) angegebenen Werte. Dies kann erreicht werden einmal dadurch, daß man die Durchhänge an den Stütz-

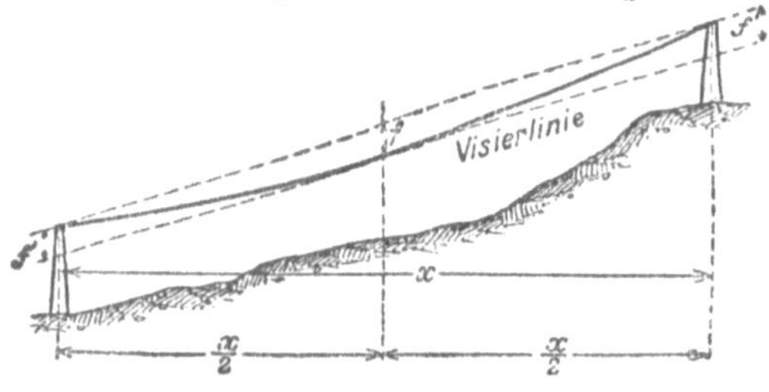

Abb. 1.

punkten von der Rille des Isolators aus abmißt und die Leitung entsprechend der durch diese Punkte festgelegten Visierlinie spannt, oder dadurch, daß man den erforderlichen Zug mit Hilfe eines Federdynamometers einstellt.

14) Die Vorschrift, daß Leitungen nicht unmittelbar durch

0,5 m mittleren Durchmesser ist die Fläche mit 50%, bei größeren mittleren Durchmessern mit 60% der senkrechten Projektion der wirklich getroffenen Fläche anzusetzen[16]).

Im übrigen ist der wirkliche Winddruck zu berücksichtigen. Bei Fachwerk sind die im Windschatten liegenden Teile mit 50% der Vorderfläche in Rechnung zu stellen. Dies gilt auch für fachwerkartige Querträger.

Wird ein Draht unter einem Winkel getroffen, so ist der Winddruck, der sich bei rechtwinkligem Auftreffen des Windes ergibt, mit dem Sinus des Winkels zu multiplizieren; für ebene Flächen ist mit dem Quadrate des Sinus zu rechnen.

c) Leitungszug, hervorgerufen durch das Eigengewicht der Leitungen und Isolatorenketten und die zusätzliche Last (Eis, Wind).

Dieser ist für jeden Leiter der für den betreffenden Fall zugrunde gelegten Höchstspannung multipliziert mit dem Leitungsquerschnitt gleichzusetzen[17]).

Für Isolatorenketten ist die Eislast mit 2,5 kg für 1 m Kette anzunehmen. Der Winddruck ist entsprechend Punkt b) zu berechnen.

d) Widerstand des Bodens oder der Fundamente (vgl. Abschnitt G).

Lötung miteinander verbunden werden dürfen, wenn die Lötstelle nicht von Zug entlastet ist, rechtfertigt sich durch den Umstand, daß die Festigkeit hartgezogener Drähte durch die bei der Lötung eintretende Erwärmung erheblich verringert wird, so daß ohne Entlastung schwache Stellen in der Leitung vorhanden sein würden, die zum Bruch führen können, sowie dadurch, daß Lötstellen in hohem Maße von der Zuverlässigkeit der Herstellung der Lötstellen abhängig sind.

15) Für Windbelastung ist auch die für Bauwerke festgesetzte Belastung von 125 kg/qm senkrecht getroffener Fläche zugrunde zu legen.

16) Die Kommission war der Ansicht, daß der Abrundungswert von 0,5 mit Rücksicht auf die vorliegenden Versuchsergebnisse (s. Hütte 22. Aufl., Teil I, S. 363) auch auf Maste bis 0,5 m Durchmesser ausgedehnt werden kann. Dies gilt selbstverständlich nicht für gekuppelte Maste mit Kreisquerschnitt, wenn der Wind senkrecht zur Ebene, die durch die Längsachsen beider Stangen geht, wirkt.

17) Diese Annahme ist zur Vereinfachung der Rechnung gemacht, weil sonst besondere Rechnungen für -20^0 C ohne Zusatzlast und -5^0 C mit Zusatzlast durchgeführt werden müßten. Bei den üblichen Querschnitten und Spannweiten tritt die Höchstspannung nur selten bei -20^0 C ein. Für -5^0 C und Zusatzlast ergeben sich annähernd die gleichen Spannungen, wenn man die Zusatzlast einmal als Eis oder das andere Mal nur als Wind rechnet. Hierbei ist berücksichtigt, daß die Eislast in gleicher Richtung wie das Eigengewicht, der Wind senkrecht zu dieser wirkt.

2. Nach dem Verwendungszweck sind zu unterscheiden:
   a) Tragmaste, die lediglich zur Stützung der Leitung dienen und nur in gerader Strecke verwendet werden dürfen,
   b) Winkelmaste, die bestimmt sind, die Leitungszüge in Winkelpunkten aufzunehmen;
      Maste in gerader Linie, die den Unterschied aufnehmen sollen, werden wie Winkelmaste berechnet;
   c) Abspannmaste, die Festpunkte in der Leitungsanlage schaffen sollen;
   d) Endmaste, die zur vollständigen Aufnahme eines einseitigen Leitungszuges dienen;
   e) Kreuzungsmaste, wie sie bei bruchsicherer Kreuzung von Reichstelegraphenanlagen, bei Reichseisenbahnen oder Reichsschiffahrtsstraßen aufzustellen sind.

Für einen bestimmten Verwendungszweck berechnete Maste dürfen für andere Zwecke nur verwendet werden, wenn sie auch den hierfür geltenden Anforderungen genügen.

B. Ermittlung des Winddruckes und Leitungszuges für die Mastberechnung.

Soweit nicht besondere Verhältnisse eine genauere Ermittlung erfordern, sind für Winddruck und Leitungszug die nachstehend aufgeführten äußeren Kräfte als wirksam anzunehmen.

Die bei den einzelnen Mastarten unter a), b) und c) angeführten Fälle sind nicht gleichzeitig anzunehmen, sondern es sind für die Mastberechnungen diejenigen auszuwählen, welche die für die einzelnen Bauteile ungünstigste Beanspruchung ergeben.

I. Tragmaste:
   a) Winddruck senkrecht zur Leitungsrichtung auf den Mast mit Kopfausrüstung und gleichzeitig auf die halbe Länge der Leitungen der beiden Spannfelder;
   b) Winddruck in der Leitungsrichtung auf den Mast mit Kopfausrüstung (Leitungsträger, Isolatoren);
   c) Wagerechte Kräfte, die in der Höhe und in der Richtung der Leitungen angenommen werden und gleich einem Viertel des senkrechten Winddruckes auf die halbe Länge der Leitungen der beiden Spannfelder zu setzen sind.
      Die Kräfte unter c) brauchen nur bei Masten von mehr als 10 m Länge berücksichtigt zu werden[18]).

---

18) Würde diese Bestimmung entsprechend den früheren Normen auf alle Masthöhen angewendet werden, so würde es aus wirtschaftlichen Gründen nicht möglich sein, U-Eisenmaste zu verwenden. Die neuerdings getroffene Beschränkung auf Masten über 10 m Höhe ist angängig, da die vollen Windstärken nur in größerer Höhe erreicht werden.

II. Winkelmaste:

a) Die Mittelkräfte der größten Leitungszüge und gleichzeitig der Winddruck auf Mast- und Kopfausrüstung für Wind in Richtung der Gesamtmittelkraft;

b) die Mittelkräfte der Leitungszüge bei einer Windrichtung senkrecht zu dem größten Leitungszug und gleichzeitig der Winddruck auf Mast- und Kopfausrüstung für diese Windrichtung[18a]).

Die Bestimmung unter b) gilt nur für Maste, die senkrecht zur Mittelkraft ein geringeres Widerstandsmoment haben als in Richtung dieser Kräfte.

III, 1. Abspannmaste in gerader Linie:

a) wie I a;

b) $^2/_3$ der größten einseitigen Leitungszüge und gleichzeitig der Winddruck auf Mast mit Kopfausrüstung senkrecht zur Leitungsrichtung[19]).

III, 2. Abspannmaste in Winkelpunkten:

a) wie II a);

b) wie II b);

c) $^2/_3$ der größten einseitigen Leitungszüge und gleichzeitig der Winddruck auf Mast- und Kopf ausrüstung für eine Windrichtung parallel den größten Leitungszügen.

Die Kopfausrüstung aller Abspannmaste muß den ganzen einseitigen Leitungszug aufnehmen können.

IV. Endmaste:

Der gesamte größte einseitige Leitungszug und gleichzeitig der senkrecht zur Leitungsrichtung wirkende Winddruck auf Mast mit Kopfausrüstung.

V. Kreuzungsmaste:

Bezüglich der Kreuzungsmaste siehe besondere Vorschriften.

VI. Als Stützpunkte benutzte Bauwerke müssen die durch die Leitungsanlage eintretenden Beanspruchungen aufnehmen können.

C. Berechnung von Gittermasten.

Bei quadratischen Gittermasten ist zu beachten, daß das größte Widerstandsmoment in den zu den Querschnittseiten parallelen Achsen liegt. Ist die Mittelkraft

18a) Um die Leitungszüge, die sich aus Eigengewicht und Winddruck ergeben, nicht in jedem einzelnen Falle ermitteln zu müssen, ist der Zug einer Leitung, die nicht senkrecht vom Wind getroffen wird, näherungsweise zu berechnen aus Leitungsquerschnitt mal gewählte höchste Zugspannung mal dem Sinus des Winkels, unter dem die Leitung vom Wind getroffen wird. Für die senkrecht getroffenen Leitungen gilt als Leitungszug: Leitungsquerschnitt mal gewählte höchste Zugspannung.

19) Dieser Zug entspricht ungefähr der beim Spannen der Leitungen auftretenden Beanspruchung.

aus Leitungszügen und Winddruck nicht parallel zu einer Mastseite, so muß sie in zwei zu den Mastseiten parallele Kräfte zerlegt werden. Die Eckeisen sind für die arithmetische Summe dieser beiden Teilkräfte zu berechnen. Die Streben sind für die Teilkräfte zu berechnen.

Bei Gittermasten mit rechteckigen Querschnitten ungleicher Seitenlänge ist die Berechnung für die Beanspruchung in Richtung der längeren und der kürzeren Seite je für sich auszuführen. Eine schräg zu den Mastseiten liegende Mittelkraft ist in zwei zu den Mastseiten parallele Teilkräfte zu zerlegen. Für jede der beiden Teilkräfte ist zu bestimmen, welche Beanspruchung sie in den Eckeisen hervorruft. Die arithmetische Summe dieser Beanspruchungen ergibt die Kraft, für welche die Eckeisen zu berechnen sind. Die Streben sind für diejenige Teilkraft zu berechnen, die der betreffenden Mastseite parallel läuft.

D. Beanspruchung der Baustoffe.

1. Flußeisen: Die Spannung (Zug, Druck und Biegung) der Eisenkonstruktionen darf im ungünstigsten Falle 1500 kg/qcm, die Zugspannung der Schrauben 600 kg/qcm, die Scherspannung der Niete 1200 kg/qcm, die der Schrauben 900 kg/qcm, der Lochleibungsdruck der Niete 3000 kg/qcm, der der Schrauben 1800 /kg/qcm nicht überschreiten. Die auf Druck beanspruchten Glieder müssen eine zweifache Sicherheit gegen Knicken nach der Tetmajerschen Formel haben, wenn:

$$\lambda = \frac{l}{i} = \frac{\text{Knicklänge in cm}}{\text{Trägheitshalbmesser}} < 105$$

ist. Der Sicherheitsgrad wird durch das Verhältnis $\frac{\text{Knickspannung}}{\text{Normalspannung}}$ bestimmt, worin nach Tetmajer die

$$\text{Knickspannung} = 3100 - 11{,}41 \cdot \frac{l}{i}$$ ist. Im Vorstehenden ist i der Trägheitshalbmesser, gegeben durch die Gleichung

$$i = \sqrt{\frac{J}{F}}.$$

Ist $\lambda > 105$, so müssen die auf Druck beanspruchten Glieder nach der Eulerschen Formel

$$P = \frac{J \cdot \pi^2 \cdot E}{n \cdot l^2}$$

berechnet werden, worin der Sicherheitsgrad $n = 3$ zu setzen ist. P bedeutet hierin die zulässige Belastung in kg.

J ist in beiden Fällen das Trägheitsmoment, bezogen auf die zu einem Winkelschenkel parallele Achse ($J\xi$), F die ungeschwächte Querschnittsfläche des Profils in qcm und E das Elastizitätsmaß = 2150000 kg/qcm.

Hierbei müssen die Streben eines Feldes bei der Abwicklung der Mastseiten im gleichen Sinn gerichtet sein. Bei nicht gleichem Sinn ist an Stelle von $J\,\xi$ das kleinste Trägheitsmoment (J min) für die Eckständer einzusetzen[20]). Bei Berechnung der Streben und von Stäben, die zwischen ihren Anschlußpunkten nicht mehr gehalten oder geführt sind, ist stets das kleinste Trägheitsmoment (J min) einzusetzen.

Bei Masten aus anderen Profilen als Winkeleisen ist sinngemäß zu verfahren.

Die Abstände für die Anschlußniete der Streben an den Knotenpunkten sind so klein wie möglich zu bemessen.

Für sämtliche Konstruktionsteile sind Anschlußniete unter 13 mm Durchmesser und Eisenstärken unter 4 mm, außerdem Profilbauten unter 35 mm, sofern sie durch einen Niet geschwächt sind, unzulässig.

Die größten zulässigen Nietdurchmesser sind durch die Profilbreiten bestimmt und der folgenden Aufstellung zu entnehmen:

Mindestprofilbreite in mm .	35	45	55	60	70	80
Nietdurchmesser in mm . .	13	16	18	20	23	26

Bei Zuggliedern ist die Nietschwächung zu berücksichtigen.

Bei vorstehenden Bestimmungen ist vorausgesetzt, daß alle Eisenteile einen ausreichenden Schutz gegen Rosten erhalten.

2. Holzgestänge: Die Beanspruchung von Hölzern, die nach einem als zuverlässig anerkannten Verfahren zum Schutz gegen Fäulnis getränkt sind, darf bis zu 145 kg/qcm betragen. Nicht derartig getränkte Hölzer dürfen nur bis 80 kg/qcm beansprucht werden[21]).

---

20)

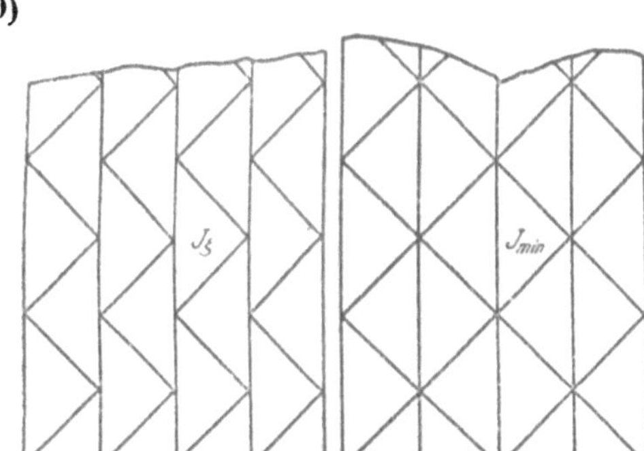

Abb. 2.

21) Die Lebensdauer der Hölzer ist von der Art des Holzes und seiner Behandlung abhängig. Insbesondere hat auch die Feuchtigkeit großen Einfluß. Daher ist auch die Festigkeit der gesetzten Stangen je nach ihrem Zustand verschieden und eine sehr scharfe Rechnung also ohne innere Berechtigung. Man kann jedoch auf Grund zahlreicher Versuche die mittlere Bruchfestig-

Bei Hochspannungsanlagen dürfen Stangen, die in der Erdaustrittszone (etwa $^3/_4$ m über und $^1/_2$ m unter der Erdoberfläche) nicht zuverlässig getränkt sind, nur in Verbindung mit besonderen Mastfüßen verwendet werden, die das Stangenende in einem ausreichenden Abstand von der Erde halten und der Luft freien Zutritt zur Stange gestatten.

Bei der Berechnung ist gerader Wuchs[22]) und eine Zunahme des Stangendurchmessers von 0,7 cm für das lfd. m anzunehmen.

An Stelle der Rechnung der Einfachmaste auf vorstehender Grundlage kann für gerade Strecken und einfache Holzmaste die Zopfstärke[23]) Z in cm entsprechend den Formeln

$Z = 0{,}65\,H + 0{,}22\sqrt{\Delta\, s}$ bei einer Spannung von 145 kg/qcm

und

$Z = 0{,}65\,H + 0{,}32\sqrt{\Delta\, s}$ bei einer Spannung von 80 kg/qcm

bestimmt werden. Hierin ist H = Gesamtlänge des Mastes in m, Δ = Summe der Durchmesser aller an dem Mast verlegten Leitungen in mm, s = Spannweite in m. Werte für das zweite Glied dieser Formel für verschiedene Werte von Δ und s sind nachstehend angegeben:

Δ in mm	$0{,}22\sqrt{\Delta\, s}$, worin s =											
	20 m	25 m	30 m	35 m	40 m	45 m	50 m	60 m	70 m	80 m	90 m	100 m
8	2,8	3,1	3,4	3,7	3,9	4,2	4,4	4,8	5,2	5,6	5,9	6,2
10	3,1	3,5	3,8	4,1	4,4	4,7	4,9	5,4	5,8	6,2	6,6	7,0
12	3,4	3,8	4,2	4,5	4,8	5,1	5,4	5,9	6,4	6,8	7,2	7,6
14	3,7	4,1	4,5	4,9	5,2	5,5	5,8	6,4	6,9	7,4	7,8	8,2
16	3,9	4,4	4,8	5,2	5,6	5,9	6,2	6,8	7,4	7,9	8,4	8,8
18	4,2	4,7	5,1	5,5	5,9	6,3	6,6	7,2	7,8	8,4	8,9	9,3
20	4,4	4,9	5,4	5,8	6,2	6,6	7,0	7,6	8,2	8,8	9,3	9,8
25	4,9	5,5	6,0	6,5	7,0	7,4	7,8	8,5	9,2	9,8	10,4	11,0
30	5,4	6,0	6,6	7,1	7,6	8,1	8,5	9,3	10,1	10,8	11,4	12,1
35	5,8	6.5	7,1	7,7	8,2	8,7	9,2	10,0	10,9	11,6	12,4	13,0
40	6,2	7,0	7,6	8,2	8,8	9,3	9,8	10,8	11,6	12,5	13,2	13,9
45	6,6	7,4	8,1	8,7	9,3	9,9	10,4	11,4	12,4	13,2	14,0	14,8
50	7,0	7,8	8,5	9,2	9,8	10,4	11,0	12,1	13,0	13,9	14,8	15,6
60	7,6	8,5	9,3	10,1	10,8	11,4	12,1	13,2	14,3	15,2	16,2	17,0
70	8,2	9,2	10,1	10,9	11,6	12,4	13,0	14,3	15,4	16,5	17,5	18,4
80	8,8	9,8	10,8	11,6	12,5	13,2	13,9	15,2	16,5	17,6	18,7	19,7
90	9,3	10,4	11,4	12,4	13,2	14,0	14,8	16,2	17,5	18,7	19,8	20,9
100	9,8	11,0	12,1	13,0	13,9	14,8	15,6	17,0	18,4	19,7	20,9	22,0

keit des Holzes mit etwa 550 kg/qcm annehmen. Wird bei zum Schutz gegen Fäulnis getränkten Stangen eine etwa 4-fache Sicherheit als genügend betrachtet, so kann eine Höchstspannung von etwa 145 kg/qcm zugelassen werden. Dagegen empfiehlt es sich für nicht zum Schutz gegen Fäulnis getränkte Stangen, bei denen mit einer baldigen Abnahme des tragenden Querschnitts zu rechnen ist, einen geringeren Wert vorzuschreiben.

22) Zur Beurteilung des geraden Wuchses von Holzmasten gilt als Anhalt, daß eine zwischen Erdaustritt und Zopfende an den Mast gelegte Schnur in keinem Punkte größeren Abstand

Δ in mm	$0{,}32\sqrt{\Delta\, s}$, worin $s =$											
	20 m	25 m	30 m	35 m	40 m	45 m	50 m	60 m	70 m	80 m	90 m	100 m
8	4,1	4,5	5,0	5,4	5,7	6,1	6,4	7,0	7,6	8,1	8,6	9,1
10	4,5	5,1	5,5	6,0	6,4	6,8	7,2	7,8	8,5	9,1	9,6	10,1
12	5,0	5,5	6,1	6,6	7,0	7,4	7,8	8,6	9,3	9,9	10,5	11,1
14	5,4	6,0	6,6	7,1	7,6	8,0	8,5	9,3	10,0	10,7	11,4	12,0
16	5,7	6,4	7,0	7,6	8,1	8,6	9,1	9,9	10,7	11,5	12,1	12,8
18	6,1	6,8	7,4	8,0	8,6	9,1	9,6	10,5	11,4	12,1	12,9	13,6
20	6,4	7,2	7,8	8,5	9,1	9,6	10,1	11,1	12,0	12,8	13,6	14,3
25	7,2	8,0	8,8	9,5	10,1	10,7	11,3	12,4	13,4	14,3	15,2	16,0
30	7,8	8,8	9,61	10,4	1,11	11,8	12,4	13,6	14,7	15.7	16,6	17,5
35	8,5	9,5	10,4	11,2	12,0	12,7	13,4	14,7	15,8	16,9	18,0	18,9
40	9,1	10,1	11,1	12,0	12,8	13,6	14,3	15,7	16,9	18,1	19,2	20,2
45	9,6	10,7	11,8	12,7	13,6	14,4	15,2	16,6	18,0	19,2	20,4	21,5
50	10,1	11,3	12,4	13,4	14,3	15,2	16,0	17,5	18,9	20,2	21,5	22,6
60	11,1	12,4	13,6	14,7	15,7	16,6	17,5	19,2	20,7	22,2	23,5	24,8
70	12,0	13,4	14,7	15,8	16,9	18,1	18,9	20,7	22,4	24,0	25,4	26,8
80	12,8	14,3	15,7	16,9	18,1	19,2	20,2	22,2	24,0	25,6	27,2	28,6
90	13,6	15,2	16,6	18,0	19,2	20,4	21,5	23,5	25,4	27,2	28,8	30,4
100	14,3	16,0	17,5	18,9	20,2	21,5	22,6	24,8	26,8	28,6	30,4	32,0

A-Maste für Hochspannungsleitungen müssen am oberen Ende mit wenigstens einem Hartholzdübel versehen werden. Die Scherspannung darf für Hartholz 20 kg/qcm, sonst 15 kg/qcm nicht überschreiten. In der freien Länge ist mindestens eine Querversteifung in einer Stärke von mindestens dem Zopfdurchmesser der einzelnen Stangen vorzusehen mit dicht darunter liegenden Bolzen von mindestens $^3/_4''$ Durchmesser. Am unteren Ende ist eine Zange anzuordnen, deren Hölzer in den Mast einzulassen und mit ihm durch Bolzen von mindestens $^3/_4''$ Durchmesser zu verbinden sind.

Die Knicksicherheit nach Euler muß 4-fach sein. Das in halber Knicklänge vorhandene Trägheitsmoment in cm^4 muß hierbei mindestens 20 $P \cdot l^2$ betragen, wo P die Zuglast in Tonnen und l die Knicklänge in Metern einzusetzen ist.

Als Knicklänge gilt die Entfernung von Mitte Dübel bzw. Schraubenbolzen bis zur halben Eingrabetiefe.

Bei Doppelmasten ist das doppelte Widerstandsmoment einer Stange einzusetzen, wenn die Maste nicht verdübelt sind. Bei verdübelten Masten darf als größtes Widerstandsmoment das 3-fache Widerstandsmoment des einfachen Mastes eingesetzt werden, wenn die Kraftrichtung in der Ebene wirkt, die in der Längsachse der beiden Stangen liegt.

Solche Maste sind je nach ihrer Länge 4- bis 6-mal zu verdübeln und zu verschrauben, u. zw. einmal an

---

vom Mast haben darf, als der Masthalbmesser an dieser Stelle beträgt.

23) Unter Zopfstärke ist der mittlere Durchmesser am Zopf zu verstehen, der sich aus $\frac{\text{Umfang}}{\pi}$ ergibt.

den beiden Enden und im übrigen auf die Mastlänge so verteilt, daß im gefährlichen Querschnitt oder in dessen Nähe keine Querschnittsschwächung durch Schrauben- oder Dübellöcher verursacht wird. Von den erforderlichen Verbindungsbolzen ist wenigstens je einer dicht neben den Dübeln anzuordnen. Die Verbindungsbolzen müssen bei Doppelmasten bis zu 13 cm Zopfdurchmesser mindestens $^5/_8$", von 14 bis 16 cm Zopfdurchmesser $^1/_2$" und für alle stärkeren Maste $^3/_4$" stark gewählt werden.

Folgende Zopfstärken für Maste dürfen nicht unterschritten werden:

für Niederspannungsleitungen
- bei einfachen oder verstrebten Masten . . 12 cm
- „ Stichleitungen mit nur einem Stromkreise 10 „
- „ Doppel- oder A-Masten . . . . 10 „

für Hochspannungsleitungen
- bei einfachen oder verstrebten Masten . . 15 cm
- „ Doppel- oder A-Masten . . . . 10 „

In Strecken, die mit erhöhter Sicherheit ausgeführt werden, dürfen die im Abschnitt III A vorgeschriebenen Zopfstärken nicht unterschritten werden.

Streben sollen mindestens 10 cm Stärke haben.

Alle Eisenteile, soweit sie in der Erde liegen, und alle Schnittflächen sind mit heißem Asphaltteer zu streichen oder gleichwertig gegen Zerstörung zu schützen.

3. Gestänge aus besonderen Baustoffen, insbesondere aus Eisenbeton.

Gestänge aus besonderen Baustoffen dürfen bis zu $^1/_3$ der vom Lieferanten zu garantierenden Bruch- und Knickfestigkeit, gußeiserne Konstruktionsteile jedoch nur bis zu 300 kg/qcm beansprucht werden[24]).

E. Besondere Bestimmungen für die Stützpunkte der Leitungen.

1. Allgemeines. Etwa alle 3 km soll ein Abspannmast gesetzt werden. An diesem sind die Leitungen so zu befestigen, daß ein Durchrutschen ausgeschlossen ist. Winkel- oder Kreuzungsmaste können als Abspannmaste verwendet werden, wenn sie entsprechend berechnet sind. In Gegenden, in denen außergewöhnlich große Zusatzlasten zu erwarten sind, soll etwa jeder zehnte Mast ein Abspannmast sein.

2. Abstände der Leitungen voneinander. Starkstromleitungen sollen einen solchen Abstand voneinander und von anderen Leitungen, z. B. von Blitzschutzseilen, erhalten. daß die Gefahr des Zusammenschlagens möglichst vermieden ist. Diese Forderung kann

---

24) Um die Einführung anderer Baustoffe für Gestänge nicht zu beschränken, ist für diese die zulässige Beanspruchung von der zu gewährleistenden Bruchfestigkeit abhängig gemacht worden.

als erfüllt gelten, wenn der Abstand der Leitungen voneinander wenigstens $0,75\sqrt{f+\frac{E^2}{20000}}$[25]), bei Leitungen aus Aluminium dagegen mindestens $\sqrt{f+\frac{E^2}{20000}}$[25]), jedoch bei Hochspannung von 3000 V aufwärts nicht unter 0,8 m, für Aluminium 1,0 m beträgt. Hierbei ist f = Durchhang der Leitungen bei + 40° C in m und E = Spannung in k V[26]). Bei Niederspannungsleitungen, die dem Winde weniger ausgesetzt sind, können die Werte obiger Formeln um $^3/_3$ ermäßigt werden.

3. Konstruktion der Gestänge mit Rücksicht auf Vogelschutz. Zur Vermeidung der Gefährdung von Vögeln sind bei Hochspannung führenden Starkstromleitungen die Befestigungsteile, Querträger, Stützen usw. möglichst derartig auszubilden, daß Vögeln eine Sitzgelegenheit dadurch nicht gegeben wird. Der wagerechte Abstand zwischen einer Hochspannung führenden Starkstromleitung und geerdeten Eisenteilen soll mindestens 300 mm betragen[27]).

F. Befestigung der Leitungen.

1. Isolatoren: Für Isolatoren gelten die „Normen und Prüfvorschriften für Porsellanisolatoren" des VDE.

2. Stützen und Verbindungsteile der Isolatoren: Hierfür gelten die gleichen Grundsätze wie für die eisernen Gestänge und die „Normen und Prüfvorschriften für Porzellanisolatoren" des VDE.

3. Bunde: Der Bindedraht soll stets aus dem gleichen und bei Leichtmetallen aus möglichst gleich hartem

25) Durch dieses Glied soll bei hohen Spannungen (über 35 kV) eine Vergrößerung des Abstandes erzielt werden.

26) Bei besonders wichtigen Anlagen wird empfohlen, die Leitungen nicht senkrecht untereinander anzuordnen, da die Erfahrung gezeigt hat, daß bei plötzlicher Entlastung einer Leitung von Eislast die Gefahr des Zusammenschlagens durch Hochschnellen besonders groß ist. Diese Gefahr besteht auch, wenn Hochspannungsleitungen von verschiedenem Querschnitt und verschiedenen Baustoffen besonders in gleicher Höhe an einem Gestänge angebracht sind. In diesem Falle empfiehlt es sich, die angegebenen Abstände zu vergrößern.

27) Die Anbringung von Sitzgelegenheiten für Vögel in größeren Entfernungen von den Leitungsdrähten (z. B. durch Sitzstangen an den Mastspitzen in Richtung der Leitungen) ist ebenfalls zur Verhütung von Schäden für die Vogelwelt von einigen Seiten empfohlen worden, sollte jedoch nicht unterhalb der Leitungen stattfinden*).

*) Bezüglich empfehlenswerter Ausführungen mit Rücksicht auf den Vogelschutz sei auf die Veröffentlichung „Elektrizität und Vogelschutz" hingewiesen, die kostenlos bei der Geschäftsstelle des Bundes für Vogelschutz in Stuttgart, Jägerstraße, sowie auch bei der Geschäftsstelle des Verbandes Deutscher Elektrotechniker in Berlin W 57, Potsdamer Straße 68, erhältlich ist. Vgl. auch „ETZ" 1913, S. 655.

Baustoff[28]) bestehen wie die Leitung selbst. Die Leitungen sind an den Bunden vor Bewegungen, durch die sie beschädigt werden können, und vor Einschneiden zu schützen[29]).

Bei Abweichung von der Geraden ist die Leitung so zu legen, daß der Isolator von der Leitung auf Druck beansprucht wird.

G. Aufstellung der Gestänge[30]).

Die Maste und Gestänge sind ihrer Art und Länge sowie der Bodengattung entsprechend tief einzugraben. Im allgemeinen wird für einfache Holzstangen eine Eingrabetiefe von mindestens $^1/_6$ der Mastlänge, jedoch nicht unter 1,6 m gefordert. Sie sind gut zu verrammen (in weichem Boden entsprechend der Beanspruchung zu sichern).

Fundamente sind nach Fröhlich „Beitrag zur Berechnung von Mastfundamenten" 2. Auflage (Verlag von Wilh. Ernst & Sohn, Berlin, zu berechnen.

Für Fundamente, die hart an oder in Böschungen oder in Überschwemmungsgebieten stehen, (oder bei besonders ungünstigen Grundwasserverhältnissen), sind von Fall zu Fall geeignete Maßnahmen zu treffen, die eine genügende Standsicherheit gewährleisten.

In humussäurehaltigem Moorboden sind Betonfundamente nur zulässig, wenn sie einen zuverlässigen Schutz gegen die Einwirkungen der Humussäure erhalten.

Bei Verwendung von Platten-, Schwellen- oder sonstigen Fundamenten, bei denen der Mastfuß nicht vollständig mit Beton umgeben ist, sind die in der Erde liegenden Eisenteile mit heißem Asphaltteer gut zu streichen oder gleichwertig gegen Zerstörung zu schützen. Holzschwellen sind mit fäulniswidrigen Stoffen zu tränken oder ebenfalls in gleicher Weise gegen Zerstörung zu schützen, wenn sie nicht dauernd in feuchtem Boden liegen oder von Natur aus der Zersetzung genügend Widerstand bieten.

---

28) Bei Aluminium und einigen anderen Metallen kann hartes Material positiv und weiches negativ sein, wodurch elektrolytische Zerstörungen eingeleitet werden können.

Bei Alumiumabzweigungen von Aluminiumleitungen wird darauf hingewiesen, daß durch Verwendung von Abzweigklemmen aus anderem Metall als reinem Aluminium elektrolytische Zerstörungen eingeleitet werden können. Außerdem wird empfohlen, den Zutritt von Feuchtigkeit durch geeignete Mittel zu verhindern. Bei Kupferabzweigungen von Aluminiumleitungen wird aus dem nämlichen Grunde zur Vorsicht gemahnt. Am besten werden praktisch erprobte Spezialkonstruktionen unter Anwendung des vorstehend empfohlenen Feuchtigkeitsabschlusses benutzt.

29) Bei Verwendung von Kopfbunden ist Vorsicht nötig, weil die auf dem Isolator aufliegende Leitung infolge von Schwingung und gleitender Reibung leicht verletzt wird. Am besten werden für Aluminium praktisch erprobte Spezialbunde benutzt.

30) Über die Befestigung der Gestänge im Boden lassen sich

Der Beton soll aus gutem Zement, reinem Sand und reinem Kies oder Schotter hergestellt werden. Auf einen Raumteil Zement sollen höchstens neun Raumteile sandiger Kies oder vier Raumteile Sand und acht Raumteile Kies oder Schotter kommen. Den Zement teilweise durch eine entsprechend größere Menge Traß zu ersetzen ist zulässig, wenn dadurch die Güte des Betons nicht beeinträchtigt wird. Die Baustoffe dürfen keine erdigen Bestandteile enthalten.

Bei der Berechnung des Fundamentes darf das Gewicht des Betons höchstens mit 2000 kg/m^3, das des auflastenden Erdreiches höchstens mit 1600 kg/m^3 eingesetzt werden.

III. Besondere Bestimmungen.

A. Erhöhte Sicherheit.

Soll im Sinne des § 22 h und *k* der Errichtungsvorschriften die Sicherheit der Anlage erhöht werden, so sind besondere Vorkehrungen zu treffen.

1. a) Gestänge mit Stützenisolatoren sind so zu bemessen, daß beim Bruch eines Leiters im Nachbarfelde der Umbruch des Gestänges auch bei Höchstbeanspruchung verhütet wird.
   b) Die Mindestzopfstärke von einfachen Holzmasten muß 15 cm, von Doppel- oder A-Masten 12 cm betragen. Die Maste müssen in ihrer ganzen Länge getränkt sein.
2. Die Leitung darf nur als Seil ausgeführt werden. Kupfer- und Eisenseile sollen einen Mindestquerschnitt von 16 qmm, Aluminiumseil bei Hochspannung von 35 qmm, bei Niederspannung von 25 qmm aufweisen.
3. Für die Befestigung der Leitungen sind besondere Maßnahmen vorzusehen. Als solche kommen in Frage:
   a) Bei Stützenisolatoren: Sicherheitsbügel[31]), doppelte Aufhängung oder Verwendung von Isolatoren mit höherer elektrischer Festigkeit

---

allgemeine Regeln nicht geben. Die Bodenbefestigung soll jedoch der Festigkeit des Mastes möglichst entsprechen. In gutem Boden und bei gerader Leitungsführung wird bei Holzmasten im allgemeinen ein hinreichend tiefes Eingraben und Feststampfen des Bodens genügen, bei winkliger Leitungsführung und in weichem Boden ist dagegen eine besondere Befestigung erforderlich (vorgelegte Schwellen oder Plattenfüße). Fachwerkmaste müssen in jedem Fall mit Beton- oder Plattenfüßen versehen sein.

Von Drahtankern ist bei Hochspannungsmasten abzuraten, weil sie zu Betriebsstörungen und Unfällen Anlaß geben können.

Eingegrabene Maste sind einige Zeit nach der Inbetriebnahme nachzustampfen.

31) Als Sicherheitsbügel wird die sonst als Beidraht bezeichnete Einrichtung eines über den Isolatorkopf lose gelegten Trag-

als die sonst auf der Strecke verwendeten Isolatoren in Verbindung mit besonders starkem Bund und verstärkten Isolatorenträgern.

b) Bei Hängeisolatoren: Doppelte Isolatorenketten (z. B. bei Durchquerung großer Städte, Gebirgszüge mit außergewöhnlichen atmosphärischen Verhältnissen) oder einfache Ketten mit erhöhter Gliederzahl oder Wahl eines größeren Isolatortyps oder Vergrößerung des Überschlagswegs. Ferner wird empfohlen, die Metallteile zwischen unterstem Isolator und Leitung (z. B. durch Anbringung weitausragender Schutzhörner oder durch Vergrößerung des Abstandes zwischen Leitung und Isolatorunterkante) so auszubilden, daß Überschlagslichtbögen die Leitung nicht beschädigen können.

Außerdem muß sowohl bei Stützen- wie Hängeisolatoren Vorsorge getroffen werden, daß bei Drahtbruch in den Nachbarfeldern kein unzulässig großer Durchhang in den zu schützenden Feldern eintritt, oder daß der erhöhte Durchhang in seinen Folgen unschädlich gemacht wird. (Schutzseil oder möglichstes Heranrücken eines Mastes an den Kreuzungspunkt.)

Bei Winkelpunkten von Hochspannungsleitungen auf Stützenisolatoren sollen die Leitungen an zwei Isolatoren so befestigt werden, daß die Leitung beim Bruch eines Isolators nicht herabfallen kann.

---

drahtes bezeichnet, der zweckmäßig aus dem gleichen Baustoff wie die Stromleitungen hergestellt und vor und hinter dem Isolator so befestigt wird, daß bei Isolatorbruch die beiden Leitungsenden durch den Sicherheitsbügel gehalten und die Leitung von der Traverse aufgefangen wird oder, falls sie von dieser abgeleitet, noch mindestens 3 m vom Erdboden entfernt bleibt. Dies ist besonders bei Winkelpunkten zu beachten (Abb. 3).

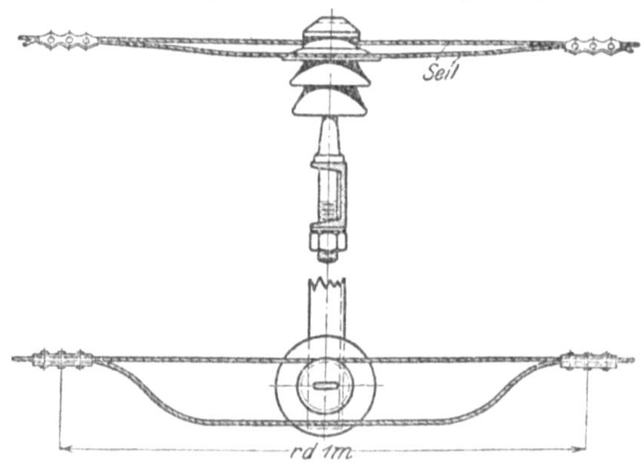

Abb. 3.

Bei Führung von Hochspannungs- und Niederspannungsleitungen auf gemeinsamem Gestänge und bei Kreuzung von Hochspannungsleitungen mit Starkstromleitungen bis 1000 V[32]) oder mit Fernmeldeleitungen sind die vorstehenden Ausführungsarten nicht als ausreichende Sicherung anzusehen.

B. Kreuzungen mit Bahnanlagen, Wasserstraßen und Reichstelegraphenanlage.

Bezüglich solcher Kreuzungen gelten besondere Vorschriften.

C. Führung von Starkstromleitungen durch Forstbestände.

Als Maßnahme gegen die Gefährdung der Starkstromanlage durch Umbruch von Stämmen wird empfohlen, den Baumbestand zu beiden Seiten der Leitungen so weit aufzuhauen, daß der wagerechte Abstand der Stämme der Randbäume des Aufhiebes von den Starkstromgestängen wenigstens dem aus der Formel

$$2 \cdot (\sqrt{H^2 - h^2} + b)$$

errechneten Maß entspricht.

Hierbei bedeutet H die Höhe der Randbäume in m, wobei das Wachstum der Bäume gegebenenfalls zu berücksichtigen ist, h den senkrechten Abstand zwischen Erdoberfläche und der am meisten gefährdeten Leitung in m. Bei Speiseleitungen oder Leitungen mit Spannungen über 35000 V ist dieser Wert vom tiefsten Punkt des größten Durchhanges der Leitung, bei Verteilungsleitungen vom Aufhängepunkt am Mast aus zu messen; b den wagerechten Abstand von Gestängemitte bis zu der Leitung. Falls die Art des Baumbestandes, die Bodengestaltung oder die Lage zur ungünstigsten Windrichtung die Sicherheit erhöhen, kann die Aufhiebbreite entsprechend eingeschränkt werden.

---

32) Diese Spannungsgrenze ist entsprechend § 4 der Errichtungsvorschriften gewählt worden.

5. Allgemeine Vorschriften für die Ausführung elektrischer Starkstromanlagen bei Kreuzungen und Näherungen von Bahnanlagen.[1])

Gültig ab 1. Juli 1908.

§ 1.

Allgemeines.

1. Einschränkung von Kreuzungen und Näherungen.

Bahnkreuzungen durch Starkstromleitungen sind auf möglichst wenig Stellen zu beschränken.

Als Kreuzungsstellen sind nach Möglichkeit geeignete Durchlässe und Straßenüberführungen zu benützen.

2. Ausführungsarten der Kreuzungen.

Die Bahnkreuzung kann seitens der Starkstromleitung sowohl oberirdisch als auch unterirdisch erfolgen.

3. Beschaffenheit der Kreuzungen und Näherungen.

Die Leitungen müssen so ausgeführt werden,

a) daß die Anlagen und der Betrieb der Bahn nicht beeinträchtigt oder gefährdet werden,
b) daß eine störende Beeinflussung der auf Bahngebiet befindlichen Schwachstromleitungen ausgeschlossen ist,
c) daß Beschädigungen von Personen oder des Bahneigentums durch den elektrischen Strom nicht eintreten können,
d) daß ihre Ausbesserung oder Ersatz ohne Störung des Eisenbahnbetriebes geschehen kann,
e) daß sie den Vorschriften des Verbandes Deutscher Elektrotechniker für die Errichtung elektrischer Starkstromanlagen entsprechen,
f) daß sie den von der zuständigen Eisenbahn- und Postverwaltung erlassenen Vorschriften über den Schutz ihrer Anlagen entsprechen.

---

1) Diese Vorschriften sowie die für Kreuzung usw. von Starkstromanlagen mit Telegraphen- und Fernsprechleitungen (S. 276) sind im Jahre 1907 durch eine von den beteiligten staatlichen Verwaltungen, von der Vereinigung der Elektrizitätswerke und vom Verbande Deutscher Elektrotechniker beschickte Kommission vereinbart worden. ETZ 1908, S. 775—776. Ein die Ausführung der Vorschriften betreffender preußischer Ministerialerlaß vom 28. 4. 1909 ist ETZ 1909, S. 520 wiedergegeben, die in Preußen geltenden „Bedingungen für fremde Starkstromleitungen auf Bahngelände“ siehe Anhang 6, S. 271.

§ 2.

Besondere Vorschriften.

A. Oberirdische Kreuzungen.

1. Anordnung der Leitungsanlage.

Das lichte Raumprofil einschließlich der in § 11 der Eisenbahn-Bau- und Betriebsordnung frei zu haltenden Spielräume darf durch das Gestänge oder die Drähte und dgl. nicht beeinträchtigt werden. Bei Kreuzungen darf, wenn die Starkstromanlage Hochspannung führt, und wenn zwischen ihr und den auf Bahngebiet befindlichen Leitungen keine geerdeten Schutznetze vorhanden sind, der Abstand der Konstruktionsteile der Starkstromanlage von den auf Bahngebiet befindlichen Leitungen in senkrechter Richtung nicht weniger als 2 m, bei Hochspannungsanlagen, wenn geerdete Schutzvorrichtungen angebracht sind, sowie bei Niederspannungsanlagen derselbe Abstand nicht weniger als 1 m, der Abstand in wagerechter Richtung dagegen in allen Fällen nicht weniger als 1¼ m betragen. Bei Niederspannung können in besonderen Fällen Ermäßigungen des wagerechten Abstandes zugelassen werden. Hierbei darf die Entfernung von Schienenoberkante bis zum kreuzenden Konstruktionsteil nicht weniger als 7 m betragen.

2. Beanspruchung und Spannweite der Leitungsanlage.

Zur Erhöhung der Sicherheit sind bei Überführungen geringe Spannweiten anzustreben.[2])

3. Beschaffenheit der Tragkonstruktionen.

Zur Erzielung möglichst sicherer Bauart sind für die beiderseits der Bahnlinie stehenden Tragkonstruktionen so starke Eisenmaste zu verwenden, daß auch bei Leitungsbruch ein gefahrbringendes Nachgeben des Gestänges ausgeschlossen ist, und zwar ist der Berechnung der Maste sowie der Querträger und Isolatorstützen selbst unter der Annahme des Bruchs aller Leitungen in einem benachbarten Leitungsfeld und bei ungünstigem Winddruck (125 kg pro qm senkrecht getroffene Fläche) mindestens fünffache Sicherheit gegen Bruch zugrunde zu legen, wobei etwaige Verankerungen unberücksichtigt bleiben.[3])

4. Aufstellung der Tragkonstruktionen.

Die beiderseitigen Überführungsmaste müssen einbetoniert werden oder ein Fundamentmauerwerk erhalten.

Sie sind gemäß den Vorschriften des Verbandes Deutscher Elektrotechniker für die Errichtung elektrischer Starkstromanlagen zu erden.

5. Beschaffenheit der Leitungen.

a) Die überspannende Leitungsstrecke ist in der Weise auszubauen, daß das Kreuzungsfeld für sich allein die nötige

2) Zur Verminderung der Spannweite kommt neben der Auswahl der Überführungsstelle das Aufstellen der Maste auf Bahngrund in Frage.

3) Die Berechnung von Überführungsmasten siehe El. K. u. B. 1910 S. 647.

Festigkeit aufweist. Außerdem ist denjenigen Gefährdungen der Festigkeit der Leitung Rechnung zu tragen, die durch Stromwirkungen beim Bruch von Isolatoren oder dgl. eintreten.

b) Im Kreuzungsfeld sind nur Drahtseile zu verwenden.

c) Diese müssen mindestens 1400 kg absolute Bruchfestigkeit aufweisen und unabhängig von dem verwendeten Material mindestens 35 qmm Querschnitt haben.[4])

d) Löt- und Verbindungsstellen sind im Kreuzungsfelde nicht zulässig.[5])

e) Der Durchhang der Leitung im Kreuzungsfelde ist so zu bemessen, daß mindestens eine 10fache Sicherheit gegen Bruch bei — 20° C vorhanden ist.

f) Wird die Sicherheit der Leitungsführung dadurch erreicht, daß die Leitungen in kurzen Abständen auf Isolatoran befestigt sind, die von einem die Überführungsmaste verbindenden Gitterträger getragen werden, so erübrigen sich die Bestimmungen b bis einschließlich e.

B. Unterirdische Kreuzungen.

1. Verlegung der Kabel.

Die Verlegung unterirdischer Kabel hat, soweit dieselben unter Geleisen liegen, in drucksicheren Röhren aus hartgebranntem Ton, Zement oder Eisen oder in gemauerten Kanälen zu erfolgen.

2. Tiefe der Verlegung unter der Erdoberfläche.

Die Oberkante des Rohres oder Kanales soll mindestens 1 m unter Schienenunterkante bzw. Erdoberfläche liegen, so daß weder die Bahnunterhaltungsarbeiten durch die Unterführung beeinträchtigt, noch die Unterführungsanlage selbst durch diese Arbeiten beschädigt werden können.

C. Näherungen von Starkstromleitungen an Eisenbahnanlagen und an bahneigene Schwachstromleitungen.

a) In der Nähe der Eisenbahnanlagen müssen Maste entweder mindestens in eine Entfernung gleich einer Mastlänge über dem Boden plus 3 m von der Gleismitte abgerückt werden, oder es müssen Eisenmaste von ausreichender Standfestigkeit verwendet, oder die Maste müssen derart verankert oder verstrebt werden, daß sie bei Umbruch am Fußpunkte nicht nach der Bahnseite fallen können.

b) An denjenigen Stellen, an welchen die Starkstromleitungen neben den Schwachstromleitungen verlaufen, und der Abstand der Starkstrom- und Schwachstromdrähte voneinander weniger als 10 m beträgt, müssen Vorkehrungen getroffen sein, durch welche eine Berührung der Starkstrom- und Schwachstromleitungen sicher verhütet wird. Bei der Ausführung von Niederspannungsanlagen kann als Schutzmittel isolierter Draht verwendet werden. Von der Anbringung

---

4) Einige Bahnverwaltungen schreiben für die Einzeldrähte der Seile einen Mindestquerschnitt von 16 qmm vor, um gegen die Zerstörung durch Rauchgase Sicherheit zu erlangen.

5) Zulässig sind jedoch Löt- und Verbindungsstellen mittels deren die zum Befestigen der Leitungen und zur Erhöhung ihrer Festigkeit dienenden Teile angebracht werden.

besonderer Schutzvorrichtungen kann abgesehen werden, wenn die örtlichen Verhältnisse eine Berührung der Starkstromleitungen und Schwachstromleitungen auch beim Umbruch von Stangen oder beim Herabfallen von Drähten ausschließen, oder wenn die Leitungsanlage durch entsprechende Verstärkung, Verankerung oder Verstrebung des Gestänges oder Befestigung an Häusern vor Umsturz geschützt ist. Als hinreichende Sicherheit gegen die durch Leitungsbruch verursachte Berührungsgefahr der beiden Leitungen gilt — soweit nicht besondere Verhältnisse vorliegen — ein Horizontalabstand von 7 m zwischen beiden Leitungen, wenn innerhalb der Annäherungsstrecke die Spannweite in jeder der beiden Linien auf höchstens 30 m festgesetzt wird.

c) Die unterirdischen Starkstromleitungen müssen tunlichst entfernt von den Telegraphen- und Fernsprechkabeln verlaufen.

d) Wo die beiderseitigen Kabel sich kreuzen oder nebeneinander in einem seitlichen Abstande von weniger als 0,3 m verlaufen, müssen die Starkstromkabel auf der den Schwachstromkabeln zugekehrten Seite mit Halbmuffen aus Zement oder gleichwertigem feuerbeständigem Material von wenigstens 0,06 m Wandstärke versehen sein. Die Muffen müssen 0,30 m zu beiden Seiten der gekreuzten Schwachstromkabel bei seitlichen Annäherungen ebenso weit über den Anfangs- und Endpunkt der gefährdeten Strecke hinausragen. Liegen bei Kreuzungen oder bei seitlichen Abständen der Kabel von weniger als 0,30 m die Starkstromkabel tiefer als die Schwachstromkabel, so müssen letztere zur Sicherung gegen mechanische Angriffe mit zweiteiligen eisernen Rohren bekleidet sein, die über die Kreuzungs- und Näherungsstelle nach jeder Seite hin 1 m hinausragen. Besonderer Schutzvorrichtungen bedarf es nicht, wenn die Starkstrom- oder die Schwachstromkabel sich in gemauerten oder in Zement- oder dergleichen Kanälen von wenigstens 0,06 m Wandstärke befinden

§ 3.

Bestimmungen über die Bauausführung.

1. Pläne zum Genehmigungsgesuch.

Vor der Bauausführung der auf Bahngebiet geplanten Starkstromanlage sind den zuständigen Behörden genaue Lagepläne für die Leitungsführung und Konstruktionspläne der zugehörigen Anlageteile (Maste, Erdungsbügel u. dgl.) in der verlangten Anzahl von Ausfertigungen zur Genehmigung vorzulegen.

2. Benachrichtigung von der Inangriffnahme und Beaufsichtigung der Arbeiten.

Vor dem beabsichtigten Beginne der Arbeiten sind die zuständigen Behörden rechtzeitig zu benachrichtigen. Die Ausführung aller auf Bahngrund infolge der Anlage der Starkstromleitungen erforderlichen Arbeiten geschieht unter Aufsicht der Eisenbahnverwaltung. Für sachgemäße Ausführung der Einzelheiten der Ausführung ist der Unternehmer allein verantwortlich.

3. Vermehrung der Unterhaltungskosten.

Der Besitzer der Starkstromanlage hat für die etwaige Vermehrung der Unterhaltungskosten der Bahnanlagen aufzukommen, die durch die Errichtung der Starkstromleitung entstehen.

§ 4.
Verbesserung unzulänglicher Einrichtungen.

1. Erweisen sich bei der Ausführung der Starkstromanlage auf bahneigenem Gelände getroffene Einrichtungen nach Entscheid der Eisenbahnverwaltung als unzulänglich, so hat der Unternehmer diese auf seine Kosten zu verbessern oder durch andere zweckdienlichere zu ersetzen.

2. Die Eisenbahnverwaltung ist berechtigt, die erforderlichen Maßregeln zur Beseitigung von Unzuträglichkeiten auf Kosten des Unternehmers selbst zu treffen, falls letzterer innerhalb einer von der Eisenbahnverwaltung festgesetzten Frist dieser Verpflichtung nicht nachkommt.

§ 5.
Betriebseinstellung der Starkstromanlage.

Fehler — d. h. ein schadhafter Zustand in der Starkstromanlage —, durch welche der Bestand der Schwachstromanlagen oder die Sicherheit des Bedienungspersonals gefährdet werden könnte, oder welche zu Störungen des Telegraphen- oder Fernsprechbetriebes Anlaß geben, sind ohne Verzug zu beseitigen.

Außerdem kann in Fällen dringender Gefahr die Einstellung des Betriebes der Starkstromanlage im Wirkungsbereich der Fehler bis zu deren Beseitigung gefordert werden.

§ 6.
Abänderung der Anlagen der Eisenbahnverwaltung.

Etwa durch Änderungen der Anlagen der Bahnverwaltung nach deren Entscheidung erforderliche Abänderungen seiner auf Bahngebiet befindlichen Starkstromanlage hat der Unternehmer auf seine Kosten zu bewirken. Anderseits hat er die Kosten für Vornahme von Änderungen zu tragen, die die Eisenbahnverwaltung wegen seiner auf bahneigenem Gelände befindlichen Starkstromanlage an ihren Einrichtungen vornehmen muß.

§ 7.
Abänderung der Starkstromanlage.

Zur Ausführung der Unterhaltungsarbeiten und von Änderungen des auf bahneigenem Gelände liegenden Teiles der Starkstromleitungen nebst Zubehör hat der Unternehmer die Genehmigung der Behörde einzuholen.

§ 8.
Haftbarkeit des Unternehmers der Starkstromanlage.

Bezüglich der Haftpflicht für Unfälle und Schäden, welche auf dem Gebiete der Eisenbahnverwaltung infolge der daselbst vorhandenen Starkstromleitungen nebst Zubehör eintreten, bewendet es bei den gesetzlichen Bestimmungen mit der Maßgabe, daß der Unternehmer für alle in seinem Auftrage tätigen Personen die Haftpflicht übernimmt, soweit nicht die Eisenbahnverwaltung oder deren Organe ein Verschulden trifft.

§ 9.
Beseitigung der Starkstromanlage.

Im Falle der Beseitigung ausgeführter Starkstromanlagen hat der Unternehmer die Kosten der Instandsetzung der Bahnanlagen zu tragen. Über den Umfang der Instandsetzungsarbeiten und deren Ausführungsart entscheidet die Eisenbahnverwaltung.

---

6. Bedingungen[1]) für fremde Starkstromleitungen auf Bahngelände.

§ 1.

Allgemeines.

1. Fremde Starkstromleitungen auf Bahngelände — einschließlich der Fahrleitungen elektrischer Bahnen — müssen den Vorschriften des Verbandes Deutscher Elektrotechniker entsprechen, insoweit sich diese auf die Errichtung elektrischer Starkstromanlagen, insbesondere bei Kreuzungen mit Bahnanlagen, und auf die Fahrleitungen elektrischer Bahnen beziehen und insoweit durch die folgenden Bedingungen nichts anderes bestimmt ist. Die Starkstromleitungen müssen demgemäß so ausgeführt werden,

a) daß sie den Betrieb der Eisenbahn nicht beeinträchtigen,

b) daß durch sie weder Personen verletzt noch Sachen beschädigt werden können,

c) daß sie bestehende bahneigene Stark- und Schwachstromleitungen nicht gefährden oder durch Fernwirkung störend beeinflussen,

d) daß sie sich ohne Behinderung des Bahnbetriebes einbauen, unterhalten, versetzen und ersetzen lassen.

2. Fremde Starkstromleitungen auf Bahngelände — im folgenden kurz Starkstromleitungen genannt — können oberirdisch oder unterirdisch geführt werden. Sie sollen Bahngelände nur soweit berühren, als unbedingt nötig ist, und die Gleise sowie bahneigene Leitungen an möglichst wenig Stellen — nach Möglichkeit rechtwinklig — kreuzen; kleinere Kreuzungswinkel — bis zu 60° — sind zulässig, wenn sie sich mit Rücksicht auf die örtlichen Verhältnisse nicht vermeiden lassen.

Bei Kreuzungen sind, besonders auf größeren Bahnhöfen, zur Führung der Starkstromleitungen nach Möglichkeit Durchlässe und Straßen-Über- oder Unterführungen zu benutzen.

3. Schwachstromleitungen, die am Gestänge einer Hochspannungsanlage verlegt sind, werden wie Starkstromleitungen behandelt.

§ 2.

Besondere Bedingungen.

Über die durch örtliche Verhältnisse bedingten technischen Einzelheiten der Ausführung der Starkstromleitungen wird von Fall zu Fall befunden. Folgende Bedingungen müssen indessen stets erfüllt werden:

I. Oberirdische Anlagen.

1. Kein unter Spannung stehender Teil der Starkstromleitungen — mit Ausnahme der Fahrleitungen elektrischer Bahnen — darf weniger als 7 m über S. O. liegen oder bahneigenen Leitungen in senkrechter Richtung auf weniger

---

[1]) Erlaß des Preuß. Ministers der öffentl. Arbeiten vom 6. Mai 1914. ETZ 1914, S. 803 u. v. 26. Nov. 1919. ETZ 1920, S. 421.

als 2 m, in wagerechter Richtung auf weniger als 1,25 m nahe kommen. Die Starkstromleitungen sind stets oberhalb der bahneigenen Leitungen zu verlegen. Der senkrechte Abstand von 2 m darf hierbei auch dann nicht unterschritten werden, wenn der bei + 40° C eintretende Durchhang der Leitungsseile durch Schäden an den Befestigungsstellen noch vergrößert wird oder wenn bei — 5 C° und zusätzlicher Belastung durch Eis oder Winddruck ein Mast sich infolge Bruches aller Leitungen des Nachbarfeldes nach dem Kreuzungsfelde hin durchbiegt und dadurch eine Vergrößerung des Durchhanges herbeigeführt wird.

2. Die Starkstromleitungen — mit Ausnahme der Fahrleitungen elektrischer Bahnen — sind entweder auf geerdeten Schutzbrücken zu verlegen oder es sind unter ihnen geerdete Schutznetze anzubringen. Die Schutznetze oder Schutzbrücken sind so einzurichten, daß gerissene Leitungen weder nach der Seite abspringen, noch nach unten durchfallen können.

Von Schutznetzen oder Schutzbrücken kann bei solchen Verlegungsarten abgesehen werden, die bruchsicher ausgeführt werden können, wie Aufhängung an besonderen Tragseilen, Ausführung als Netzleiter, Aufhängung jedes Leitungsendes an drei Isolatoren, Anwendung doppelter Ketten von Hänge- oder Abspannisolatoren an jeder Befestigungsstelle oder andere gleichwertige Bauarten. Die Leitungsanlage gilt als bruchsicher, wenn mindestens eine dreifache Sicherheit gegen solche Gefährdungen der Festigkeit vorhanden ist, die bei Isolatorbruch, Erdschluß oder Kurzschluß am Mast u. dergl. durch Stromwirkungen eintreten können; bei Schwachstromleitungen an Starkstromgestänge genügt hierfür zweifache Sicherheit.

Auch die Fahrleitungen elektrischer Bahnen sind in gleicher Weise bruchsicher aufzuhängen.

Werden bahneigene Schwachstromfreileitungen von bruchsicher aufgehängten Starkstromleitungen gekreuzt, so ist ein geerdeter Schutzdraht (Prelldraht) oder eine gleichwertige Vorrichtung zwischen Stark- und Schwachstromleitung erforderlich. Von der bruchsicheren Aufhängung kann abgesehen werden, wenn das Bahngelände, über das die Starkstromleitungen führen, unbebaut ist, vom Bahnbetrieb nicht benutzt wird und nur geringen Verkehr von Menschen und Fahrzeugen aufweist. Die Umänderung in bruchsichere Aufhängung muß jedoch erfolgen, sobald eine dieser Voraussetzungen durch Änderung in der Benutzung des Geländes entfällt.

Der Abstand geerdeter Schutznetze, Schutzbrücken oder Schutzdrähte von bahneigenen Schwachstromleitungen soll mindestens 1 m betragen.

3. Der lichte Abstand der Maste oder Stützen von den Gleismitten muß mindestens 3 m sein. Der Abstand der Bauteile (Stangen, Anker, Streben, Erdleitungsdrähte usw.) von unterirdischen, nicht besonders geschützten bahneigenen Kabeln muß mindestens 0,8 m betragen. Die Annäherung bis auf 0,25 m kann zugelassen werden, wenn die Kabel gegen äußere Verletzungen geschützt werden, z. B. durch eiserne Rohre oder Kabeleisen, die nach beiden Seiten über die gefährdete Stelle mindestens 1 m hinausragen.

4. Die Durchhänge der Leitungsseile, Tragseile, Blitzschutzseile usw. sind sowohl für die Kreuzungsfelder als auch für die Nachbarfelder für Temperaturen von 10 zu 10 Grad zwischen — 20 und + 40° C zu berechnen und anzugeben. Der Durchhang der Leitungen im Kreuzungs-

felde muß derart bestimmt werden, daß sowohl bei -20^{0} C ohne zusätzliche Belastung als auch bei -5^{0} und bei Belastung durch Eis oder Winddruck mindestens eine fünffache Sicherheit gegen Bruch vorhanden ist. Die Zugkräfte, Drahtstärken und Spannweiten der Nachbarfelder sind anzugeben.

Die zusätzliche Belastung durch Eis oder Winddruck ist gleich $(180 \sqrt{d}$ in g für 1 m Leitungslänge einzusetzen, wobei d den Durchmesser der Leitung in mm bedeutet.

Bei der Berechnung der Schutzbrücken sind die ruhende Last, der ungünstigste Winddruck und eine Verkehrslast von 80 kg/qm zugrunde zu legen. Außerdem muß die Schutzbrücke dem einseitigen Zuge des längsten Nachbarfeldes standhalten. Im übrigen gelten sinngemäß die Vorschriften für die Berechnung eiserner Brücken. Schutzbrücken sind begehbar einzurichten.

Die Gestänge und Querträger der Maste für Kreuzungsfelder sind aus Eisen herzustellen. Die Gestänge sind für die Höchstbeanspruchung und vierfache Bruchsicherheit ohne Berücksichtigung etwaiger Verankerungen und Verstrebungen zu berechnen. Querträger und Isolatorstützen sollen bei der Höchstbeanspruchung gleichfalls vierfache Sicherheit bieten. Als Höchstbeanspruchung der Gestänge ist der größte Zug und der volle im ungünstigsten Sinne wirkende Winddruck auf Mast, Querträger und Isoliervorrichtungen in Rechnung zu setzen. Als größter Zug gilt für gerade Leitungsführung der Unterschied der Zugkräfte des Kreuzungs- und Nachbarfeldes, für Winkelpunkte die Mittelkraft dieser Zugkräfte, mindestens aber der einer fünffachen Sicherheit in den Seilen entsprechende Zug im Kreuzungsfelde.

Der Winddruck ist mit 125 kg für 1 qm senkrecht getroffener wirksamer Fläche anzunehmen; für die Berechnung der wirksamen Fläche ist bei zylindrischen Körpern der Durchmesser nur mit 70 v. H., bei Gittermasten die hintere Mastfläche nur mit 50 v. H. einzusetzen.

Ausreichende Standsicherheit der Gestänge gilt im allgemeinen als nachgewiesen, wenn die Abmessungen der Grundblöcke oder Grundplatten nach den Formeln von Dr.-Ing. Fröhlich ermittelt worden sind (Zeitschrift für Bauwesen 1915. S. 632—658). Das Gewicht des Betons ist dabei zu 2000 kg/cbm^{3} und das des auflastenden Erdreichs zu 1600 kg/cbm^{3} bei gewöhnlichen Bodenverhältnissen einzusetzen.

5. Die Starkstromleitungen, die unter dem Bahnkörper im Zuge von Straßenunterführungen, Brücken und Durchlässen angelegt werden, sind so zu sichern, daß weder bei den Unterhaltungsarbeiten an der Bahnanlage oder den darauf befindlichen Leitungen noch sonstwie eine Berührung gefährlicher, unter Spannung stehender Teile möglich ist.

6. Die Starkstromleitungen — mit Ausnahme der Fahrleitungen elektrischer Bahnen — und sonstige Leitungen, z. B. Tragdrähte, Blitzschutzdrähte, sind aus Drahtseil herzustellen. Für die Starkstromleitungen soll Hartkupfer von mindestens 40 kg/qmm oder Aluminium von 19 kg/qmm Bruchfestigkeit verwendet werden. Der Mindestquerschnitt der Kupfer- und Stahlseile soll im Kreuzungsfelde 35 qmm, der Aluminiumseile 75 qmm betragen. Die Bruchsicherheit aller Drahtseile soll bei der ungünstigsten Beanspruchung mindestens fünffach sein.

Schutznetze und Prelldrähte sind aus gezogenem Hartkupfer- oder Bronzedraht oder aus verzinktem Stahlseil herzustellen.

In Kreuzungsfeldern sind keine Lötstellen zulässig; die Niet-, Schraub- oder Klemmverbindungen an den Befestigungsteilen müssen 90 v. H. der Bruchfestigkeit der Hauptseile besitzen. In jedem Kreuzungsfelde mit bruchsicherer Leitungsaufhängung müssen die Haupt- und Hilfsseile an beiden Masten abgespannt werden, auch wenn in den Nachbarfeldern Seile von derselben Stärke wie im Kreuzungsfelde zur Verwendung kommen.

Die Bestimmungen unter 6 gelten nicht, wenn die Leitungen von Isolatoren getragen werden, die in kurzen Abständen auf einer besonderen Schutzbrücke angebracht sind.

7. Alle bahneigenen Schwachstromleitungen, und zwar sowohl vorhandene wie später hinzukommende, werden von der Eisenbahnverwaltung nach ihrem Ermessen auf Kosten des Unternehmers je nach den Umständen durch Schutzkästen, Schutznetze, geerdete Drähte, Verkabelung u. dgl. so gesichert, daß keinesfalls Starkstrom in sie übertreten oder sie durch Fernwirkung störend beeinflussen oder gefährden kann.

II. Unterirdische Anlagen.

1. Unterirdische Kabel, die nicht auf Straßen-Über- und Unterführungen, Brücken oder in Durchlässen untergebracht sind, müssen, soweit sie sich unter Gleisen befinden, in Eisenröhren oder in Kanälen aus Mauerwerk, Zement od. dgl. verlegt werden. Die Oberkante der Rohre und Kanäle soll wenigstens 1 m unter Planum liegen; sie sollen auf beiden Seiten der Bahnlinie wenigstens 2,5 m über die äußersten Schienen hinausragen und so angelegt sein, daß das Kabel herausgezogen oder durch ein anderes ersetzt werden kann, ohne daß an der Bahnanlage Arbeiten erforderlich werden.

Kabel, die nicht unter Gleisen liegen, bedürfen keiner Rohre oder Kanäle. Sie müssen jedoch mit Eisenband umhüllt und in möglichst großem Abstande von den Gleisen wenigstens 1 m tief eingebettet werden. Auch sind sie zu beiden Seiten und von oben durch Ziegel oder in gleichwertiger Art zu schützen. Zur Bezeichnung der Kabellage sind haltbare Marken anzuordnen.

2. Bei Kabelung der Starkstromfreileitungen unter dem Eisenbahngelände müssen die Kabeleinführungen mindestens 14 m von der Mitte des nächsten Gleises entfernt sein.

3. Der Abstand unterirdischer, nicht besonders geschützter Starkstromkabel von Bauteilen aller Art muß mindestens 0,8 m betragen. Die Annäherung bis auf 0,25 m kann zugelassen werden, wenn die Kabel gegen äußere Verletzungen durch eiserne Rohre oder Kabeleisen, die nach beiden Seiten über die gefährdete Stelle mindestens 1 m hinausragen, geschützt werden.

4. Wo fremde Starkstromkabel mit bahneigenen Kabeln in einem seitlichen Abstand von weniger als 0,8 m nebeneinander verlaufen, müssen sie in Kanälen verlegt oder mit Hüllen aus Zement oder gleichwertigem feuerbeständigen Material versehen werden.

5. Unterirdische Starkstromkabel, die vorhandene Kabel kreuzen, sind an der Kreuzungsstelle mindestens 0,5 m unter diesen Kabeln zu verlegen und beiderseits mindestens 1 m über die Kreuzungsstelle hinaus in Kanälen aus Beton, Mauerwerk u. dgl. zu führen.

§ 3.

Genehmigung, Bauausführung und Unterhaltung der Starkstromleitungen.

1. Die Genehmigung zur Führung von Starkstromleitungen über Bahngelände wird nur von Fall zu Fall widerruflich und gegen eine nach den besonderen Verhältnissen zu bemessende jährliche Benutzungsgebühr erteilt. Bei Besitzwechsel ist die Genehmigung zum Fortbestande der Anlage einzuholen.

2. Der Eigentümer der Starkstromleitungen — im folgenden kurz Unternehmer genannt — hat der zuständigen Königlichen Eisenbahndirektion vor der Ausführung die im folgenden zusammengestellten Unterlagen in 5 Ausfertigungen zur Genehmigung vorzulegen. Eine Ausfertigung wird ihm mit Genehmigungsvermerk zurückgegeben. Die zur Herstellung der Pläne erforderlichen Unterlagen werden ihm auf Ersuchen von der Eisenbahnverwaltung gegen Erstattung der Kosten überlassen.

Der Unternehmer hat einzureichen:

a) Erläuterungen über Art, Periodenzahl und Spannung des Stromes, sowie über Anzahl, Querschnitt und Material der Leitungen und Anordnung der Leitungsanlage,
b) einen Übersichtsplan der Hauptlinienführung der Gesamtanlage,
c) einen Lageplan in mindestens 1:1000, in den die geplanten Starkstromleitungen in roter Farbe und vorhandene Stark- und Schwachstromleitungen — im Bereiche von 50 m zu beiden Seiten der geplanten Leitung — in anderen Farben eingetragen sind; die Anzahl dieser benachbarten Leitungen, ihre Besitzer, sowie ihre Stromart und Spannung sind anzugeben;
d) einen Aufriß in mindestens 1:100 mit eingeschriebenen Maßen längs der geplanten Leitung, aus dem ihre Lage zu den Eisenbahnanlagen, sowie zu etwa gekreuzten Stark- und Schwachstromleitungen ersichtlich ist.

Bei oberirdischen Starkstromleitungen sind ferner einzureichen:

e) statische Berechnungen der Leitungsanlage;
f) Maßzeichnungen der Maste mit Fundamenten, der Querträger, Stützen, Isolatoren, Leitungs- und Tragseile, Hilfsbefestigungen, Schutzvorrichtungen, Betriebsfernsprechleitungen und sonstigen Ausführungsteile in ausreichendem Maßstabe. Werkzeichnungen sind auf Verlangen vor der Inbetriebnahme zur Einsichtnahme vorzulegen.

Die einzureichenden Unterlagen müssen von einem, an dem Entwurfe und der Ausführung nicht beteiligten sachverständigen und staatlich geprüften Ingenieur durchgesehen und bescheinigt sein.

Bilden mehrere Starkstromanlagen Gegenstand eines einzigen Genehmigungsverfahrens, so können Festigkeitsberechnungen auch in Form von Tabellen ausgeführt werden. Bei einheitlicher Bauart mehrerer Anlagen genügt es, wenn die Berechnung nur für den ungünstigsten Fall durchgeführt wird, sofern die hierbei berechneten Abmessungen auch in den übrigen Fällen zugrunde gelegt werden.

3. Alle Arbeiten an den Starkstromleitungen müssen nach Anweisung und unter Aufsicht der Eisenbahnverwaltung ausgeführt werden. Gleichwohl ist der Unternehmer

für sachgemäße Ausführung dieser Arbeiten bis in alle Einzelheiten allein verantwortlich.

4. Für alle Kosten — ohne Ausnahme —, die aus der Genehmigung, Herstellung und Überwachung der Starkstromleitungen erwachsen, hat der Unternehmer aufzukommen.

5. Der Unternehmer hat die Abnahme der fertiggestellten Anlage 14 Tage vor der beabsichtigten Inbetriebnahme schriftlich bei der Eisenbahnverwaltung zu beantragen.

Bei der Abnahme hat er nachzuweisen, daß die Anlage in allen Teilen nach den genehmigten Zeichnungen, Berechnungen und Bedingungen ausgeführt ist, und daß insbesondere der Durchhang der Leitungen der zurzeit herrschenden Temperatur entspricht.

6. Die Starkstromleitungen dürfen nicht — auch nicht probeweise — in Betrieb genommen werden, bevor es von der Eisenbahnverwaltung ausdrücklich gestattet worden ist.

7. Alle Teile der Starkstromleitungen sind dauernd in gutem Zustande zu erhalten. Schäden in der Starkstromanlage sind ohne Verzug zu beseitigen.

Die oberirdischen Starkstromleitungen sind durch den Unternehmer nach Bedarf auf ihren ordnungsmäßigen Zustand zu untersuchen. Wenigstens alle 3 Jahre hat eine Prüfung unter Aufsicht der Eisenbahnverwaltung stattzufinden. Das Ergebnis dieser Prüfungen ist in die vom Unternehmer zu führenden Prüfungsbücher einzutragen, die auf Anfordern der Eisenbahnverwaltung vorzulegen sind.

§ 4.

Verbesserung unzulänglicher Einrichtungen.

Wenn nach Entscheidung der Eisenbahnverwaltung die Ausführung der Starkstromleitungen nicht genügt, um Unzuträglichkeiten von den Bahnanlagen fernzuhalten, so hat der Unternehmer sie ohne Verzug auf seine Kosten zu verbessern oder durch eine zweckdienlichere zu ersetzen.

§ 5.

Außerbetriebsetzung der Starkstromleitungen.

Rufen die Starkstromleitungen Unzuträglichkeiten für die Bahnanlagen oder den Bahnbetrieb hervor, so müssen sie nach dem Ermessen der Eisenbahnverwaltung so lange ausgeschaltet werden, bis die Ursachen der Unzuträglichkeiten beseitigt sind.

§ 6.

Änderung der Bahnanlagen.

Alle Kosten für Änderungen der Starkstromleitungen, die durch Änderung, Erweiterung oder Instandhaltung der Bahnanlagen entstehen, hat der Unternehmer zu tragen. Ebenso hat er für alle Kosten aufzukommen, die dadurch erwachsen, daß wegen der Starkstromleitungen Änderungen oder Ausbesserungen an den Bahnanlagen ausgeführt werden müssen.

§ 7.

Änderung der Starkstromleitungen.

Änderungen — auch bezüglich der Stromart und Spannung — oder Erweiterungen der Starkstromleitungen bedürfen der Zustimmung der Eisenbahnverwaltung.

§ 8.

Beseitigung der Starkstromleitungen.

Werden Starkstromleitungen nicht mehr benutzt, so kann die Eisenbahnverwaltung ihre Beseitigung und die Instandsetzung der Bahnanlagen auf Kosten des Unternehmers verlangen. Kommt der Unternehmer dem Verlangen nicht nach, so ist die Eisenbahnverwaltung berechtigt, die Arbeiten auf Kosten des Unternehmers selbst auszuführen. Über den Umfang und die Art der Ausführung der Arbeiten entscheidet die Eisenbahnverwaltung.

§ 9.

Haftbarkeit des Unternehmers.

Für die Haftpflicht bei Unfällen und Schäden, die dadurch entstehen, daß die Starkstromleitungen vorhanden sind, gelten die gesetzlichen Bestimmungen mit der Maßgabe, daß der Unternehmer der Eisenbahnverwaltung gegenüber überall für seine Leute haftet.

§ 10.

Geltung der Bedingungen.

Die Bedingungen gelten vom 15. November 1915 ab, und zwar für Neuanlagen sowie für wesentliche Erweiterungen oder Änderungen vorhandener Anlagen.

7. Allgemeine Vorschriften für die Ausführung und den Betrieb neuer elektrischer Starkstromanlagen (ausschließlich der elektrischen Bahnen) bei Kreuzungen und Näherungen von Telegraphen- und Fernsprechleitungen.

Gültig ab 1. Juli 1908.

1. Für die mit elektrischen Starkströmen zu betreibenden Anlagen müssen die Hin- und Rückleitungen durch besondere Leitungen gebildet sein. Die Erde darf als Rückleitung nicht benutzt oder mitbenutzt werden. Auch dürfen in Dreileiteranlagen die blank in die Erde verlegten oder mit der Erde verbundenen Mittelleiter Verbindungen mit den Gas- oder Wasserleitungsnetzen nicht haben, wenn die vorhandenen Telegraphen- oder Fernsprechleitungen mit diesen Netzen verbunden sind.

2. Oberirdische Hin- und Rückleitungen müssen überall in tunlichst gleichem, und zwar in so geringem Abstande voneinander verlaufen, als dies die Rücksicht auf die Sicherheit des Betriebes zuläßt.

3. An den oberirdischen Kreuzungsstellen der Starkstromleitungen mit den Telegraphen- und Fernsprechleitungen müssen Schutzvorrichtungen angebracht sein, durch welche eine Berührung der beiderseitigen Drähte verhindert bzw. unschädlich gemacht wird.

Bei Niederspannung ist es zulässig, wenn zur Verhinderung von Stromübergängen in die Schwachstromleitungen die Starkstromleitungen auf eine ausreichende Strecke — mindestens in dem in Betracht kommenden Stützpunkts-Zwischenraum — aus isoliertem Drahte hergestellt sind oder wenn bei Verwendung blanken Drahtes eine Berührung der beiderseitigen Drähte durch geeignete Schutzvorrichtungen verhindert oder unschädlich gemacht wird.

Bei der Ausführung von Hochspannungsanlagen ist danach zu streben, daß die Starkstromleitung oberhalb der Schwachstromleitung über letztere hinweggeführt wird. In diesem Falle wird, wenn nicht besondere Verhältnisse vorliegen, als geeignete Schutzmaßnahme ein solcher Ausbau der Starkstromanlage angesehen, daß vermöge ihrer eigenen Festigkeit ein Bruch oder ein die Schwachstromleitung gefährdendes Nachgeben der Starkstromleitungen oder ihrer Gestänge im Kreuzungsfeld auch beim Bruch sämtlicher Leitungsdrähte in den benachbarten Feldern ausgeschlossen ist. Außerdem ist denjenigen Gefährdungen der Festigkeit der Leitungen Rechnung zu tragen, die durch Stromwirkungen beim Bruch von Isolatoren oder dergleichen eintreten.

Liegt die Starkstromleitung unterhalb der Schwachstromleitung, so können als geeignete Maßnahmen z. B. Schutzdrähte gelten, die parallel mit den Starkstromleitungen oberhalb und seitlich von ihnen angeordnet und von denen die oberen durch Querdrähte verbunden sind, während die seitlichen Drähte das Umschlingen der Starkstromleitungen verhindern sollen. Diese Schutzdrähte müssen möglichst gut geerdet sein.

4. Die Kreuzungen der Starkstromdrähte mit Telegraphen- und Fernsprechleitungen müssen tunlichst im rechten Winkel ausgeführt sein.

5. An denjenigen Stellen, an welchen die Starkstromleitungen neben den Schwachstromleitungen verlaufen und der Abstand der Starkstrom- und Schwachstromdrähte voneinander weniger als 10 m beträgt, müssen Vorkehrungen getroffen sein, durch welche eine Berührung der Starkstrom- und Schwachstromleitungen sicher verhütet wird. Bei der Ausführung von Niederspannungsanlagen kann als Schutzmittel isolierter Draht verwendet werden. Von der Anbringung besonderer Schutzvorrichtungen kann abgesehen werden, wenn die örtlichen Verhältnisse eine Berührung der Stark- strom- und Schwachstromleitungen auch beim Umbruch von Stangen oder beim Herabfallen von Drähten ausschließen, oder wenn die Leitungsanlage durch entsprechende Verstärkung, Verankerung oder Verstrebung des Gestänges oder Befestigung an Häusern vor Umsturz geschützt ist. Gegen die durch Leitungsbruch verursachte Berührungsgefahr der beiden Leitungen gilt — soweit nicht besondere Verhältnisse vorliegen — ein Horizontalabstand von 7 m zwischen beiden Leitungen als hinreichende Sicherheit, wenn innerhalb der Annäherungsstrecke die Spannweite in jeder der beiden Linien 30 m nicht überschreitet.

6. Bei Kreuzungen darf, wenn die Starkstromanlage Hochspannung führt und wenn zwischen ihr und den Schwachstromleitungen keine geerdeten Schutznetze vorhanden sind, der Abstand der Konstruktionsteile der Starkstromanlage von den Schwachstromleitungen in senkrechter Richtung nicht weniger als 2 m bei Hochspannungsanlagen, wenn geerdete Schutzvorrichtungen angebracht sind, sowie bei Niederspannungsanlagen derselbe Abstand nicht weniger als 1 m, der Abstand in wagerechter Richtung dagegen in allen Fällen nicht weniger als 1,25 m betragen. Bei Niederspannung können in besonderen Fällen Ermäßigungen des wagerechten Abstandes zugelassen werden.

7. Der Abstand der Konstruktionsteile oberirdischer Starkstromanlagen (Stangen, Streben, Anker, Erdleitungsdrähte usw.) von Telegraphen- und Fernsprechkabeln soll möglichst groß sein und mindestens 0,8 m betragen. In Ausnahmefällen kann eine Annäherung bis auf 0,25 m zugelassen werden; alsdann müssen die Telegraphen- und Fernsprechkabel mit eisernen Röhren umkleidet sein.

8. Die Starkstromkabel müssen tunlichst entfernt, jedenfalls in einem seitlichen Abstande von mindestens 0,8 m von den Konstruktionsteilen der oberirdischen Telegraphen- und Fernsprechlinien (Stangen, Streben, Ankern usw.) verlegt sein. Wenn sich dieser Mindestabstand ausnahmsweise in einzelnen Fällen nicht hat innehalten lassen, so müssen die Kabel in eiserne Rohre eingezogen sein, die nach beiden Seiten über die gefährdete Stelle um mindestens 0,25 m hinausragen. Die Rohre müssen gegen mechanische Angriffe bei

Ausführung von Bauarbeiten an den Telegraphen- und Fernsprechlinien genügend widerstandsfähig sein. Auf weniger als 0,25 m Abstand darf das Kabel den Konstruktionsteilen der Telegraphen- und Fernsprechlinien in keinem Falle genähert werden. Über die Lage der verlegten Kabel hat der Unternehmer der Oberpostdirektion einen genauen Plan vorzulegen.

9. Die unterirdischen Starkstromleitungen müssen tunlichst entfernt von den Telegraphen- und Fernsprechkabeln, womöglich auf der anderen Straßenseite verlaufen.

Wo die beiderseitigen Kabel sich kreuzen oder in einem seitlichen Abstande von weniger als 0,3 m nebeneinander verlaufen, müssen die Starkstromkabel auf der den Schwachstromkabeln zugekehrten Seite mit Halbmuffen aus Zement oder gleichwertigem feuerbeständigem Material von wenigstens 0,06 m Wandstärke versehen sein. Die Muffen müssen 0,3 m zu beiden Seiten der gekreuzten Schwachstromkabel, bei seitlichen Annäherungen ebensoweit über den Anfangs- und Endpunkt der gefährdeten Strecke hinausragen. Liegen bei Kreuzungen oder bei seitlichen Abständen der Kabel von weniger als 0,3 m die Starkstromkabel tiefer als die Schwachstromkabel, so müssen letztere zur Sicherung gegen mechanische Angriffe mit zweiteiligen eisernen Rohren bekleidet sein, die über die Kreuzungs- und Näherungsstelle nach jeder Seite hin 1 m hinausragen. Besonderer Schutzvorrichtungen bedarf es nicht, wenn die Starkstrom- oder die Schwachstromkabel sich in gemauerten oder in Zement- oder dergleichen Kanälen von wenigstens 0,06 m Wandstärke befinden.

10. Zur Sicherung der Telegraphen- und Fernsprechleitungen gegen mittelbare Gefährdung durch Hochspannung müssen Schutzvorkehrungen getroffen sein, durch die der Übertritt hochgespannter Ströme in dritte, mit den Telegraphen- und Fernsprechleitungen an anderen Stellen zusammentreffende Anlagen oder das Entstehen von Hochspannung in diesen Anlagen verhindert oder unschädlich gemacht wird (vgl. Vorschriften für die Errichtung elektrischer Starkstromanlagen vom 1. Januar 1908, § 4 sowie § 22 h und i, Satz 1).

11. Innerhalb der Gebäude müssen die Starkstromleitungen tunlichst entfernt von den Telegraphen- und Fernsprechleitungen angeordnet sein.

Sind Kreuzungen oder Annäherungen bei festverlegten Leitungen an derselben Wand nicht zu vermeiden, so müssen die Starkstromleitungen so angeordnet sein, oder es müssen solche Vorkehrungen getroffen sein, daß eine Berührung der beiderseitigen Leitungen ausgeschlossen ist.

12. Alle Schutzvorrichtungen sind dauernd in gutem Zustande zu erhalten.

13. Von beabsichtigten Aufgrabungen in Straßen mit unterirdischen Telegraphen- oder Fernsprechkabeln ist der zuständigen Post- oder Telegraphenbehörde beizeiten, wenn möglich vor dem Beginne der Arbeiten schriftlich Nachricht zu geben.

14. Fehler — d. h. ein schadhafter Zustand — in der Starkstromanlage, durch welche der Bestand der Telegraphen- und Fernsprechanlagen oder die Sicherheit des Bedienungspersonals gefährdet werden könnte, oder welche zu Störungen des Telegraphen- oder Fernsprechbetriebes Anlaß geben, sind ohne Verzug zu beseitigen. Außerdem kann in dringenden Fällen die Abschaltung der fehlerhaften Teile der Stark-

stromanlage bis zur Beseitigung der Ursache der Gefahr oder Störung gefordert werden.

15. Vor dem Vorhandensein der vorgeschriebenen Schutzvorrichtungen und vor Ausführung der etwa notwendigen Änderungen an den Telegraphen- und Fernsprechleitungen darf das Leitungsnetz auch für Probebetrieb oder sonstige Versuche nicht unter Strom gesetzt werden. Von der beabsichtigten Unterstromsetzung ist der Telegraphenverwaltung mindestens drei freie Wochentage vorher schriftlich Mitteilung zu machen. Von der Innehaltung dieser Frist kann nach vorheriger Vereinbarung mit der zuständigen Post- oder Telegraphenbehörde abgesehen werden.

16. Falls die gewählte Anordnung*) oder die vorgesehenen Schutzmaßregeln nicht ausreichen, um Gefahren für den

---

*) § 12 des Gesetzes über das Telegraphenwesen des Deutschen Reiches vom 6. April 1892 lautet:

Elektrische Anlagen sind, wenn eine Störung des Betriebes der einen Leitung durch die andere eingetreten oder zu befürchten ist, auf Kosten desjenigen Teiles, welcher durch eine spätere Anlage oder durch eine später eintretende Änderung seiner bestehenden Anlage diese Störung oder die Gefahr derselben veranlaßt, nach Möglichkeit so auszuführen, daß sie sich nicht störend beeinflussen.

§ 6 des Telegraphenwegegesetzes vom 18. Dezember 1899 lautet:

Spätere besondere Anlagen sind nach Möglichkeit so auszuführen, daß sie die vorhandenen Telegraphenlinien nicht störend beeinflussen.

Dem Verlangen der Verlegung oder Veränderung einer Telegraphenlinie muß auf Kosten der Telegraphenverwaltung stattgegeben werden, wenn sonst die Herstellung einer späteren besonderen Anlage unterbleiben müßte oder wesentlich erschwert werden würde, welche aus Gründen des öffentlichen Interesses, insbesondere aus volkswirtschaftlichen oder Verkehrsrücksichten von den Wegeunterhaltungspflichtigen oder unter überwiegender Beteiligung eines oder mehrerer derselben zur Ausführung gebracht werden soll. Die Verlegung einer nicht lediglich dem Orts-, Vororts- oder Nachbarortsverkehr dienenden Telegraphenlinie kann nur dann verlangt werden, wenn die Telegraphenlinie ohne Aufwendung unverhältnismäßig hoher Kosten anderweitig ihrem Zwecke entsprechend untergebracht werden kann.

Muß wegen einer solchen späteren besonderen Anlage die schon vorhandene Telegraphenlinie mit Schutzvorkehrungen versehen werden, so sind die dadurch entstehenden Kosten von der Telegraphenverwaltung zu tragen.

Überläßt ein Wegeunterhaltungspflichtiger seinen Anteil einem nicht unterhaltungspflichtigen Dritten, so sind der Telegraphenverwaltung die durch die Verlegung oder Veränderung oder durch die Herstellung der Schutzvorkehrungen erwachsenden Kosten, soweit sie auf dessen Anteil fallen, zu erstatten.

Die Unternehmer anderer als der in Abs. 2 bezeichneten besonderen Anlagen haben die aus der Verlegung oder Veränderung der vorhandenen Telegraphenlinien oder aus der Herstellung der erforderlichen Schutzvorkehrungen an solchen erwachsenden Kosten zu tragen.

Auf spätere Änderungen vorhandener besonderer Anlagen finden die Vorschriften der Abs. 1 bis 5 entsprechende Anwendung.

Bestand (die Substanz) der Telegraphen- oder Fernsprechanlagen und für die Sicherheit des Bedienungspersonals oder Störungen für den Betrieb der Telegraphen- und Fernsprechleitungen fernzuhalten, sind im Einvernehmen mit der Telegraphenverwaltung weitere Maßnahmen zu treffen, bis die Beseitigung der Gefahren oder der störenden Einflüsse erfolgt ist.

17. Von geplanten wesentlichen Veränderungen oder von beabsichtigten wesentlichen Erweiterungen der Starkstromanlage, soweit diese Veränderungen oder Erweiterungen die Punkte 1 bis 10 und 12 bis 16 berühren, hat der Unternehmer behufs Feststellung der weiter etwa erforderlichen Schutzmaßnahmen der Telegraphenverwaltung Anzeige zu erstatten.

18. Wegen Tragung der Kosten für die durch die Starkstromanlage bedingten Änderungen an den Telegraphen- und Fernsprechleitungen sowie für Herstellung und Unterhaltung der Schutzvorkehrungen an der Starkstromanlage oder an den Telegraphen- und Fernsprechleitungen gelten die gesetzlichen Bestimmungen.

8. Bestimmungen für die bruchsichere Führung von Hochspannungs-Freileitungen über Reichs-Telegraphen- und Fernsprechleitungen.[1]

(Herausgegeben im August 1912.)

I.

Zur bruchsicheren Führung von Starkstrom-Freileitungen oberhalb von Schwachstromleitungen werden von der Reichs-Telegraphenverwaltung solche Konstruktionen auf Gefahr der Unternehmer zugelassen, die von ihr als geeignet erachtet werden und die im allgemeinen folgenden Bedingungen entsprechen:

1. Die Berechnung der Konstruktionen hat nach den Normalien für Freileitungen des Verbandes Deutscher Elektrotechniker zu erfolgen, soweit nicht im nachstehenden besondere Vorschriften gegeben sind.
2. Die Spannweiten bei Kreuzungen sind so kurz wie möglich zu bemessen, die Kreuzungen sind tunlich rechtwinklig auszuführen. Spannweiten von mehr als 40 m sind nach Möglichkeit zu vermeiden.
3. Die Starkstromleitungen sowie alle Drähte, die beim Bruch eine leitende Verbindung zwischen den Starkstrom- und Schwachstromleitungen herzustellen geeignet sein würden, insbesondere die oberhalb der Starkstromleitungen liegenden Tragdrähte, Blitzschutzdrähte usw., sind bruchsicher aus Drahtseil herzustellen. Für die Starkstromleitungen soll im allgemeinen Hartkupfer von mindestens 40 kg/qmm oder Aluminium von 19 kg/qmm Bruchfestigkeit verwendet werden. Der Mindestquerschnitt der Hartkupfer- und Stahlseile soll 35 qmm, der Aluminiumseile 70 qmm betragen. Die Bruchsicherheit aller Drahtseile soll bei der Höchstbeanspruchung zehnfach sein.

   Die bruchsicher aufzuhängenden Seile dürfen nicht aus einzelnen Stücken zusammengesetzt sein. Verlötungen werden innerhalb der Kreuzungsfelder nicht zugelassen; Verbindungen durch Klemmen oder Niet- und Schraubenverbinder usw. bei der Befestigung der Hilfseile mit den Hauptseilen, bei der Aufhängung der Seile an den Isolatoren, Gestängen, Querträgern usw. sollen 90 v. H. der Bruchfestigkeit der Hauptseile besitzen.

---

1) Diese vom Reichspostamt erlassenen Bestimmungen nebst Nachtrag (S. 237) sind in neuer Fassung vom Reichspostministerium herausgegeben im Mai 1920 und in R. v. Deckers Verlag, Berlin SW. 19 erschienen.

4. Die Gestänge und Querträger der Kreuzungsfelder sind aus Eisen herzustellen. Die Gestänge sind für die Höchstbeanspruchung mit fünffacher Bruchsicherheit und Standsicherheit ohne Berücksichtigung etwaiger Verankerungen und Verstrebungen zu berechnen. Querträger und Isolatorstützen sollen bei der Höchstbeanspruchung gleichfalls fünffache Sicherheit bieten. Bei den Isolatorstützen darf der Schraubenbolzen nicht angeschweißt sein. Der Stützenbund muß so bearbeitet sein, daß er gut aufliegt. Als Höchstbeanspruchung der Gestänge ist der größte Zug und der volle, im ungünstigsten Sinne wirkende Winddruck auf Mast, Querträger und Isoliervorrichtungen in Rechnung zu setzen. Als größter Zug gilt für gerade Leitungsführung der Unterschied der Zugkräfte des Kreuzungs- und des Nachbarfeldes, für Winkelpunkte die Mittelkraft dieser Zugkräfte, mindestens jedoch der größte Zug im Kreuzungsfelde bei zehnfacher Sicherheit in den Seilen. Bei quadratischen Gittermasten ist zu beachten, daß der Spitzenzug in Richtung einer Diagonale des Querschnittes nur 70 v. H. des in Richtung einer Hauptachse zulässigen Spitzenzuges betragen darf[1]).

Die erforderliche Standsicherheit der Gestänge gilt im allgemeinen als nachgewiesen, wenn die Kantenpressung an der Fundamentsohle ohne Berücksichtigung des seitlichen Erddruckes bei dem größten vorkommenden Umsturzmoment das für den Baugrund zulässige Maß (normal 2,5 kg/qcm) nicht überschreitet.

5. Die Leitungsanlage muß gegen diejenigen Gefährdungen der Festigkeit, die durch Stromwirkungen beim Bruch von Isolatoren, bei Erdschluß oder Kurzschluß am Mast u. dgl. eintreten können, durch entsprechende Aufhängung oder durch geeignete Hilfsbefestigungen mindestens eine dreifache Sicherheit besitzen.

6. Unterhalb der Starkstromleitungen oder, wenn am Gestänge der Starkstromanlage Betriebsfernsprechleitungen (siehe unter III) geführt werden, unterhalb dieser ist, mindestens 1 m von den obersten Schwachstromleitungen entfernt, ein geerdeter Schutzdraht (Prelldraht) oder eine gleichwertige Vorrichtung anzubringen, um beim etwaigen Hinaufschnellen von Schwachstromleitungen (bei Linienarbeiten, bei Drahtbruch usw.) zufällige Berührungen mit den Starkstromleitungen oder Betriebsfernsprechleitungen zu verhindern. Schutzvorkehrungen dieser Art sind nicht erforderlich, wenn die Abstände zwischen den beiderseitigen Leitungen so groß sind, daß die Möglichkeit einer Berührung der an der Starkstromanlage befindlichen Leitungen durch emporschnellende Schwachstromleitungen auch dann völlig ausgeschlossen ist, wenn an jenen einzelne Hilfsbefestigungen schadhaft werden und herunterhängen.

7. Der senkrechte Abstand der unter Spannung stehen den Konstruktionen der Starkstromanlage von den Schwachstromleitungen soll mindestens 2 m betragen,

1) Vgl. „Hütte", 21. Auflage, II. Band S. 1002.

und zwar unter der Annahme, daß einzelne Leitungsteile schadhaft werden und herunterhängen. Ferner darf dieser Abstand nicht unterschritten werden, wenn sich der bei + 40° C eintretende Durchhang des Leitungseiles durch Schadhaftwerden von Konstruktionsteilen an den Isolatoren noch vergrößert oder, wenn bei — 5° C und Eisbelastung sämtliche Leitungen in einem Nachbarfelde reißen, der Mast sich infolgedessen nach dem Kreuzungsfelde hin durchbiegt und eine Vergrößerung des Durchhanges herbeiführt.

8. In jedem Kreuzungsfelde mit bruchsicherer Leitungsaufhängung müssen die Haupt- und Hilfseile an beiden Masten abgespannt werden, auch wenn in den Nachbarfeldern Seile von derselben Stärke wie im Kreuzungsfelde zur Verwendung kommen.

   Sofern etwa in einem Nachbarfelde brechende und in das Kreuzungsfeld hinüberschwingende Starkstromleitungen mit Reichsleitungen in Berührung kommen können, die im Kreuzungsfeld in der Nähe des Mastes verlaufen, ist dieser Berührungsgefahr durch geeignete Maßnahmen zu begegnen, z. B. durch bruchsichere Aufhängung der Leitungen im Nachbarfelde, durch Anbringung geerdeter Fangbügel unter den einzelnen Starkstromleitungen auf der Nachbarfeldseite des Mastes u. dgl. Innerhalb der Kreuzungsfelder mit bruchsicherer Leitungsaufhängung sind Erdungsbügel unter den Starkstromleitungen nicht zu verwenden.

9. In der Nähe von Kreuzungstellen mit bruchsicherer Aufhängung befindliche Bäume, die bei ihrem Umbruch, beim Bruch von Ästen oder sonstwie die Starkstromanlage gefährden können, sind zu beseitigen oder wenigstens so weit zu kürzen oder auszuästen, daß jede Gefahr für die bruchsicheren Konstruktionen ausgeschlossen ist.

II.

Die Innehaltung dieser Vorschriften, die je nach der gewählten Konstruktion noch entsprechend ergänzt werden können, ist vor der Ausführung durch statische Berechnungen nachzuweisen. Hinsichtlich der Berechnung der Gestänge genügt es hierbei, wenn für jeden nach Aufbau und Länge verschiedenen Mast die zulässige Höchstbeanspruchung bei fünffacher Sicherheit berechnet und für jede einzelne Kreuzungsstelle nach Maßgabe der Stützpunktsabstände, der Belastung durch Drähte usw. nachgewiesen wird, daß die für die gewählten Maste berechnete Höchstbeanspruchung nicht überschritten wird. Der Berechnung sind die etwaigen Kräftepläne und die technischen, mit allen erforderlichen Maßen versehenen Zeichnungen der Maste mit Fundamenten, Querträgern, Stützen, Isolatoren, Leitungseilen und sonstigen Konstruktionen (Tragseile, Hilfsbefestigungen, Betriebsfernsprechleitungen, Prelldrähte usw.) beizufügen. Aus den Zeichnungen muß zu ersehen sein, wie die Seile an den Isolatoren und etwaige Hilfsbefestigungen an den Seilen oder Isolatoren befestigt sind (z. B. durch Klemmen, Schraubenverbinder, Nietverbinder u. dgl.). Dabei ist auch anzugeben, aus welchen Materialien die einzelnen Konstruktions- und Leitungsteile hergestellt sind und welchen Zug die Klemmen, Schraubenverbinder, Nietverbinder u. dgl. aushalten.

Daß die Leitungseile, Tragseile, Blitzschutzseile usw. eine zehnfache Sicherheit gegen Bruch besitzen, ist für jede Kreuzungstelle unter Berücksichtigung des Abstandes der Maste, der Durchhänge bei verschiedenen Temperaturen sowie der Belastung durch Eis ebenfalls nachzuweisen. Bei Berechnung der Durchhänge ist das Gewicht des Eises gleich $0{,}015 \cdot q$ kg für das laufende Meter Leitungseil einzusetzen, wobei q den Querschnitt der Leitung in Quadratmillimetern bedeutet. Die Berechnungen werden zweckmäßig nach der Elektrotechnischen Zeitschrift 1907, S. 896ff. ausgeführt (Abhandlung von Nicolaus, „Über den Durchhang von Freileitungen“). Der rechnerische Nachweis der zehnfachen Sicherheit gegen Leitungsbruch braucht nicht besonders erbracht zu werden, wenn der Unternehmer Hartkupferseil von mindestens 40 kg/qmm anwendet, der Mastabstand die Entfernung von 40 m nicht überschreitet und der Unternehmer sich verpflichtet, den Durchhang der Leitungseile nicht kleiner zu wählen, als in der in Anlage A beigefügten[1]), nach der vorerwähnten Abhandlung für eine Bruchfestigkeit von 40 kg/qmm aufgestellten Tabelle angegeben ist.

Die Durchhänge der Leitungseile, Tragseile, Blitzschutzseile usw. sind sowohl für die Kreuzungsfelder als auch für deren Nachbarfelder zu berechnen oder anzugeben, und zwar

1. für Temperaturen von 10 zu 10 Grad zwischen -20 und $+40^0$ C,
2. für -5^0 C mit und ohne Belastung der Leitungen durch Eis.

Hinsichtlich der Nachbarfelder sind ferner die Zugkräfte, Drahtstärken und Spannweiten anzugeben.

Statische Berechnungen für bruchsichere Konstruktionen brauchen der Reichs-Telegraphenverwaltung nicht vorgelegt zu werden, wenn lediglich Schwachstromleitungen anderer Staatsbehörden (z. B. Eisenbahnverwaltungen, Kanalverwaltungen usw.) in Frage kommen, durch welche die Reichsleitungen nur mittelbar, d. h. an anderen Stellen gefährdet werden können, und wenn die Berechnungen und die sonstigen zur Prüfung der Verhältnisse erforderlichen Unterlagen diesen Staatsbehörden eingereicht sind.

Ein Muster einer statischen Berechnung für die am häufigsten angewendete Aufhängung der Starkstromleitungen an drei Stützisolatoren, das als allgemeiner Anhalt dienen kann, ist in der Anlage B beigegeben[1]).

Die von der Reichs-Telegraphenverwaltung verlangte Sicherheit ist für jede Kreuzungstelle nachzuweisen, bei Erweiterungen vorhandener Anlagen z. B. auch dann, wenn die vorzuschlagende Aufhängungsweise in der vorhandenen Anlage bereits angewendet ist. Wenn Maste mit Zubehör zur Verwendung kommen, für die die zulässige Höchstbeanspruchung bereits in früheren Fällen nachgewiesen worden ist (vgl. unter II, 1. Abs.), so genügt bei Wiedereinreichung der geprüften Festigkeitsberechnungen die Beifügung von Berechnungen der neuen Leitungsdurchhänge in den Kreuzungs- und Nachbarfeldern nebst Querschnittzeich-

---

1) Die Anlagen A und B sind hier nicht abgedruckt (vgl. Anm. zu S. 283).

nungen der Kreuzungsfelder sowie der neuen Masthöhen und Mastbeanspruchungen nach dem Muster der Anlage B.

Die Inbetriebnahme bruchsicherer Konstruktionen, auch die probeweise stattfindende, ist mindestens drei freie Wochentage vorher der Telegraphenverwaltung schriftlich mitzuteilen.

III.

Betriebsfernsprechleitungen, die am Gestänge einer Hochspannungsanlage verlaufen, werden in der Regel durch die Hochspannungsleitungen elektrostatisch stark beeinflußt; sie sind deshalb als hochspannungsgefährlich zu betrachten, und zwar auch dann, wenn zwischen ihnen und den oberhalb geführten Hochspannungsleitungen durchweg ein geerdetes Schutznetz vorhanden ist (vgl. Elektrotechnische Zeitschrift 1907, S. 685 ff.). Wenn die Hochspannungsleitungen im Kreuzungsfelde bruchsicher aufgehängt werden, ist für die Betriebsfernsprechleitungen zweckmäßig die gleiche Art der Leitungsführung zu wählen. Hierbei braucht jedoch mit Rücksicht darauf, daß im wesentlichen nur statische Ladungen in Betracht kommen, bei denen nennenswerte Stromwirkungen nicht eintreten können, den elektrischen Einwirkungen auf die mechanische Festigkeit der Seile nicht Rechnung getragen zu werden; die Seile können vielmehr an Einzelisolatoren aufgehängt werden. Sie sollen bei Verwendung von Hartkupfer im allgemeinen einen Querschnitt von 35 qmm und eine Bruchfestigkeit von 40 kg/qmm besitzen. Ausnahmsweise dürfen auch Drahtseile von 25 qmm Querschnitt und 40 kg/qmm Bruchfestigkeit verwendet werden, wenn in der Nähe der Abspannisolatoren sicher geerdete Fangbügel (Erdungsbügel) so angebracht werden, daß sich Teile eines etwa reißenden Seiles auf diese gut auflegen. An Stelle von Erdungsbügeln können auch Hilfsbefestigungen verwendet werden, die ein Herunterfallen des Leitungseiles beim Reißen am Isolator verhindern und eine Erdverbindung herstellen, wenn sich die Leitung bis zum Querträger senkt. Die Fernsprechleitungen können z. B. auch als Luftkabel an einem geerdeten Tragseil von 35 qmm Querschnitt geführt werden, mit dem sie in Abständen von etwa je 1 m ohne Beanspruchung des Kabels auf Zug verbunden werden, oder als blanke Drähte mittels besonderer Isolierkörper in Abständen von je etwa 1 m an diesem Tragseil befestigt werden. Alle Leitungs- oder Tragseile müssen eine zehnfache Bruchsicherheit besitzen.

Nachtrag

zu den „Bestimmungen für die bruchsichere Führung von Hochspannungs-Freileitungen über Reichs-Telegraphen- und Fernsprechleitungen“ (Ausgabe vom April 1912 und Neudruck vom August 1912).

(Dezember 1913 und Mai 1917.)

Für die Spannweiten der bruchsicheren Leitungsüberführungen, für die Berechnung der Leitungsdurchhänge, der Konstruktionsteile aus Flußeisen und der Mastfundamente gelten vom 1. Januar 1914 ab die folgenden Bestimmungen:

1. Die Spannweiten sind so kurz wie möglich zu bemessen, die Kreuzungen tunlichst rechtwinklig auszuführen. Kleinere Kreuzungswinkel bis zu 60° sind zulässig, wenn eine Abweichung von der rechtwinkligen Führung zur Vermeidung von Winkelpunkten in der Starkstromlinie erwünscht oder durch die örtlichen Verhältnisse geboten ist. Bei Kreuzungen in Hochspannungslinien nach dem Weitspannsystem sind Spannweiten von mehr als 100 m, bei allen anderen Kreuzungen solche von mehr als 60 m zu vermeiden. Bei großen Spannweiten müssen nötigenfalls Maßnahmen getroffen werden, die ein Zusammenschlagen der Leitungen im Kreuzungsfeld verhüten.

2. Der Leitungsdurchhang ist so zu bemessen, daß zehnfache Sicherheit in den Seilen sowohl bei einer Temperatur von —20° C ohne zusätzliche Belastung als auch bei einer Temperatur von —5° C und einer zusätzlichen Belastung, hervorgerufen durch Wind oder Eis, vorhanden ist. Diese Zusatzlast ist hierbei gleich $(190 + 50\,d)$ g für das m Leitungslänge einzusetzen, wobei d den Leitungsdurchmesser in mm bedeutet (vgl. Id der vom 1. Januar 1914 ab gültigen „Normalien für Freileitungen" des Verbandes Deutscher Elektrotechniker; E.T.Z. 1913, Heft 38 bis 40).

3. Die Beanspruchung der Bauteile aus Flußeisen auf Zug, Druck und Biegung darf im ungünstigsten Falle (statt 1000) 1200 kg/qcm, die Scherbeanspruchung der Nieten (statt 800) 1000 kg/qcm, die der Schrauben (statt 700) 900 kg/qcm, der Lochleibungsdruck bei Nieten (statt 2000) 2400 kg/qcm, bei Schrauben 1800 kg/qcm nicht überschreiten.

   Die auf Druck beanspruchten Glieder müssen bei Anwendung der Tetmajerschen Formel eine $2^1/_2$-fache (bisher 3-fache) Sicherheit gegen Knicken haben; bei der Berechnung nach Euler soll eine 3-fache (bisher 4-fache) Sicherheit genügen.

4. Die Mindestquerschnitte der Leitungen aus Hartkupfer, Bronze und verzinktem Eisen oder Stahl werden von 35 auf 25 qmm herabgesetzt. Die Leitungsseile von 25 qmm Querschnitt sollen nicht mehr als 7 Drahtadern haben. Der Mindestquerschnitt für Aluminiumseile (70 qmm) bleibt unverändert.

   Für die Leitungsseile des Kreuzungsfeldes ist eine 5-fache (bisher 10-fache) Bruchsicherheit bei Höchstbeanspruchung nachzuweisen. Die Spannweiten werden bis zu 150 m (statt 60 und 100 m) zugelassen, auch wenn die Starkstromanlage nicht nach dem ausgesprochenen Weitspannsystem gebaut wird. Die Kreuzungen sind möglichst rechtwinklig auszuführen. Wenn die Abweichung von der rechtwinkligen Führung zur Vermeidung von Winkelpunkten in der Starkstromlinie erwünscht oder durch die örtlichen Verhältnisse geboten ist, sind Kreuzungswinkel bis herab zu 45° (bisher 60°) statthaft.

5. Als Mastfundamente werden sowohl Block- als auch Plattenfundamente zugelassen, letztere mit der Einschränkung, daß der Baugrund nicht sumpfig oder moorig sein darf. Die Standsicherheit der Maste kann im allgemeinen als nachgewiesen gelten, wenn die Abmessungen der Fundamente nach Fröhlich, „Beitrag zur Berechnung von Mastfundamenten“, Verlag von Wilh. Ernst & Sohn, Berlin (vgl. „Zeitschrift für Bauwesen“ 1915, Heft 10—12) ermittelt werden. Dabei ergeben sich im allgemeinen leichtere als die bisher geforderten Fundamente.

Soweit die „Bestimmungen“ abweichende Vorschriften enthalten, treten diese außer Kraft.

9. Vorschriften für den Anschluß von Fernmeldeanlagen an Niederspannungs-Starkstromnetze durch Transformatoren oder Kondensatoren (mit Ausschluß der öffentlichen Telegraphen- und Fernsprechanlagen).[1])

Gültig ab 1. Juli 1921.

Allgemeines.

1. Zwischen den Starkstrom- und den Schwachstromleitungen darf eine leitende Verbindung nicht bestehen[2]).

2. An allen Geräten und Einrichtungen, die den Anschluß von Fernmeldeanlagen an Niederspannungs-Starkstromnetze vermitteln, müssen die Anschlüsse für die Starkstrom- wie für die Schwachstromseite elektrisch und räumlich zuverlässig voneinander getrennt und leicht zu unterscheiden sein.

3. Die Starkstromklemmen müssen der Berührung entzogen und plombierbar sein[3]).

4. Die Bestimmungen des § 10 der „Errichtungs-Vorschriften" des Verbandes Deutscher Elektrotechniker finden Anwendung.

5. Die Starkstrom- und die Fernmeldeleitungen müssen in der ganzen Anlage elektrisch und räumlich zuverlässig voneinander getrennt und leicht zu unterscheiden sein[4]).

---

1) Vgl. Erläuterungen von Passavant „ETZ" 1912, S. 94. Über den Begriff „Fernmeldeanlagen" (Schwachstromanlagen) siehe Webers Erläuterungen 1 und 2 zum § 1 der Errichtungsvorschriften. Leitsätze für die Errichtung elektrischer Fernmeldeanlagen (Schwachstromanlagen) sind 1913 aufgestellt und 1914 zum Teil neu gefaßt worden („EEZ" 1914, S. 540).

2) Transformatoren dürfen also nicht in Sparschaltung angewendet werden. Besteht eine leitende Verbindung, wie z. B. bei Sparschaltung, so muß die Fernmeldeleitung in allen Teilen nach den Vorschriften für Starkstromanlagen ausgeführt werden.

3) Vgl. § 10, Regel 1, der Errichtungsvorschriften.

4) Beide Arten von Leitungen dürfen z. B. nicht in ein und demselben Rohr liegen.

6. Kleintransformatoren, die zum Betrieb von Fernmeldeanlagen dienen, müssen als solche gekennzeichnet werden[5]) und entweder derart gebaut oder mit solchen Schutzvorrichtungen versehen sein[6]), daß bei dauerndem Kurzschluß der Sekundärklemmen und bei Nenn-Primärspannung die Übertemperatur der Wicklungen folgende Werte nicht überschreitet:

Draht mit Isolierung durch Emaillelack	120 C
Draht mit Isolierung durch Seide	100 C
Draht mit Isolierung durch imprägnierte Baumwolle	90 C

Die Übertemperatur ist nach den „Maschinennormalien" des Verbandes Deutscher Elektrotechniker aus der Widerstandszunahme zu ermitteln[7]).

7. Die Primär- und Sekundärwicklungen müssen auf getrennten Spulenkörpern befestigt sein[8]).

Beide Wicklungen sind durch isolierende Zwischenlagen oder ähnliche Mittel so voneinander zu trennen, daß auch bei Drahtbruch eine elektrische Verbindung nicht entstehen kann.

8. Die Spannung an der offenen Sekundärwicklung darf das Doppelte der Nennspannung nicht überschreiten und höchstens 40 V betragen[9]).

9. Die Isolierfestigkeit ist nach den „Maschinennormalien" des Verbandes Deutscher Elektrotechniker zu prüfen; Prüfspannung 1000 V.

---

5) Die Kennzeichnung soll eine Verwechselung mit Kleintransformatoren für Starkstromzwecke, z. B. zur Speisung niedervoltiger Glühlampen, ausschließen; hierzu dient etwa die Aufschrift: „Klingeltransformator".

6) In der Praxis wird dieser Forderung durch Transformatoren mit hohem Spannungsabfall genügt. Die Sicherung des den Transformator enthaltenden Zweiges der Starkstromleitung ist keine derartige Schutzvorrichtung, sie ist aber nach § 14 d der Errichtungsvorschriften erforderlich.

7) Diese Vorschrift definiert die sogenannte „Kurzschlußsicherheit" des Transformators. Sie bezieht sich nicht nur auf die Feuersgefahr infolge Überhitzung der Außenteile, sondern soll auch ein Unbrauchbarwerden der Transformatoren durch Verschmoren infolge von Kurzschlüssen in der Fernmeldeanlage verhindern.

8) Obwohl der Übertritt des Starkstroms in die Fernmeldeleitung auch bei anderen als der hier vorgeschriebenen Bauart verhütet werden kann, so soll doch durch die Bestimmung eine besondere, von der Art der Ausführung tunlichst unabhängige Sicherheit geschaffen werden. Die getrennten Spulenkörper können z. B. auf zwei verschiedenen Schenkeln des Eisenkerns liegen. Liegen sie auf demselben Schenkel, so muß jede Spule mit ihrem Körper für sich abnehmbar sein.

9) Die Leitsätze fußen auf der Annahme, daß eine Spannung von 24 V für den Befrieb von Fernmeldeanlagen ausreicht. Dieser Spannung entspricht die Grenze von 40 V bei offenem Transformator, da meistens ein erheblicher Spannungsabfall entsteht.

10. Auf den Kleintransformatoren müssen Primärspannung, Frequenz, Sekundärstromstärke, Sekundärspannungen und Leerlaufsverbrauch in Watt, bezogen auf die Primärspannung, verzeichnet sein[10]).

Die angegebene Stromstärke muß der höchsten angegebenen Sekundärspannung entsprechen.

---

10) Wird der Klingeltransformator wie üblich als Einheitstype für einen größeren Bereich von Anschlußspannungen ausgeführt, z. B. 210 bis 240 V, so muß der Leerlaufsverbrauch bei einer bestimmten Spannung angegeben werden, also z. B. „0,1 W bei 220 V“.

9a. Leitsätze für den Anschluß von Geräten und Einrichtungen, die eine leitende Verbindung zwischen Niederspannungsstarkstrom- und Fernmeldeanlagen erfordern. (Mit Ausschluß der öffentlichen Telegraphen- und Fernsprechanlagen.)[1])

1. In keinem Teil der Fernmeldeanlagen darf eine höhere Spannung (Nennspannung) als 40 V auftreten[2]). Das Auftreten einer höheren Spannung soll durch eine besondere Vorrichtung (z. B. Spannungssicherung) verhindert werden[3]).

---

1) Vgl. Erläuterung 1 zu den „Vorschriften für den Anschluß von Fernmeldeanlagen an Niederspannungs-Starkstromnetze durch Transformatoren". Während jedoch die Vorschriften sich auf den Anschluß an Wechselsstromnetze beziehen und alle Einrichtungen umfassen, bei denen ein Transformator den Anschluß bewirkt, sind die vorliegenden Leitsätze in erster Reihe für den Anschluß an Gleichstromnetze bestimmt. Es muß darauf hingewiesen werden, daß jede Einrichtung, die eine leitende Verbindung ausschließt, einen höheren Sicherheitsgrad gewährleistet. Der Anschluß mit leitender Verbindung wird daher durch die vorliegenden Leitsätze versuchsweise und nur insoweit geregelt, als technische Mittel, die eine leitende Verbindung vermeiden, nicht zur Verfügung stehen.

2) Um die Spannung eines Gleichstromnetzes auf 40 V herabzusetzen, gibt es zwei Möglichkeiten, entweder Anwendung eines Abzweigwiderstandes (Spannungsteiler), so daß die Fernmeldeanlage im Nebenschluß zu einem Teil des Widerstandes liegt, oder Vorschaltung eines Widerstandes, der die überschüssige Spannung verbraucht. Die Einhaltung der Grenzspannung wird für beide Fälle bei geschlossenem Stromkreis leicht zu erfüllen sein, sie wird aber durch obigen Leitsatz auch für den offenen Zustand gefordert.

3) Da durch einen Fehler (z. B. Versagen eines Relais, Kurzschluß oder Unterbrechung von Widerstandswindungen u. a. m.) die Spannungsbegrenzung illusorisch werden kann, wird gefordert, daß eine besondere Vorrichtung vorhanden ist, die bei Auftreten eines solchen Fehlers entweder die Spannung immer noch unter der zulässigen Grenze hält (z. B. ein zweiter parallel zum ersten angeordneter Abzweigwiderstand), oder die Fernmeldeanlage spannungslos macht (z. B. eine Spannungssicherung).

2. Der Anschluß ist nur bei solchen Starkstromanlagen zulässig, bei denen ein Pol oder der Mittelleiter betriebsmäßig geerdet ist. Die Erdung der Fernmeldeanlage soll durch eine nicht ausschaltbare und ungesicherte Leitung hergestellt sein. Der zu erdende Pol der Fernmeldeleitung muß mit dem geerdeten Pol der Starkstromanlage verbunden werden.

3. Von den „Vorschriften für den Anschluß von Fernmeldeanlagen an Niederspannungsstarkstromnetze durch Transformatoren (mit Ausschluß der öffentlichen Telegraphen- und Fernsprechanlagen)“ finden sinngemäß Anwendung die Punkte 2, 3, 5, 6, 9 und 10.

---

10. Leitsätze für die Ausführung von Schlagwetter-Schutzvorrichtungen an elektrischen Maschinen, Transformatoren und Apparaten.[1]

Gültig ab 1. Juli 1912.

Grundlegend für die Beurteilung der Schlagwettersicherheit von elektrischen Maschinen, Transformatoren und Apparaten sowie besonderer Schutzvorrichtungen für dieselben sind die Ergebnisse von Versuchen, welche seinerzeit auf der berggewerkschaftlichen Versuchsstrecke in Gelsenkirchen-Bismarck ausgeführt worden sind.

Die Ergebnisse sind niedergelegt in den Veröffentlichungen:

„Versuche zwecks Erprobung von Schlagwettersicherheit besonders geschützter elektrischer Motoren und Apparate" von Bergassessor Beyling im „Glückauf" 1906, Nr. 1 bis 13, sowie „Die Erprobung und Ermittlung von Schutzvorrichtungen an elektrischen Maschinen und Apparaten gegen die Zündung von Schlagwettern" von Dipl.-Ing. Götze in der „ETZ" 1906, S. 4ff, und „Versuche mit Schlagwetter und dem Schlagwetterschutz elektrischer Antriebe" von Hofmann in der „Zeitschrift des Vereins Deutscher Ingenieure" vom 24. III. 1906 (Nr. 12, S. 433).

Hiernach haben sich für die Konstruktion schlagwettersicherer Maschinen, Transformatoren und Apparate die nachfolgend genannten Schutzvorrichtungen am meisten bewährt und sind bei ihrer Anwendung die weiterhin erörterten Gesichtspunkte zur Berücksichtigung zu empfehlen. Wegen der weiteren Einzelheiten der Bauarten und ihrer Anwendung muß auf obige Veröffentlichungen verwiesen werden[2]).

A. Die verschiedenen Arten der Schutzvorrichtungen.

I. Geschlossene Kapselung. Sie besteht in einem allseitig geschlossenen Hohlkörper zur Aufnahme der Maschinen, Transformatoren oder Apparate. Bei

1) Die im Jahre 1912 aufgestellten Leitsätze sollen Anhaltspunkte darüber geben, wie die im § 41b der Err.-Vorschr. geforderte schlagwettersichere Bauart von Maschinen, Apparaten usw. zu erreichen ist. Die Leitsätze gelten sinngemäß auch für Akkumulatoren, die sich in Schlagwetterräumen befinden.

2) Auch diese Erläuterungen finden in den genannten Aufsätzen ihre Ergänzung.

der geschlossenen Kapselung sind folgende Bedingungen zu erfüllen:

a) Alle Teile der Kapselung sind so herzustellen, daß sie einem inneren Überdruck von 8 Atm. sicher widerstehen können[3]). Unterteilungen des gekapselten Raumes, die durch enge Öffnungen verbunden sind, daher zu höherem Überdruck Anlaß geben könnten, sind zu vermeiden.[4])

b) Die Stoßstellen zusammengepaßter Kapsel- und Gehäuseteile sowie die Auflageflächen von Deckeln, Türen und Klappen sind als breite, glattbearbeitete Flanschen auszubilden. Dichtungen sind an solchen Stellen tunlichst zu vermeiden. Falls Dichtungen angewendet werden, muß dafür gesorgt werden, daß sie durch den Explosionsdruck nicht herausgedrückt werden können. Dichtungen aus wenig haltbarem Stoff, wie Gummi, Asbest oder ähnlichem sind unzulässig[5]).

c) Die Schutzmaßnahmen sind auf alle Wege zu erstrecken, welche die Gase bei einer Explosion vom Innern der Kapselung nach außen nehmen können[6]). Wellen und Betätigungsachsen sind an den Durchführungen durch die Kapselung in entsprechend lange Metallbüchsen zu verlegen, die ihrerseits mit dem Schutzgehäuse fest verbunden sind. Die Leitungseinführungen sind so abzudichten, daß sie dem Explosionsdruck standhalten.

II. Plattenschutzkapselung. Bei dieser Kapselung werden an den Gehäuseöffnungen von Maschinen, Transformatoren und Apparaten Pakete von Metall-

---

3) Die hier vorgeschriebene Festigkeit ist nicht in dem Sinne zu verstehen, daß die Kapselung luftdicht sein, also den bezeichneten Überdruck aufrecht erhalten müßte, sondern die Teile und ihr Aufbau müssen einem plötzlichen, durch Explosion verursachten Überdruck Stand halten, ohne zerstört oder aus ihrem Zusammenhang gerissen zu werden.

4) Der Luftraum zwischen Ständer und Läufer einer elektrischen Maschine wirkt wegen seines beträchtlichen Gesamtquerschnitts im allgemeinen nicht als enge Öffnung.

5) Dichtungseinlagen unterliegen der Gefahr, daß sie herausfallen und alsdann breite Spalten frei lassen, durch die eine im Innern der Kapselung stattfindende Explosion nach außen übertragen werden kann. Wie schon unter [3]) erwähnt, ist überhaupt ein luftdichter Abschluß nicht nötig; schmale Spalten sind zulässig und insofern vorteilhaft, als sie dem Explosionsdruck einen Ausgleich ermöglichen, sie müssen aber so schmal und derart von abkühlenden Flächen begrenzt sein, daß sie im Sinne des „Plattenschutzes“ ein Übertragen der Zündung von innen nach außen verhindern.

6) Schrauben, die die Gehäusewand durchsetzen, sind gegen Herausfallen zu sichern, damit nicht durch die freigewordene Öffnung eine Zündung übertragen werden kann; aus demselben Grunde sind hohle Wellen, deren Bohrung das Innere des Gehäuses mit der Umgebung verbindet, zuverlässig mit geeigneten Stoffen (Isoliermasse, Metall) auszufüllen.

platten angebracht, welche durch Zwischenlagen in bestimmtem Abstand gehalten werden[7]).

Für die Ausführung ist folgendes zu berücksichtigen:

a) Man verwende Metallplatten[8]), die eine Flanschenbreite von mindenstens 50 mm und eine Stärke von mindestens 0,5 mm haben und ordne sie durch Einlegen geeigneter Zwischenstücke so an, daß ihr Abstand (Schlitzweite) höchstens 0,5 mm beträgt und auch nicht infolge Durchbiegung der Platten überschritten werden kann[9]). Als Material verwende man Bronze, Messing, verzinntes oder verzinktes Eisen.

b) Die Plattenpackungen sind gegen äußere Beschädigung zu schützen. Es wird empfohlen, sie abnehmbar anzubringen, so daß eine bequeme Überwachung und ein leichtes Auswechseln der Platten möglich wird.

c) Die Bedingungen unter Ib) und c) sind zu erfüllen. Falls nicht eine genügend große Anzahl von Schlitzen vorhanden ist, die das Entstehen eines größeren Überdruckes sicher verhindern, sind auch die Bedingungen unter I a) zu beachten. Alle Undichtigkeiten sind zu vermeiden[10]).

III. Drahtgewebekapselung. Die Drahtgewebekapselung besteht darin, daß alle Gehäuseöffnungen der damit auszurüstenden Maschinen, Transformatoren und Apparate durch Drahtgewebe geschlossen werden, oder daß für die Maschinen, Transformatoren und Apparate

---

7) Der Plattenschutz beruht darauf, daß die durch die Explosion zwischen den Platten herausgedrückten Gase durch die hierbei stattfindende Expansion und durch die sie umgebenden Platten so stark abgekühlt werden, daß sich die Zündung nicht nach außen überträgt. Da die Explosionsgase zwischen den Platten hindurch sich frei ausdehnen können, wird der bei der Explosion auftretende Überdruck bei Anwendung des Plattenschutzes erheblich kleiner sein, als bei Kapselung der Maschinen usw. Immerhin ist auch hier der Überdruck nicht ganz zu vernachlässigen, daher ist auch beim Plattenschutz für solche Festigkeit aller Teile des Gehäuses und für ihren sicheren Zusammenhang zu sorgen, daß sie dem Explosionsüberdruck Stand halten.

8) Bei besonderen Bauarten, die unter C behandelt sind, können unter Umständen auch nicht metallische Platten wirksam sein; ein Beispiel hierfür ist der sogenannte Engelschalter, bei dem Hartgummiplatten mit sehr engem Zwischenraum aufeinanderliegen.

9) Die Summe aller Schlitzquerschnitte muß möglichst groß sein, um den Explosionsüberdruck zu vermindern; daher ist die Zahl der Schlitze und ihre Länge, bei ringförmigen Schlitzen der innere Durchmesser, möglichst groß zu wählen.

10) Unter Undichtheiten sind auch hier nur solche Öffnungen zu verstehen, die eine Zündung übertragen können. Luftdichter Abschluß wird nicht verlangt, wohl aber genügend kleiner Querschnitt der einzelnen Öffnungen (Schlitze) und genügend große Kühlfläche ihrer Wandungen.

Gehäuse hergestellt werden, welche mit derartigen durch Drahtgewebe geschlossenen Öffnungen versehen sind.

Die Bedingungen, welchen diese Kapselung entsprechen muß, sind folgende:

a) Als Gewebe ist Sicherheitslampen-Drahtgewebe von 144 Maschen auf 1 qcm und 0,35 mm Drahtstärke zu verwenden. Das Drahtgewebe soll aus Bronze oder verzinktem Eisen bestehen, gleichmäßig gearbeitet und frei von Fehlern sein.

b) An jeder Öffnung ist das Drahtgewebe in mindestens zwei Lagen hintereinander in einem gegenseitigen Abstand von 5 bis 20 mm anzuordnen. Die gesamte schützende Gewebefläche soll mindestens 150 qcm für das Liter Wetterinhalt des gekapselten Raumes betragen.

c) Größere Netzflächen sind zur Wahrung des Abstandes mit Verstärkungsrippen zu versehen. Die Befestigung der Gewebe darf nicht durch Lötung erfolgen, die Gewebe sind vielmehr durch Verschraubung in Rahmen einzuklemmen, wobei streng darauf zu achten ist, daß an den Befestigungsstellen keine Undichtigkeiten entstehen. Gegen äußere Beschädigung ist das Drahtgewebe durch gelochtes Blech oder ähnliche Hilfsmittel zu schützen. Es wird empfohlen, die Drahtgewebe als abnehmbare Deckel anzuordnen, die eine leichte Überwachung und ein bequemes Auswechseln des Gewebes gestatten.

d) Die Bedingungen unter I b) und c) sind zu erfüllen. Alle Undichtigkeiten sind zu vermeiden.

e) Die Netzflächen sind so an der Kapselung anzuordnen, daß etwaige Nachbrennflammen nicht an dem Gewebe entlang streichen und daß brennbare Körper nicht darauf fallen können. Um das Nachbrennen abzuschwächen, sind mehrere kleine Netzflächen (nicht wenige große) zu verwenden.

IV. Ölkapselung. Diese Kapselung besteht darin, daß der ganze Apparat, soweit an ihm Funkenbildung oder gefährliche Erhitzung durch elektrischen Strom möglich ist, in einen Behälter eingebaut wird, welcher mit harz- und säurefreiem Mineralöl gefüllt wird.

Der Ölstand ist so reichlich zu bemessen, daß das Auftreten von Funken über den Ölspiegel hinaus ausgeschlossen ist. Die hierfür erforderliche Höhe des Ölstandes ist durch eine Marke festzulegen[11]). Die Ölstandshöhe muß erkennbar sein, ohne daß die Kapselung geöffnet zu werden braucht.

---

11) Die notwendige Höhe des Ölstandes ist unter Beachtung der für die Konstruktion und Prüfung von Wechselstromhochspannungsapparaten geltenden Gesichtspunkte (ETZ 1912, S. 571 u. 724) praktisch zu ermitteln. Wenn die Bauart des Apparats eine genügende Höhe des Ölstandes nicht zuläßt, so müssen andere Schutzmaßnahmen (I, II, III) angewendet werden.

B. Anwendung der einzelnen Schutzvorrichtungen.

I. Bei Maschinen, Transformatoren und Apparaten können zwei Bauarten angewendet werden:

a) Die ganze Maschine, der ganze Transformator oder der ganze Apparat ist schlagwettersicher gemäß Abschnitt A zu schützen[1]).

b) Nur diejenigen Teile von Maschinen, Transformatoren und Apparaten, an welchen betriebsmäßig Funken auftreten, sind schlagwettersicher gemäß Abschnitt A zu schützen. Die Teile dagegen, an denen nur in außergewöhnlichen Fällen Funken auftreten können, erhalten eine erhöhte Sicherheit gegenüber normaler Ausführung, und zwar:
   1. durch einen besonderen mechanischen Schutz,
   2. durch eine Erhöhung der für die Prüfung vorgeschriebenen Isolierfestigkeit um 50%,
   3. durch die Herabsetzung der zulässigen Erwärmung um 25%[2]).

II. Für Apparate gilt noch folgendes[3]):

Flüssigkeitsanlasser ohne besondere Schutzvorkehrungen sind unzulässig:

Bei Widerständen kann von allen Schutzvorrichtungen abgesehen werden, wenn gleichzeitig:

a) die elektrische Beanspruchung des Materials so gering ist, daß eine gefährliche Erwärmung ausgeschlossen ist;

b) das Widerstandsmaterial so fest ist, daß im gewöhnlichen Betriebe ein Bruch nicht eintreten kann und es so sicher befestigt ist, daß gegenseitiges Berühren ausgeschlossen ist;

c) durch geeignete Abdeckung das Hineinfallen von Fremdkörpern und Eindringen von Tropfwasser verhindert wird;

d) alle Drahtverbindungen verlötet oder gesichert verschraubt sind.

B. 1) Der Natur der Sache nach pflegt man die unter a) erwähnte vollständige Umschließung im allgemeinen bei Maschinen usw. von kleineren Abmessungen anzuwenden; bei geschlossener Kapselung und Ölkapselung muß naturgemäß dafür gesorgt sein, daß die betriebsmäßige Erwärmung durch Ausstrahlung abgeführt wird; bei Plattenschutz und bei Drahtgewebekapselung kann natürliche oder künstliche Ventilation stattfinden. Bei größeren Maschinen wird häufiger die Bauart b) angewandt. Für die Auswahl der im Einzelfall zweckmäßigsten Bauart lassen sich bestimmte Richtlinien nicht angeben; sie ist von Fall zu Fall nach fachmännischem Ermessen zu treffen.

2) Damit die zugelassene Erwärmung nicht überschritten werden kann, müssen die in die Stromzuführung eingefügten Sicherungen entsprechend ausgewählt oder eingestellt werden.

3) Zu den Apparaten sind u. a. auch Meßgeräte und Zähler zu rechnen. Für Meßgeräte kommt in erster Linie vollständige Kapselung mit Verwendung starker Glasfenster in Betracht.

Alle Schraubkontakte, welche nicht durch Kapselung geschützt werden können, sind so zu sichern, daß eine Lockerung der Verschraubung und damit ein schlechter Kontakt nicht eintreten kann (z. B. Anschlußklemmen von Motoren, Widerständen u. a.).

Steckkontakte müssen so gebaut sein, daß die Stecker fest in den Dosen sitzen, daß also im Ruhezustand keine Funken auftreten; sie müssen ferner mit schlagwettersicheren Schaltern derart verriegelt sein, daß das Einsetzen und Herausnehmen des Steckers nur in spannungslosem Zustande erfolgen kann[4]).

C. Andere Bauarten.

Andere als die unter A und B genannten Bauarten von Maschinen, Transformatoren und Apparaten sind zulässig, sofern sie sich bei einer besonderen Prüfung durch eine anerkannte Schlagwetter-Versuchsstelle als schlagwettersicher erwiesen haben[5])[6]).

---

4) Die Verriegelung der Stecker durch Schalter ist mittels verschiedener Bauarten möglich. Beide Apparate können z. B. so miteinander vereinigt sein, daß nur mittels ein und derselben Handhabe sowohl das Ein- und Ausstecken als das Ein- und Ausschalten geschieht; es können auch Stecker und Schalter getrennt aber durch Gesperre oder ähnliche Bindeglieder voneinander abhängig gemacht sein. Unter Umständen können auch mehrere Stecker durch einen gemeinsamen Schalter verriegelt werden, wenn dabei die vorgeschriebenen Bedingungen erfüllt sind.

5) Einige Fabriken pflegen auch bei den Bauarten A und B nicht nur je ein Muster jeder Maschinentype, sondern jede einzelne für Schlagwetterräume bestimmte Maschine, ebenso Transformatoren, Apparate usw. einer Prüfung auf Schlagwettersicherheit zu unterwerfen. Die „Leitsätze" enthalten jedoch diese Forderung nicht.

6) Wegen der Anwendung explosionssicherer Bauarten bei explosiven Gasen, die in ihrer Zusammensetzung von den Schlagwettern abweichen, vgl. § 35 der Errichtungs-Vorschr. S. 140 unter [2]).

11. Empfehlenswerte Maßnahmen bei Bränden[1].

Gültig ab 1. Juli 1910.

Bei ausbrechenden Bränden sind an den elektrischen Installationen in den vom Brande betroffenen oder bedrohten Räumen folgende Maßregeln zu empfehlen:

A. Betriebsanlagen.

1. In vom Feuer betroffenen oder unmittelbar bedrohten elektrischen Betriebsanlagen ist der Betrieb nur im äußersten Notfall und womöglich nur durch das Betriebspersonal einzustellen. Das Eingreifen von Personen, die mit dem betreffenden Betriebe nicht vertraut sind, ist tunlichst zu vermeiden.

2. Die Maschinen und Apparate sind soweit als möglich vor Löschwasser zu schützen[2]. Empfehlenswerte Löschmittel für Maschinen und Apparate sind trockener Sand, Kohlensäure und ähnliche nicht leitende und nicht brennbare Stoffe.

B. Installationen.

1. Die Lampen in den vom Feuer betroffenen oder bedrohten Räumen sind — auch bei Tage — einzuschalten. Sie leuchten im Gegensatz zu allen anderen Beleuchtungsmitteln auch in raucherfüllten Räumen weiter und sind daher zur Erleichterung von Rettungsarbeiten unentbehrlich. Die Leitungen dürfen daher nicht abgeschaltet werden.

2. Vom Feuer bedrohte Elektromotorenbetriebe sind, falls erforderlich, durch die damit betrauten Personen auszuschalten. Das Eingreifen von Personen, die mit den betreffenden Betrieben nicht vertraut sind, ist tunlichst zu vermeiden.

3. Die Lösch- und Rettungsarbeiten der Feuerwehr sind im übrigen ohne Rücksicht auf die elektrischen Installationen vorzunehmen. Nur soll das Bespritzen von elektrischen Apparaten, Schalttafeln, Sicherungen

---

1) Diese Leitsätze sind 1905 vom V. d. E. herausgegeben und 1910 ergänzt worden. Ihre Berücksichtigung und Bekanntgabe wird dringend empfohlen. Vgl. Moltke ETZ 1906 S. 601

2) Das Löschwasser erhöht auch die beim Berühren der Leitungen usw. entstehende Gefahr, weil die Feuchtigkeit den Übergangswiderstand zwischen den spannungführenden und den betriebsmäßig nicht spannungführenden Teilen sowie zwischen diesen Teilen und den Personen, endlich auch zwischen den Personen und der Erde vermindert.

nach Möglichkeit vermieden und kein Leitungsdraht ohne zwingenden Grund durchhauen werden.

4. Sämtliche Einrichtungen, die zum Anschlusse eines Elektrizitätswerkes gehören, wie Verteilungskästen, Elektrizitätszähler, Transformatoren, sind von der Feuerwehr tunlichst unberührt zu lassen, und deren Bespritzen mit Wasser ist zu vermeiden. Empfehlenswerte Löschmittel siehe A. 2.

5. Beamte der Elektrizitätswerke, die sich als solche legitimieren, erhalten Zutritt zur Brandstelle, um, wenn nötig, Transformatoren und deren Zubehör, sowie andere dem Elektrizitätswerk gehörige Teile stromlos zu machen. Den Anordnungen des Leiters der Feuerwehr auf der Brandstelle ist Folge zu leisten. Wenn an der Brandstelle Gefahr für die Beschädigung von Transformatoren oder deren Zuleitungen vorliegt, wird seitens der Feuerwehr der Betriebsdirektion des Elektrizitätswerks auf dem schnellsten Wege Nachricht gegeben.

C. Freileitungen.

1. Die in der Nähe des Brandobjektes befindlichen Starkstrom-Freileitungen dürfen wegen der damit verbundenen Lebensgefahr nicht berührt werden. Da auch Leitern, Stangen, Helme usw. den elektrischen Strom zu übertragen vermögen, so dürfen die Mannschaften auch solche Geräte nicht mit den Freileitungen in Berührung bringen. Beim Spritzen ist darauf zu achten, daß das Strahlrohr möglichst weit, mindestens aber 3 m von den Freileitungen entfernt bleibt.

2. Wenn es unbedingt erforderlich ist, Freileitungen spannungslos zu machen, so soll dieses mit Hilfe der Freileitungsschalter an den Abschaltungsstellen möglichst durch Personal des Werkes bewirkt werden. Nur bei vorliegender Lebensgefahr sind die Leitungen durch Kurzschließen und Erden spannungslos zu machen. Dieses Gewaltmittel darf nur von eingehend geschulten Mannschaften ausgeführt werden. Zerschneiden der Leitungen ist gefährlich und soll nicht stattfinden.

3. Es empfiehlt sich, von jedem in der Nähe der Starkstrom-Freileitungen ausgebrochenen Brande die für diese Leitungen zuständige Stelle in Kenntnis zu setzen.

4. Es empfiehlt sich ferner, eine Anzahl Feuerwehrleute im Abschalten, Erden und Kurzschließen der Leitungen ausgebildet zu halten.

Empfehlenswerte Maßnahmen nach einem Brande.

Nach Beendigung der Löscharbeiten sind die vom Brande betroffenen Teile der Anlage zunächst vollständig abzuschalten. Sie dürfen nicht eher wieder in endgültige Benutzung genommen werden, als bis sie den Sicherheitsvorschriften entsprechen.

12. Anleitung zur ersten Hilfeleistung bei Unfällen im elektrischen Betriebe.[1])

Aufgestellt unter Mitwirkung des Reichsgesundheitsrats.

Gültig ab 1. Juli 1907.

I. Ist der Verunglückte noch in Verbindung mit der elektrischen Leitung, so ist zunächst erforderlich, ihn der Einwirkung des elektrischen Stromes zu entziehen. Dabei ist folgendes zu beachten:

1. Die Leitung ist, wenn möglich sofort spannungslos zu machen durch Benutzung des nächsten Schalters, Lösung der Sicherung für den betreffenden Leitungsstrang oder Zerreißen der Leitungen mittels eines trockenen, nicht metallischen Gegenstandes, z. B. eines Stückes Holz, eines Stockes oder eines Seiles, das über den Leitungsdraht geworfen wird.

2. Man stelle sich dabei selbst zur Fernhaltung oder Abschwächung der Stromwirkung (Isolierung) auf ein trockenes Holzbrett, auf trockene Tücher, Kleidungsstücke, auf eine ähnliche, nicht metallische Unterlage, oder man ziehe Gummischuhe an.

3. Der Hilfeleistende soll seine Hände durch Gummihandschuhe, trockene Tücher, Kleidungsstücke oder ähnliche Umhüllungen isolieren; er vermeide bei den Rettungsarbeiten jede Berührung seines Körpers mit Metallteilen der Umgebung.

4. Man suche den Verunglückten von dem Boden aufzuheben und von der Leitung zu entfernen. Er ist dabei an den Kleidern zu fassen; das Berühren unbekleideter Körperteile ist möglichst zu vermeiden. Umfaßt der Verunglückte die Leitung vollständig, so hat der Hilfeleistende mit seiner durch Gummihandschuhe usw. isolierten Hand Finger für Finger des Betäubten zu lösen. Bisweilen genügt schon das Aufheben des Getroffenen von der Erde, da hierdurch der Stromweg unterbrochen wird.

Das Gebiet elektrischer Betriebe, in dem das Eingreifen eines Laien nach den vorbezeichneten Leitsätzen Erfolg verspricht, ohne ihn selbst zu gefährden, beschränkt sich auf solche Anlagen, welche mit Spannungen betrieben werden, die 500 V nicht wesentlich übersteigen. Der Betrieb der Straßenbahnen hält sich in

---

1) Über die physiologischen Wirkungen elektrischer Ströme vergl. ETZ 1911, S. 1278/1279.

der Regel innerhalb dieser Grenzen. Bei Unfällen, welche an Leitungen mit höherer Spannung erfolgt sind, ist schleunigst für Benachrichtigung der nächsten Stelle der Betriebsleitung und für Herbeiholung eines Arztes zu sorgen. Leitungen und Apparate mit höherer Spannung pflegen mit einem roten Blitzpfeil (⚡) gekennzeichnet zu sein.

II. Ist der Verunglückte bewußtlos, so ist sofort zum Arzt zu schicken und bis zu dessen Eintreffen folgendermaßen zu verfahren:

1. Für gute Lüftung des Raumes, in welchem der Verunglückte sich befindet, ist zu sorgen.

2. Alle den Körper beengenden Kleidungs- und Wäschestücke (Kragen, Hemden, Gürtel, Beinkleider, Unterzeug usw.) sind zu öffnen. Man lege den Getroffenen auf den Rücken und bringe ein Polster aus zusammengelegten Decken oder Kleidungsstücken unter die Schultern und den Kopf derart, daß der Kopf ein wenig niedriger liegt.

3. Ist die Atmung regelmäßig, so ist der Verunglückte genau zu überwachen und nicht allein zu lassen. Bevor das Bewußtsein zurückgekehrt ist, flöße man ihm Flüssigkeiten nicht ein.

4. Fehlt die Atmung, oder ist sie sehr schwach, so ist die künstliche Atmung einzuleiten. Bevor damit begonnen wird, hat man sich davon zu überzeugen, ob sich im Munde etwa Fremdkörper, z. B. Kautabak oder ein künstliches Gebiß befinden. Ist dies der Fall, so sind zunächst diese Gegenstände zu entfernen. Die künstliche Atmung ist alsdann in folgender Weise vorzunehmen:

Man kniee hinter dem Kopfe des Verunglückten nieder, das Gesicht ihm zugewandt, fasse beide Arme an den Ellbogen und ziehe sie seitlich über seinen Kopf hinweg, so daß sich dort die Hände berühren. In dieser Lage sind die Arme 2 bis 3 Sekunden lang festzuhalten. Dann bewege man sie abwärts, beuge sie und presse die Ellbogen mit dem eigenen Körpergewicht gegen die Brustseiten des Verunglückten. Nach 2 bis 3 Sekunden strecke man die Arme wieder über dem Kopfe des Verunglückten aus und wiederhole das Ausstrecken und Anpressen der Arme möglichst regelmäßig etwa 15 mal in der Minute. Um Übereilung zu vermeiden, führe man die Bewegungen langsam aus und zähle während der Zwischenpausen laut: 101! 102! 103! 104!

5. Ist noch ein Helfer zur Hand, so fasse er während dieser Hantierungen die Zunge des Verunglückten mit einem Taschentuche, ziehe sie kräftig heraus und halte sie fest. Wenn der Mund nicht leicht aufgeht, öffne man ihn gewaltsam mit einem Stück Holz, dem Griff eines Taschenmessers oder dergleichen.

6. Sind mehrere Helfer zur Hand, so sind die vorstehend unter II. 4. beschriebenen Hantierungen von zweien auszuführen, indem jeder einen Arm ergreift und beide in den Zwischenpausen 101! 102! 103! 104! zählend, gleichzeitig jene Bewegungen vornehmen.

7. Die künstliche Atmung ist solange fortzusetzen, bis die regelmäßige, natürliche Atmung wieder eingetreten ist. Aber auch dann muß der Verunglückte noch längere Zeit überwacht und beobachtet werden. Bleibt die natürliche Atmung aus, so muß man die künstliche Atmung bis zum Eintreffen des Arztes, mindestens aber 2 Stunden lang fortsetzen, bevor man mit solchen Wiederbelebungsversuchen aufhört.

8. Beim Vorhandensein von Verletzungen z. B. Knochenbrüchen, ist diesem Zustande durch besondere Vorsicht bei der Behandlung des Verunglückten Rechnung zu tragen.

9. Die Unterschenkel und Füße können von Zeit zu Zeit mit einem rauhen warmen Tuche oder einer Bürste gerieben werden.

10. Auch nach der Rückkehr des Bewußtseins ist der Verunglückte in liegender oder halbliegender Stellung unter Aufsicht zu belassen und von stärkeren Bewegungen abzuhalten.

III. Liegt eine Verbrennung des **Verunglückten** vor, so ist, falls ärztliche Hilfe nicht zur Stelle ist, folgendes zu beachten:

1. Bevor der Hilfeleistende die Brandwunden berührt, wasche und bürste er sich auf das sorgfältigste beide Hände und Unterarme mit warmem Wasser und Seife ab: auch empfiehlt es sich, sie mit einem reinen Tuche, das mit Spiritus getränkt ist, abzureiben (das Abtrocknen hinterher ist zu unterlassen!)

2. Gerötete und geschwollene Stellen werden zweckmäßig mit Borsalbe auf Verbandwatte oder mit einer Wismutbrandbinde bedeckt und sodann mit einer weichen Binde lose umwickelt.

Blasen sind nicht abzureißen, sondern mit einer gut (über Spiritusflamme) ausgeglühten Nadel anzustechen und mit einer Wismutbrandbinde, darüber mit Verbandwatte und loser Binde zu bedecken.

Bei Verkohlungen und Schorfbildungen sind die Wunden mit Verbandmull in mehreren Lagen zu bedecken; darüber ist Watte anzubringen und das Ganze mittels Binde zu befestigen.

Für das Entfernen des Verunglückten von der Leitung empfehlen sich folgende Maßnahmen, die einer Anweisung der Firma Siemens & Halske entnommen sind:

1. Man stelle die Maschine ab oder schalte den betreffenden Stromkreis mit allen Polen von der Stromquelle (Maschine, Transformator) ab.

2. Erfordert dies zu viel Zeit, so suche man die Leitungen kurz zu schließen und zu erden, d. h. gut leitend mit der Erde, eisernen Masten, der Wasserleitung oder dergl. zu verbinden.

3. Berührt der Verunglückte nur einen Leitungsdraht, so genügt es vielfach, diesen zu erden oder den Verunglückten vom Boden aufzuheben.

4. Wenn die Leitungsdrähte nicht kurz geschlossen sind, darf nur die Leitung geerdet werden, an der sich der Verunglückte befindet.

5. Der Helfende beobachte zum eigenen Schutze folgende Regeln:

a) Jede Berührung der Leitung auch der kurzgeschlossenen, sowie des mit der Leitung in Verbindung stehenden Verunglückten ist gefährlich, solange die Leitung nicht geerdet ist.

b) Der Helfende stehe daher möglichst gut von der Erde (eisernen Masten usw.) isoliert, etwa auf Glas, trockenem Holze oder zusammengelegten Kleidungsstücken, und fasse den Verunglückten nur an seinen Kleidungsstücken an oder bediene sich eines trockenen Tuches oder eines trockenen Holzstückes, um ihn von der Leitung zu entfernen.

c) Das Kurzschließen der Leitungsdrähte ist vor dem Erden vorzunehmen, wenn es durch Überwerfen eines Drahtes, nasser Tücher oder dergl. geschehen kann, ohne daß sich der Helfende dadurch mit den Leitungsdrähten in leitende Verbindung bringt. Andernfalls ist zunächst diejenige Leitung zu erden, an der sich der Verunglückte befindet. (Vergl. 4.)

d) Beim Erden ist der dazu benutzte Draht (die Eisenstange und dergl.) zuerst mit der Erde (dem eisernen Maste usw.), dann mit der Leitung in Berührung zu bringen.

Sachverzeichnis.

B. u. T. bedeutet Bergwerke unter Tage; Bhn. bedeutet Bahnvorschriften; Betr. bedeutet Betriebsvorschriften. Erkl. bedeutet Erklärung; Norm. bedeutet Normalien; die Ziffern bedeuten die Seitenzahlen.

Aufgaben und Lösungen aus der Gleich- und Wechselstromtechnik. Ein Übungsbuch für den Unterricht an technischen Hoch- und Fachschulen, sowie zum Selbststudium. Von Prof. **H. Vieweger.** Sechste, vermehrte Auflage. Mit 210 Textfiguren und 2 Tafeln. 1921. Gebunden Preis M. 36,—.

Wechselstromtechnik. Von Dr. **G. Roeßler,** Professor an der Technischen Hochschule in Danzig. Zweite Auflage von „Elektromotoren für Wechselstrom und Drehstrom". I. Teil. Mit 185 Textfiguren. 1912. Gebunden Preis M. 9,—.

Die Fernleitung von Wechselströmen. Von Dr. **G. Roeßler,** Professor an der Technischen Hochschule zu Danzig. Mit 60 Textfiguren. 1905. Gebunden Preis M. 7,—.

Die Berechnung von Gleich- und Wechselstromsystemen. Neue Gesetze über ihre Leistungsaufnahme. Von Dr.-Ing. **Fr. Natalis.** Mit 19 Textfiguren. 1920. Preis M. 6,—.

Die Geometrie der Gleichstrommaschine. Von **O. Grotrian.** Mit 102 Textfiguren. 1917. Preis M. 6,—; gebunden M. 7,40.

Die asynchronen Wechselfeldmotoren. Kommutator- und Induktionsmotoren. Von Prof. Dr. **Gustav Benischke.** Mit 89 Abbildungen im Text. 1920. Preis M. 16,—.

Die Porzellan-Isolatoren. Von Prof. Dr. **Gustav Benischke.** Mit 128 Textabbildungen. 1921. Preis M. 24,—.

Zu den angegebenen Preisen der angezeigten ältern Bücher treten Verlagsteuerungszuschläge, über die die Buchhandlungen und der Verlag gern Auskunft erteilen.

Elektrotechnische Meßkunde. Von Dr.-Ing. **P. B. Arthur Linker.** Dritte, völlig umgearbeitete und erweiterte Auflage. Mit 408 Textfiguren. 1920.
Gebunden Preis M. 54,—.

Elektrotechnische Meßinstrumente. Ein Leitfaden von **Konrad Gruhn.** Mit 321 Textabbildungen. 1920.
Preis M. 17,—; gebunden M. 23,—.

Messungen an elektrischen Maschinen. Apparate, Instrumente, Methoden, Schaltungen. Von **Rud. Krause.** Vierte, gänzlich umgearbeitete Auflage. Von Ing. **Georg Jahn.** Mit 256 Textfiguren und einer Tafel. 1920.
Gebunden Preis M. 28,—.

Die Prüfung der Elektrizitäts-Zähler. Meßeinrichtungen, Meßmethoden und Schaltungen. Von Dr.-Ing. **Karl Schmiedel,** Charlottenburg. Mit 97 Textfiguren. 1921. Preis M. 42,—.

Meßgeräte und Schaltungen für Wechselstrom-Leistungsmessungen. Von Oberingenieur **Werner Skirl.** Mit 215 Abbildungen. 1920.
Gebunden Preis M. 26,—

Meßgeräte und Schaltungen zum Parallelschalten von Wechselstrom-Maschinen. Von Oberingenieur **Werner Skirl.** Mit 99 Textfiguren. 1921.
Gebunden Preis M. 36,—.

Der Wechselstromkompensator. Von Dr.-Ing. **W. v. Krukowski.** (Sonderabdruck aus der Abhandlung „Vorgänge in der Scheibe eines Induktionszählers und der Wechselstromkompensator als Hilfsmittel zu deren Erforschung".) Mit 20 Abbildungen im Text und auf einem Textblatt. 1920. Preis M. 10,—.

Isolationsmessungen und Fehlerbestimmungen an elektrischen Starkstromleitungen. Von **F. Charles Raphael.** Autorisierte deutsche Bearbeitung von Dr. **Richard Apt.** Zweite, verbesserte Auflage. Mit 122 Textfiguren. 1911. Gebunden Preis M. 6,—.

Lehrbuch der elektrischen Festigkeit der Isoliermaterialien. Von Prof. Dr.-Ing. **A. Schwaiger** in Karlsruhe. Mit 94 Textabbildungen. 1919.
Preis M. 9,—; gebunden M. 10,60.

Zu den angegebnen Preisen der angezeigten ältern Bücher treten Verlagsteuerungszuschläge, über die die Buchhandlungen und der Verlag gern Auskunft erteilen.

Die Materialprüfung der Isolierstoffe der Elektrotechnik. Herausgegeben von Oberingenieur **Walter Demuth** in Berlin, unter Mitarbeit von Kurt Bergk und Hermann Franz, Ingenieure. Zweite Auflage. In Vorbereitung.

Grundzüge des Überspannungsschutzes in Theorie und Praxis. Von Prof. Dr.-Ing. **Karl Kuhlmann.** Mit 47 Textfiguren. 1914. Preis M. 2,—.

Herstellen und Instandhalten elektrischer Licht- und Kraftanlagen. Ein Leitfaden auch für Nicht-Techniker, unter Mitwirkung von Gottlob Lux und Dr. C. Michalke verfaßt und herausgegeben von **S. Frhr. v. Gaisberg.** Neunte, umgearbeitete und erweiterte Auflage. Mit 66 Abbildungen im Text. 1920. Preis M. 4,80.

Zur Vereinheitlichung von Installations-Material für elektrische Anlagen. Erster Teil: Haus- und Wohnungsanschlüsse. Von Oberingenieur **W. Klement** in Siemensstadt und Oberingenieur **Cl. Paulus** in München. Mit 450 Textfiguren. 1919. Preis M. 8,—; gebunden M. 10,—.

Telephon- und Signal-Anlagen. Ein praktischer Leitfaden für die Errichtung elektrischer Fernmelde-(Schwachstrom-) Anlagen. Von Oberingenieur **Carl Beckmann.** Zweite, verbesserte Auflage. Mit 426 Abbildungen und Schaltungen und einer Zusammenstellung der gesetzlichen Bestimmungen für Fernmeldeanlagen. 1918. Gebunden Preis M. 8,60.

Die Nebenstellentechnik von **Hans B. Willers,** Oberingenieur und Prokurist der Akt.-Ges. Mix & Genest, Berlin-Schöneberg. Mit 137 Textabbilgungen. 1920. Gebunden Preis M. 26,—.

Die elektrische Kraftübertragung. Von Oberingenieur Dipl.-Ing. **Herbert Kyser.** In drei Bänden.

I. Band: **Die Motoren, Umformer und Transformatoren.** Ihre Arbeitsweise, Schaltung, Anwendung und Ausführung. Zweite, umgearbeitete und erweiterte Auflage. Mit 305 Textfiguren und 6 Tafeln. 1920. Gebunden Preis M. 50,—.

II. Band: **Die Niederspannungs- und Hochspannungs-Leitungsanlagen.** Ihre Projektierung, Berechnung, elektrische und mechanische Ausführung und Untersuchung. Zweite, umgearbeitete Auflage. Mit 319 Textfiguren und 44 Tabellen. 1921. Gebunden Preis M. 90.—.

III. Band: **Die Generatoren, Schaltanlagen und Hilfseinrichtungen des Kraftwerkes.** In Vorbereitung.

Zu den angegebenen Preisen der angezeigten ältern Bücher treten Verlagsteuerungszuschläge, über die die Buchhandlungen und der Verlag gern Auskunft erteilen.